世界技能大赛 3D 数字游戏艺术项目创新教材

Adobe Substance 3D Painter 案例教程

伍福军　张巧玲　编著

電子工業出版社
Publishing House of Electronics Industry
北京 · BEIJING

内 容 简 介

本书是根据编著者多年的教学经验，以及对高职高专院校实际情况（强调学生的动手能力）的了解，结合多年的世界技能大赛 3D 数字游戏艺术项目参赛经验编写而成的。在编写过程中，编著者将世界技能大赛 3D 数字游戏艺术项目的比赛流程、技术规范要求、评分规则和动画游戏制作流程融入项目的讲解过程，重点介绍 3D 数字游戏艺术项目模块三（展开 UV 和贴图绘制）所用到的知识点，使读者边学边练，既能掌握世界技能大赛 3D 数字游戏艺术项目的比赛流程、技术规范要求、评分规则，又能掌握动画游戏制作流程、相关技术要求、实际制作技能和游戏动画专业毕业设计流程。

本书内容包括 Adobe Substance 3D Painter 基础知识，Adobe Substance 3D Painter 图层、面板参数和材质制作流程，枪械材质和载具材质制作，煤油灯材质和古代床弩材质制作，机器人材质和卡通角色材质制作，场景材质制作。

本书既可作为高职高专院校、中等职业学校、技工院校的影视动画专业、数字媒体专业、游戏动画专业和世界技能大赛 3D 数字游戏艺术项目训练的教材，也可作为三维动画、数字媒体和游戏制作人员与爱好者的参考用书。

图书在版编目（CIP）数据

Adobe Substance 3D Painter 案例教程 / 伍福军，张巧玲编著. —北京：电子工业出版社，2024.4
世界技能大赛 3D 数字游戏艺术项目创新教材
ISBN 978-7-121-47707-2

Ⅰ. ①A…　Ⅱ. ①伍…　②张…　Ⅲ. ①绘图软件－高等职业教育－教材　Ⅳ. ①TP391.412

中国国家版本馆 CIP 数据核字(2024)第 077915 号

责任编辑：郭穗娟
印　　刷：三河市君旺印务有限公司
装　　订：三河市君旺印务有限公司
出版发行：电子工业出版社
　　　　　北京市海淀区万寿路 173 信箱　　邮编　100036
开　　本：787×1092　1/16　印张：19　　字数：480 千字
版　　次：2024 年 4 月第 1 版
印　　次：2024 年 4 月第 1 次印刷
定　　价：69.80 元

凡所购买电子工业出版社图书有缺损问题，请向购买书店调换。若书店售缺，请与本社发行部联系，联系及邮购电话：（010）88254888，88258888。

质量投诉请发邮件至 zlts@phei.com.cn，盗版侵权举报请发邮件至 dbqq@phei.com.cn。

本书咨询联系方式：（010）88254502，guosj@phei.com.cn。

前　言

本书是根据编者多年的教学经验和对世界技能大赛 3D 数字游戏艺术项目参赛选手的指导经验编写而成的，全书精心挑选了 15 个经典案例进行详细介绍，并通过配套的拓展训练巩固所学内容。本书采用实际操作与理论分析相结合的方法，让读者在项目制作过程中培养设计思维并掌握理论知识，同时，扎实的理论知识又为实际项目的操作奠定坚实的基础，使读者每做完一个项目就会有所收获，从而提高读者的动手能力与学习兴趣。

编者精心设计本书的编写体系，按照“案例内容简介→案例效果欣赏→案例制作（步骤）流程→制作目的→详细操作步骤→拓展训练”这一思路编排，旨在达到以下效果。

（1）通过案例内容简介，使读者初步了解本案例。

（2）通过案例效果欣赏，提高读者学习的积极性和主动性。

（3）通过案例制作（步骤）流程，使读者了解整个案例制作的流程、案例所用到的知识点和制作的大致步骤。

（4）通过介绍制作目的，使读者在学习之前做到有的放矢。

（5）通过介绍详细操作步骤，使读者掌握整个案例的制作过程、制作方法、注意事项和操作技巧。

（6）通过拓展训练，使读者进一步巩固所学知识，提升对知识的迁移能力。

本书的知识结构如下。

第 1 章　Adobe Substance 3D Painter 基础知识。本章通过 4 个案例介绍 Adobe Substance 3D Painter 的发展历史、应用领域、硬件要求、常用关键词的含义、界面布局、视图的基本操作和常用工具的应用。

第 2 章　图层、面板参数和材质制作流程。本章通过 3 个案例介绍 Adobe Substance 3D Painter 中的图层操作、面板的参数介绍和材质制作流程。

第 3 章　制作枪械材质和载具材质。本章通过 2 个案例介绍 G56 突击步枪材质和坦克材质的制作流程、原理、方法与技巧。

第 4 章　制作煤油灯材质和古代床弩材质。本章通过 2 个案例介绍煤油灯材质和古代床弩材质的制作流程、原理、方法和技巧。

第 5 章　制作机器人材质和卡通角色材质。本章通过 2 个案例介绍机器人材质和卡通角色材质的制作流程、原理、方法与技巧。

第 6 章　制作场景材质。本章通过 2 个案例介绍国学书院中的门楼材质、池塘材质和天桥材质的制作流程、原理、方法与技巧。

编著者把 Adobe Substance 3D Painter 软件的基本功能、新功能、世界技能大赛 3D 数字游戏艺术项目规范和流程融入案例的讲解过程中，使读者可以边学边练，既能掌握软件功能，又能掌握次世代游戏模型材质制作的全流程和世界技能大赛 3D 数字游戏艺术项目技术规范和比赛流程。读者通过本书可以随时翻阅、查找所需要效果的制作内容。

本书由伍福军和张巧玲编著，李胡对本书进行了全面审核，陈公凡负责全面组织本书的编写工作。本书中所涉及的相关参考图，仅作为教学范例使用，版权归原作者及制作公司所有，本书编者在此对他们表示真诚的感谢！

由于编者水平有限，本书可能存在疏漏之处，敬请广大读者批评指正！编者联系电子邮箱：763787922@qq.com；微信：13925029687（手机号和微信同号）。

若读者需要本书配套素材和源文件，请登录华信教育资源网下载；若需要本书的教学视频，请扫描本书封底上的二维码。

目　　录

第 1 章　Adobe Substance 3D Painter 基础知识

知识点：

案例 1　了解 Adobe Substance 3D Painter
案例 2　Adobe Substance 3D Painter 的界面布局
案例 3　Adobe Substance 3D Painter 的基本操作
案例 4　Adobe Substance 3D Painter 中的常用工具

说明：

本章通过 4 个案例介绍 Adobe Substance 3D Painter 的发展历史、应用领域硬件要求、常用关键词的含义，以及 Adobe Substance 3D Painter 的界面布局、视图的基本操作和常用工具的应用。

教学建议课时数：

一般情况下需要 12 课时，其中理论课时为 4 课时，实际操作课时为 8 课时（特殊情况下可做相应调整）。

Adobe Substance 3D Painter 是一款基于物理效果的 3D 材质制作软件。该软件的应用，改变了电影和游戏行业的材质制作思维模式和流程，降低了 CG 行业（利用计算机技术进行视觉设计和生产的领域）入门绘画和艺术要求的门槛。对于想进入 CG 行业的读者来说，只要掌握了 Adobe Substance 3D Painter 材质制作软件，即使没有绘画基础，也能制作出优秀的 CG 贴图效果。

该软件提供了大量的画笔与材质。只要读者设计出符合要求的 3D 纹理模型，该软件的智能选材功能会自动匹配相应的材料，也可以创建材料规格并重复使用材料。该软件拥有大量的制作模板，可以在模板库中找到相应的设计模板，在所选模板的基础上根据读者的要求进行修改。此外，该软件还提供了 NVIDIA Iray 的渲染和 YEBIS 后期处理功能，可以直接通过该功能增强图像的效果。

案例 1　了解 Adobe Substance 3D Painter

一、案例内容简介

本案例主要介绍 Adobe Substance 3D Painter 的发展历史、应用领域，以及 Adobe Substance 3D Painter 对计算机的硬件要求和其中常用关键词的含义。

二、案例效果欣赏

三、案例制作（步骤）流程

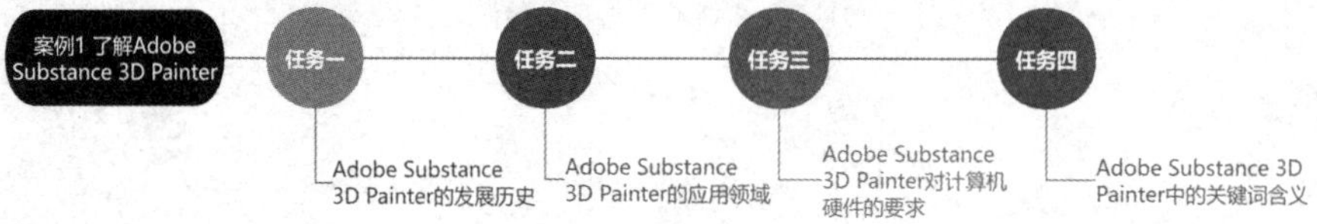

四、制作目的

（1）了解 Adobe Substance 3D Painter 的发展历史。
（2）了解 Adobe Substance 3D Painter 的应用领域。
（3）了解 Adobe Substance 3D Painter 对计算机硬件的基本要求。
（4）理解 Adobe Substance 3D Painter 中的常用关键词含义。

五、详细操作步骤

任务一：Adobe Substance 3D Painter 的发展历史

Adobe Substance 3D Painter 最早是由 Allegorithmic 公司开发的，它具有强大的绘图功能，在游戏、娱乐和 3D 编辑领域产生巨大的影响力而被 Adobe 公司看重。于 2019 年 1 月 24 日被 Adobe 公司收购，正式成为 Adobe 系列之一。Adobe 公司每次发布 Adobe Substance 3D Painter 的新版本时，都会对前一个版本存在的问题进行改进并增加新的功能。Adobe Substance 3D Painter 的发展主要经历以下阶段。

（1）2014 年 3 月 2 日发布测试版（0.1.0 版），到 2014 年 12 月 25 日共发布 22 个版本。其中前 17 个为测试版，后 5 个为正式版。

提示：关于该软件每个版本的具体发布时间、改进功能和新增功能介绍，由于篇幅所限，因此这里不再详细赘述。请读者参考 Adobe Substance 3D Painter 官方网站中的发行说明文件。

（2）2015 年 1 月 5 日—2015 年 12 月 18 日，共发布 20 个版本。

（3）2016 年 1 月 13 日—2016 年 10 月 28 日，共发布 13 个版本。

（4）2017 年 2 月 21 日—2017 年 12 月 15 日，共发布 15 个版本。

（5）2018 年 1 月 24 日—2018 年 12 月 6 日，共发布 11 个版本。

（6）2019 年 1 月 24 日—2019 年 12 月 20 日，共发布 12 个版本。

（7）2020 年 1 月 21 日—2020 年 9 月 28 日，共发布 9 个版本。

（8）2021 年 1 月 28 日—2021 年 3 月 23 日，共发布 2 个版本。

（9）目前，最新版本在 2023 年 11 月 12 日发布的 9.1.1 版，这一版本的功能已经非常强大和完善。

视频播放：关于具体介绍，请观看本书配套视频“任务一：Adobe Substance 3D Painter 的发展历史.mp4”。

任务二：Adobe Substance 3D Painter 的应用领域

Adobe Substance 3D Painter 主要应用于游戏、电影、设计、时尚、建筑、运输和电子商务等领域。

1. 游戏领域

现在大多数视频游戏都是使用 Adobe Substance 3D Painter 工具集实现的，这些工具集包含在用户友好应用程序中，并得到大型社区的支持。Adobe Substance 3D Painter 这种非破坏性工作流程可以帮助 3D 模型艺术家发挥他们的潜力。Adobe Substance 3D Painter 的跨平台使用物质（模型、材质和其他信息）的功能，使“资产和材质”无缝集成到每个游戏引擎中，包括虚幻引擎和 Unity。Adobe Substance 3D Painter 在游戏领域中的物质应用示例如图 1.1 所示。

图 1.1　Adobe Substance 3D Painter 在游戏领域中的物质应用示例

2. 电影领域

Adobe Substance 3D Painter 工具集正在成为每部电影创作不可或缺的一部分。从广告到故事片和电视节目，Adobe Substance 3D Painter 工具和材料的成功应用已使两位特技效果制作人获得奥斯卡最佳视觉效果奖。Adobe Substance 3D Painter 的跨平台使用物质的功能，使“资产和材质”无缝集成到每个渲染器中，包括 V-Ray、Renderman 和 Arnold 等渲染器。Adobe Substance 3D Painter 在电影领域中的物质应用示例如图 1.2 所示。

图 1.2　Adobe Substance 3D Painter 在电影领域中的物质应用示例

3. 设计领域

随着虚拟现实（VR）和增强现实（AR）在内的实时设计成为呈现项目的全新沉浸式方式，越来越多的艺术家开始采用 Adobe Substance 3D Painter。

Adobe Substance 3D Painter 的跨平台使用物质的功能集成了包括 V-Ray、Maya 和 CATIA。Adobe Substance 3D Painter 在设计领域中的物质应用示例如图 1.3 所示。

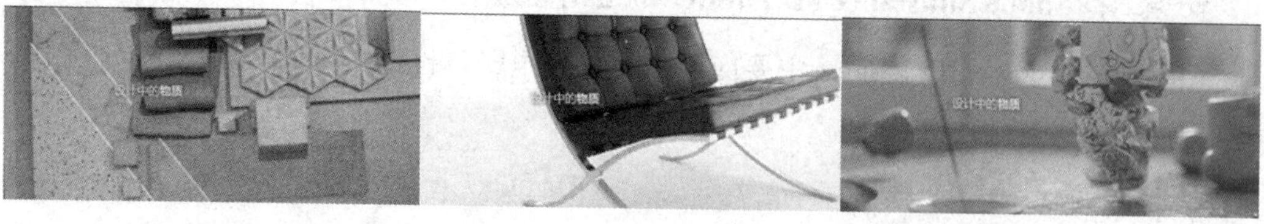

图 1.3　Adobe Substance 3D Painter 在设计领域中的物质应用示例

4. 时尚领域

VR 和 AR 使实时设计可视化成为现实，越来越多的设计师开始采用 Adobe Substance 3D Painter，它使产品实时设计可视化提升到一个新的水平。Adobe Substance 3D Painter 在时尚领域中的物质应用示例如图 1.4 所示。

图 1.4 Adobe Substance 3D Painter 在时尚领域中的物质应用示例

5. 建筑领域

VR 和 AR 使实时建筑可视化成为现实，越来越多的建筑师和设计师采用与 Unreal Engine 和 Unity 无缝集成的软件。

Adobe Substance 3D Painter 的跨平台使用物质功能，进一步集成 V-Ray、Corona、3DS MAX 和 Cinema 4D。Adobe Substance 3D Painter 在建筑领域中的物质应用示例如图 1.5 所示。

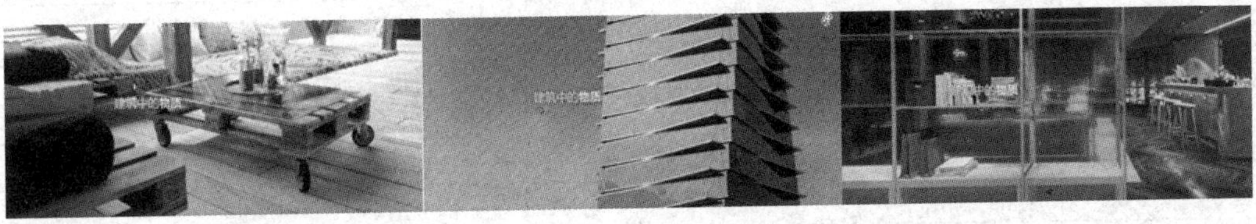

图 1.5 Adobe Substance 3D Painter 在建筑领域中的物质应用示例

6. 运输领域

借助 VR 和 AR 技术，Adobe Substance 3D Painter 使汽车可视化提升到一个新的水平。Adobe Substance 3D Painter 在运输领域中的物质应用示例如图 1.6 所示。

7. 电子商务领域

随着 3D 和 AR 技术重新定义购物体验的定义，越来越多的艺术家采用 Adobe Substance 3D Painter 工具集实现真正的物品照片写实效果并取代对物品照片拍摄的需求。它将零售视觉效果提升到一个新的真实水平，同时降低生产成本并提高客户参与度。

Adobe Substance 3D Painter 跨平台使用的参数化材料得到所有引擎和工具的支持。Adobe Substance 3D Painter 在电子商务领域中的物质应用示例如图 1.7 所示。

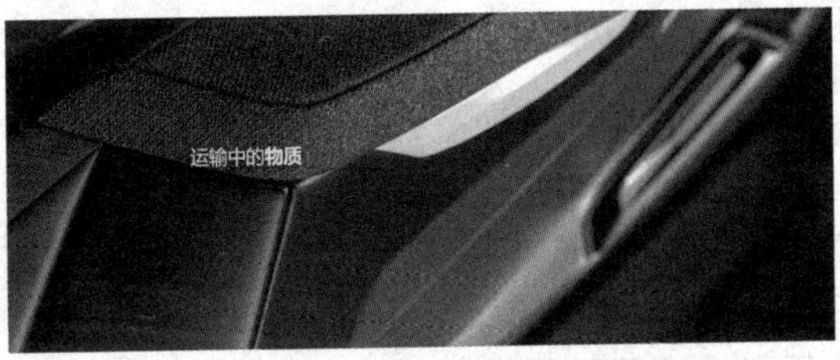

图 1.6 Adobe Substance 3D Painter 在运输领域中的物质应用示例

图 1.7 Adobe Substance 3D Painter 在电子商务领域中的物质应用示例

视频播放：关于具体介绍，请观看本书配套视频"任务二：Adobe Substance 3D Painter 的应用领域.mp4"。

任务三：Adobe Substance 3D Painter 对计算机硬件的要求

Adobe Substance 3D Painter 软件在不断升级的同时，对计算机硬件的要求也越来越高。一般情况下，现在市面上销售的一体机或组装机都能满足 Adobe Substance 3D Painter 的运行要求。如果要流畅地运用 Adobe Substance 3D Painter 绘制贴图，建议读者在配置计算机时根据自己的经济条件，在允许的情况下尽量配置性能好的硬件。表 1-1 列出最低配置要求和推荐配置要求，有条件的读者可以在此基础上进行升级。

表 1-1　最低配置要求和推荐配置要求

操作系统	最低配置要求	推荐配置要求
Windows 系统	版本：Windows 8（64bit）	版本：Windows 10（64bit）
	内存：8GB	内存：16GB
	显卡：2GB	显卡：4GB
苹果系统	版本：10.14（莫哈韦沙漠）	版本：10.15（卡特琳娜）
	内存：8GB	内存：16GB
	显卡：2GB	显卡：4GB
Linux	版本：CentOS 7.0 / Ubuntu 18.04（仅限 Steam）	版本：CentOS 7.6 / Ubuntu 18.04（仅限 Steam）
	内存：8GB	内存：16GB
	显卡：2GB	显卡：4GB

提示：为了在使用 UV 平铺工作流程时获得良好的性能，建议：32GB 内存，具有 8GB VRAM（影像随机接达记忆器）的 GPU（图形处理器）以及用于存储项目和应用程序缓存的固态硬盘（SSD）。

视频播放：关于具体介绍，请观看本书配套视频"任务三：Adobe Substance 3D Painter 对计算机硬件的要求.mp4"。

任务四：Adobe Substance 3D Painter 中的关键词含义

Adobe Substance 3D Painter 是一个 3D 材质制作软件，它依赖于很多技术，具有比较抽象的技术关键词。读者第一次接触这些关键词可能难以理解其含义。在此列出该软件中最常用关键词，并对这些关键词进行简要说明。

Adobe Substance 3D Painter 中的关键词含义见表 1-2。

表 1-2　Adobe Substance 3D Painter 中的关键词含义

序号	关键词	关键词的含义
1	对齐	对齐是绘制时画笔朝向 3D 网格的方向
2	A	A 是 Alpha 单词的缩写，这里指遮罩，用于绘制细节或复杂形状，如条形码或徽标
3	烘焙	烘焙是指根据网格的 UV 信息从 3D 网格计算信息，并将其保存到纹理中的动作

续表

序号	关键词	关键词的含义
4	位深度	位深度是指存储在纹理中的信息量（每种颜色）。其数值越大，信息的精度越好。但数值越大，计算速度越慢
5	画笔	画笔是指在网格上绘画的工具，画笔由控制其行为（如大小和不透明度）的多个参数定义
6	相机	相机是允许控制用户在 3D 或 2D 视图（视口）中观看的位置和方向的对象
7	通道	通道是指具有特定行为的纹理。一些通道用于定义材质的颜色，另一些通道用于控制材质表面上的光方向
8	克隆	克隆是指用于其他位置复制部分绘画/纹理的工具
9	蒙版	蒙版是图层的一个属性。蒙版用于显示/隐藏内容，而黑色遮罩用于控制内容的可见性
10	扩散	扩散是指在网格的 UV 岛之外生成信息的一种方式。它的工作原理是让靠近 UV 岛边界的最后一个像素出血，从而产生模糊的颜色
11	膨胀/填充	膨胀/填充是指一种通过扩展像素颜色在 UV 岛之外生成信息的方式
12	效果	效果是指可以添加到图层上的元素，这类元素可以添加到内容或蒙版上。Adobe Substance 3D Painter 支持各种类型的效果，如滤镜
13	环境	环境是用于计算场景照明的图像，通常它是表示各种颜色信息的 HDR 纹理（等距柱状贴图）
14	导出	导出是指从应用程序内部实现的绘画生成扁平纹理的方式。导出创建的纹理可用于其他应用程序
15	FOV / 视野	FOV/视野是指相机可观察世界的范围
16	填充	填充是指一个动作（可以是效果或图层），通过这个动作可以在整个 3D 网格上加载颜色、纹理甚至材料
17	过滤器	过滤器是一种可以修改先前信息的物质效果。例如，模糊滤镜将柔化先前的图像
18	过滤	过滤是指纹理在 3D 视图（视口）内的显示模式。最常见的是最近的过滤（像素按原样读取，使图像在近处看起来像块状）和双线性过滤（像素被内插，使图像在近处看起来模糊）
19	图形处理器	GPU（图像处理器）是执行快速计算以生成图像的计算机硬件的一部分
20	生成器	生成器是一种物质，它通常基于外部的纹理生成新的信息/图像。例如，一些蒙版生成器使用烘焙纹理创建复杂的蒙版
21	直方图	直方图是颜色值分布的图形表示模式，它用于显示可视化图像内部阴影、中间色调和高光之间的颜色平衡情况
22	Iray	Iray 是由 NVIDIA 创建的路径跟踪渲染器，用在 3D 网格上投射逼真的照明效果。它是一个高级渲染器，旨在创建漂亮的图像，但不用于实时工作
23	抖动	抖动是画笔的一种属性，在绘画时会产生随机行为
24	图层	图层是指一个元素，它包含多个具有附加属性（如混合模式和不透明度）的通道
25	层堆栈	层堆栈是指管理和组织层的地方，层是从下到上组成的
26	懒惰鼠标功能	懒惰鼠标功能（也称延时鼠标功能）是指画笔工具的一种行为，它能减缓画笔路径运行速度，以提高绘画精度，在光标和实际绘画处之间创建延迟/偏移效果
27	级别	级别是指一种允许通过直方图控制范围或颜色/灰度信息的效果。例如，它可用于反转颜色或使颜色变暗/变亮

续表

序号	关键词	关键词的含义
28	日志	日志是一个文本文件，其中的写入信息来自软件的信息，通常与运行应用程序的计算机有关
29	低/高网格	低多边形网格（简称低网格）和高多边形网格（简称高网格）都是 3D 网格，前者具有低密度的多边形，后者具有更高数量的多边形（通常大 100 倍）。通常高网格信息被烘焙到低网格
30	材料	材料定义了代表特定物质的属性。在 3D 网格上，材料还用于定义多边形面
31	网格	网格是指由多个信息定义的 3D 对象。在 Adobe Substance 3D Painter 中，网格由多边形（通常是三角形）定义。可以在 Blender 或 Maya 等 3D 建模应用程序中创建网格
32	网格贴图	网格贴图是指从包含与网格相关信息的网格烘焙而成的贴图。例如，网格贴图可以是位置信息或遮罩信息
33	贴图	MipMap（多级渐远纹理）是指预先计算好的纹理，通常每次都以比原始纹理低的分辨率呈现图像序列
34	模式	模式是指界面的设置方式，根据模式可以访问特定的工具和控件
35	噪波	噪波是指一种程序性和随机图像，通常表示有机形状和颜色/灰度值
36	法线	法线是指一种特殊的纹理，它使光线在 3D 网格表面上的行为方式发生变形，以模拟几何体中不存在的细节
37	OpenGL / DirectX	OpenGL/DirectX 是指用于渲染 2D 视图和 3D 视图信息的应用程序编程接口（API），它们还定义了法线贴图格式
38	正交投影	正交投影是指一种在 2D 空间中表示 3D 对象的方法，其中所有的投影线都与投影平面正交
39	PBR/PBS	基于物理的渲染（PBR）或基于物理的着色（PBS）是计算机图形学中的一种模型，它可以更加准确地模拟现实世界光线渲染图片
40	打包	打包是指将多个图像存储在一个纹理中的操作。由于纹理由分离的红色、绿色和蓝色通道组成，因此它们可以存储不同的信息，这些信息可以从其他应用程序中独立读取
41	粒子	粒子是指一种基于物理属性或其他复杂行为生成笔触的工具
42	透视	透视是指人眼在平面（如屏幕）上看到的近似表示物或场景，这是深度和规模的模拟
43	像素/纹素	像素是指图像中的一个点，它是包含颜色信息的最小元素。分辨率越大，可用像素越多，从而获得更好的清晰度和更多细节。纹素是纹理内的像素
44	插件	插件是指可以添加到软件中的编程功能（通常通过脚本表达），它扩展了应用程序的可能性
45	后期处理	后期处理是指在渲染 3D 图像后把它应用在屏幕上的视觉效果，通常用于模拟颜色校正或泛光等特殊行为
46	程序	程序是指由计算机根据一系列参数生成的过程，它可以是简单的数学结果，如数字或复杂的图像
47	投影	投影是指在特定视点（如相机）将图像/对象应用到 3D 网格表面的操作
48	分辨率	分辨率定义了纹理在 X 轴和 Y 轴（或宽度和高度）上的大小。通常其值为 2 次幂（如 2,4,8,16,...,512,1024,2048,...），因为它针对 GPU 中的计算进行了优化
49	脚本执行	脚本执行是指通过基于文本的文件格式的行为或使用特定命令执行特定行为

续表

序号	关键词	关键词的含义
50	着色器	着色器是指定义材质在接收光照信息时的行为。一些着色器可以是简单的（如卡通角色着色）或更高级的（如模拟表面光吸收的皮肤着色）
51	架子	架子是指应用程序中组织多种资源的位置，它包括从简单的图像到更复杂的工具
52	智能蒙版	智能蒙版的行为类似于智能材质，但它们不是图层，而是定义为仅基于当前 3D 网格生成蒙版的效果
53	智能材质	智能材质是指一组另存为一个文件的图层。智能材质可以适应 Adobe Substance 3D Painter 中的每个项目，利用该功能，可以根据当前 3D 网格的变化制作材质
54	涂抹	涂抹是指一种用于渗色、扩散或混合颜色的工具，通常它用于柔化像素
55	物质	物质是指一种文件格式，允许绘图软件根据一组参数（涉及程序计算）生成纹理。可以修改这些参数，以制作变化效果
56	对称	对称是指一种工具选项，允许在镜像中同时在两个位置绘画
57	模板	模板是指创建新项目时使用的一组预定义选项。例如，它可以定义默认分辨率或默认烘焙设置
58	像素比	像素比是指比较 UV 岛（2D）大小和与其相关的 3D 网格几何形状的规则。良好的像素比率意味着几何图形在 2D 空间中均匀展开，这对于保持 3D 网格上绘画/纹理的外观和质量保持一致非常重要
59	纹理	纹理是指包含由分辨率定义的 2D 像素的文件，这些像素可以是灰度的或彩色的。着色后像素可以具有透明度信息（如果文件格式支持的话）
60	纹理集	在 Adobe Substance 3D Painter 中，纹理集表示具有所绘制特定 UV 网格的一部分。纹理集是根据导入 3D 网格时检测到的独特材质创建的
61	平铺	平铺是指在边界处看不到接缝纹理的重复，它旨在模拟无限平面如草地或人行道
62	工具	工具是指允许与 3D 网格交互的动作，通常用于绘制或应用效果
63	工具栏	工具栏是指提供工具所有图标快捷方式的位置
64	UDIM	UDIM 是指一种在多个范围内拆分 3D 网格的 UV，以提高一般纹理分辨率的方法
65	UV	UV 是指 3D 网格上定义的信息，用于指示如何将 UV 展开为平面形状。此信息用于将纹理投影到 3D 网格上。Adobe Substance 3D Painter 只允许在代表纹理大小的范围内（0～1）进行绘制，其他范围仅通过 UDIM 系统支持
66	VRAM	VRAM 是指 GPU（Graphic Card）的内存，在进行计算时用于存储信息和纹理。VRAM 数量越多，使用 Adobe Substance 3D Painter 的效果就越好
67	视口	视口是指屏幕上显示 3D 或 2D 场景的地方，这也是可以通过控制相机与工具和 3D 网格进行交互的地方

提示： 表 1-1 中关键词含义的理解需要通过后续章节的学习。

视频播放： 关于具体介绍，请观看本书配套视频“任务四：Adobe Substance 3D Painter 中的关键词含义.mp4”。

六、拓展训练

请读者利用空余时间去图书馆或利用互联网，了解 Adobe Substance 3D Painter 的详细发展历史及其在各个领域的应用情况。

案例 2　Adobe Substance 3D Painter 的界面布局

一、案例内容简介

本案例主要介绍 Adobe Substance 3D Painter 的界面布局，以及界面中各个面板的作用和界面布局调节。

二、案例效果欣赏

三、案例制作（步骤）流程

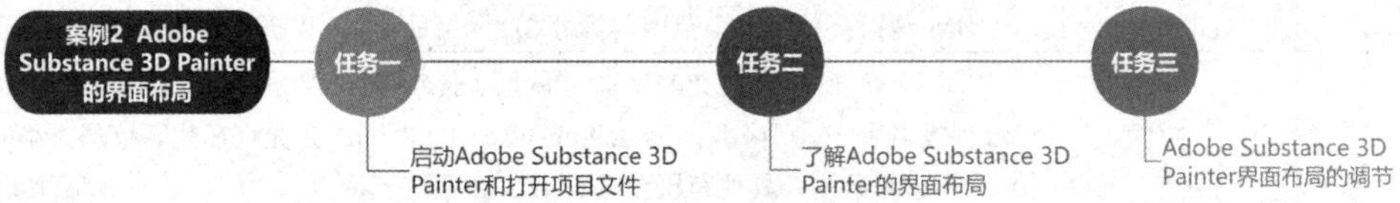

四、制作目的

（1）了解 Adobe Substance 3D Painter 的界面布局。
（2）了解 Adobe Substance 3D Painter 界面中各个面板的主要作用。
（3）掌握 Adobe Substance 3D Painter 界面布局的调节方法。

五、详细操作步骤

任务一：启动 Adobe Substance 3D Painter 和打开项目文件

在了解 Adobe Substance 3D Painter 的界面布局之前，先启动该软件，再打开该软件自带的项目文件。

1. 启动 Adobe Substance 3D Painter

启动 Adobe Substance 3D Painter 的方法比较多，下面介绍常用的 3 种方法。

方法 1：通过开始菜单启动 Adobe Substance 3D Painter

在开始菜单栏中单击“开始”→Allegorithmic→（Adobe Substance 3D Painter）命令项，即可启动 Adobe Substance 3D Painter。

方法 2：在桌面双击图标，或者在任务栏中单击图标，即可启动 Adobe Substance 3D Painter。

方法 3：直接双击需要编辑或修改的项目文件，即可启动 Adobe Substance 3D Painter。

2. 打开项目文件

为了方便介绍 Adobe Substance 3D Painter 的界面布局，在此，先打开 Adobe Substance 3D Painter 自带的项目文件。具体操作步骤如下。

步骤 01：在菜单栏中单击【文件】→【打开样本...】命令，弹出【打开项目】对话框。

步骤 02：在【打开项目】对话框中选择需要打开的项目文件，如图 1.8 所示。

步骤 03：选择项目文件之后，单击【打开（0)】按钮，将选择的项目文件打开。打开的项目文件如图 1.9 所示。

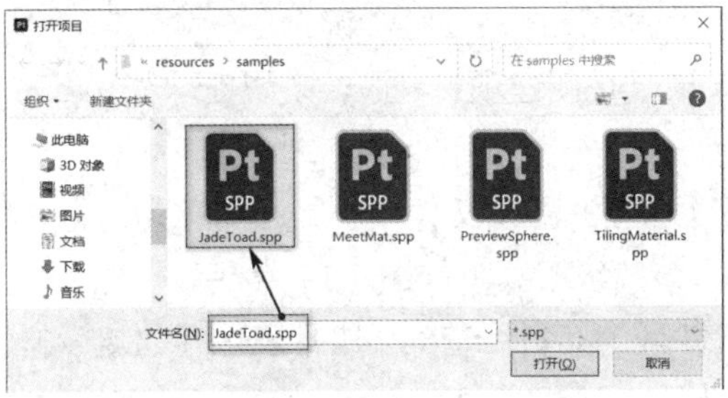

图 1.8 选择需要打开的项目文件

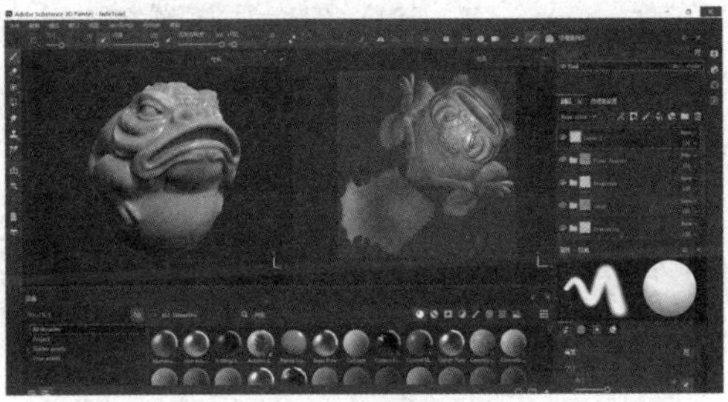

图 1.9 打开的项目文件

视频播放：关于具体介绍，请观看本书配套视频“任务一：启动 Adobe Substance 3D Painter 和打开项目文件.mp4”。

任务二：了解 Adobe Substance 3D Painter 的界面布局

Adobe Substance 3D Painter 界面主要包括标题栏、菜单栏、工具栏、视图编辑区、资源区和各种功能面板。

1. 标题栏

标题栏主要显示 Adobe Substance 3D Painter 图标、软件名称和项目名称，Adobe Substance 3D Painter 的标题栏如图 1.10 所示。

2. 菜单栏

菜单栏位于标题栏下方，主要包括【文件】、【编辑】、【模式】、【窗口】、【视图】、【JavaScript】、【Python】和【帮助】8 个菜单组。菜单栏如图 1.11 所示。

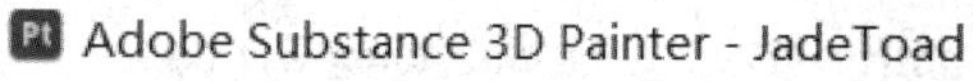

图 1.10　Adobe Substance 3D Painter 的标题栏

图 1.11　菜单栏

通过文件菜单组中的相关命令，可以完成与 Adobe Substance 3D Painter 相关的操作。

1)【文件】菜单组

【文件】菜单组主要用于创建和保存项目操作，以及资源导出和导入到项目中的操作。【文件】菜单组如图 1.12 所示。该菜单组的二级子菜单命令作用如下。

(1)【新建…】：创建一个新的 Adobe Substance 3D Painter 项目，快捷键为“Ctrl+N”组合键。

(2)【打开…】：打开一个 Adobe Substance 3D Painter 项目，快捷键为“Ctrl+O”组合键。

(3)【最近文件】：显示最近打开的项目列表。

(4)【打开样本…】：打开 Adobe Substance 3D Painter 附带的示例项目的快捷方式。

(5)【关闭】：关闭当前打开的项目，快捷键为“Ctrl+F4”组合键。

(6)【保存】：保存当前打开的项目。如果该项目是新建项目，那么系统提示“另存为”，快捷键为“Ctrl+S”组合键。

(7)【更多保存选项】：该二级子菜单包括【保存并减小文件大小】、【另存为…】、【保存为复本…】和【保存为模板…】4 个子菜单。该二级子菜单如图 1.13 所示。

①【保存并减小文件大小】：保存当前项目并减少其占用空间（比常规保存的速度慢）。

②【另存为…】：允许使用特定名称保存项目。

③【保存为复本…】：允许使用特定名称保存项目，同时保持当前项目处于打开状态。

④【保存为模板…】：将当前项目保存到可用于新项目的模板文件中，将当前纹理集设置结果、面板参数设置结果和着色器保存为模板。

(8)【删除未使用的资源…】：从当前项目中删除所有未使用的资源（将在下一次保存后生效）。

(9)【导入资源…】：打开导入资源窗口。

(10)【导出模型…】：打开导出模型窗口。

(11)【导出贴图…】：允许将当前项目导出为位图纹理，快捷键为“Ctrl+Shift+E”组合键。

(12)【发送至】：该二级子菜单包括【导出到 Photoshop】和【发送至 Substance 3D stager】两个子菜单，如图 1.14 所示。在该二级子菜单中单击相应命令，即可将绘制的“材质/通道”导出到对应的应用软件中，供用户进行纹理通道的编辑和保存。

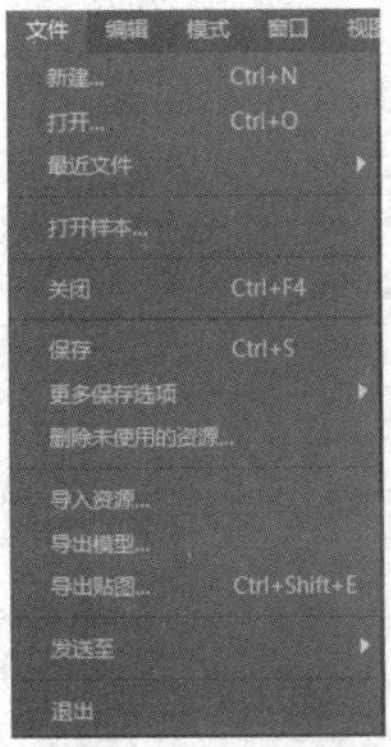

图 1.12 【文件】菜单组

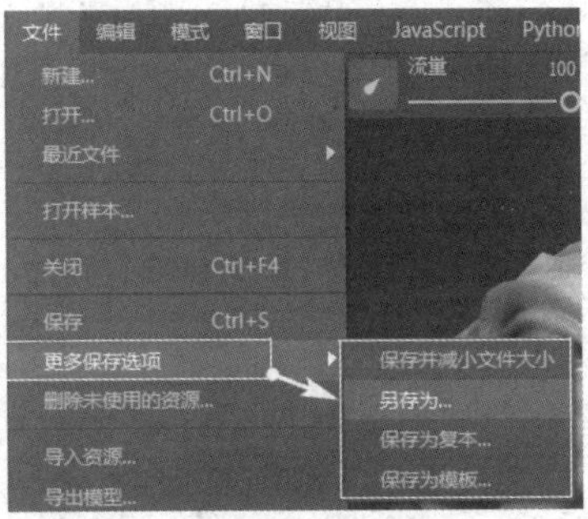

图 1.13 【更多保存选项】二级子菜单

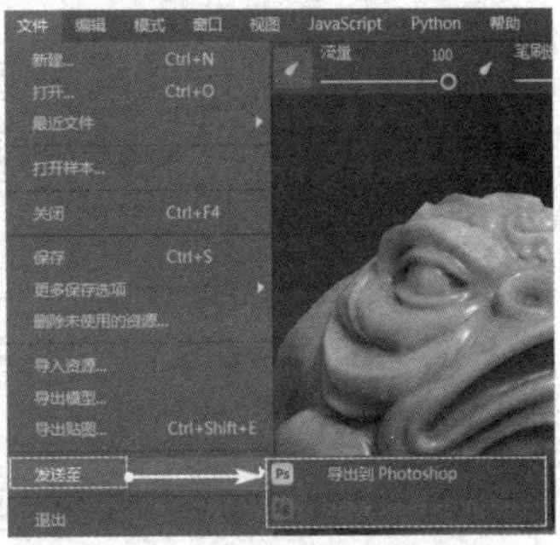

图 1.14 【发送至】子菜单

具体操作步骤如下。

步骤 01：在菜单栏中单击【文件】→【导出到 Photoshop】命令，弹出【选择要导出的材质/通道】对话框。在该对话框中选择需要导出的“材质/通道”选项。【选择要导出的材质/通道】对话框的具体设置如图 1.15 所示。

步骤 02：单击【OK】按钮，即可将勾选的“材质/通道”选项导出到 Photoshop 中。导出的“材质/通道”如图 1.16 所示。

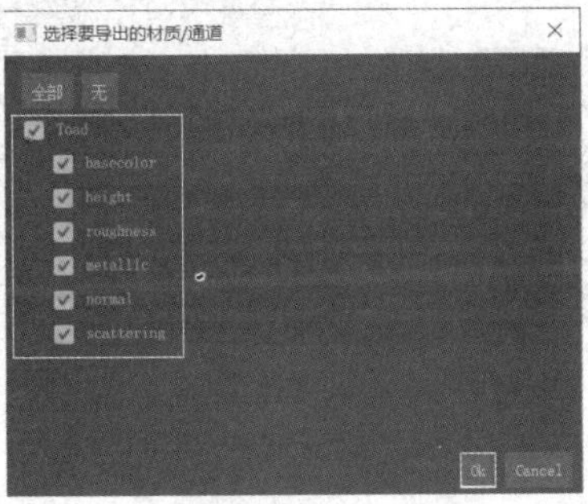

图 1.15 【选择要导出的材质/通道】对话框的具体设置

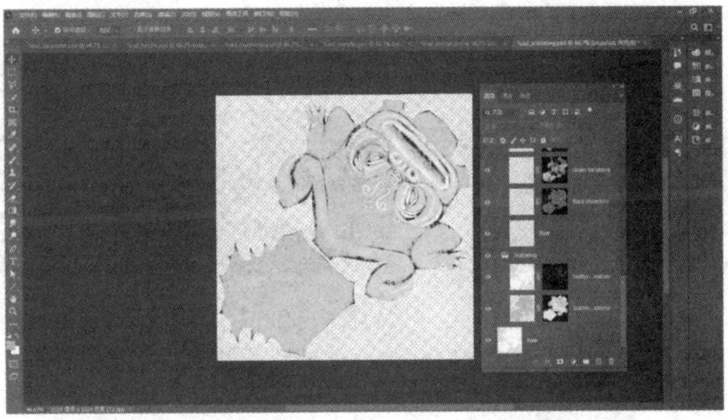

图 1.16 导出的“材质/通道”

（13）【退出】：关闭 Adobe Substance 3D Painter。如果某些信息未保存，它就会要求保存当前项目。

2）【编辑】菜单组

【编辑】菜单组主要用于快速访问撤销/重做操作，还可以访问项目设置和全局设置。【编辑】菜单组如图 1.17 所示。该菜单组的二级子菜单命令作用如下。

（1）【Undo 添加笔刷】：在历史堆栈中后退一步，快捷键为“Ctrl+Z”组合键。

（2）【恢复】：在历史堆栈中前进一步，快捷键为“Ctrl+Y”组合键。

（3）【项目文件配置...】：打开当前项目设置窗口。

（4）【重新导入网格】：重新导入网格。

（5）【设置…】：打开 Adobe Substance 3D Painter 的全局设置窗口。

3）【模式】菜单组

【模式】菜单组主要用于不同模式之间切换 Adobe Substance 3D Painter 的界面，每个模式都有特定的用途。【模式】菜单组如图 1.18 所示。该菜单组的二级子菜单命令作用如下。

（1）【烘焙模型贴图】：打开模型贴图烘焙对话框，快捷键为“Ctrl+Shift+B”。

（2）【绘画】：此模式允许在 3D 网格上工作并操纵图层堆栈，快捷键为“F9”键。该模式为默认模式。

（3）【Rendering（Iray）】：此模式允许当前项目切换到渲染模式，快捷键为“F10”键。

4）【窗口】菜单组

【窗口】菜单组用于控制显示/隐藏窗口列表，以及它们是否在界面中可见。【窗口】菜单组如图 1.19 所示。该菜单组的二级子菜单命令作用如下。

（1）【视图】：主要用来控制界面中相关面板的显示和隐藏，【视图】二级子菜单命令主要包括【Python 帮助】、【Python 控制台】、【历史记录】、【图层】、【属性-绘画】和【日志】等 15 个命令。【视图】二级子菜单如图 1.20 所示，在该二级子菜单的命令组中，若在命令项前面标有“√”符号，则表示该命令对应的面板在界面中显示，否则，为隐藏状态。

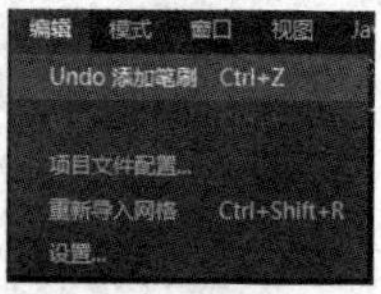

图 1.17 【编辑】菜单组

图 1.18 【模式】菜单组

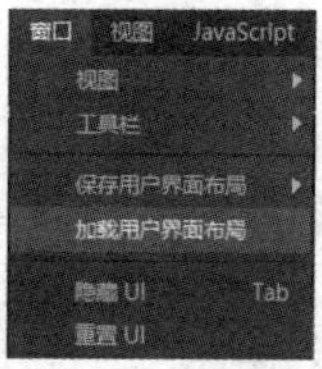

图 1.19 【窗口】菜单组

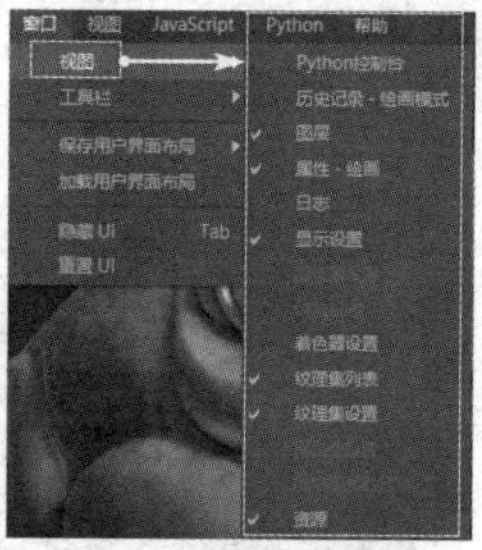

图 1.20 【视图】二级子菜单

（2）【工具栏】：主要用来控制【停靠栏】、【工具】和【插件】面板的显示或隐藏，快捷键为“Tab”键。

（3）【保存用户界面布局】：为用户提供【绘画模式】、【渲染模式】和【烘焙模式】3 种界面布局模式的保存方式。

（4）【加载用户界面布局】：加载用户以前保存的界面布局。

（5）【隐藏 UI】：隐藏界面的所有面板并最大化视口，快捷键为“Tab”键。

（6）【重置 UI】：将当前窗口布局重置为默认值。该功能对初学者特别实用，使用该功能，就不用担心把界面调乱。

5）【视图】菜单组

【视图】菜单组主要用于切换渲染模式和视图显示模式。【视图】菜单组如图 1.21 所示。

（1）【显示材质】：将渲染模式切换为材质显示模式，快捷键为“M”键。

（2）【显示下一个通道】：将视图纹理更改为纹理集设置中可用的下一个通道，快捷键为“C”键。

（3）【显示前一个通道】：将视图纹理更改为纹理集设置中可用的上一个通道，快捷键为“Shift+C”组合键。

（4）【显示下一个模型贴图】：将视口纹理更改为纹理集设置中可用的下一个网格贴图，快捷键为“B”键。

（5）【显示上一个模型贴图】：将视图纹理更改为纹理集设置中可用的上一个网格贴图。

（6）【显示整个模型】：将视图纹理设置中的网格和纹理集完整显示在视图编辑区，快捷键为“F”键。

（7）【启用快速遮罩】：显示和使用快速遮罩。

（8）【编辑快速遮罩】：将绘图模式切换到快速遮罩模式。

（9）【反转快速遮罩】：反转快速遮罩的结果。

6）【JavaScript】菜单组

【JavaScript】菜单组主要用于对插件的控制。例如，打开插件文件夹窗口或连接到 Adobe Substance 3D Painter 的插件获取网站。【JavaScript】菜单组如图 1.22 所示。

（1）【JavaScript】菜单组前面 3 个插件组命令的二级子菜单中包含【禁用】、【重新加载】、【配置】和【关于】4 个选项。二级子菜单如图 1.23 所示。

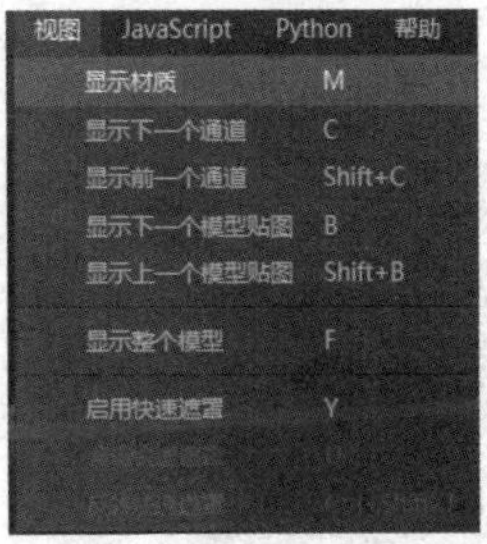

图 1.21　【视图】菜单组

图 1.22　【JavaScript】菜单组

图 1.23　二级子菜单

①【禁用】：禁用插件，使插件失效。

②【重新加载】：允许在应用程序运行时脚本更改的情况下重新加载插件。

③【配置】：调用【插件配置】对话框，为用户提供插件配置和保存。

④【关于】：为用户提供插件的相关信息。

（2）【插件文件夹】：单击该命令，打开插件放置的文件夹。

（3）【重新加载插件文件夹】：重新加载插件中的插件文件夹。

7）【Python】菜单组

【Python】菜单组主要用于打开和重新加载插件文件夹，【Python】菜单组如图 1.24 所示。该菜单组的二级子菜单命令作用如下。

（1）【插件文件夹】：打开插件所在的文件窗口。

（2）【重新加载插件文件夹】：加载用户自行复制到插件文件中的插件文件。

8）【帮助】菜单组

【帮助】菜单组主要包括【教程...】、【发行说明...】和【文档...】等 16 个菜单命令。【帮助】菜单组如图 1.25 所示，它主要为用户提供一些有关 Adobe Substance 3D Painter 更新、日志、使用说明和参考教程等信息。

图 1.24 【Python】菜单组

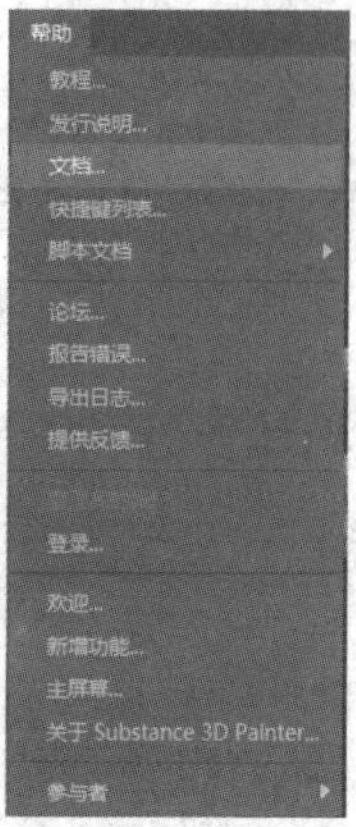

图 1.25 【帮助】菜单组

（1）【教程...】：单击该命令，链接到 Adobe Substance 3D Painter 官网的免费课程网站。课程网站界面如图 1.26 所示。

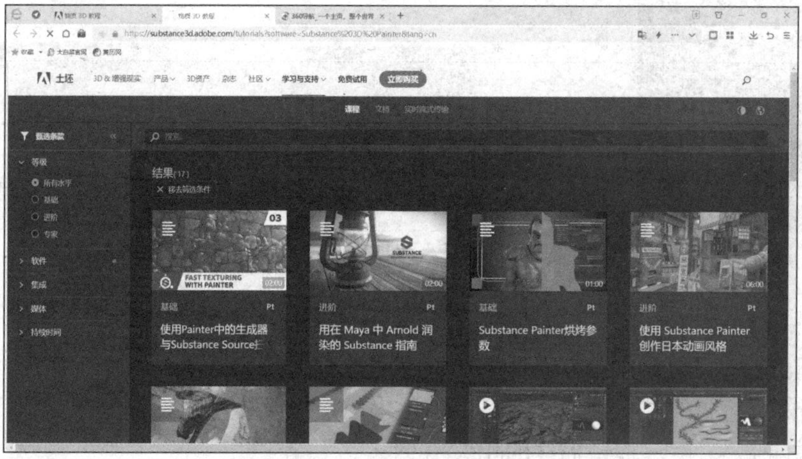

图 1.26 课程网站界面

（2）【发行说明...】：单击该命令，可以链接到 Adobe Substance 3D Painter 官网。通过其官网，可以详细了解 Adobe Substance 3D Painter 每个版本的具体功能、新增加的功能及其发行情况。【发行说明...】网页界面如图 1.27 所示。

（3）【文档...】：单击该命令，可以链接到 Adobe Substance 3D Painter 官网。通过其官网，可以详细了解 Adobe Substance 3D Painter 的功能、具体使用方法及技巧。【文档...】网页界面如图 1.28 所示。

图 1.27 【发行说明…】网页界面

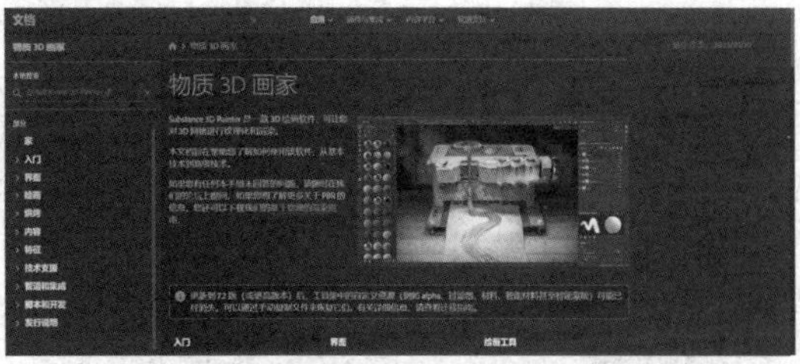

图 1.28 【文档…】网页界面

（4）【快捷键列表】：单击该命令，可以链接到 Adobe Substance 3D Painter 官网。通过其官网可以详细了解 Adobe Substance 3D Painter 中每个快捷键的功能描述和对应的菜单命令。

（5）【脚本文档】：主要包括【着色器 API】、【JavaScript API】和【Python API】3 个子菜单命令。

①【着色器 API】：可以自定义着色器系统的 Adobe Substance 3D Painter 中包含的离线文档。

②【JavaScript API】：单击该命令，可以链接到 Adobe Substance 3D Painter plugin system 网站。

③【Python API】：单击该命令，可以链接到 Adobe Substance 3D Painter 的 Adobe Substance 3D Painter Python API 0.1.0 Documentation 网站。

（6）【论坛…】单击该命令，可以链接到 Adobe Substance 3D Painter 支持的社区论坛，在这些论坛，用户可以发表各自的观点和寻求需要的帮助。

（7）【报告错误…】：向 Allegorithmic 的服务器发送错误报告（带附件）。

（8）【导出日志…】：导出 Adobe Substance 3D Painter 的日志文件。

（9）【提供反馈…】：单击该命令，可以链接到 Adobe Substance 3D Painter 的信息反馈网页。

（10）【管理我的账户】：单击该命令，可以链接到账户管理界面。用户可以对自己的账户进行修改和管理。

（11）【登录…】：单击该命令，可以链接到账户注册和管理界面，为用户提供注册和登录账户服务。

（12）【欢迎…】：单击该命令，弹出【欢迎】界面，用户可以通过【欢迎】界面了解 Adobe Substance 3D Painter 的大致功能。【欢迎】界面如图 1.29 所示。

（13）【新增功能…】：单击该命令，弹出【新增功能】界面，用户可以通过【新增功能】界面了解该版本的新增功能和功能描述。【新增功能】界面如图 1.30 所示。

（14）【主屏幕…】：单击该命令，弹出【主屏幕】界面，【主屏幕】界面如图 1.31 所示。通过该界面可以链接到【教程】、【在线文档】、【开始绘图】、【网站】、【论坛】和【社区资产】网页。

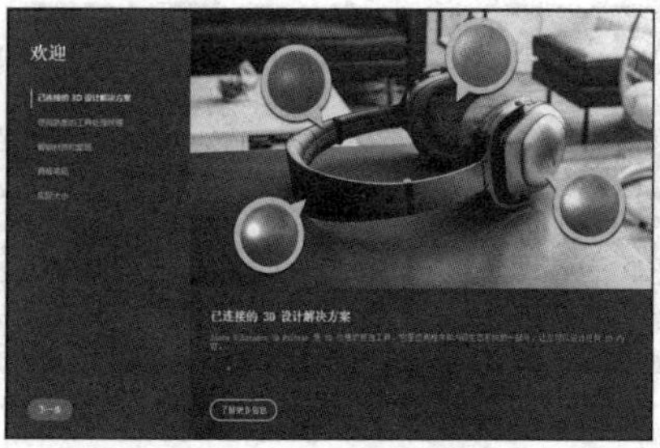

图 1.29 【欢迎】界面

图 1.30 【新增功能】界面

（15）【关于 Substance 3D Painter…】：单击该命令，弹出【Substance 3D Painter】界面。【Substance 3D Painter】界面如图 1.32 所示。在该界面中可以详细了解该版本的详细信息和有关法律声明。

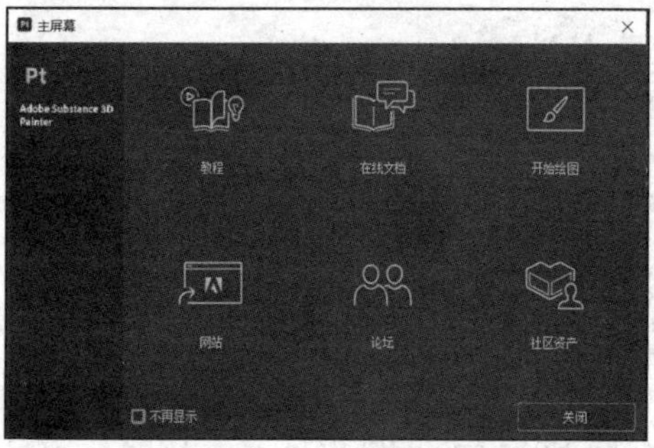

图 1.31 【主屏幕】界面

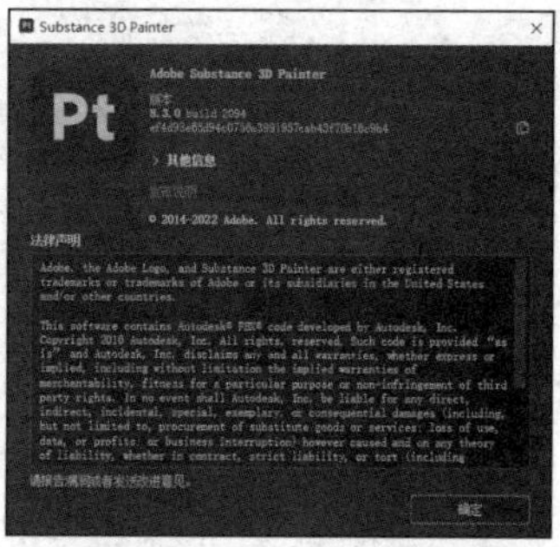

图 1.32 【Substance 3D Painter】界面

（16）【参与者】菜单组：该菜单组包括【关于 Iray】和【关于 Yebis】二级子菜单命令，这些菜单命令作用如下。

①【关于 Iray】：显示有关 Iray（Adobe Substance 3D Painter 使用的渲染系统）的信息。

②【关于 YEBIS】：显示有关 YEBIS 的信息。这是 Adobe Substance 3D Painter 使用的后处理系统。

3. 工具栏

工具栏的主要作用是为用户提供各种工具的快速选择和参数调节，工具栏分为横向工具栏和竖向工具栏，如图 1.33 所示。

竖向工具栏主要为用户提供各种绘图和编辑工具；横向工具栏会因用户在竖向工具栏中选择的工具不同而发生相应的改变，其主要作用是快速调节用户在竖向工具栏中选择工具的参数。

提示：工具栏中的各种工具的具体使用方法和参数调节在后续案例中详细介绍。

4. 视图编辑区

视图编辑区的主要作用是为用户提供 3D 网格和纹理显示的区域。用户主要在视图编辑区制作模型材质，视图编辑区如图 1.34 所示。

图 1.33 工具栏分为横向工具栏和竖向工具栏

图 1.34 视图编辑区

视图编辑区有多种显示模式，可以对视图编辑区进行重新布局。

提示：视图编辑区的相关操作在后续案例中详细介绍。

5. 资源区

资源区如图 1.35 所示，它的主要作用是管理项目、当前会话或磁盘上可用的所有资产和材质。

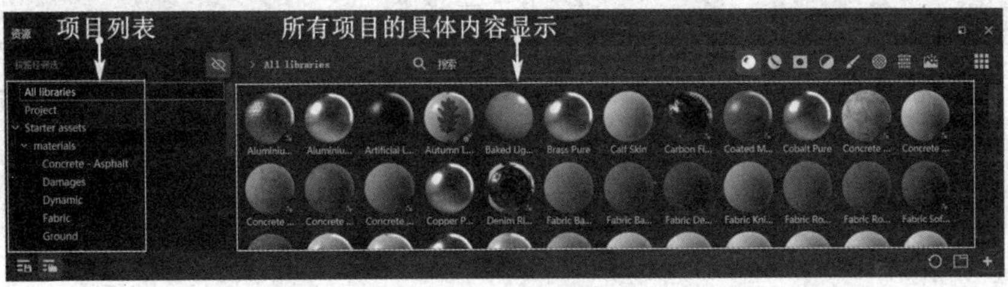

图 1.35 资源区

资源区可以显示各种类型的文件，从位图到 Adobe Substance 3D Painter 文件，甚至自定义画笔预设。

6. 各种功能面板

Adobe Substance 3D Painter 主要包括【纹理集列表】、【图层】、【纹理集设置】、【各种工具属性设置】、【显示设置】、【着色器设置】、【历史记录】和【日志】等功能面板。

视频播放：关于具体介绍，请观看本书配套视频"任务二：了解 Adobe Substance 3D Painter 的界面布局.mp4"。

任务三：Adobe Substance 3D Painter 界面布局的调节

Adobe Substance 3D Painter 界面布局调节主要包括面板大小和位置的调节、面板的显示或隐藏、面板的独立显示以及界面重置等操作。

1. 调节面板大小

在 Adobe Substance 3D Painter 中可以调节面板的宽度和高度，具体操作步骤如下。

步骤 01：调节面板之间的宽度。将光标放在左右两个面板之间的连接处，此时，光标变成形态，按住左键不放的同时左右移动光标，即可调节面板之间的宽度。

步骤 02：调节面板之间的高度。将光标放在上下两个面板之间的连接处，此时，光标变成形态，按住左键不放的同时上下移动光标，即可调节面板的高度。

2. 调节面板的位置

调节面板位置的方法比较简单。下面，以调节【图层】面板的位置为例介绍面板位置调节的方法。

步骤 01：将光标移到【图层】面板的标题上，光标所在位置如图 1.36 所示。

步骤 02：按住左键不放的同时移动光标到需要放置【图层】面板的位置，此时，出现一个虚框，如图 1.37 所示。

步骤 03：松开左键，即可将【图层】面板放到该位置，改变位置之后的【图层】面板如图 1.38 所示。

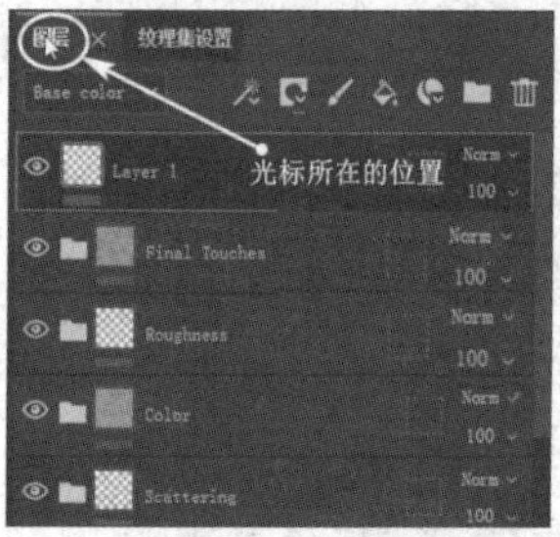

图 1.36　光标所在位置

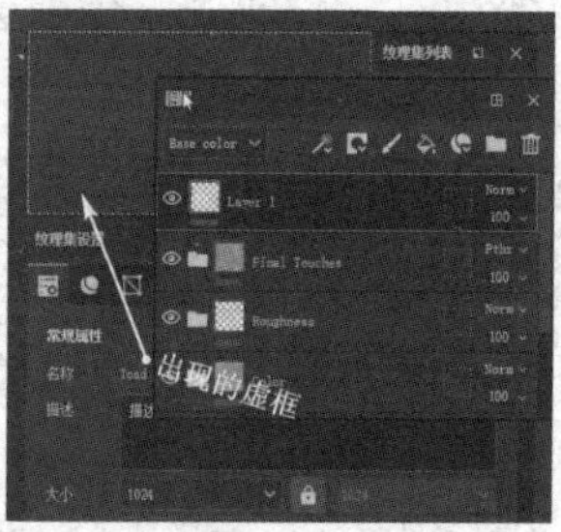

图 1.37　出现的虚框

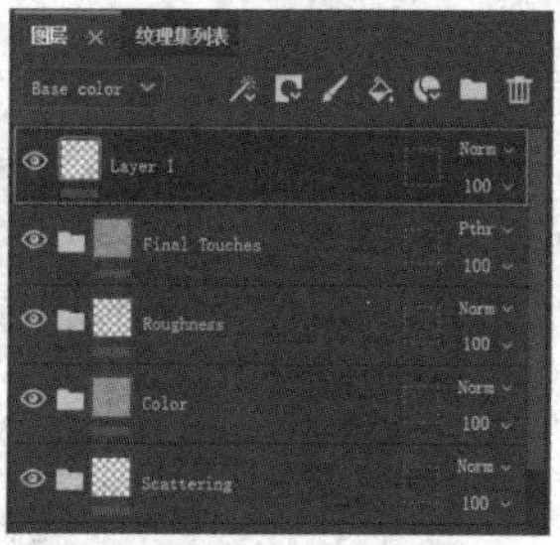

图 1.38　改变之后位置的【图层】面板

3. 面板的显示或隐藏

用户可以根据工作需要显示或隐藏面板，方便用户灵活布置界面。

1）显示面板

步骤 01：在菜单栏中单击【窗口】→【视图】命令，弹出二级子菜单。在该子菜单命令前面的复选框中出现“√”符号，则表示该面板目前为显示状态；若没有出现“√”符号，则表示该面板目前为隐藏状态。

步骤 02：将光标移到需要显示面板对应的菜单命令上单击，即可显示当前面板。

2）隐藏面板

主要通过以下两种方式隐藏面板。

步骤 01：菜单法。在菜单栏中单击【窗口】→【视图】命令，弹出二级子菜单。将光标移到需要隐藏的二级子菜单命令上单击，即可隐藏当前面板。

步骤 02：直接单击法。单击需要隐藏的面板左上角的按钮，即可隐藏该面板。

4. 面板的独立显示

在 Adobe Substance 3D Painter 中，用户可以通过光标将面板拖出来，使之悬浮在界面上独立显示。下面以【图层】面板的独立显示为例进行介绍。

步骤 01：将光标移到【图层】面板的标题上，按住左键不放的同时移动光标。

步骤 02：将【图层】面板移动到需要悬浮放置的位置，松开左键即可。独立显示的【图层】面板如图 1.39 所示。

5. 通过单击界面右侧按钮显示面板

在 Adobe Substance 3D Painter 中，对【显示设置】、【着色器设置】、【历史记录】和【日志】这 4 个面板，可以通过单击界面右侧按钮使它们显示。

下面以显示【着色器设置】面板为例进行介绍。将光标移到界面右侧的着色器设置按钮上，单击左键，即可调出【着色器设置】面板，如图 1.40 所示。

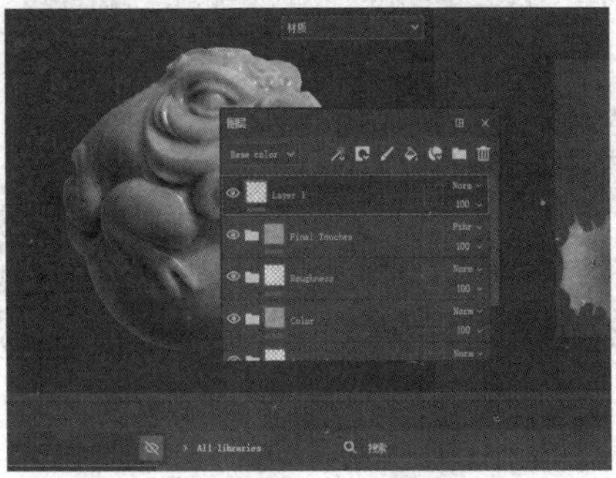

图 1.39　独立显示的【图层】面板

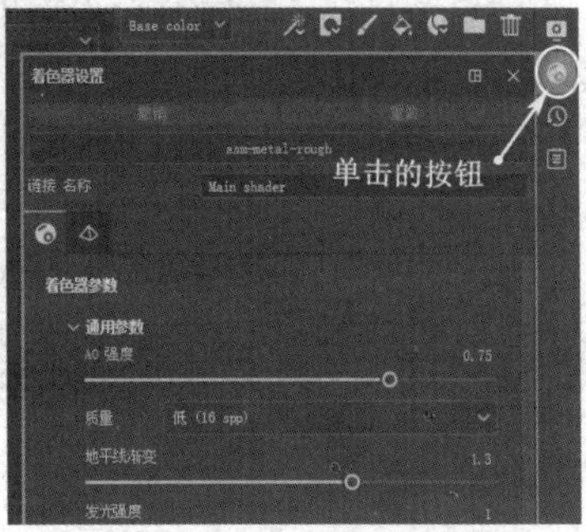

图 1.40　【着色器设置】面板

6. 重置 UI

在 Adobe Substance 3D Painter 中，当界面调节混乱时，不用担心，只需执行【重置 UI】命令即可将界面恢复到默认设置状态。具体操作如下：在菜单栏中，单击【窗口】→【重置 UI】命令。

视频播放：关于具体介绍，请观看本书配套视频“任务三：Adobe Substance 3D Painter 界面布局的调节.mp4”。

六、拓展训练

根据所学知识，在自用计算机上安装 Adobe Substance 3D Painter。启动该软件，打开系统自带的样本项目文件，并根据自己的工作习惯，对 Adobe Substance 3D Painter 的界面进行重置。

案例 3　Adobe Substance 3D Painter 的基本操作

一、案例内容简介

本案例主要介绍在 Adobe Substance 3D Painter 中新建项目、烘焙模型贴图、视图操作、快捷键的相关设置和各种视图模式之间的切换。

二、案例效果欣赏

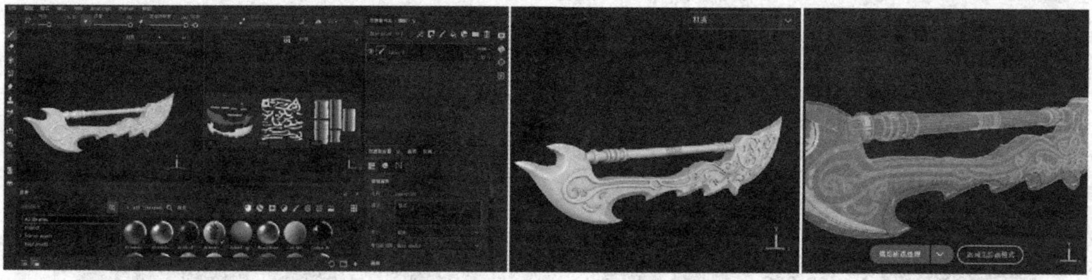

三、案例制作（步骤）流程

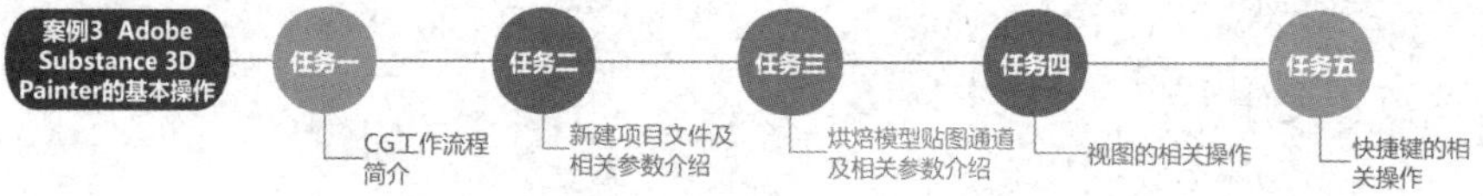

四、制作目的

（1）掌握新建项目文件相关参数的设置及其调节方法。
（2）掌握模型贴图烘焙原理、参数设置及其调节方法和技巧。
（3）了解快捷键的设置和常用快捷键的使用。
（4）了解各种视图模式之间的切换。

五、详细操作步骤

任务一：CG 工作流程简介

在学习使用 Adobe Substance 3D Painter 制作 3D 模型之前，需要了解 CG 工作流程。这样，才能在后续学习时做到心中有数。CG 工作流程如下。

步骤 01：使用其他三维软件（如 3DS MAX、C4D 或 Maya 等）制作模型，对制作好的模型进行清理、模型命名、分组、展开 UV、软硬边处理和赋予材质。

提示：在赋予材质时，建议根据材质分类赋予不同的材质球，以便在 Adobe Substance 3D Painter 中添加遮罩和制作材质。

步骤 02：将整理好的模型导出，导出格式为“*.obj”或“*.FBX”文件。

步骤 03：启动 Adobe Substance 3D Painter，新建项目文件。

步骤 04：根据所提供的低模和高模进行各种绘图通道的烘焙。需要烘焙的绘图通道主要有法线、世界空间法线、ID、“ao”通道、曲率、位置和厚度等贴图。

提示：如果在其他三维软件（Maya、3DS MAX 等）或烘焙软件中烘焙出了步骤 04 中的绘图通道，那么可以不烘焙，直接导入相应的通道贴图即可。

步骤 05：根据项目要求和创意制作三维贴图材质效果。

步骤 06：设置渲染输出的相关参数，输出最终效果图或贴图通道材质。

步骤 07：使用渲染软件将贴图通道材质赋予低模，进行作品渲染设置和渲染输出。

提示：可以使用 Maya 或 3DS MAX 三维软件中的渲染器进行渲染，也可以使用 Marmoset Toolbag 或 KeyShot 进行渲染输出。

步骤 08：使用图像处理软件或视频后期剪辑软件，对输出的作品进行后期处理和特效合成处理。

视频播放：关于具体介绍，请观看本书配套视频“任务一：CG 工作流程简介.mp4”。

任务二：新建项目文件及相关参数介绍

在本任务中主要介绍项目文件的创建和【新项目】对话框中各个参数的设置，这是制作贴图材质非常重要的一步。读者需要理解【新项目】对话框中各个参数的含义，并且能根据不同项目要求综合设置【新项目】对话框中的各个参数。

1. 新建项目文件

步骤 01：启动 Adobe Substance 3D Painter。

步骤 02：在菜单栏中单击【文件】→【新建…】命令（或按“Ctrl+N”组合键），弹出【新项目】对话框。

步骤 03：在【新项目】对话框中单击【选择…】按钮，在该对话中选择需要导入的文件，如图 1.41 所示。

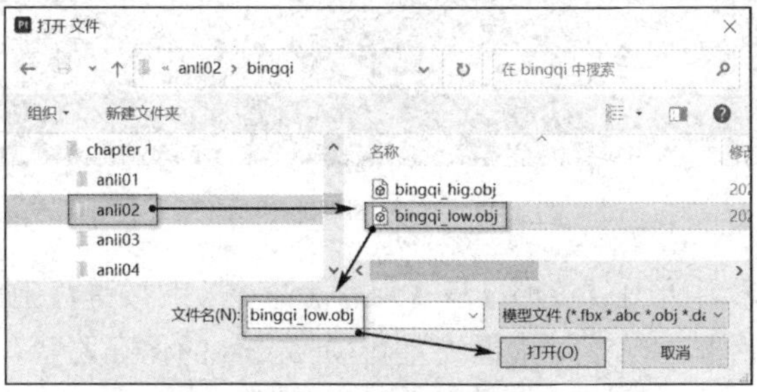

图 1.41 选择需要导入的文件

提示：选择的模型一定是已经展开 UV、软硬边处理、赋予材质和清理没有问题的模型。

步骤 04：单击【打开（O）】按钮，返回【新项目】对话框。

步骤 05：根据项目要求设置【新项目】对话框参数。【新项目】对话框参数设置如图 1.42 所示。

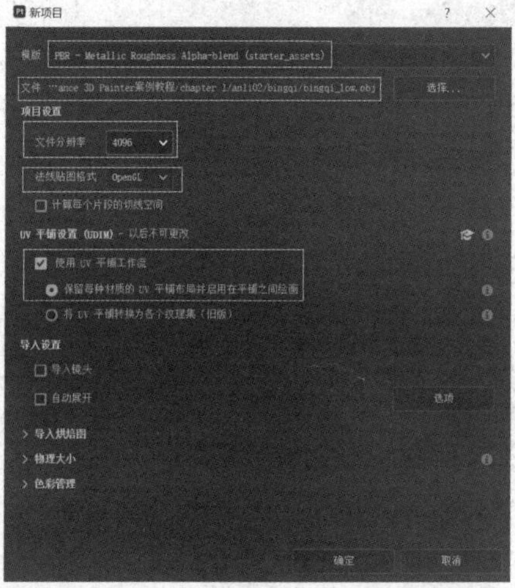

图 1.42 【新项目】对话框参数设置

步骤 06：参数设置完毕，单击【确定】按钮，完成新项目文件的创建。创建的新项目文件如图 1.43 所示。

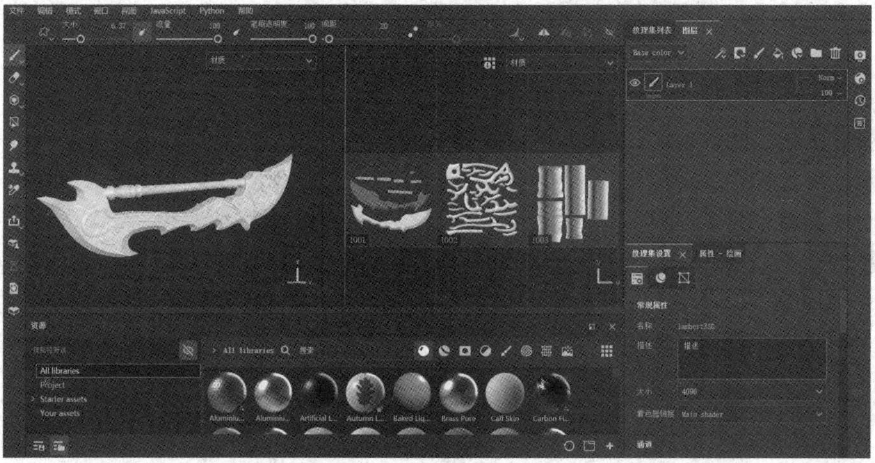

图 1.43 创建的新项目文件

步骤 07：在菜单栏中单击【文件】→【保存】命令（或按键盘上的“Ctrl+S”组合键），弹出【保存项目】对话框。在该对话框设置新项目文件的保存路径，将新项目文件命名为“兵器”，单击【保存（S）】按钮，完成新项目文件的保存。

2.【新项目】对话框参数介绍

只有了解【新项目】对话框中的每个参数的作用，才能根据不同项目的要求设置相关参数。其中每个参数的作用如下。

（1）【模板】：为用户提供 19 种不同的预制模板。用户可以根据不同要求选择不同的预制模板。一般情况下，选择默认的“PBR-Metallic Roughness（starter_assets）”选项即可。

（2）【文件】：单击【文件】右侧的【选择...】按钮，选择需要绘制贴图的文件模型。

提示：在 Adobe Substance 3D Painter 中，【文件】参数只支持“*.abc”“*.dae”“*.fbx”“*.gltf”“*.obj”“*.ply”6 种格式的模型文件。

（3）【文件分辨率】：为每个纹理集定义项目的默认分辨率。目前，Adobe Substance 3D Painter 在程序内部工作时的分辨率最高可达 4K（4096×4096 像素），导出时分辨率可达 8K（8192×8192 像素）。在此，读者需要根据机器的性能选择合适的分辨率。一般选择 2K，如果读者的机器性能比较好，在制作个人作品时，就可以选择 4K。

提示：对该参数，可以通过【纹理集设置】命令在编辑过程中随时进行修改。

（4）【法线贴图格式】：为用户提供两种法线贴图格式。选择什么格式的法线贴图，需要根据后期处理的软件而定。

提示：当用于 Maya、Marmoset Toolbag 和 Unity 时，需要选择“OpenGL”（*X*+ *Y*− *Z*+）格式；当用于 3DS MAX 和虚幻引擎时，需要选择“DirectX”（*X*+ *Y*+ *Z*+）格式。

（5）【计算每个片段的切线空间】：勾选该项参数，在片段（像素）着色器中计算 Bitangent，而不是在顶点着色器中计算 Bitangent。该项参数影响视口中着色器解码法线贴图格式。如果要更改该项参数设置，那么需要重新烘焙法线贴图。

（6）【UV 平铺设置（UDIM）-以后不可更改】：如果导入的模型 UV 采用了 UDIM 分布方式，就需要勾选【使用 UV 平铺工作】和【保留每种材质的 UV 平铺布局并启用在平铺之间绘画】选项。否则，不勾选这两项。

①【使用 UV 平铺工作】：如果选择此项，需要对导入的网格进行不同的处理，允许在常规 UV 范围（0～1）之外进行绘制。对使用 UDIM 的项目，应启用此项设置。模型的处理效果可能因设置而异。

②【保留每种材质的 UV 平铺布局并启用在平铺之间绘画】：如果选择此项，那么在 UV 平铺（UDIM）时将根据模型上的材料分配进行导入和分组。单个纹理集可以包含多个 UV 平铺，它们在二维（2D）视图中并排且可见，其效果如图 1.44 所示。对同一纹理集内的 UV 平铺，可以无缝绘制。

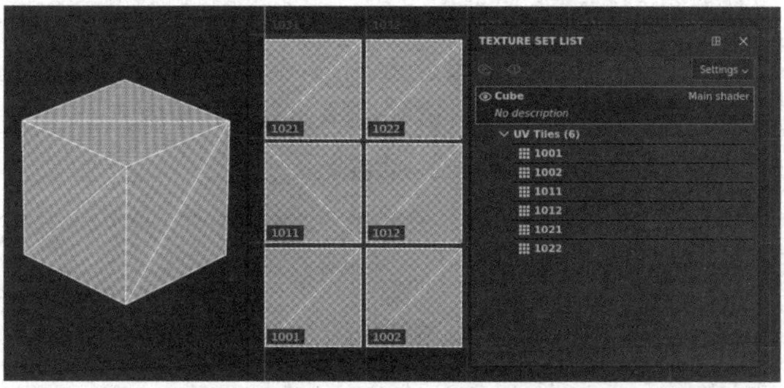

图 1.44 选择【保留每种材质的 UV 平铺布局并启用在平铺之间绘画】选项的效果

③【将 UV 平铺转换为各个纹理集（旧版）】：如果选择此项，UV 平铺（UDIM）被分成单独的纹理集并重命名，忽略任何材质分配。每个 UV 平铺移动到 UV 范围（0～1），以便绘制纹理。选择【将 UV 平铺转换为各个纹理集（旧版）】选项的效果如图 1.45 所示。

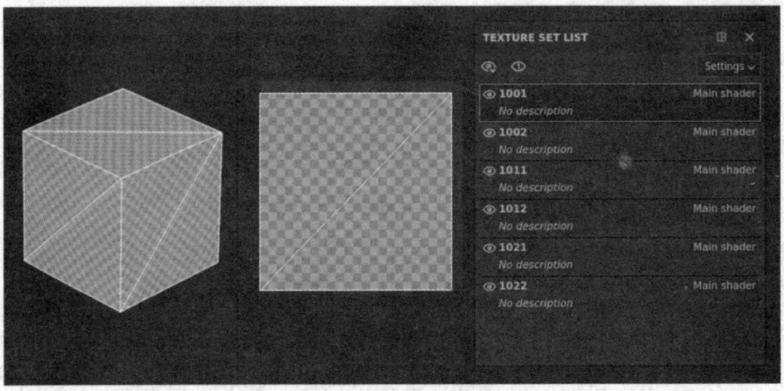

图 1.45　选择【将 UV 平铺转换为各个纹理集（旧版）】选项的效果

（7）【导入设置】：主要用来设置是否导入相机和 UV 的自动处理。

①【导入镜头】：当勾选此项时，若模型文件中存在相机，则相机被导入项目并作为可视化预设访问。

②【自动展开】：勾选此项后，在导入模型时，如果模型 UV 存在不合理问题，系统就会对该模型自动展开 UV。

（8）【导入烘焙图的二级子菜单命令】【为所有材质导入模型法线贴图和烘焙贴图】：单击其右侧的【添加】按钮，可以导入模型的烘焙贴图并通过纹理集设置自动分配到对应的选项中。这样，就可以省略烘焙贴图这一步骤，直接对模型进行材质制作。可以添加的烘焙贴图见表 1-3。

表 1-3　可以添加的烘焙贴图

模型贴图名称	贴图命名规则	模型贴图名称	贴图命名规则
环境阻塞	ambient_occlusion	ID	id
曲率	curvature	位置	position
普通的	normal_base	厚度	thickness
世界空间法线	world_space_normals	—	—

如果需要删除一个贴图，就选择需要删除的贴图，单击【清除】按钮即可。

提示：对导入的烘焙贴图必须遵循其命名规则，命名规则为 TextureSetName_MeshMapName，如 DefaultMaterial_ambient_occlusion.png。

视频播放：关于具体介绍，请观看本书配套视频“任务二：新建项目文件及相关参数介绍.mp4”。

任务三：烘焙模型贴图通道及相关参数介绍

新建项目文件后，如果需要对模型进行材质制作，就必须进行模型贴图通道烘焙，或者导入经过其他三维软件处理的相应模型贴图通道烘焙。在此，只介绍 Adobe Substance 3D Painter 自带的模型贴图通道烘焙的方法和相关参数设置。

1. 烘焙模型贴图通道

步骤 01：单击【纹理集设置】面板中的【烘焙模型贴图】按钮，弹出【烘焙】对话框，如图 1.46 所示。该对话框左侧为需要烘焙的贴图列表，右侧为列表选项的具体参数设置。

步骤 02：单击【高模】右侧的高模图标，弹出【高模】对话框。在该对话框中选择细节比较丰富的高模，选择的如图 1.47 所示。

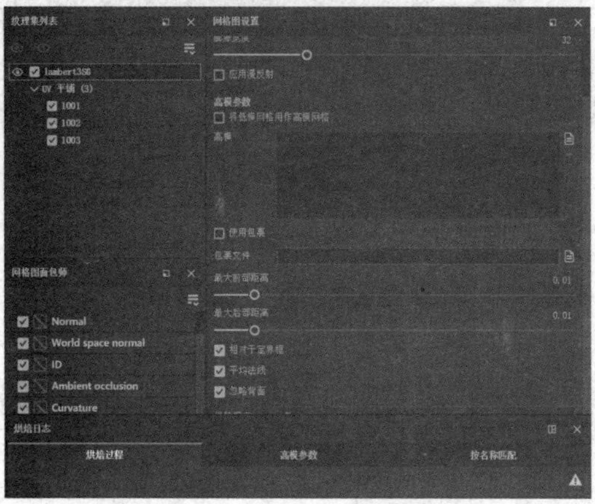

图 1.46 【烘焙】对话框

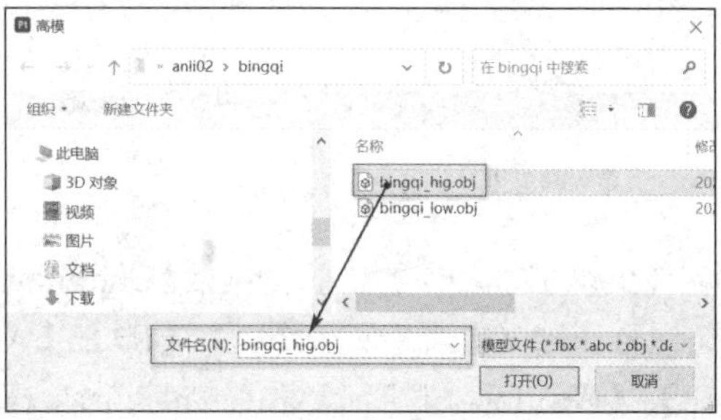

图 1.47　选择的高模

提示：如果没有对应的高模，那就选择低模进行烘焙。通过低模也可以烘焙出各种贴图，只不过模型没有细节纹理的变化。

步骤 03：选择高模后，单击【打开（O)】按钮，返回【烘焙】对话框。

步骤 04：根据项目要求，设置【烘焙】对话框的参数，如图 1.48 所示。

步骤 05：参数设置完毕，单击【烘焙所选纹理】按钮，开始烘焙。此时，出现烘焙进度条，如图 1.49 所示。

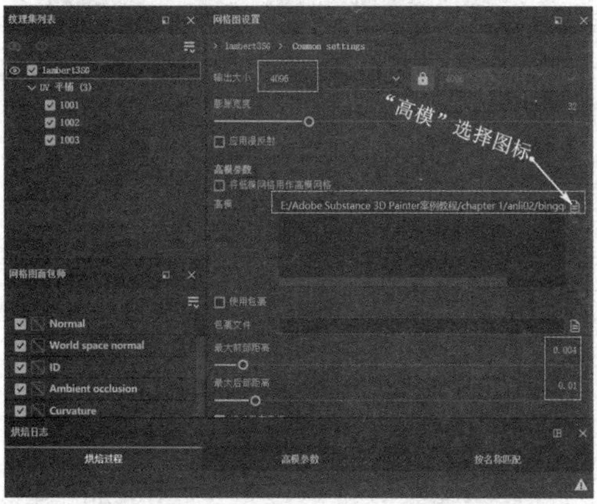

图 1.48 【烘焙】对话框参数设置

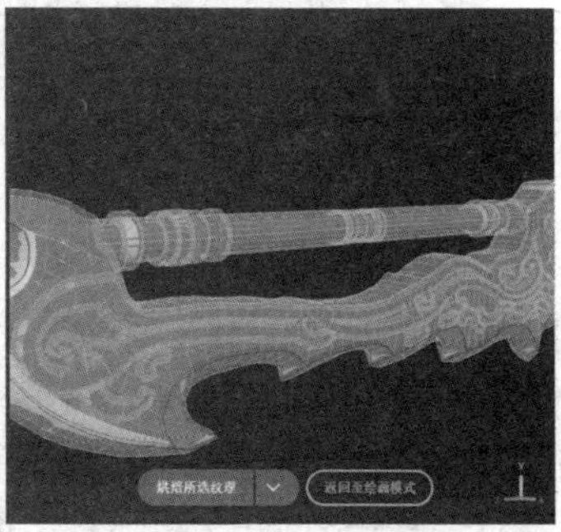

图 1.49　烘焙进度条

步骤 06：单击【返回至绘画模式】按钮，完成模型贴图通道烘焙。烘焙前后的模型贴图通道效果对比如图 1.50 所示。烘焙之后的模型效果如图 1.51 所示。

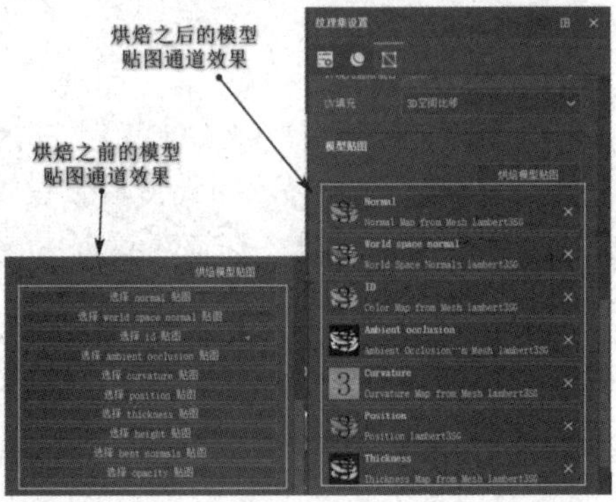

图 1.50　烘焙前后的模型贴图通道效果对比

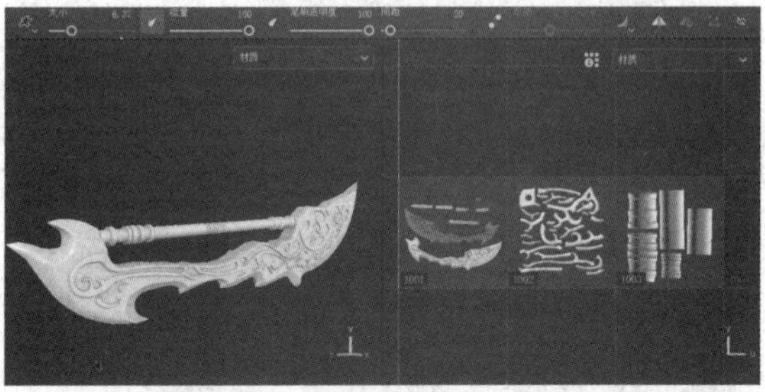

图 1.51　烘焙之后的模型效果

步骤 07：完成模型贴图通道的烘焙，保存文件后可以开始对模型进行材质制作。

2.【烘焙】对话框参数介绍

【烘焙】对话框参数主要包括【Common settings（通用设置）】、【Normal（法线）】、【World space normal（世界空间法线）】、【ID】、【Ambient occlusion（环境阻塞）】、【Curvature（曲率）】、【Position（位置）】和【Thickness（厚度）】8 个选项。各个选项的参数作用如下。

1）【Common settings（通用设置）】选项

【Common settings（通用设置）】选项参数如图 1.52 所示。

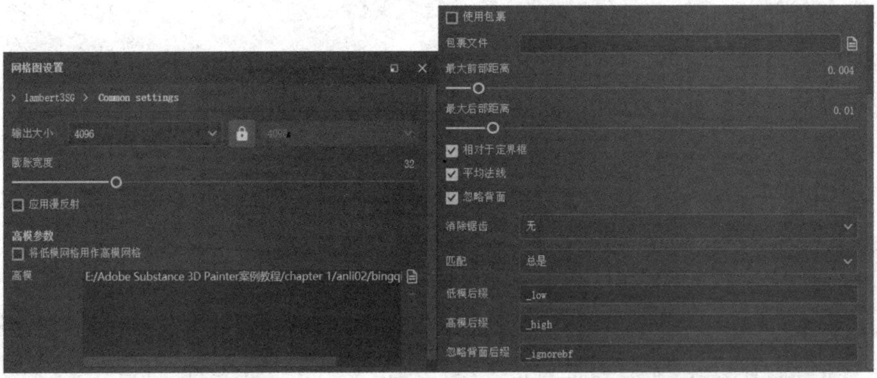

图 1.52　【Common settings（通用设置）】选项参数

（1）【输出大小】：主要用来设置烘焙后的模型贴图通道在输出时的尺寸大小，也就是贴图的精度大小，最大可以输出 8192×8192 像素的贴图。一般建议输出 4096×4096 像素的贴图即可。

（2）【膨胀宽度】：主要用来控制烘焙贴图通道的颜色扩散大小，其数值越小，扩散范围越大；其数值越大，扩散范围就越小，边界就越清晰。一般采用 32 像素即可。

（3）【应用漫反射】：勾选此项，烘焙的贴图颜色具有漫反射效果，否则，没有该效果。一般要勾选此项，以防止在 UV 的边界处出现接缝。

（4）【将低模网格用作高模网格】：勾选此项，则模型自动烘焙。一般只在没有高模的情况下才勾选此项。

（5）【高模】：单击高模图标，弹出【高模】对话框。在该对话框中，选择需要烘焙的高模，单击【打开（O）】按钮，即可将高模导入。如果不需要高模，就单击图标，将导入的高模移除。

（6）【使用包裹】：勾选此项，允许用户使用包裹进行烘焙。此处包裹是指低模包裹高模的范围。

（7）【包裹文件】：单击【包裹文件】右侧的图标，打开【包裹文件】对话框，以便用户选择包裹文件。在该对话框单击【打开（O）】按钮，即可选择烘焙用的包裹文件。

（8）【最大前部距离】：主要用来控制包裹框向外扩展的最大距离。

（9）【最大后部距离】：主要用来控制包裹框向内收缩的最大距离。

（10）【相对于定界框】：勾选此项，允许以定界框作为参考进行烘焙。一般默认勾选该选项。

（11）【平均法线】：勾选此项，允许采用平均法线进行烘焙。一般默认勾选该选项。

（12）【忽略背面】：勾选此项，允许忽略模型的背面，一般默认勾选该选项。

（13）【消除锯齿】：主要用来控制烘焙后的贴图精度。系统为用户提供了“无”、“二次取样 2×2”、“二次取样 4×4”和“二次取样 8×8”4 个选项。该数值越大，烘焙后的贴图精度就越高。

（14）【匹配】：为烘焙提供匹配模式。系统为用户提供了“总是”和“按网格名称”两种匹配模式。如果在进行烘焙时，两个模型之间的距离比较近，那么建议选择“按网格名称”模式，这样可以避免将靠近的另一个模型烘焙到本模型上。

（15）【低模后缀】/【高模后缀】：主要用来设置低模/高模的后缀。在进行烘焙时，系统自动识别用户设置的后缀。

（16）【忽略背面后缀】：主要用来设置需要忽略的背面后缀名。

2）【Normal（法线）】选项

【Normal（法线）】选项没有可设置的参数。

3）【World space normal（世界空间法线）】选项

【World space normal（世界空间法线）】选项没有可设置的参数。

4）【ID】选项

【ID】选项参数如图 1.53 所示。

（1）【颜色来源】：主要用来设置 ID 烘焙时的颜色来源。系统为用户提供“顶点颜色”、“材质颜色”、“文件 ID”和“网格 ID/多边形组”4 种来源方式。一般采用“顶点颜色”和“网格 ID/多边形组”颜色来源。

（2）【颜色生成器】：主要用来控制颜色的生成方式。系统为用户提供了“随机”、“色相偏移”和“灰度”3 种颜色生成方式。该选项只有在颜色来源为“文件 ID”和“网格 ID/

多边形组”时才起作用。

5)【Ambient occlusion（环境阻塞)】选项

【Ambient occlusion（环境阻塞)】选项参数如图 1.54 所示。

图 1.53 【ID】选项参数

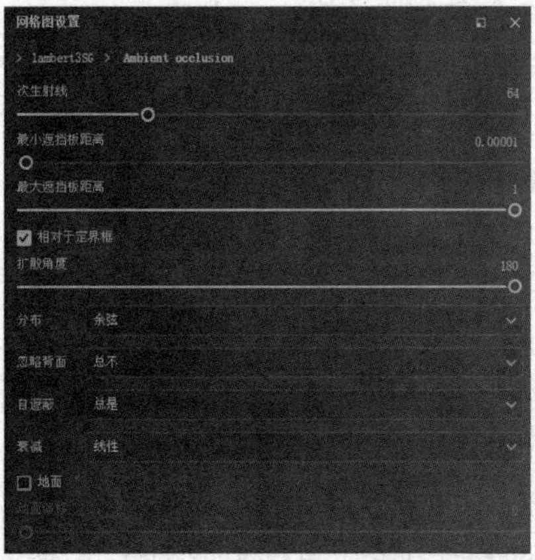

图 1.54 【Ambient occlusion（环境阻塞）】选项参数

(1)【次生射线】：主要用来控制烘焙时环境阻塞的精度。其数值越大，环境阻塞的精度越高。

(2)【最小遮挡板距离】：主要用来控制环境阻塞中黑色的起点距离。

(3)【最大遮挡板距离】：主要用来控制环境阻塞中黑色开始衰减的距离。

(4)【相对于定界框】：主要用来控制“相对于定界框”是否起作用，默认勾选该参数。

(5)【扩散角度】：主要用来调节灯光的扩散角度。

(6)【分布】：主要用来设置灯光的照射方式。系统为用户提供了“均一”和“余弦”两种照射方式。

(7)【忽略背面】：主要用来确认烘焙时是否忽略背面。系统为用户提供了“总不”、“总是”和“按网格名称”3 个选项，一般选择“总不”选项。

(8)【自遮蔽】：主要用来设置自遮蔽的方式。系统为用户提供了“总是”和“仅相同网格名称”2 个选项，一般选择“总是”选项。

(9)【衰减】：主要用来设置环境阻塞的衰减方式，系统为用户提供了“无”、“平滑”和“线性”3 个选项。一般选择“线性”选项。

(10)【地面】：勾选此项，启用“地面偏移”设置。

(11)【地面偏移】：主要用来控制环境阻塞的地面偏移距离大小。

6)【Curvature（曲率)】选项

【Curvature（曲率)】选项参数如图 1.55 所示。

(1)【方法】：主要用来选择曲率烘焙的计算方式。系统为用户提供了两个选项，一般采用默认设置。

(2)【次生射线】：主要用来控制曲率的细节精度。其数值越大，烘焙出的曲率精度越高。

（3）【取样半径】：主要用来调节烘焙出的曲率的大小。

（4）【相对于定界框】：主要用来确认相对于定界框是否起作用，此项为默认设置。

（5）【自交叉】：主要用来设置自交叉的方式。系统为用户提供了“总是”和“仅相同网格称”2 种自交叉模式，一般选择“总是”选项。

（6）【自动色调映射（按 UV 平铺）】：若勾选此项，则启用自动色调映射功能；若不勾选此项，则用户可以通过手动调节色调映射的最小值和最大值。

7）【Position（位置）】选项

【Position（位置）】选项参数如图 1.56 所示。

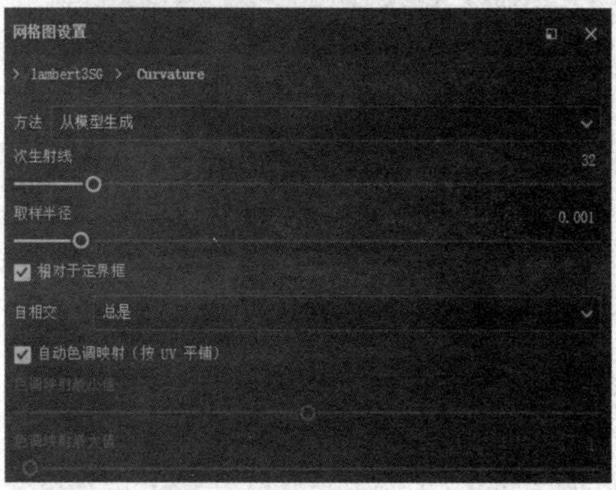

图 1.55 【Curvature（曲率）】选项参数

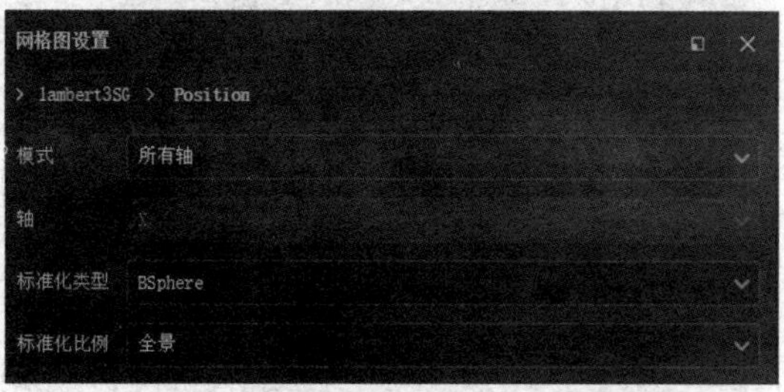

图 1.56 【Position（位置）】选项参数

（1）【模式】：主要用来选择烘焙的位置。如果选择“所有轴”选项，那么将 *X*、*Y*、*Z* 3 个轴向的位置信息烘焙到 R、G、B 3 个通道中；如果选择“单轴”选项，那么将选择的轴向位置信息烘焙到灰度通道中。

（2）【轴】：用来选择需要烘焙的位置信息的轴向。

（3）【标准化类型】：主要用来选择位置烘焙的计算方式。系统为用户提供了“BBox”和“BSphere”2 种计算方式。

（4）【标准化比例】：主要用来选择位置标准化比例烘焙模式。系统为用户提供了“Per Material”和“全景”2 种模式，一般选择“全景”模式。

8）【厚度】选项

【厚度】选项参数与【Ambient occlusion（环境阻塞）】选项参数基本相同。在此，不再详细介绍。

视频播放：关于具体介绍，请观看本书配套视频“任务三：烘焙模型贴图通道及相关参数介绍.mp4”。

任务四：视图的相关操作

在本任务中主要介绍视图的移动、旋转、缩放、最大化显示，以及视图显示模式的切换、单视图显示和双视图显示等操作。

1. 视图的移动、旋转和缩放

在 Adobe Substance 3D Painter 中，视图分三维（3D）视图和二维（2D）视图。三维视图用于显示模型立体效果，主要供用户在三维空间制作模型材质；二维视图用于显示模型的 UV 平铺效果，主要供用户在二维空间制作模型材质。Adobe Substance 3D Painter 中的三维视图和二维视图如图 1.57 所示。

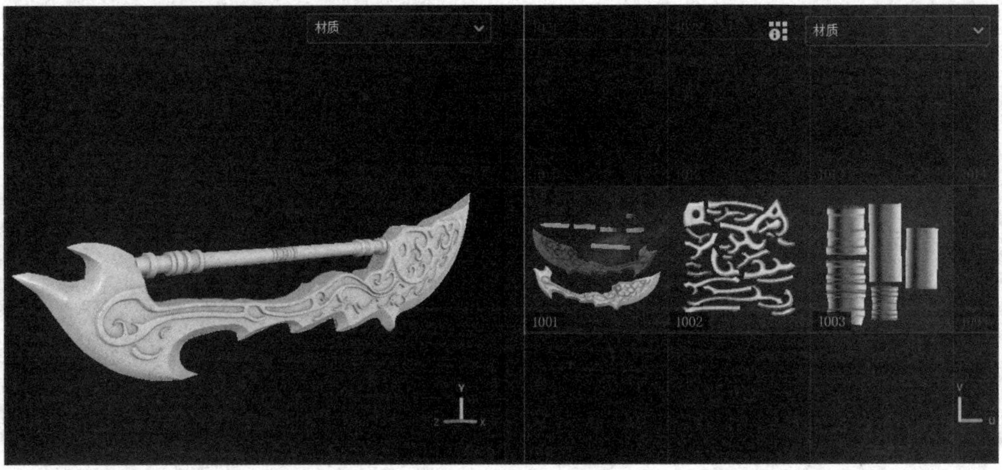

图 1.57　Adobe Substance 3D Painter 中的三维视图（左）和二维视图（右）

视图的移动、旋转和缩放操作步骤如下。

步骤 01：平移视图。按住“Alt+中键”的同时，把光标对准目标视图上下左右移动，即可对目标视图进行上下左右平移。

步骤 02：旋转视图。按住“Alt+左键”的同时，把光标对准目标视图上下左右移动，即可对目标视图进行上下左右旋转。

提示：在二维视图中，只能在以 Z 轴方向对视图进行顺时针和逆时针旋转。

步骤 03：在三维视图中，按住“Shift+Alt+左键”的同时，上下左右移动光标，即可将该三维视图旋转到前视图、后视图、顶视图、底视图、左视图或右视图。

步骤 04：在二维视图中，按住“Shift+Alt+左键”的同时，左右移动光标，可对该二维视图进行垂直和平衡旋转。

步骤 05：缩放视图。按住“Alt+右键”的同时，移动光标，对目标视图进行缩放。

步骤 06：直接按键盘上的“F”键，即可在视图中完整显示模型和 UV。

2. 视图显示模式的切换

在 Adobe Substance 3D Painter 中，视图有 15 种显示模式，主要目的是方便用户在不同模式下观看和修改材质的效果。一般默认为“材质”显示模式，读者可以自行对视图的显示模式进行切换，切换的方法有以下两种。

1）菜单法

步骤 01：在菜单栏中单击【视图】菜单命令，弹出【视图】的子菜单，如图 1.58 所示。

步骤 02：将光标移到相应的命令上单击，即可切换视图的显示模式。

步骤 03：可以直接按命令对应的快捷键，对视图的显示模式进行切换。

2）通过单击视图右上角的按钮

步骤 01：单击视图右上角的图标，弹出视图切换的下拉列表，如图 1.59 所示。

步骤 02：将光标移到下拉列表对应的命令上单击，即可切换到对应的视图中。例如，将光标移到“Roughness”列表命令上单击，即可显示“Roughness”的通道效果，如图 1.60 所示。

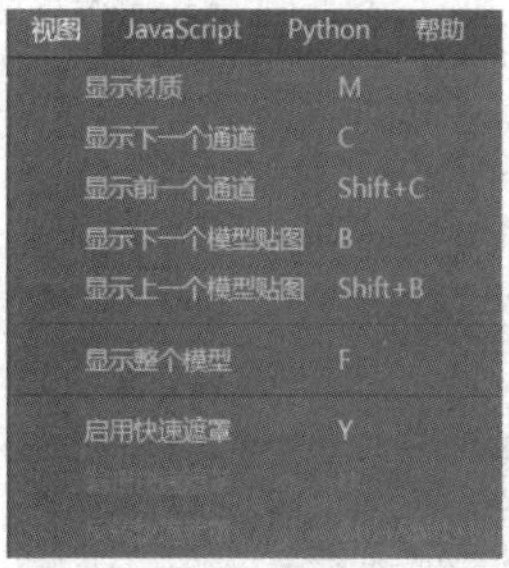

图 1.58　【视图】的子菜单

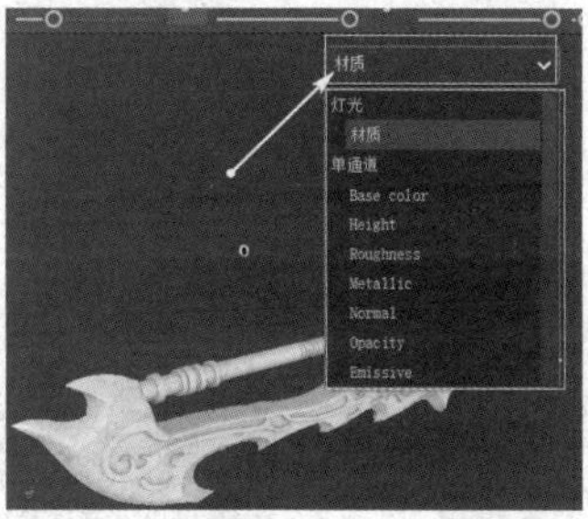

图 1.59　视图切换的下拉列表

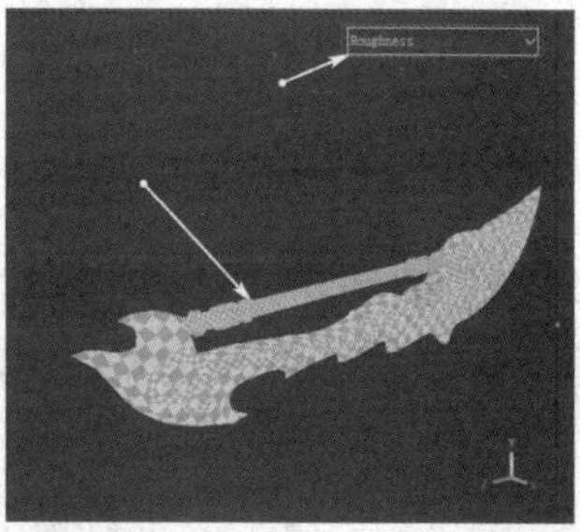

图 1.60　“Roughness”的通道效果

步骤 03：通过单击键盘上的“↑”键或“↓”键，进行上视图或下视图显示模式切换。

3. 单视图与双视图显示模式的切换

在 Adobe Substance 3D Painter 中，默认双视图显示模式，但用户可以根据需要更改视图的显示模式。具体操作步骤如下。

步骤 01：单击右上角工具栏中的“2D/3D”图标，弹出下拉列表，如图 1.61 所示。

步骤 02：将光标移到【仅限 3D】命令上单击，仅显示三维视图，如图 1.62 所示。

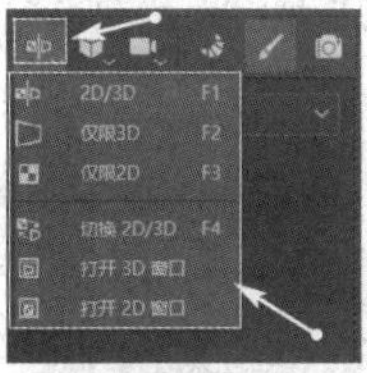

图 1.61　下拉列表

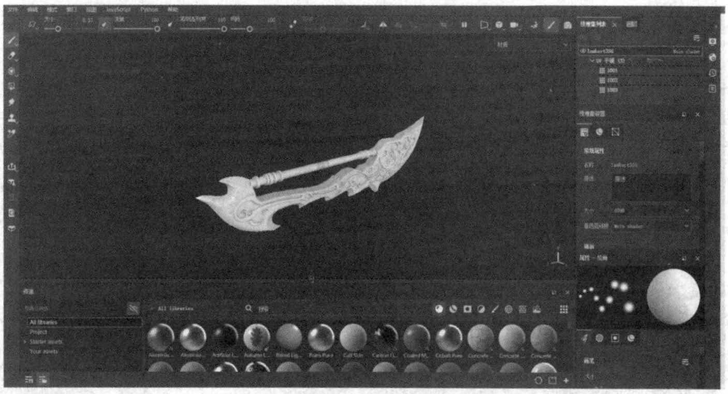

图 1.62　仅显示三维视图

步骤 03：直接按键盘上的“F1”、“F2”、“F3”或“F4”键，可以快速改变视图的显示模式。

视频播放：关于具体介绍，请观看本书配套视频“任务四：视图的相关操作.mp4”。

任务五：快捷键的相关操作

Adobe Substance 3D Painter 和其他软件一样，为用户提供了大量的快捷键和快捷键的设置方式。建议读者不要记太多的快捷键，只需熟记几个常用的快捷键。

1. 设置快捷键

步骤 01：在菜单栏中单击【编辑】→【设置...】菜单命令，弹出【Substance 3D Painter】对话框。在该对话框中单击快捷键图标，切换到快捷键设置选项，如图 1.63 所示。

步骤 02：这里，以修改【另存项目】命令的快捷键为例进行介绍。单击【绘画】命令右侧的图标在该命令右侧出现一个用于修改的文本框，如图 1.64 所示。

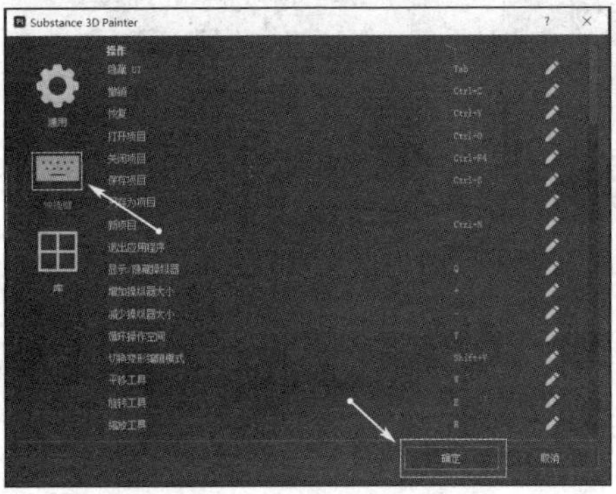

图 1.63　快捷键设置选项

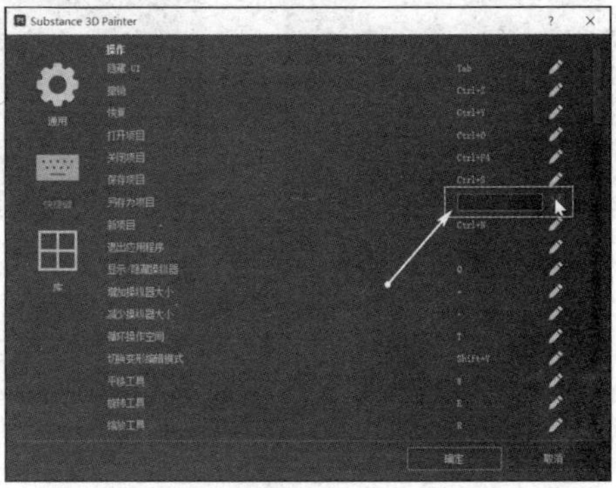

图 1.64　在【绘画】命令右侧出现一个用于修改的文本框

步骤 03：在键盘上按住“Shift”键不放的同时单击“H”键，完成快捷键的设置，如图 1.65 所示。

步骤 04：清除和重置为默认快捷键。将光标移到需要清除或重置为默认快捷键上单击右键，弹出快捷菜单，如图 1.66 所示。

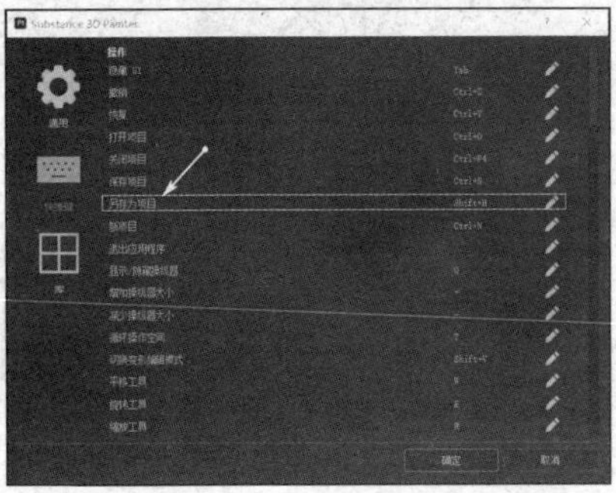

图 1.65　完成快捷键的设置

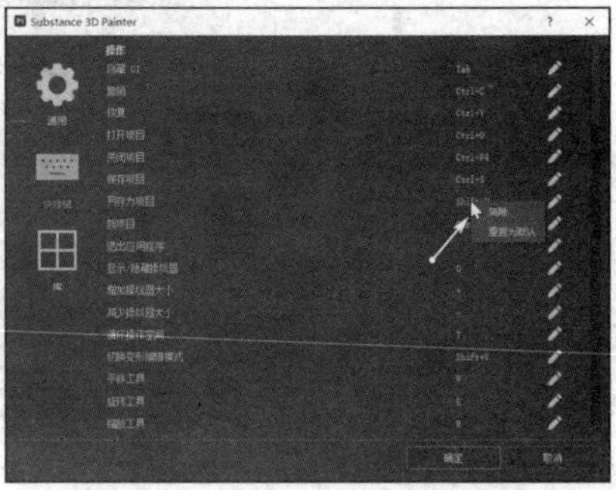

图 1.66　弹出的快捷菜单

步骤 05：将光标移到【清除】或【重置为默认】的快捷命令上单击，即可对已设置的命令进行清除或重置为默认。

2. 快速查看快捷键

Adobe Substance 3D Painter 为用户提供了一个非常方便的功能——快速查看快捷键，有了该功能，用户就不必熟记太多的快捷键，可以随时查看。

步骤 01：将光标移到视图编辑区单击，同时按住“Shift”键不放，此时，在视图编辑区左下角显示包含“Shift”键的所有快捷键的组合及组合快捷键的功能。“Shift”键的所有组合快捷键如图 1.67 所示。

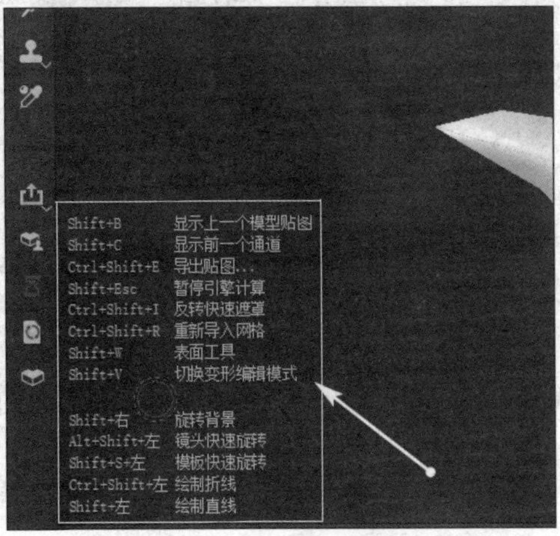

图 1.67　“Shift”键的所有组合快捷键

步骤 02：将光标移到视图编辑区单击，同时按住“Ctrl”键不放，此时，在视图编辑区左下角显示与包含“Ctrl”键的所有快捷键的组合及组合快捷键的功能。

步骤 03：将光标移到视图编辑区单击，同时按住“Ctrl+Shift”组合键不放，此时，在视图编辑区左下角显示包含“Ctrl+Shift”组合键的所有快捷键的组合以及组合快捷键的功能。

视频播放：关于具体介绍，请观看本书配套视频“任务五：快捷键的相关操作.mp4”。

六、拓展训练

根据所学知识，启动 Adobe Substance 3D Painter，新建一个名为“战锤”的项目文件，完成相关参数的设置和快捷键的操作。

案例 4 Adobe Substance 3D Painter 中的常用工具

一、案例内容简介

本案例主要介绍 Adobe Substance 3D Painter 中常用工具的作用和使用方法。

二、案例效果欣赏

三、案例制作（步骤）流程

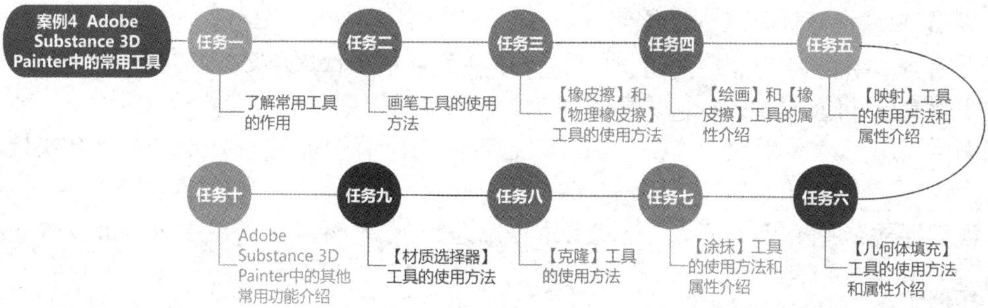

四、制作目的

（1）掌握常用工具的作用。

（2）了解常用工具所有参数的作用。

（3）掌握常用工具参数的综合设置方法和技巧。

（4）了解常用工具的应用范围。

（5）掌握常用工具在应用中的注意事项。

五、详细操作步骤

任务一：了解常用工具的作用

在 Adobe Substance 3D Painter 中，常用工具主要有【绘画】、【物理绘图】、【橡皮擦】、【物理橡皮擦】、【映射】、【物理映射】、【几何体填充、【涂抹】、“克隆（相对来源)】、【克隆（绝对来源)】和【材质选择器】11 个常用工具。这些常用工具的图标、名称和快捷键如图 1.68 所示。

常用工具的作用。

（1）【绘画】（图标为■）和【物理绘图】（图标为■）工具：在项目中的模型（网格）上应用具有特定材料的画笔描边。

（2）【橡皮擦】（图标为■）和【物理橡皮擦】（图标为■）工具：删除模型上填充和绘制的信息。

（3）【映射】（图标为■）和【物理映射】（图标为■）工具：向当前视角对齐的模型映射材质或纹理。

（4）【几何体填充】（图标为■）工具：在 3D 模型（网格）上选择多边形，以创建基于几何体的蒙版。

（5）【涂抹】（图标为■）工具：对模型上的颜色进行拉伸、混合和模糊操作。

（6）【克隆（相对来源)】（图标为■）和【克隆（绝对来源)】（图标为■）工具：复制或修补 3D 模型（网格）上现有材料的任何部分。

（7）【材质选择器】（图标为■）工具：在 3D 模型（网格）的表面上选择材料属性（颜色及其他通道)。这是一个临时工具，一旦选择了一种颜色，那么先前的工具将重新打开。

视频播放：关于具体介绍，请观看本书配套视频“任务一：了解常用工具的作用.mp4”。

任务二：画笔工具的使用方法

画笔工具主要包括【绘画】和【物理绘图】工具。这两个工具在 Adobe Substance 3D Painter 中使用的频率非常高，使用画笔工具可以在模型（网格）上绘制颜色、材质和遮罩等。

1. 【绘画】工具的使用方法

步骤 01：启动 Adobe Substance 3D Painter，打开名为“水杯.spp”的文件。该文件中只有一个已经烘焙好的水杯模型。打开的“水杯.spp”文件界面如图 1.69 所示。

步骤 02：在【图层】面板中选择需要的绘画图层。选择的绘画图层如图 1.70 所示。

提示：【绘画】工具只能用于绘画图层的颜色绘制和材质制作等操作。

步骤 03：选择绘画工具。在工具栏中单击【绘画】工具图标。

步骤 04：选择笔刷样式。在【资源】面板的右上角单击【笔刷】图标■，在【资源】面板右侧所列的笔刷中选择需要使用的笔刷样式。选择的笔刷样式如图 1.71 所示。

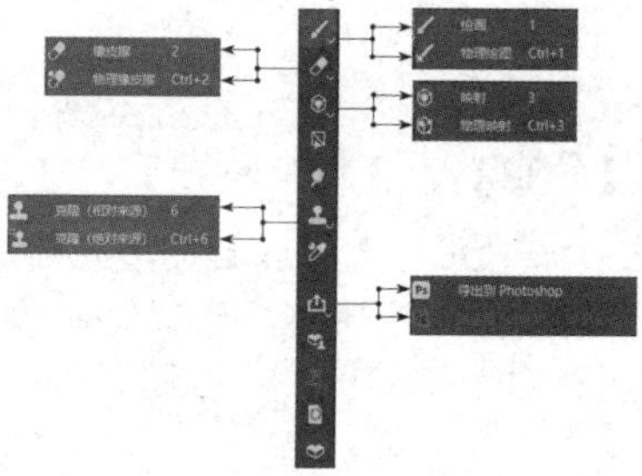

图 1.68　常用工具的图标、名称和快捷键

图 1.69　打开的“水杯.spp”文件界面

步骤 05：调节笔刷的属性。将光标移到视图中单击右键，弹出【笔刷】属性面板。在该面板中将“Base color”颜色设为红色，对其他属性，采用默认值。【笔刷】属性设置如图 1.72 所示。

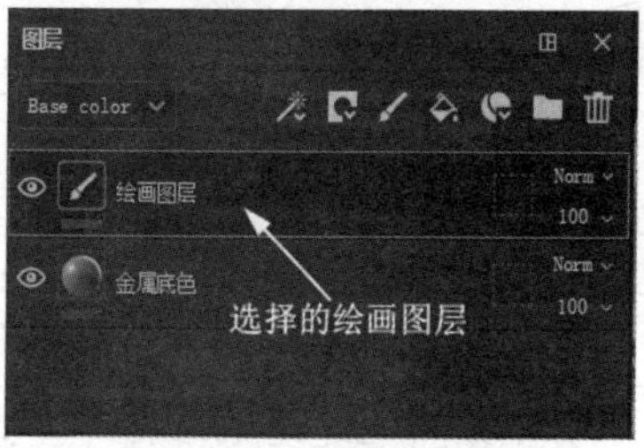

图 1.70　选择的绘画图层

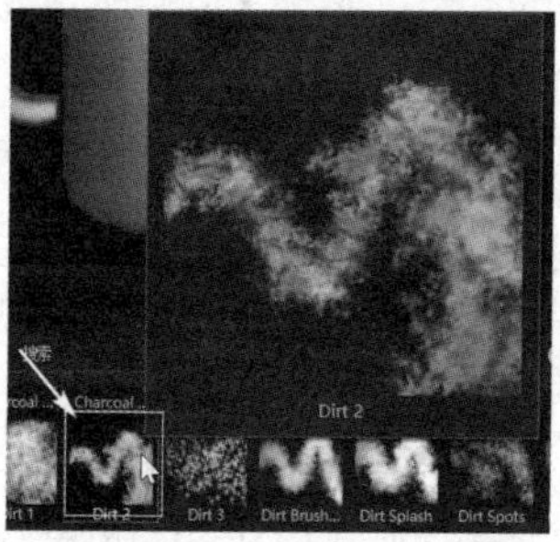

图 1.71　选择的笔刷样式

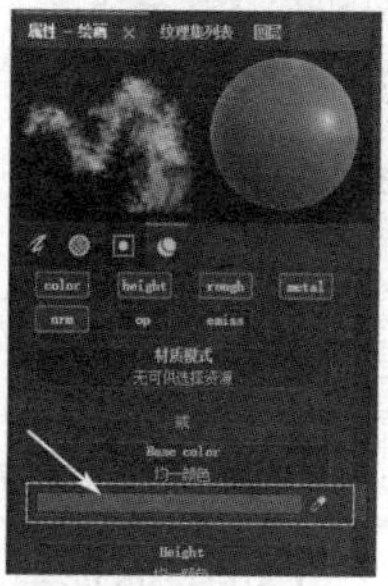

图 1.72　【笔刷】属性设置

步骤 06：将笔刷移到需要绘制颜色的 3D 模型（网格）上，按住左键不放进行绘制即可。绘制的红色效果（关于颜色效果，请看本书配套视频，下同）如图 1.73 所示。

步骤 07：继续修改笔刷的属性。将“Base color”颜色设为绿色，继续在 3D 模型（网格）上绘制。绘制的绿色效果如图 1.74 所示。

2. 【物理绘图】工具的使用方法

步骤 01：在工具栏中单击【物理绘图】工具图标。

步骤 02：在【资源】面板的右上角单击【笔刷】图标，在【资源】面板右侧所列的笔刷中选择需要使用的笔刷样式。选择的粒子笔刷样式如图 1.75 所示。

图 1.73　绘制的红色效果

图 1.74　绘制的绿色效果

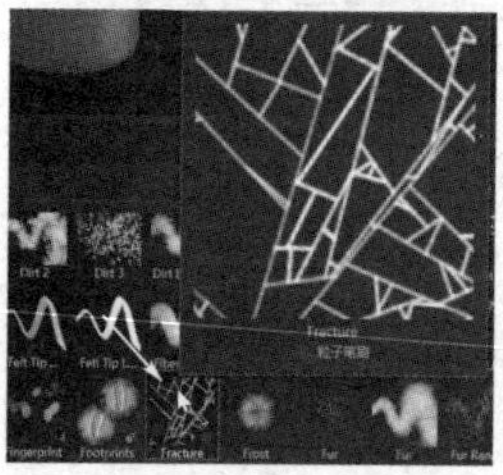

图 1.75　选择的粒子笔刷样式

步骤 03：在视图中单击右键，弹出【笔刷】属性面板，在该面板中设置笔刷属性。笔刷属性的具体设置如图 1.76 所示。

步骤 04：在需要绘制的 3D 模型（网格）上单击，系统会根据所设参数自动生成绘画效果。系统生成的绘画效果如图 1.77 所示。

提示：在使用【绘画】和【物理绘图】工具之前，一定要先设置好笔刷的属性，才能进行绘制。在绘制过程中也可以不断地调节笔刷的属性，以绘制不同的效果。例如，在不改变其他参数的情况下，调节笔刷的“Height Position（高度）”值，具体调节如图 1.78 所示，在 3D 模型（网格）上单击，即可绘制出高度效果。调节参数之后的绘制效果如图 1.79 所示。

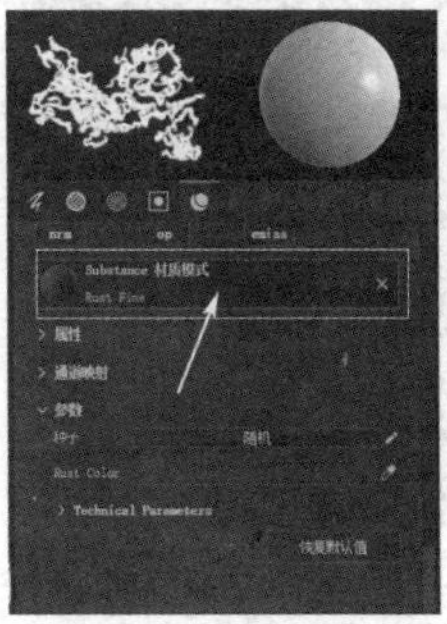

图 1.76　笔刷属性的具体设置

图 1.77　系统生成的绘画效果

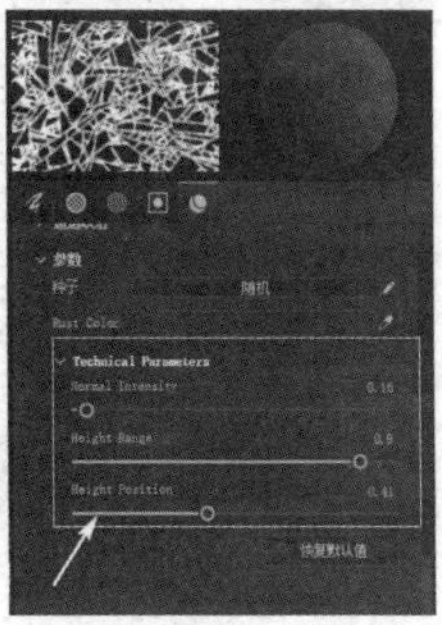

图 1.78　“Height Position”参数值的调节

视频播放：关于具体介绍，请观看本书配套视频“任务二：画笔工具的使用方法.mp4”。

任务三：【橡皮擦】和【物理橡皮擦】工具的使用方法

橡皮擦工具主要包括【橡皮擦】工具和【物理橡皮擦】工具，利用这两个工具可以直接将绘画图层和填充图层中的相关信息擦除，而不破坏模型本身。

1.【橡皮擦】工具的使用方法

步骤 01：选择需要擦除的绘画图层，如图 1.80 所示。

步骤 02：在工具栏中单击【橡皮擦】工具图标。

步骤 03：在视图中单击右键，弹出【橡皮擦】工具的属性面板，该工具的属性设置如图 1.81 所示。

图 1.79　调节参数之后的绘制效果

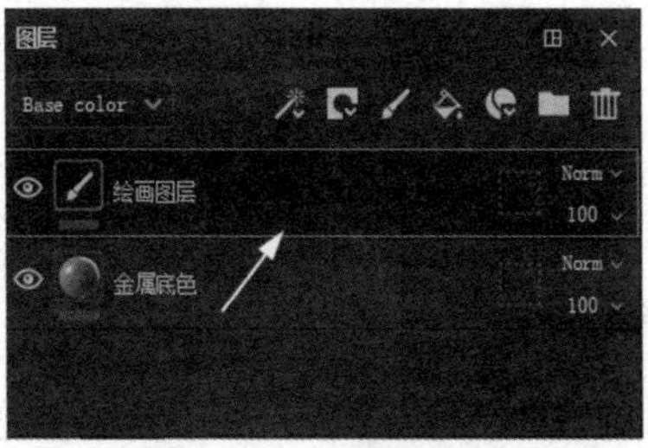

图 1.80　选择需要擦除的绘画图层

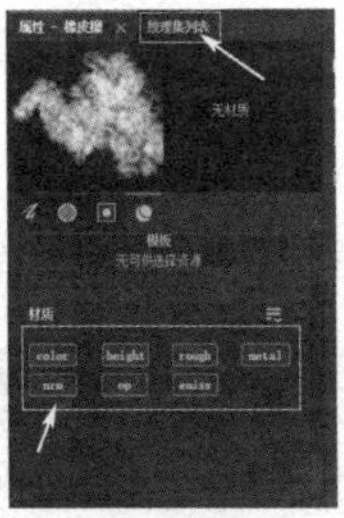

图 1.81　【橡皮擦】工具的属性设置

步骤 04：将光标移到视图中需要擦除的位置，按住左键不放的同时移动光标，即可删除所选绘画图层的信息。删除绘画图层前后的效果对比如图 1.82 所示。

2. 【物理橡皮擦】工具的使用方法

步骤 01：选择需要擦除信息的绘画图层或填充图层。

步骤 02：在工具栏中单击【物理橡皮擦】工具图标，在【资源】面板中选择粒子笔刷擦除样式。选择的粒子笔刷擦除样式如图 1.83 所示。

图 1.82　删除绘画图层前后的效果对比

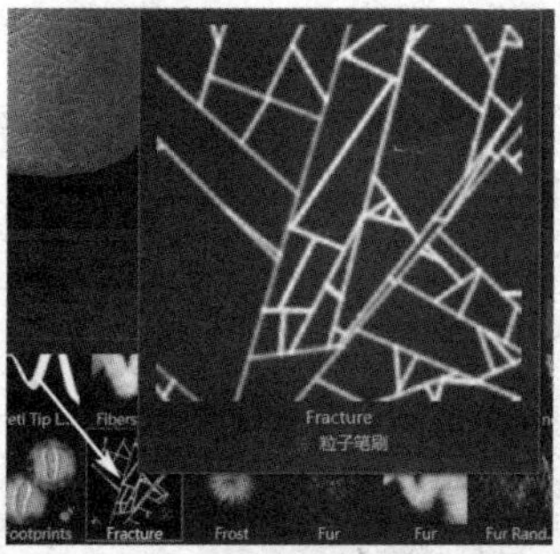

图 1.83　选择的粒子笔刷擦除样式

步骤 03：在视图中单击右键，弹出【物理橡皮擦】工具的属性面板，根据要求设置橡皮擦的属性。

步骤 04：将光标移到视图中需要擦除绘画图层信息的位置，该位置如图 1.84 所示。

步骤 05：单击左键，即可对所选的绘画图层信息进行擦除，擦除绘画图层信息之后的效果如图 1.85 所示。

图 1.84 需要擦除绘画图层信息的位置

图 1.85　擦除绘画图层信息之后的效果

视频播放：关于具体介绍，请观看本书配套视频“任务三:【橡皮擦】和【物理橡皮擦】工具的使用方法.mp4”。

任务四:【绘画】和【橡皮擦】工具的属性介绍

【绘画】、【物理绘图】、【橡皮擦】和【物理橡皮擦】工具的参数设置和调节方法基本相同。下面以【绘画】工具为例进行介绍。

可以通过工具的属性栏对【绘画】工具的属性进行设置，【绘画】工具的属性栏如图 1.86 所示。

图 1.86　【绘画】工具的属性栏

可以在视图编辑区单击右键，弹出【绘画】工具的属性面板（见图 1.87）。在该面板中对【绘画】工具的属性进行设置。

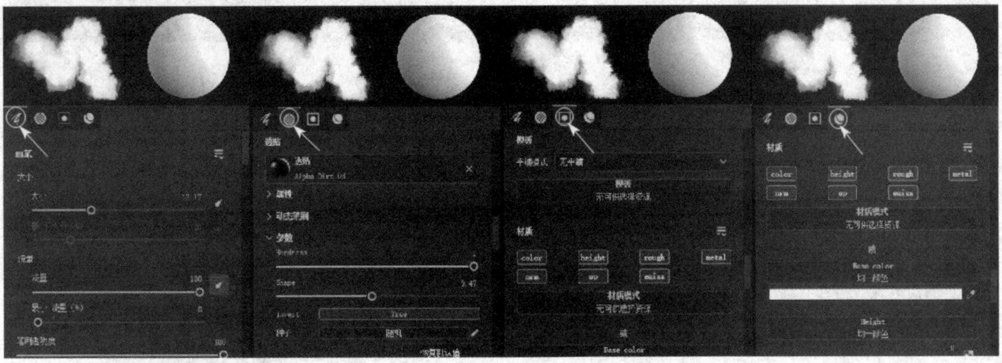

图 1.87　【绘画】工具的属性面板

1.【画笔】参数组

在 3D 模型（网格）上绘图时，可用【画笔】参数组调节笔刷的外观和毛压感。

（1）【大小】参数：控制笔刷内的图章大小。笔刷大小是相对的，可以根据定义的相对空间对其大小进行更改。改变笔刷大小的快捷方法是，按住“Ctrl+右键”不放的同时左右移动光标。

（2）【最小 大小（%）】参数：控制笔刷内的图章起始点位置的图章大小，该值为百分比，只有在【笔压感】按钮开启时，此参数才起作用。

（3）【笔压感】按钮：控制画笔是否具有压感，开启该按钮时画笔具有压感，否则，画笔没有压感。

（4）【流量】参数：控制笔刷内各个图章的强度或不透明度。

（5）【最小 流量（%）】参数：控制笔刷内图章的最小强度或不透明度，该值为百分比，只有在【笔压感】按钮开启时，此参数才起作用。

（6）【笔刷透明度】参数：控制画笔在 3D 模型（网格）上绘图时的不透明度。不同“笔刷透明度”值对应的绘制效果如图 1.88 所示。

（7）【间距】参数：主要用来控制各个图章之间的距离。不同间距值对应的绘制效果如图 1.89 所示。

（8）【角度】参数：控制笔刷内图章的方向。如果方向未正确对齐，那么可用于旋转 Alpha 贴图，可以与跟随路径结合使用。不同角度值对应的绘制效果如图 1.90 所示。

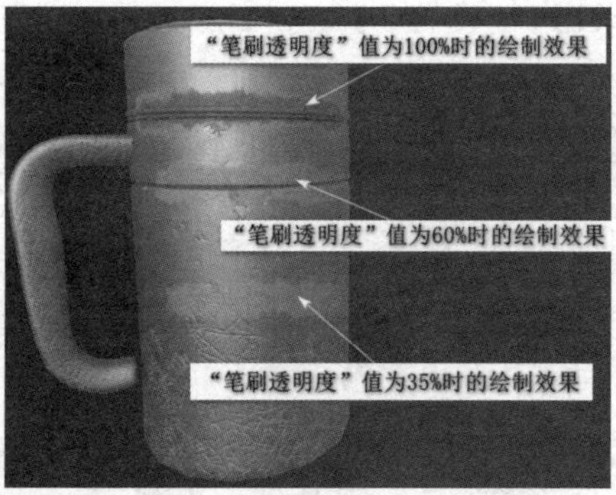

图 1.88　不同"笔刷透明度"值对应的绘制效果

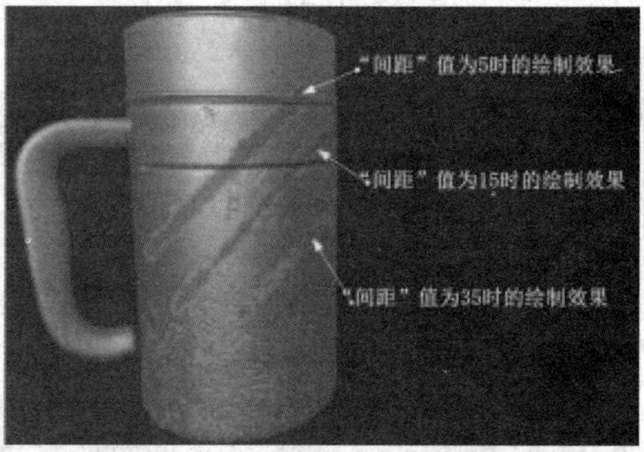

图 1.89　不同"间距"值对应的绘制效果

（9）【跟随路径】参数：控制画笔笔刷内图章的方向是否跟踪路径。【跟随路径】功能在不同状态时的绘制效果如图 1.91 所示。

（10）【抖动大小】参数：控制在画笔描边内为每个图章应用随机大小值。若其值为 0°，则表示无随机性；若其值为 100，则表示完全有随机性。不同"抖动大小"值对应的绘制效果如图 1.92 所示。

图 1.90　不同角度值对应的绘制效果

图 1.91　【跟随路径】功能在不同状态时的绘制效果

图 1.92　不同"抖动大小"值对应的绘制效果

（11）【流量抖动】参数：控制画笔描边内每个图章的随机流量值。若其值为 0，则表示无随机性；若其值为 100，则表示完全有随机性。不同"流量抖动"值对应的绘制效果如图 1.93 所示。

（12）【角度抖动】参数：控制笔刷内每个图章随机附加的旋转角度。若其值为 0，则表示无随机性；若其值为 100，则表示完全有随机性。不同"角度抖动"值对应的绘制效果如图 1.94 所示。

（13）【位置抖动】参数：控制画笔描边内每个图章随机位置的偏移距离。若其值为 0，则表示无随机性；若其值为 100，则表示完全有随机性。不同"位置抖动"值对应的绘制效果如图 1.95 所示。

（14）【校准】参数：确定笔刷内的图章如何在 3D 模型（网格）表面上投影/定向，主要包括【镜头】、【切线|Wrap 包裹】、【切线|平面】和【UV】4 种校准方式。

①【镜头】校准方式：图章朝向视口视点。

图 1.93　不同“流量抖动”值对应的绘制效果

图 1.94　不同“角度抖动”值对应的绘制效果

图 1.95　不同“位置抖动”值对应的绘制效果

②【切线|Wrap 包裹】校准方式：定位图章，使之与 3D 模型（网格）表面对齐。印模也会变形，以适应表面。

③【切线|平面】校准方式：定位图章，使之与 3D 模型（网格）表面对齐。

④【UV】校准方式：根据 3D 模型（网格）表面的 UV 定位图章。

（15）【背面剔除】参数：确定是否忽略 3D 模型（网格）上未与图章对齐的表面。

（16）【间距大小】参数：控制计算画笔大小的相对空间方式。系统为用户提供了【物体】、【视图】和【纹理】3 种控制方式。

①【物体】控制方式：控制画笔大小与 3D 模型（网格）等比例缩放。

②【视图】控制方式：画笔大小与视图相关联。调整视图大小时会影响画笔大小，而移动相机不会对画笔大小有任何影响。

③【纹理】控制方式：画笔大小与 2D 视图缩放级别相关联。

2.【透贴】参数组

【透贴】参数组主要用来选择笔刷内每个图章的灰度蒙版。透贴可以是 Adobe Substance 3D Painter 文件或位图，也可以是用户自定义的位图文件。

步骤 01：选择【绘画】工具，在视图编辑区单击右键，弹出【绘画工具】属性面板。

步骤 02：在【绘画工具】属性面板中单击透贴图标，切换到【透贴】参数组设置项，如图 1.96 所示。

步骤 03：在【绘画工具】属性面板中单击图标，弹出透贴样式选择面板。在该面板中选择需要的透贴样式，如图 1.97 所示。

步骤 04：在需要绘制透贴效果的位置单击，即可绘制透贴效果。绘制的透贴效果如图 1.98 所示。

步骤 05：绘制完成后，单击透贴右上角的图标，删除透贴图标。

提示：【透贴】参数组会因所选图标的不同而改变，读者自己可以动手操作一下，也可以使用其他三维软件制作透贴文件并将其导入使用。

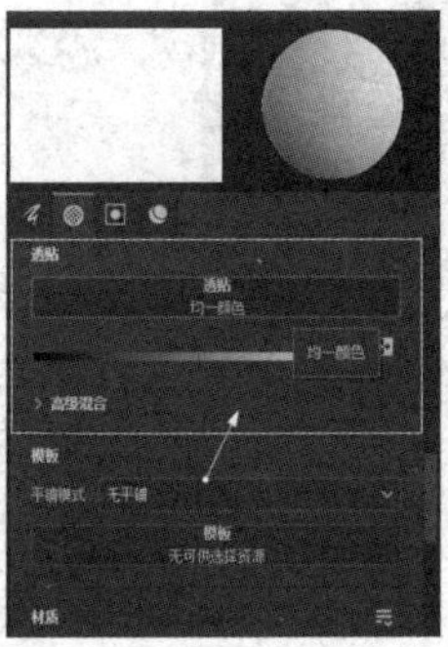

图 1.96 【透贴】参数组设置项

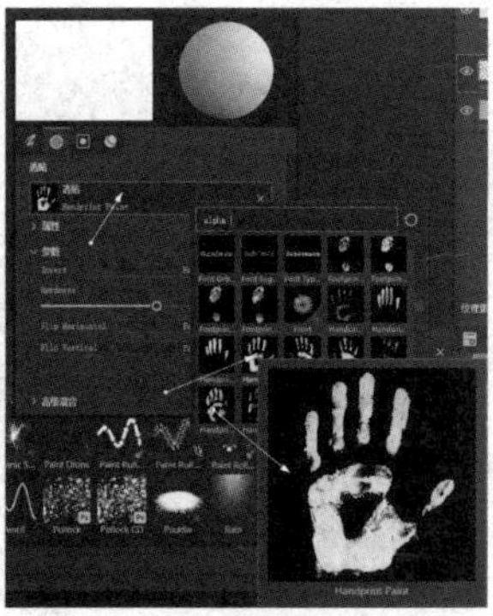

图 1.97 选择需要的透贴样式

图 1.98 绘制的透贴效果

3.【模板】参数组

【模板】参数组如图 1.99 所示。其主要作用是画笔描边的附加灰度蒙版。与应用于每个图章的 Alpha 贴图相反，模板是从视图的角度应用全局蒙版。

步骤 01：单击【模板】按钮，弹出模板样式选择面板。在该面板中选择需要的模板。选择的模板效果如图 1.100 所示。

步骤 02：在视图中调节所选模板的大小、位置和旋转方向，调节之后的模板效果如图 1.101 所示。

提示：按住“S+右键”，可进行模板缩放操作；按住“S+中键”，可进行模板移动操作；按住“S+左键”，可进行模板旋转操作。

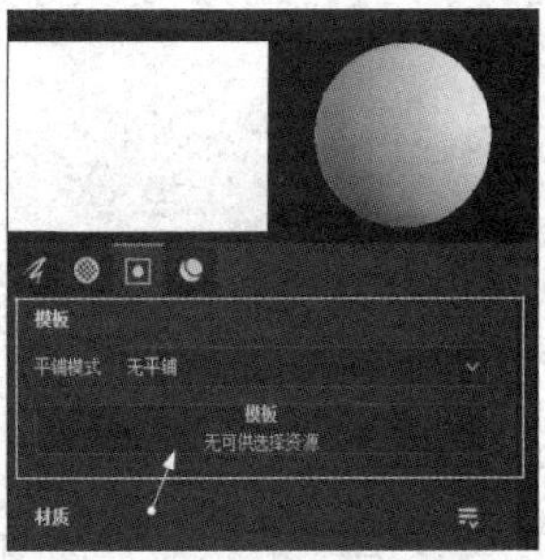

图 1.99 【模板】参数组

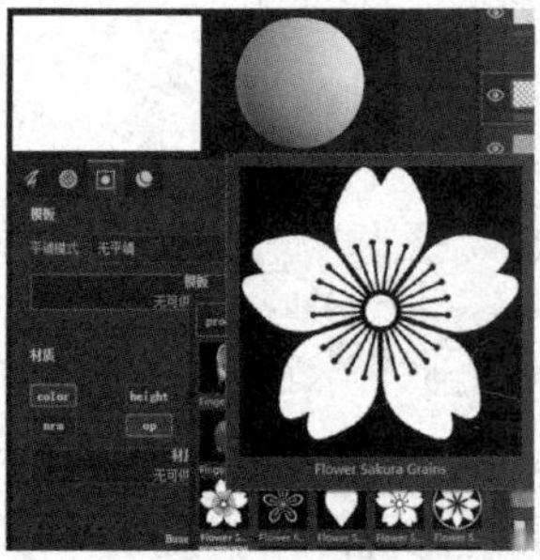

图 1.100 选择的模板效果

图 1.101 调节之后的模板效果

步骤 03：调节模板效果之后，在模板效果上进行涂抹，即可将模板效果绘制到 3D 模型上。绘制效果如图 1.102 所示。

模板的平铺模式主要有【无平铺】、【水平平铺】、【垂直平铺】和【H 和 V 平铺】4 种模式。4 种平铺效果如图 1.103 所示。不同平铺模式对应的绘制效果如图 1.104 所示。

提示：按键盘上的“S+右键”的同时左右移动光标，可以调节投射模板图片的大小。

4.【材质】参数组

【材质】参数组主要用来保留材质特定的属性，每个特定的属性用一个通道保存，通道列表的多少取决于【纹理设置】面板中定义的通道。【材质】参数组如图 1.105 所示。

图 1.102　绘制效果

图 1.103　4 种平铺效果

图 1.104　不同平铺模式对应的绘制效果

在默认情况下，有【color（颜色）】、【height（高度）】、【rough（粗糙度）】、【metal（金属度）】、【nrm（法线）】、【OP（透明度）】和【emiss（发光）】7 个通道，这些通道主要用来保存绘制图像的颜色、高度、粗糙度和法线等信息。

用户可以通过【纹理设置】面板添加所需要的通道信息，如【Ambient occlusion（环境阻塞）】和【Specular level（高光调节）】等通道。下面以添加【Specular level（高光调节）】通道为例进行介绍。

步骤 01：在【纹理设置】面板中单击图标，弹出通道快捷列表，如图 1.106 所示。

步骤 02：在通道快捷列表中单击【Specular level（高光调节）】命令，即可添加该通道。添加的【Specular level（高光调节）】通道如图 1.107 所示。

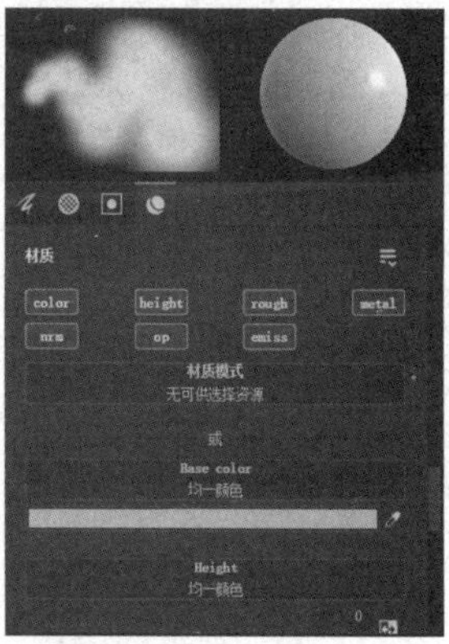

图 1.105　【材质】参数组

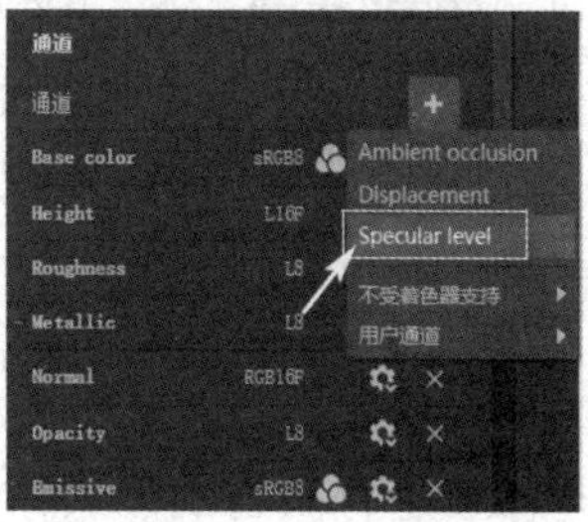

图 1.106　通道快捷列表

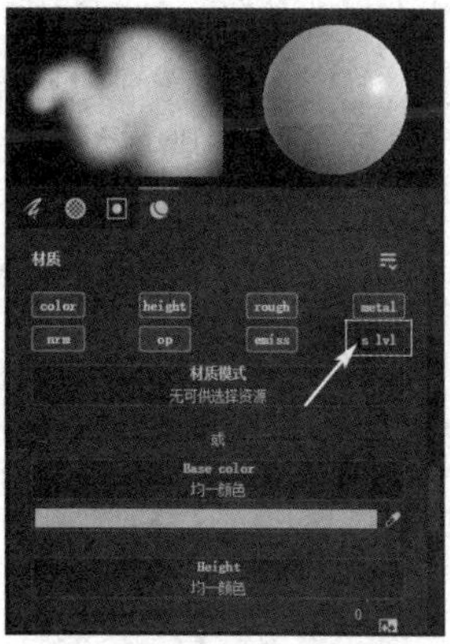

图 1.107　添加的【Specular level（高光调节）】通道

步骤 03：删除通道。下面以删除【Specular level（高光调节）】通道为例进行介绍。在【纹理设置】面板中，单击【Specular level（高光调节）】通道右侧的图标即可删除该通道。

【材质】参数组的调节方法如下。

（1）【材质通道】参数：主要用来确定特定通道是否起作用。单击该通道，该通道起作用；再单击一次该通道，它就不起作用了。

（2）【材质模式】参数：主要用来选择画笔绘制的材质模式。具体操作步骤如下。

步骤 01：单击【材质模式】按钮，弹出【材质模式】存放对话框，单击需要的材质模式示例球，如图 1.108 所示。

步骤 02：选择笔刷的样式，在视图编辑区的 3D 模型上进行绘制即可。绘制效果如图 1.109 所示。

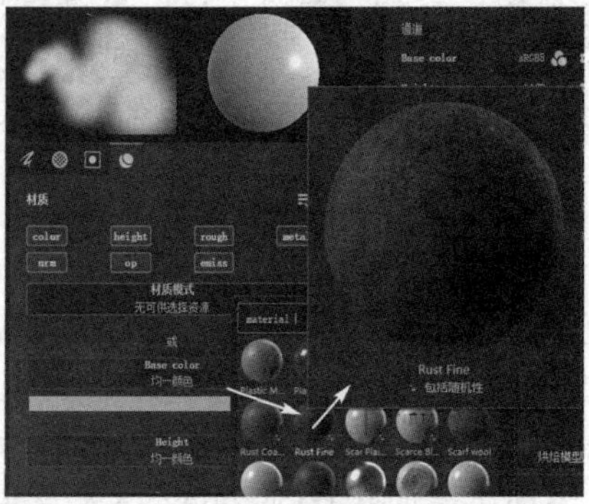

图 1.108　单击需要的材质模式示例球

图 1.109　绘制效果

视频播放：关于具体介绍，请观看本书配套视频“任务四：【绘画】和【橡皮擦】工具的属性介绍.mp4”。

任务五：【映射】工具的使用方法和属性介绍

【映射】工具是指通过在屏幕/视图空间投影制作材质的工具。【映射】主要工具包括【映射】工具和【物理映射】工具。

【映射】工具是基于屏幕/视图空间投影的绘画工具，该工具会在视图上显示并重复图案，调用该工具的快捷键为“3”键。

【物理映射】工具是基于粒子预设的物理属性的投影绘画工具，调用该工具的快捷键为“Ctrl+3”组合键。

1.【映射】工具的使用方法

步骤 01：在【图层】面板中选择需要进行映射的图层。

步骤 02：在工具栏中单击【映射】工具图标，在视图编辑区单击右键，弹出【投影】工具的参数设置面板。其参数设置如图 1.110 所示。

步骤 03：在视图编辑区绘制所要的效果，绘制效果如图 1.111 所示。

2. 映射模板变换操作的快捷键

映射模板变换操作主要通过以下快捷键完成。

（1）对映射模板进行旋转操作的快捷键为“S+左键”。

（2）对映射模板进行捕捉/约束旋转操作的快捷键为“S+Shift+左键”。

（3）对映射模板进行缩放操作的快捷键为“S+右键”。

（4）对映射模板进行移动操作的快捷键为“S+中键”。

3.【物理映射】的操作步骤

步骤 01：在【图层】面板中选择需要进行映射的图层。

步骤 02：在工具栏中单击【物理映射】工具图标，在【资源】面板中选择粒子笔刷。选择的粒子笔刷如图 1.112 所示。

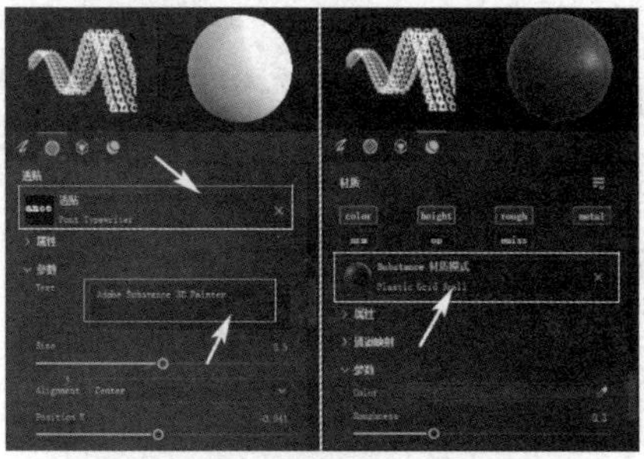

图 1.110　【映射】工具参数设置

图 1.111　绘制效果

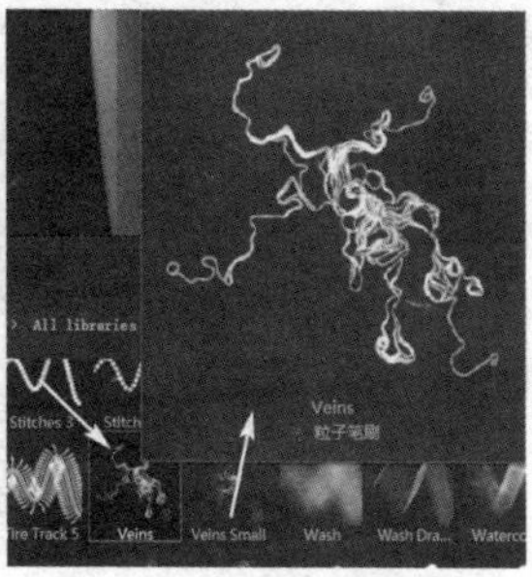

图 1.112　选择的粒子笔刷

步骤 03：根据项目要求，调节【物理映射】工具的相关参数。

步骤 04：在视图编辑区的 3D 模型上单击，即可进行物理映射操作。物理映射之后的效果如图 1.113 所示。

4.【映射】工具相关属性

【映射】工具相关属性与【绘画】工具的属性基本相同，这里不再详细介绍，请读者参考【绘画】工具的属性介绍或本书配套视频。

视频播放：关于具体介绍，请观看本书配套视频“任务五:【映射】工具的使用方法和属性介绍.mp4”。

任务六：【几何体填充】工具的使用方法和属性介绍

【几何体填充】工具主要作用是，通过打开选定的多边形，使之转换为像素，以便快速绘制遮罩。该工具是一种生成像素数据的绘画工具，它用于绘画图层时仅限于填充底色。

1.【几何体填充】工具的属性面板

【几何体填充】属性面板如图 1.114 所示，其属性的具体介绍如下。

（1）【填充模式】：主要有以下 4 种模式。

①【三角形填充】：填充单个网格三角形。

②【几何体填充】：填充整个多边形。如果模型（网格）在导出时已被三角面化处理，那么对该模型进行几何体填充与进行三角形填充没有任何区别。

③【模型填充】：填充整个子模型（网格）。

④【UV 填充】：填充整个 UV 块或 UV 岛。

（2）【颜色】：主要用来选择填充的颜色。

2. 【几何体填充】工具的使用方法

步骤 01：在工具栏中单击【几何体填充】工具图标，在弹出的【几何体填充】属性面板中选择填充模式。这里，选择【几何体填充】模式。

步骤 02：在视图编辑区单击需要进行填充的多边形面，即可进行填充。填充之后的效果如图 1.115 所示。

图 1.113　物理映射之后的效果

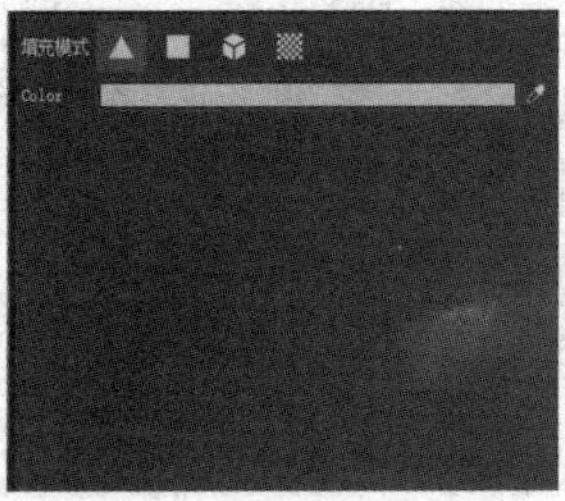

图 1.114　【几何体填充】属性面板

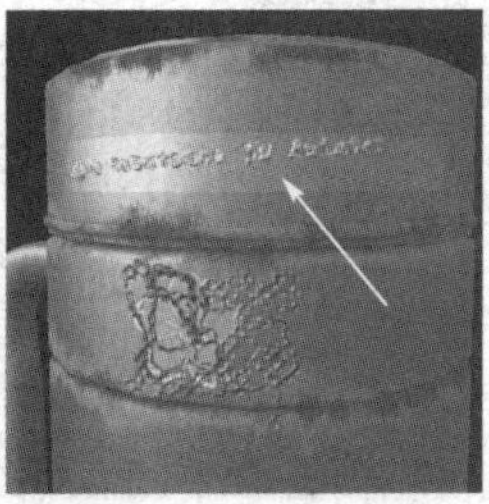

图 1.115　填充之后的效果（步骤 02）

步骤 03：在【几何体填充】属性面板中选择【模型填充】模式，在视图编辑区单击水杯模型中间部分，即可进行填充。填充之后的效果如图 1.116 所示。

步骤 04：在【几何体填充】属性面板中选择【UV 填充】模式，在二维视图中单击需要选择的 UV 块。UV 块填充效果如图 1.117 所示。

步骤 05：取消填充效果。在工具栏中单击【橡皮擦】工具，在视图编辑区对需要取消填充效果的位置进行擦除。擦除之后的效果如图 1.118 所示。

图 1.116　填充之后的效果（步骤 03）

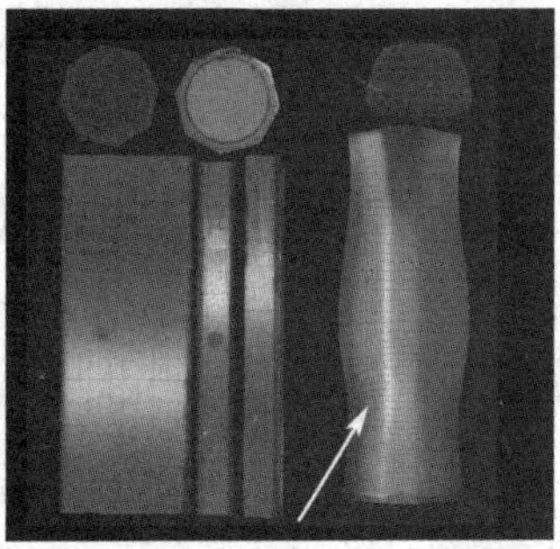

图 1.117　UV 块填充效果

图 1.118　擦除之后的效果

视频播放：关于具体介绍，请观看本书配套视频“任务六：【几何体填充】工具的使用方法和属性介绍.mp4”。

任务七：【涂抹】工具的使用方法和属性介绍

【涂抹】工具的主要作用是对选择的图层进行涂抹操作。

1. 【涂抹】工具的属性介绍

【涂抹】工具的属性与【绘画】工具的属性基本相同，这里不再详细介绍，请读者参考【绘画】工具的属性介绍或本书配套视频。

2.【涂抹】工具的使用方法

步骤 01：选择需要涂抹的图层。

步骤 02：在工具栏中单击【涂抹】工具图标，在视图编辑区单击右键，弹出【涂抹】属性面板。在该面板中，根据项目要求设置【涂抹】工具的属性。

步骤 03：在【展架】面板中选择用于涂抹的笔刷样式，选择的笔刷样式如图 1.119 所示。

步骤 04：在视图编辑区对选定位置进行涂抹，涂抹之后的效果如图 1.120 所示。

3. 通过修改绘画图层的混合模式进行涂抹

通过修改绘画图层的混合模式进行涂抹，其好处是在不破坏原始图层的基础上进行涂抹。

步骤 01：在需要涂抹的图层添加一个绘画图层并把它命名为“涂抹层”，该图层的叠加模式为“Multiply（相乘）”。添加的绘画图层如图 1.121 所示。

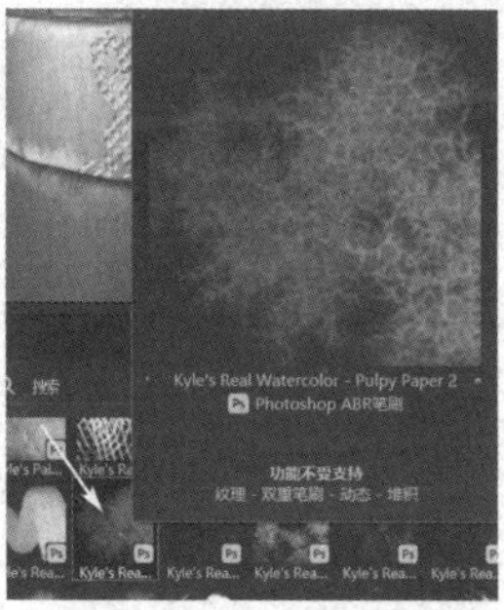

图 1.119　选择的笔刷样式

图 1.120　涂抹之后的效果

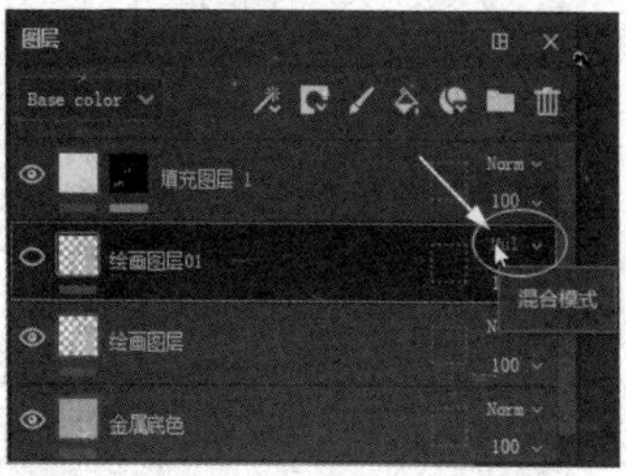

图 1.121　添加的绘画图层

步骤 02：选择【涂抹】工具，在需要选定位置进行涂抹即可。通过混合模式涂抹之后的效果如图 1.122 所示。

步骤 03：如果不需要已涂抹的效果，可以将【涂抹】工具关闭或直接删除涂抹层。这里，直接单击【涂抹层】左侧的图标，关闭【涂抹】工具即可。关闭【涂抹】工具之后的图层如图 1.123 所示，关闭【涂抹层】之后的效果如图 1.124 所示。

图 1.122　通过混合模式涂抹之后的效果

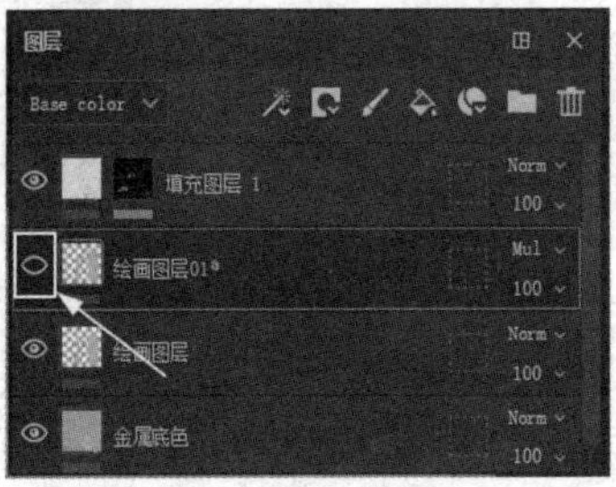

图 1.123　关闭【涂抹】工具之后的图层

图 1.124　关闭【涂抹层】之后的效果

视频播放：关于具体介绍，请观看本书配套视频“任务七:【涂抹】工具的使用方法和属性介绍.mp4”。

任务八：【克隆】工具的使用方法

【克隆】工具的主要作用是将特定图层或整个图层堆栈的内容从一个点复制到另一个点，该工具包括【克隆（相对来源）】和【克隆（绝对来源）】两个工具。

使用【克隆（相对来源）】工具在某个位置克隆后，若改变位置进行克隆，则取样点与克隆点的相对位置保持不变。也就是说，克隆点位置改变时，取样点的位置也发生改变，以确保取样点与克隆点的相对位置保持不变。

使用【克隆（绝对来源）】工具在某个位置克隆后，若改变取样点位置进行克隆，则取样点不会发生改变，重新以取样点进行克隆。

【克隆】工具的使用步骤如下。

步骤 01：在【图层】面板中选择需要克隆的图层。选择的克隆图层如图 1.125 所示。

步骤 02：在工具栏中单击【克隆（相对来源）】工具图标。

步骤 03：按住键盘上的“V”键不放的同时，在视图编辑区的取样点位置单击，完成取样点的选择。

步骤 04：在视图编辑区按住左键不放的同时，将取样点移动到需要克隆的位置。【克隆（相对来源）】工具的克隆效果如图 1.126 所示。

步骤 05：取消上一步骤的克隆效果，在工具栏中单击【克隆（绝对来源）】工具图标。

步骤 06：按住键盘上的“V”键不放的同时，在视图编辑区的取样点位置单击，完成取样点的选择。

步骤 07：在视图编辑区按住左键不放的同时，将取样点移动到需要克隆的位置。【克隆（绝对来源）】工具的克隆效果如图 1.127 所示。

视频播放：关于具体介绍，请观看本书配套视频“任务八:【克隆】工具的使用方法.mp4”。

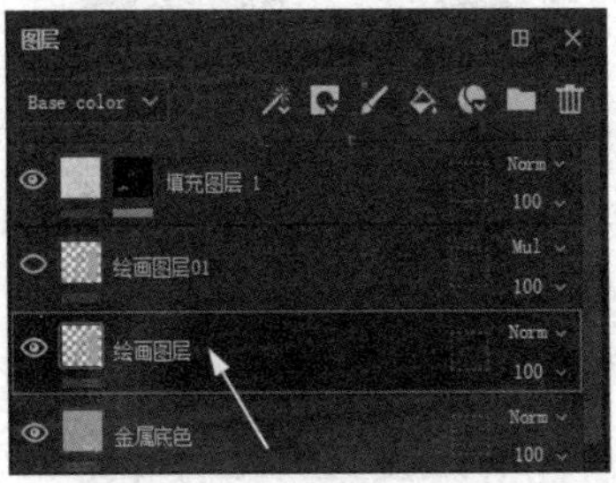

图 1.125　选择的克隆图层

图 1.126　【克隆（相对来源）】工具的克隆效果

图 1.127　【克隆（绝对来源）】工具的克隆效果

任务九：【材质选择器】工具的使用方法

【材质选择器】工具的主要作用是快速选择模型任意位置的颜色（材质）信息，该工具的使用步骤如下。

步骤 01：在工具栏中单击【材质选择器】工具图标。

步骤 02：在需要吸取材质的位置单击即可。

视频播放：关于具体介绍，请观看本书配套视频“任务九:【材质选择器】工具的使用方法.mp4”。

任务十：Adobe Substance 3D Painter 中的其他常用功能介绍

Adobe Substance 3D Painter 中的其他常用功能主要有绘制直线功能、捕捉直线功能、延时鼠标功能、对称功能和【绘画】工具预设功能。

1. 绘制直线功能和捕捉直线功能

在 Adobe Substance 3D Painter 中，绘制直线（包括斜线和折线）或擦除直线可以用“快捷键+左键”。下面以使用【绘画】工具绘制直线为例进行介绍。

步骤 01：选择需要绘制直线的绘画图层。

步骤 02：在工具栏中单击【绘画】工具图标。

步骤 03：在视图编辑区单击需要绘制的直线起点，按住键盘上的“Shift”键不放的同时移动光标。此时，出现一条虚线，如图 1.128 所示。

步骤 04：将光标移动需要绘制的直线的终点单击，即可绘制一条直线。绘制的直线效果如图 1.129 所示。

步骤 05：绘制斜线。在视图编辑区单击需要绘制的斜线起点，按住键盘上的“Shift+Ctrl”组合键不放的同时移动光标。此时，出现一条虚线，这条虚线会根据光标移动的方向改变。

步骤 06：绘制折线。在上一步骤绘制的斜线基础上，按住“Shift”键不放的同时连续单击需要绘制的折线终点，即可绘制出多条折线。绘制的折线效果如图 1.130 所示。

图 1.128　出现的虚线

图 1.129　绘制的直线效果

图 1.130　绘制的折线效果

2. 延时鼠标功能

延时鼠标功能也称懒惰鼠标功能其主要作用是修正用户在绘图过程中因抖动造成的偏差，使用户绘制出平滑的曲线。具体操作步骤如下。

步骤 01：选择【绘画】工具，在工具栏中单击【延时鼠标】图标。

步骤 02：在【延时鼠标】图标右侧设置演示的【距离】参数值，最大值为 20。开启延时鼠标功能后，采用不同【距离】参数值绘制的两条曲线效果如图 1.131 所示。

3. 对称功能

对称功能的使用频率比较高，它是指基于几何约束的、同时在多个位置进行绘画的功能。对称功能的实现方式主要有【镜像对称】和【径向对称】两种方式。

1）【镜像对称】方式的使用步骤

步骤 01：单击【绘画】工具图标，在工具栏中单击【对称】图标，启用对称功能。

步骤 02：在工具栏中单击【对称参数设置】图标，弹出【对称参数设置】对话框，在该对话框中设置参数。【镜像对称】方式对应的【对称参数设置】对话框参数设置如图 1.132 所示。

步骤 03：在视图编辑区出现一个对称平面，如图 1.133 所示。

图 1.131　采用不同【距离】参数值绘制的两条曲线效果

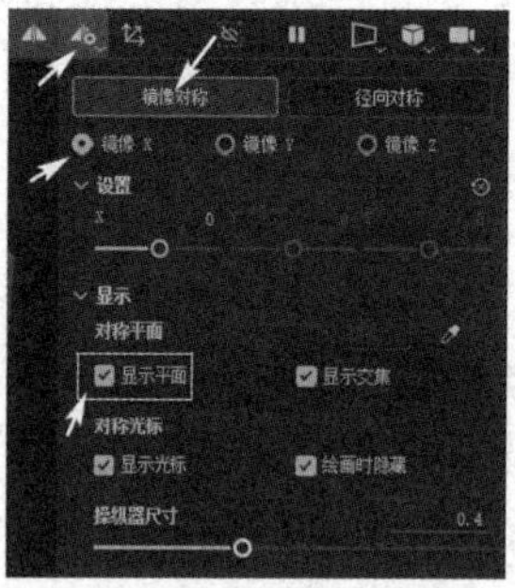

图 1.132【镜像对称】方式对应的【对称参数设置】对话框参数设置

图 1.133　对称平面

步骤 04：选择画笔样式，设置【绘画】工具参数，在视图编辑区绘制镜像对称效果。绘制的镜像对称效果如图 1.134 所示。

2)【径向对称】方式的使用步骤

步骤 01：单击【绘画】工具图标，在工具栏中单击【对称】图标，启用对称功能。

步骤 02：在工具栏中单击【对称参数设置】图标，弹出【对称参数设置】对话框，在该对话框中设置参数。【径向对称】方式对应的【对称参数设置】对话框参数设置如图 1.135 所示。

步骤 03：在视图编辑区出现一个径向对称轴，如图 1.136 所示。

图 1.134　绘制的镜像对称效果

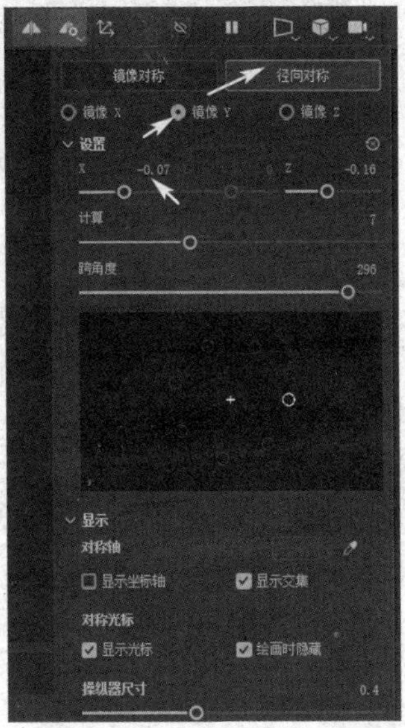

图 1.135 【径向对称】方式对应的【对称参数设置】对话框参数设置

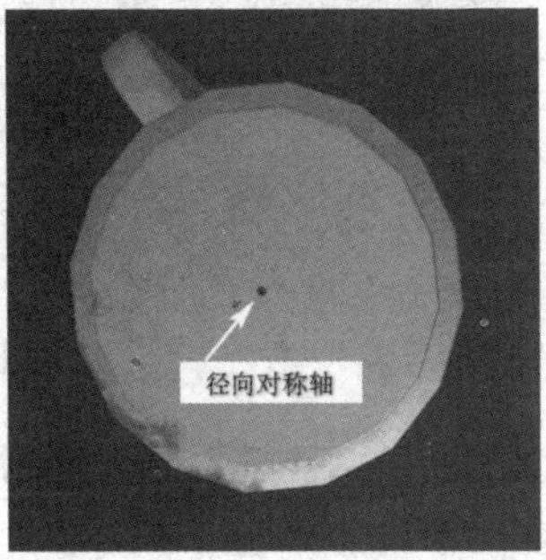

图 1.136　径向对称轴

步骤 04：选择【绘画】工具的笔刷样式并设置参数，在视图编辑区绘制径向对称效果。绘制的径向对称效果如图 1.137 所示。

4. 【绘画】工具预设功能

Adobe Substance 3D Painter 为用户提供了一个非常实用的功能，就是【绘画】工具预设功能。通过该功能，用户可以将调节好的笔刷效果保存，在下次使用时直接调用即可。

1)【绘画】工具预设文件

步骤 01：在工具栏中单击【绘画】工具图标。

步骤 02：在视图编辑区单击右键，弹出【绘画】工具属性面板。在该面板中，根据用户的需要设置【绘画】工具的属性。【绘画】工具的属性设置如图 1.138 所示。

步骤 03：将光标移到【绘画】工具属性面板中，单击右键，弹出快捷菜单。弹出的快捷菜单如图 1.139 所示。

步骤 04：弹出的快捷菜单包括 3 个选项，可单击【创建工具预设】命令，系统创建一个【绘画】工具预设文件，并自动保存在【资源】面板中的工具组【new tool...】中。其保存位置如图 1.140 所示。

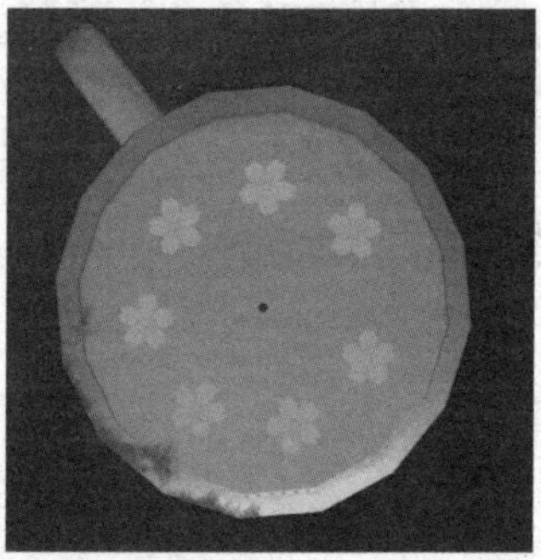

图 1.137 绘制的径向对称效果

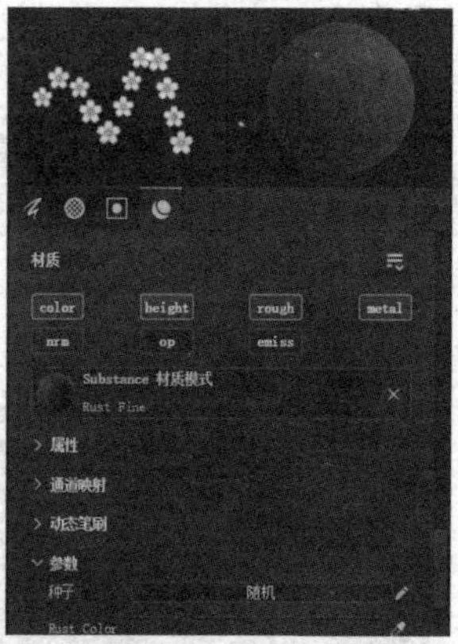

图 1.138 【绘画】工具的属性设置

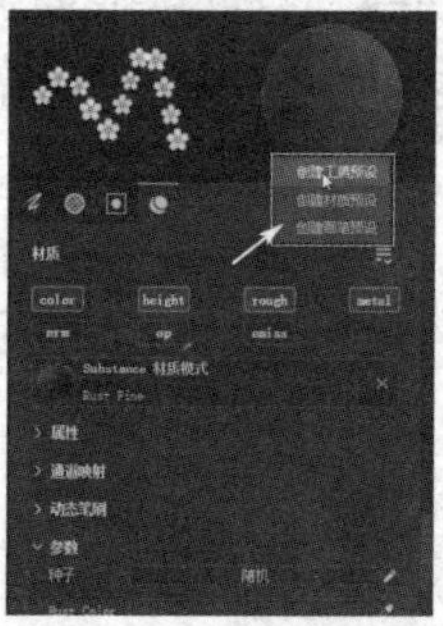

图 1.139 弹出的快捷菜单

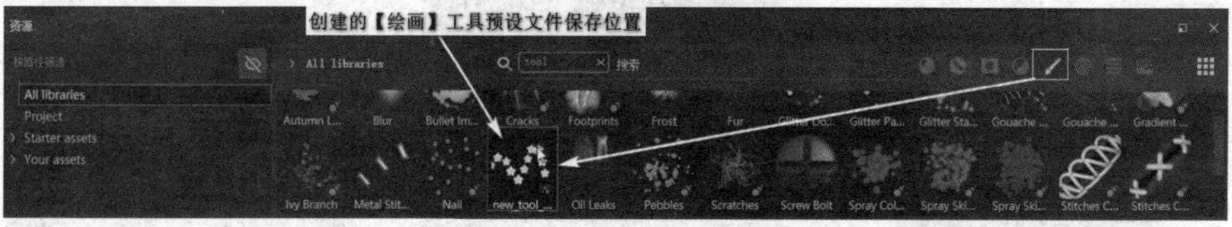

图 1.140 创建的【绘画】工具预设文件保存位置

提示：若单击【创建材质预设】命令，则创建一个材质预设文件并自动保存在【资源】面板中。若单击【创建画笔预设】命令，则创建一个画笔预设文件并自动保存在【资源】面板中的【笔刷】组中。

2）【绘画】工具预设命令的作用

（1）【创建工具预设】命令：单击该命令，创建一个工具预设文件，将画笔参数和材质保存在同一个预设文件中。

（2）【创建材质预设】命令：单击该命令，创建一个材质预设文件，仅将材质属性和资源保存在预设文件中。

（3）【创建画笔预设】命令：单击该命令，创建一个画笔预设文件，仅将画笔参数及 Alpha 贴图和模板资源保存在预设文件中。

视频播放：关于具体介绍，请观看本书配套视频“任务十：Adobe Substance 3D Painter 中的其他常用功能介绍.mp4”。

六、拓展训练

根据所学知识，启动 Adobe Substance 3D Painter，新建一个名为“水杯”的项目文件，练习使用工具栏中的各个工具。

第2章 图层操作、面板参数和材质制作流程

知识点：

案例1 图层的相关操作

案例2 面板的参数介绍

案例3 材质制作流程

说明：

本章主要通过3个案例介绍Adobe Substance 3D Painter中图层的相关操作、面板参数和材质制作流程。本章是Adobe Substance 3D Painter的核心内容，熟练掌握这一章内容，有利于对后续章节的学习，希望读者熟练掌握本章介绍的知识。

教学建议课时数：

一般情况下需要16课时，其中理论课时为6课时，实际操作课时为10课时（特殊情况下可做相应调整）。

本章主要介绍图层的分类、图层的创建等相关操作，面板的参数的设置和调节，使用 Adobe Substance 3D Painter 制作材质的整个流程。

案例 1　图层的相关操作

一、案例内容简介

本案例主要介绍 Adobe Substance 3D Painter 图层的分类、图层的创建，图层属性参数、遮罩的概念、遮罩的应用、通道的概念、通道的相关操作及效果的应用等知识。

二、案例效果欣赏

三、案例制作（步骤）流程

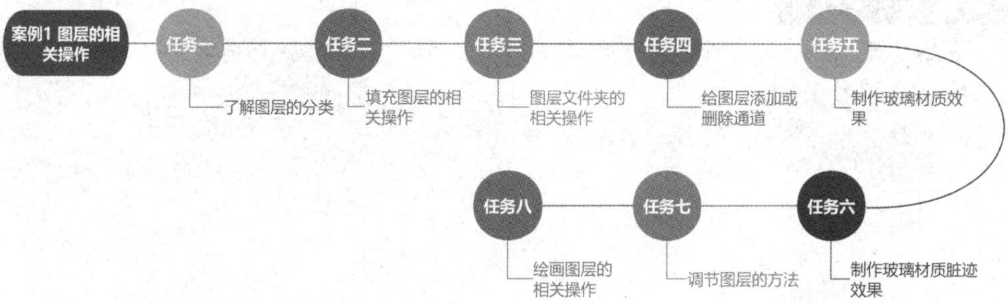

四、制作目的

（1）了解图层的分类和各种图层的作用。
（2）掌握各种图层的创建方法和参数设置。
（3）理解遮罩的概念和作用。
（4）掌握遮罩的创建方法和使用技巧。
（5）理解通道的概念和作用。
（6）掌握通道的相关操作。

五、详细操作步骤

任务一：了解图层的分类

在 Adobe Substance 3D Painter 中，主要提供绘画图层、填充图层和调节图层 3 种图层。它们有一个共同特性，就是保护 3D 模型（网格）和原有材质不受破坏，方便修改。除了共同特性，每种图层还独有的特性。各种图层的具体介绍如下。

1. 绘画图层

绘画图层也称编辑图层。为了方便理解，可以将绘画图层理解为一张透明的“纸”，可以在这张“纸”上进行绘画、涂抹、填充颜色、添加特效、添加滤镜、添加锚点和遮罩等操作。【绘画图层】界面的左下角有一个绘画图标，其界面如图 2.1 所示。

2. 填充图层

填充图层相当于一张具有颜色和图案的“纸”，用户可以对颜色和图案的透明度进行调节。填充图层可以与绘制图层进行堆栈叠加等操作，在 Adobe Substance 3D Painter 中制作材质时，经常用填充图层制作底色。在【填充图层】界面的左下角有一个填充图标，其界面如图 2.2 所示。

3. 调节图层

调节图层的主要作用是对绘画图层（编辑图层）和填充图层进行调色、锐化、模糊和添加特效的操作。主要有锚点图层、滤镜图层和色阶图层 3 种调节图层。【锚点图层】界面的左下角有一个锚点图标，【滤镜图层】界面的左下角有一个滤镜图标，【色阶图层】界面的左下角有一个色阶图标。调节图层界面如图 2.3 所示。

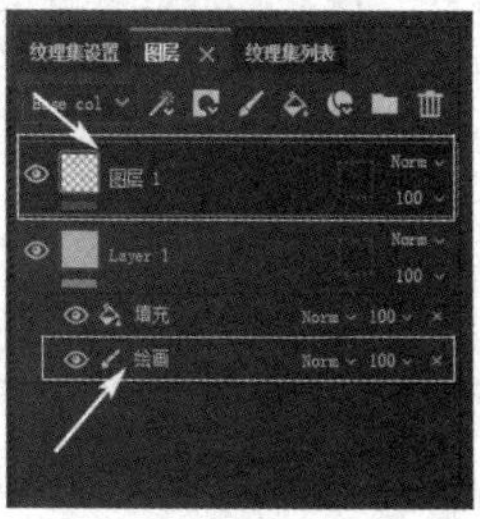

图 2.1　【绘制图层】界面

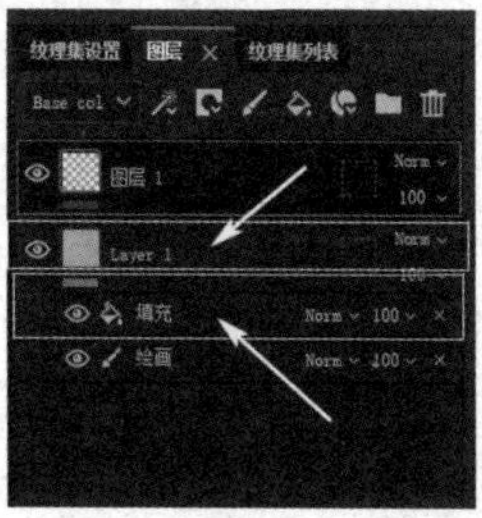

图 2.2　【填充图层】界面

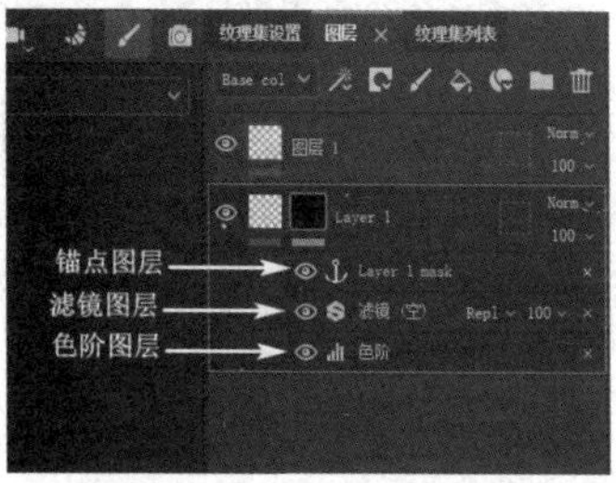

图 2.3　【调节图层】界面

（1）【锚点图层】：主要作用是对材质进行共享。

（2）【滤镜图层】：主要作用是对绘画图层和填充图层添加滤镜效果。

（3）【色阶图层】：主要作用是调节绘画图层和填充图层的颜色通道，以改变图层颜色。

视频播放：关于具体介绍，请观看本书配套视频“任务一：了解图层的分类.wmv”。

任务二：填充图层的相关操作

填充图层的相关操作主要包括创建填充图层、删除填充图层、重命名填充图层、编辑填充图层属性、给填充图层添加遮罩和生成器等。

1. 创建和删除填充图层

步骤 01：打开一个名为“煤油灯.spp”的文件。在该文件中有一盏煤油灯的 3D 模型。煤油灯的 3D 模型、UV 分布和【图层】面板如图 2.4 所示。

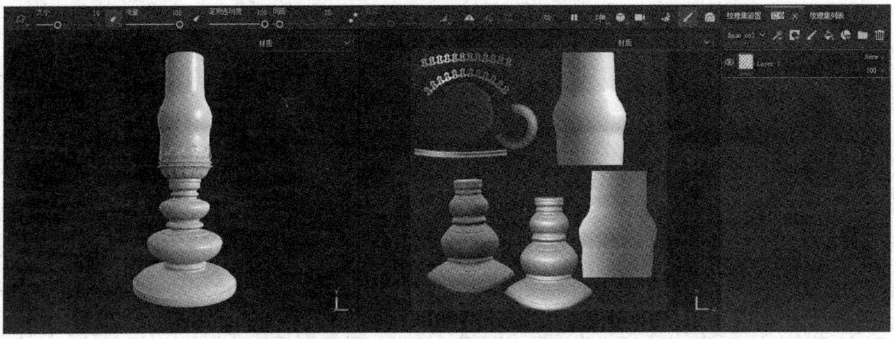

图 2.4　煤油灯的 3D 模型、UV 分布和【图层】面板

步骤 02：创建填充图层。在【图层】面板中单击【添加填充图层】图标，即可添加填充图层。创建的填充图层如图 2.5 所示。

步骤 03：删除填充图层。在需要删除的填充图层上单击右键，弹出快捷菜单。在弹出的快捷菜单中，单击【移除图层】命令即可。或者选择需要删除的填充图层，按键盘上的“Del”键；还可以单击【图层】面板右上角的“删除”图标，删除选中的填充图层。

2. 重命名填充图层

在绘制贴图效果时，需要用很多图层。为了方便操作，一般情况下，需要根据所创建填充图层的作用，对其进行重命名。重命名的步骤如下。

步骤 01：在【图层】面板中，双击需要重命名的填充图层。此时，填充图层名称变灰色，表示可以修改。双击之后的填充图层名称颜色变化如图 2.6 所示。

步骤 02：直接输入需要的填充图层名称。在此，输入“煤油灯底色”，然后按“Enter”键即可。重命名之后的效果如图 2.7 所示。

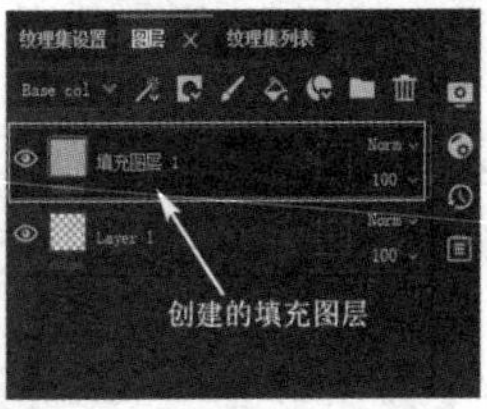

图 2.5　创建的填充图层

图 2.6　双击之后的填充图层名称颜色变化

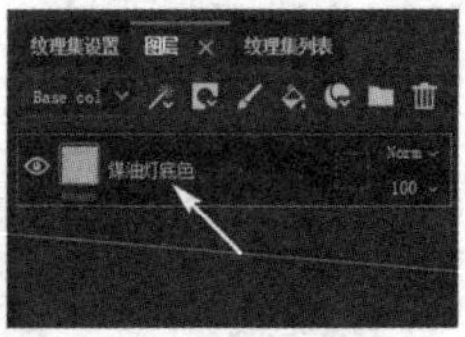

图 2.7　重命名之后的效果

3. 编辑填充图层属性

创建填充图层之后，用户可以通过【属性-填充】面板，调节该填充图层属性参数和材质属性。【属性-填充】面板如图 2.8 所示。

步骤 01：在【图层】面板中选择需要编辑的填充图层。

步骤 02：在【属性-填充】面板中，单击【材质模式】按钮，弹出【材质模式】对话框。在该对话框中，选择需要的材质模式。选择的材质模式如图 2.9 所示。

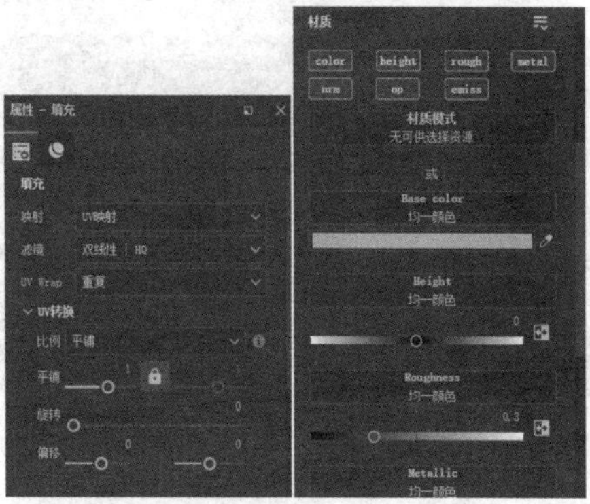

图 2.8　【属性-填充】面板

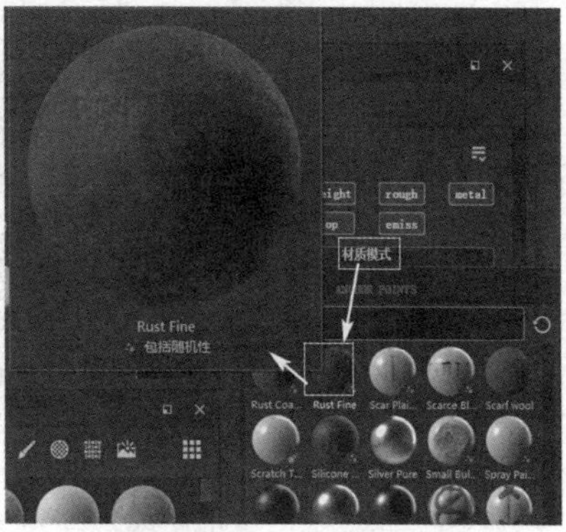

图 2.9　选择的材质模式

步骤 03：选择材质模式之后，创建的第 1 个填充图层和煤油灯 3D 模型的效果如图 2.10 所示。

步骤 04：方法同上。创建第 2 个填充图层，把它命名为“油漆”。创建和重命名的第 2 个填充图层如图 2.11 所示。

步骤 05：调节“油漆”填充图层属性参数。具体属性参数调节如图 2.12 所示。调节属性参数之后的材质效果如图 2.13 所示。

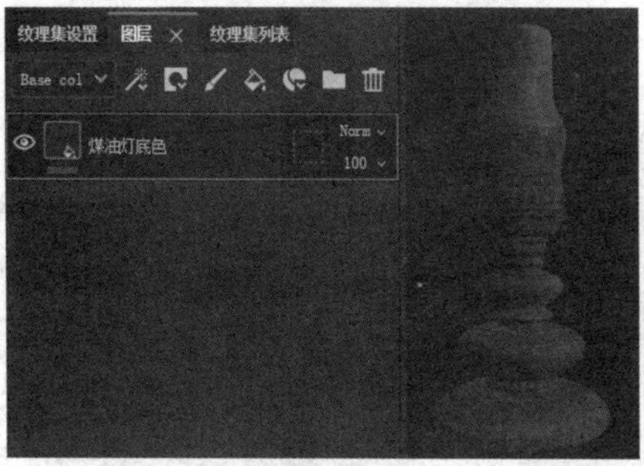

图 2.10 “填充图层”和 3D 模型的效果

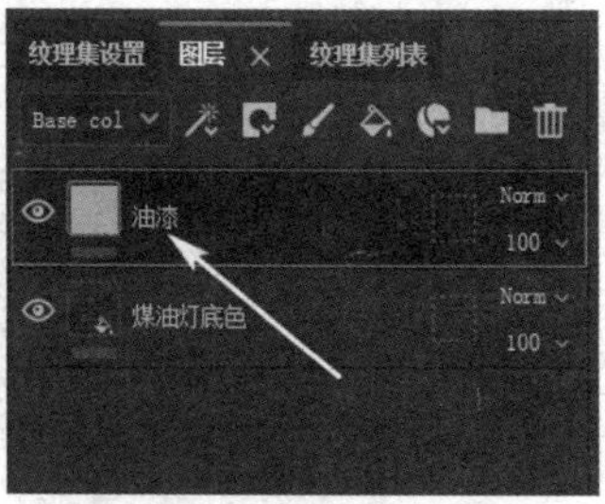

图 2.11　创建和重命名的第 2 个填充图层

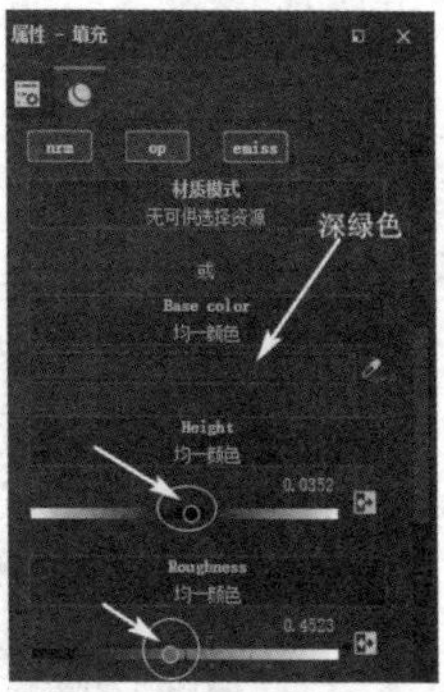

图 2.12　具体属性参数调节

4. 给填充图层添加遮罩和生成器

遮罩的原理是“黑透，白不透”，对于灰色，根据灰色等级进行不同透明度调节。从

图 2.13 中的效果可以看出，“油漆”填充图层完成遮住了“煤油灯底色”填充图层的材质效果，现在需要通过遮罩和生成器实现这两个图层的混合效果。具体操作步骤如下。

步骤 01：在【图层】面板中选择“油漆”填充图层。单击【图层】面板中的“添加遮罩”图标，弹出下拉菜单。弹出的下拉菜单如图 2.14 所示。

步骤 02：在弹出的下拉菜单中，单击【添加黑色遮罩】命令，给“油漆”填充图层添加一个黑色遮罩。添加黑色遮罩之后的填充图层如图 2.15 所示。此时，“油漆”填充图层的材质完全被遮住，添加黑色遮罩之后的煤油灯 3D 模型材质效果如图 2.16 所示。

图 2.13　调节属性参数之后的材质效果

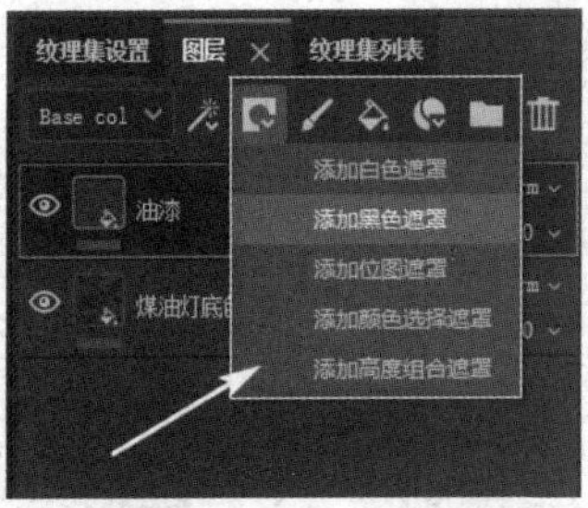

图 2.14 弹出的下拉菜单

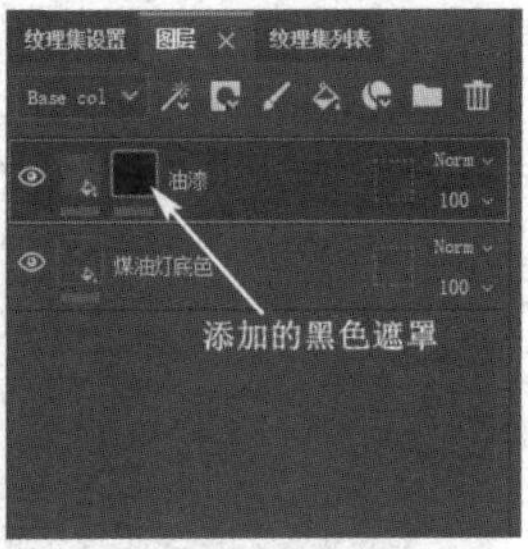

图 2.15 添加黑色遮罩之后的填充图层

提示 1：如果在弹出的下拉菜单中，单击【添加白色遮罩】命令，那么显示的效果与“添加黑色遮罩”相反。

提示 2：也可以将光标移到需要添加遮罩的填充图层上，单击右键，弹出快捷菜单。在弹出的快捷菜单中，单击【添加黑色遮罩】命令或【添加白色遮罩】命令，以添加遮罩效果。

步骤 03：将光标移到“黑色遮罩”图标上，此时，光标所在的位置如图 2.17 所示。

步骤 04：单击右键，弹出快捷菜单。在弹出的快捷菜单中，单击【添加生成器】命令，即可给遮罩添加一个生成器图层。添加的生成器图层如图 2.18 所示。

提示：先单击添加了遮罩的填充图层右侧遮罩图标，再单击【图层】面板中的“添加特效”图标，弹出下拉菜单。弹出的下拉菜单如图 2.19 所示。在弹出的下拉菜单中，单击【添加生成器】命令，也可给遮罩添加生成器图层。

图 2.16　添加黑色遮罩之后的煤油灯 3D 模型材质效果

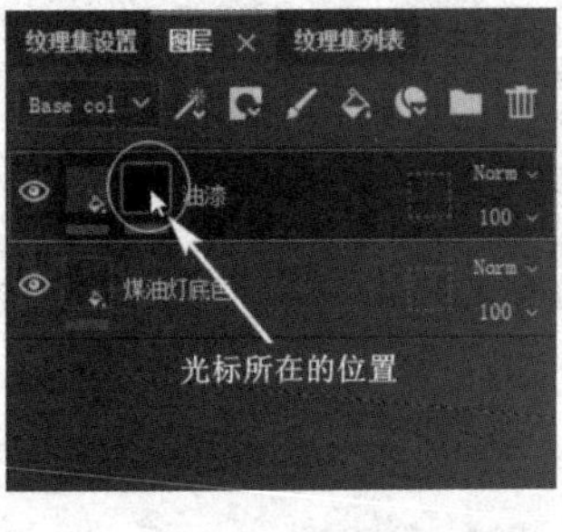

图 2.17　光标所在的位置

图 2.18　添加的生成器图层

步骤 05：单击所添加的生成器图层，在【属性-生成器】面板中单击需要添加的预设遮罩样式，选择的遮罩样式如图 2.20 所示。调节预设遮罩样式的参数，调节参数之后的效果如图 2.21 所示。

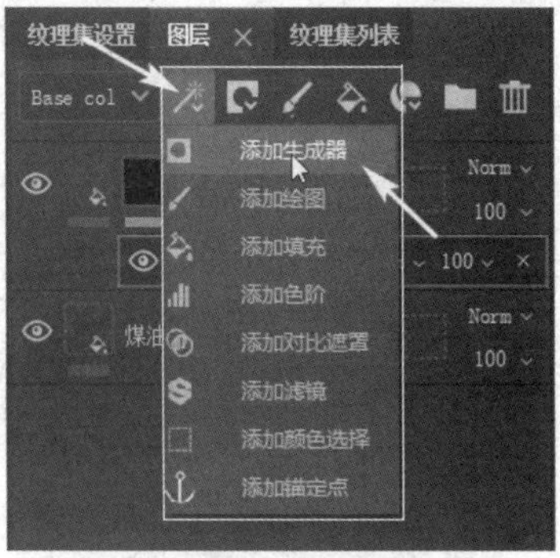

图 2.19　弹出的下拉菜单

图 2.20　选择的遮罩样式

图 2.21　调节参数之后的效果

视频播放：关于具体介绍，请观看本书配套视频“任务二：填充图层的相关操作.wmv”。

任务三：图层文件夹的相关操作

添加图层文件夹的目的是方便用户对图层进行管理和操作。

1. 添加图层文件夹

步骤 01：单击【图层】面板右上角的“添加组”图标■，添加一个图层文件夹，添加的图层文件夹如图 2.22 所示。

步骤 02：命名图层文件夹。双击新添加的图层文件夹，直接输入“煤油灯主体”文字，按“Enter”键，完成图层文件夹的命名。命名之后的图层文件夹如图 2.23 所示。

步骤 03：将填充图层添加到图层文件夹中。在【图层】面板中选择需要添加到图层文件夹中的填充图层，将光标放在选中的任一填充图层上，按住左键不放的同时，把选中的填充图层拖到图层文件夹中。此时，在图层文件夹上出现一个白色框，如图 2.24 所示。此时，可以松开左键。

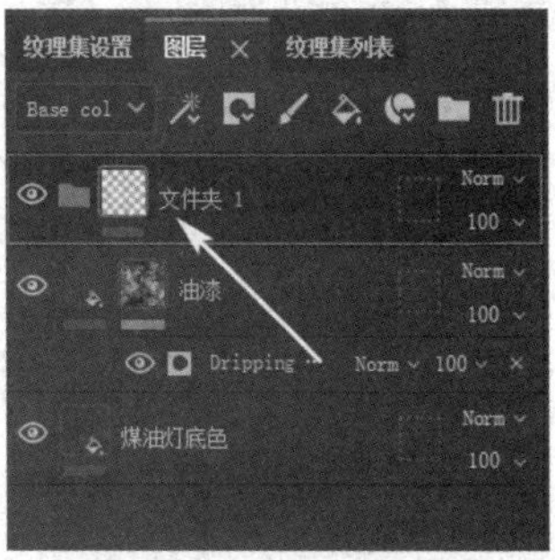

图 2.22　添加的图层文件夹

图 2.23　命名之后的图层文件夹

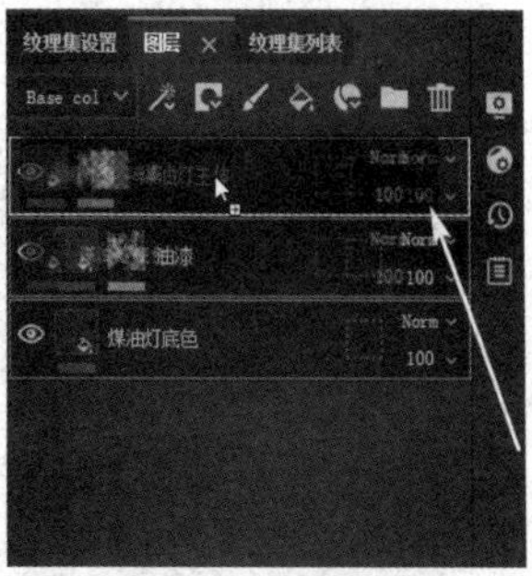

图 2.24　出现一个白色框

2. 给图层文件夹添加遮罩

步骤 01：在【图层】面板中单击图层文件夹→【图层】面板右上角的“添加遮罩”图标，弹出下拉菜单。

步骤 02：在弹出的下拉菜单中单击【添加黑色遮罩】命令，给图层文件夹添加一个黑色遮罩，如图 2.25 所示。

步骤 03：将光标移到新添加的黑色遮罩图标上，单击右键，弹出快捷菜单。在弹出的快捷菜单中，单击【添加绘图】命令，给黑色遮罩添加一个绘画图层。添加的绘画图层如图 2.26 所示。

步骤 04：在工具栏中单击【几何体填充】工具，在【视图】中单击右键，弹出【几何体填充】工具设置面板。在该面板中单击“UV 块填充”图标，进行属性设置。【几何体填充】工具属性设置如图 2.27 所示。

图 2.25　添加的“黑色遮罩”

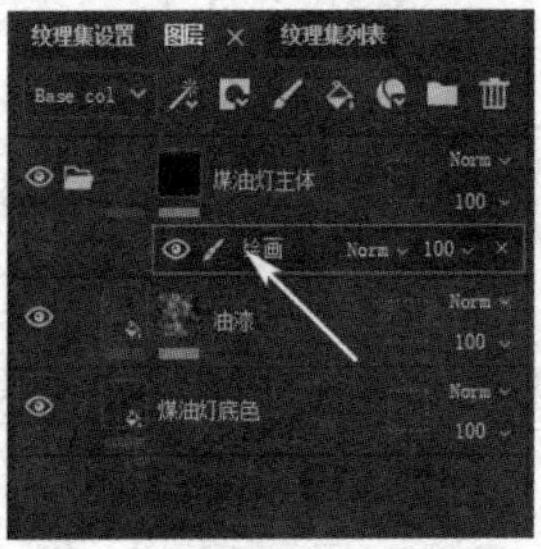

图 2.26　添加的绘画图层

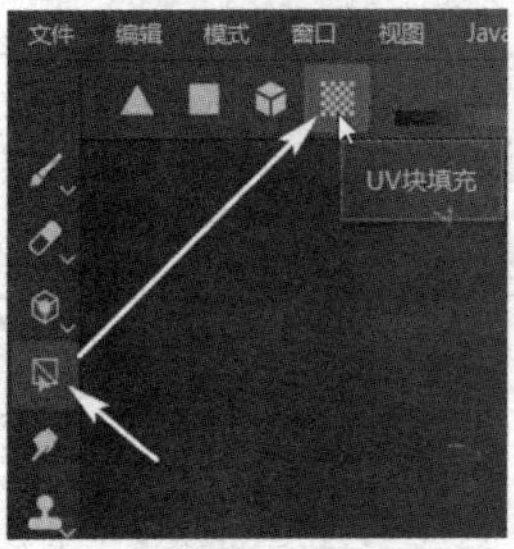

图 2.27　【几何体填充】工具属性设置

步骤 05：在 2D 视图中框选煤油灯 3D 模型主体部分的 UV。框选的 UV 如图 2.28 所示，遮罩之后的效果如图 2.29 所示。

视频播放：关于具体介绍，请观看本书配套视频“任务三：图层文件夹的相关操作.wmv”。

任务四：给图层添加或删除通道

通道是指具有特定行为的纹理。在 Adobe Substance 3D Painter 中，默认情况下图层只有 color（颜色）、height（高度）、rough（粗糙度）、metal（金属度）、nrm（法线）、op（透明度）和 emiss（发光）7 个通道。图层的默认通道如图 2.30 所示。

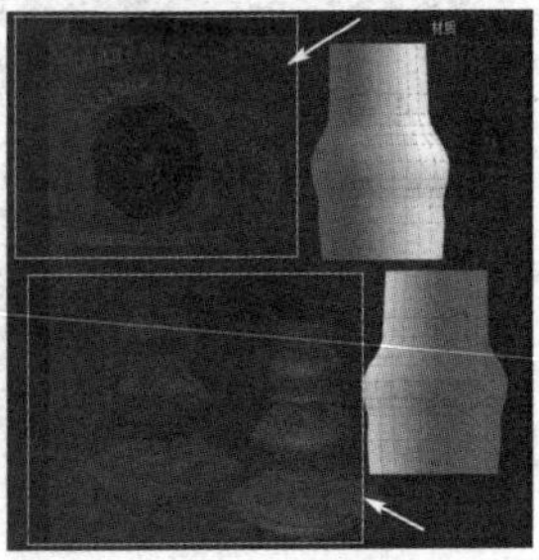

图 2.28　框选的 UV

图 2.29　遮罩之后的效果

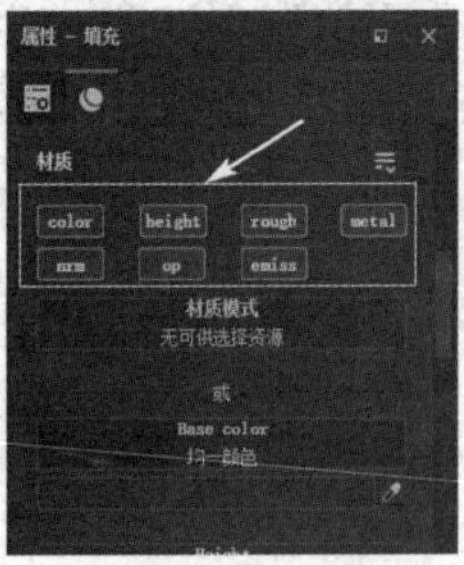

图 2.30　图层的默认通道

用户可以根据项目要求添加相应的通道，只有添加了相应的通道才能调节图层的相应纹理效果。例如，需要制作透明效果的纹理，就必须添加“Ambient occlusion（环境阻塞）”通道。下面以给图层添加“Ambient occlusion（环境阻塞）”通道为例，介绍通道的添加或删除方法。

1. 添加通道

步骤 01：在【图层】面板中单击其右上角的“添加填充图层”按钮，创建一个填充图层并把它重命名为“玻璃罩底色”。创建和重命名的填充图层如图 2.31 所示。

步骤 02：单击“玻璃罩底色”填充图层，然后在【纹理集设置】面板中单击【通道】右边的图标，弹出下拉菜单，如图 2.32 所示。

步骤 03：将光标移到弹出的下拉菜单中的【Ambient occlusion（环境阻塞）】命令上单击，即可给图层添加一个“ao”通道。添加的“ao”通道如图 2.33 所示。

图 2.31　创建和重命名的填充图层

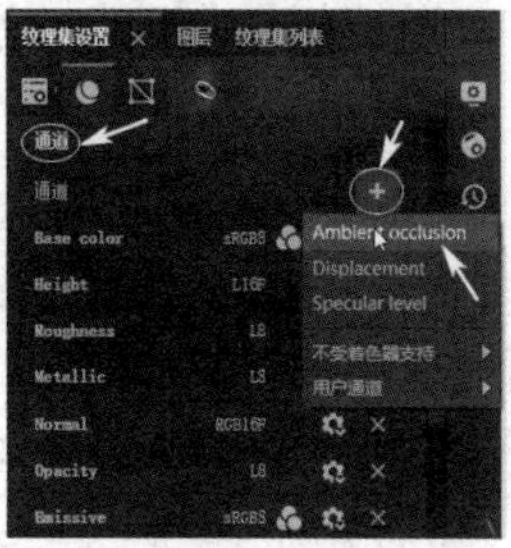

图 2.32　弹出的下拉菜单

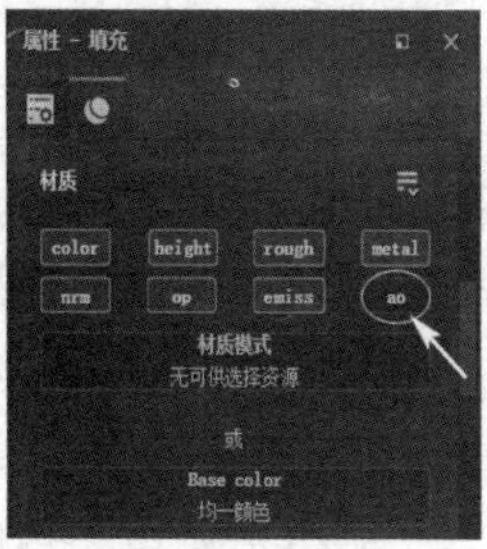

图 2.33　添加的“ao”通道

2. 删除通道

删除通道的方法比较简单。在【纹理集设置】面板中直接单击需要删除的通道右侧的图标即可。

视频播放：关于具体介绍，请观看本书配套视频“任务四：给图层添加或删除通道.wmv”。

任务五：制作玻璃材质效果

通过调节“Opacity”通道和其他通道实现玻璃材质效果的制作。

1. 创建图层文件夹

步骤 01：创建一个图层文件夹并把它命名为“玻璃罩材质文件夹”。

步骤 02：将“玻璃罩底色”填充图层拖到“玻璃罩材质文件夹”图层中。调整图层之后的界面如图 2.34 所示。

2. 调整图层顺序

为了便于管理，在制作材质过程中经常会对图层的顺序进行调整。在此，以把“玻璃遮罩材质文件夹”图层调整到上层为例，介绍图层顺序调整的步骤。

步骤 01：将需要调节的图层拖到目标位置，此时，出现一条白色直线（横向），如图 2.35 所示。

步骤 02：在出现白色直线后松开左键，完成图层顺序的调整。调整顺序之后的图层如图 2.36 所示。

图 2.34　调节图层之后的界面

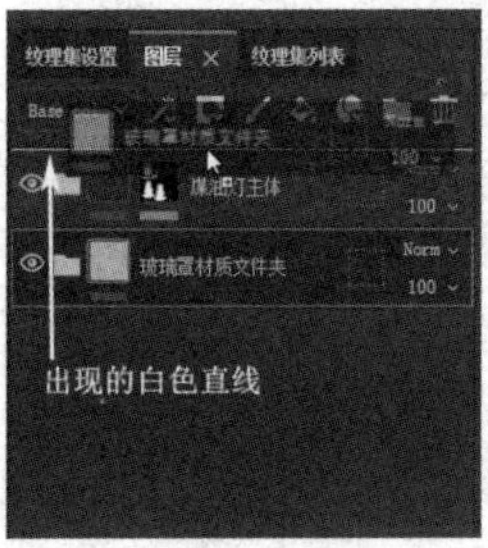

图 2.35　出现的白色直线（横向）

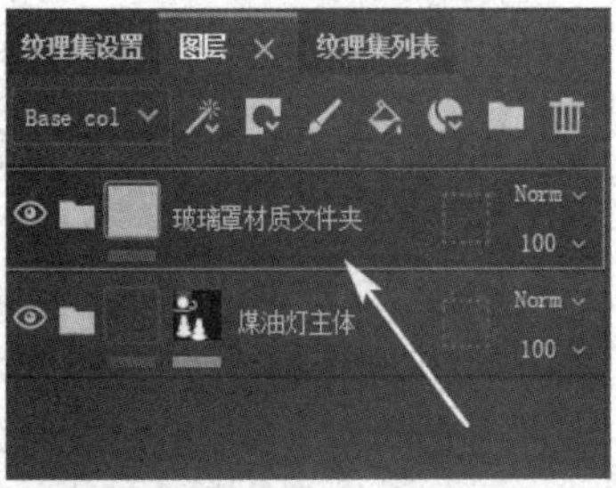

图 2.36　调整顺序之后的图层

3. 给图层文件夹添加遮罩

调整图层文件夹顺序后，煤油灯 3D 模型的材质效果如图 2.37 所示。将前面做的材质效果全部覆盖了，需要给图层文件夹添加遮罩才能显示。

步骤 01：先单击"玻璃罩材质文件夹"图层，再单击【图层】面板中的"添加遮罩"按钮，弹出快捷菜单。在弹出的快捷菜单中单击【添加黑色遮罩】命令，添加一个黑色遮罩。添加黑色遮罩之后的【图层】面板如图 2.38 所示。

步骤 02：将光标移到"玻璃罩材质文件夹"图层中的"遮罩"图标上，单击右键，弹出快捷菜单。在弹出的快捷菜单中单击【添加绘图】命令，即可给遮罩添加一个绘画遮罩层。添加的绘画遮罩层如图 2.39 所示。

图 2.37　调整图层顺序后煤油灯 3D 模型的材质效果

图 2.38　添加黑色遮罩之后的【图层】面板

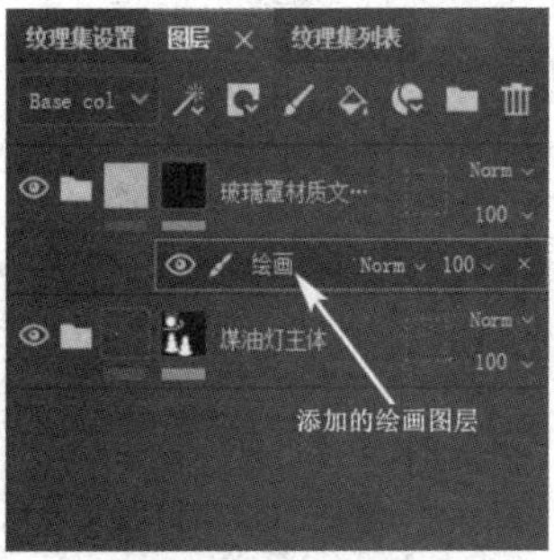

图 2.39　添加的绘画图层

步骤 03：在工具栏中单击【几何体填充】工具，在【属性-几何体填充】面板中单击"UV 块填充"图标，将"颜色"参数滑块调到右端，如图 2.40 所示。

步骤 04：在【二维视图】中框选煤油灯的玻璃罩 UV，添加遮罩。遮罩之后的煤油灯 3D 模型的材质效果如图 2.41 所示。

步骤 05：在【图层】面板中单击"玻璃罩底色"填充图层，然后在【属性-填充】面板中调节“材质”属性参数。具体参数调节如图 2.42 所示，调节参数之后的煤油灯 3D 模型材质效果如图 2.43 所示。

图 2.40　将“颜色”参数滑块调到右端

图 2.41　遮罩之后的煤油灯 3D 模型的材质效果

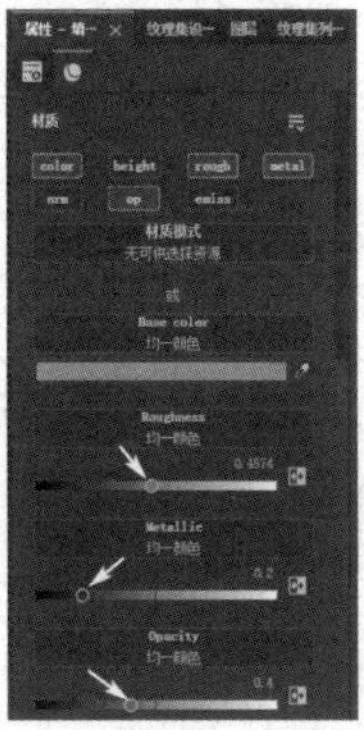

图 2.42　具体参数调节

图 2.43　调节参数之后的煤油灯 3D 模型材质效果

视频播放：关于具体介绍，请观看本书配套视频“任务五：制作玻璃材质效果.wmv”。

任务六：制作玻璃材质脏迹效果

主要通过添加填充图层和遮罩制作玻璃脏迹效果，具体操作步骤如下。

步骤 01：创建一个填充图层并把它命名为“脏迹”。创建并命名的填充图层如图 2.44 所示。

步骤 02：单击“脏迹”填充图层，在【属性-填充】面板中调节该填充图层属性参数。“脏迹”填充图层属性参数调节如图 2.45 所示，调节参数之后的煤油灯玻璃罩 3D 模型的材质效果如图 2.46 所示。

步骤 03：先给“脏迹”填充图层添加一个黑色遮罩，再给这个黑色遮罩添加一个生成器图层。添加遮罩和生成器图层之后的【图层】面板如图 2.47 所示。

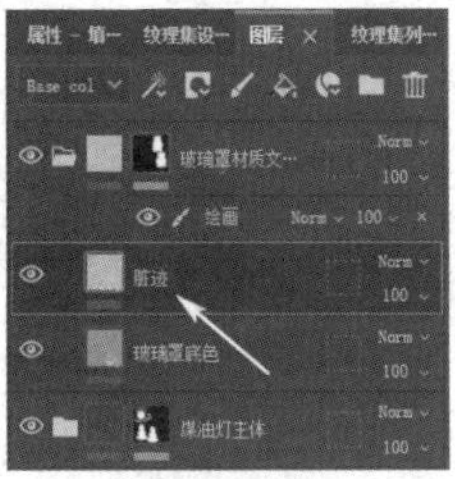

图 2.44　创建并命名的填充图层

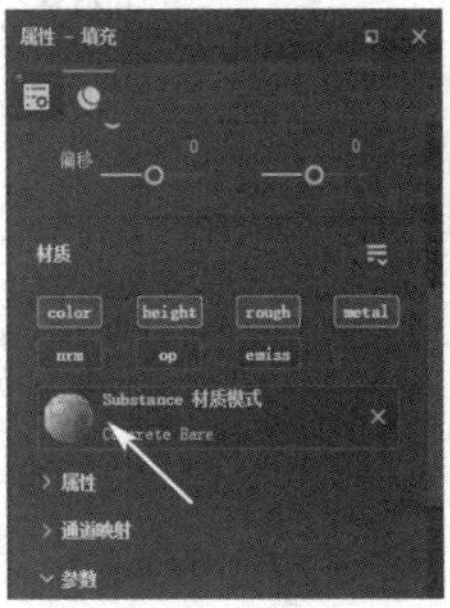

图 2.45　“脏迹”填充图层属性参数调节

图 2.46　调节参数之后的煤油灯玻璃罩 3D 模型的材质效果

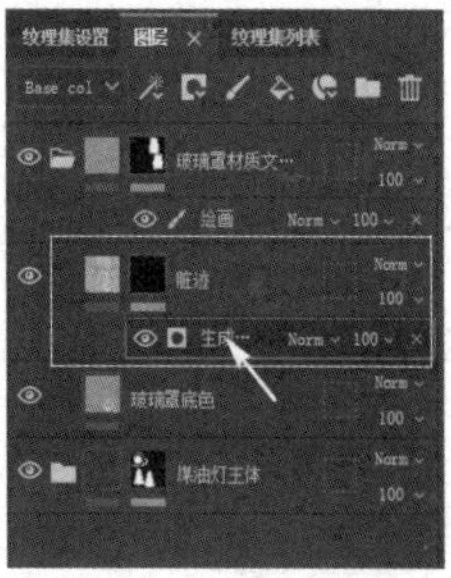

图 2.47　添加遮罩和生成器图层之后的【图层】面板

步骤 04：单击生成器图层，给生成器添加一个预设遮罩样式，选择的遮罩样式如图 2.48 所示。

步骤 05：给生成器图层添加遮罩样式之后，煤油灯玻璃罩 3D 模型的材质效果如图 2.49 所示。

视频播放：关于具体介绍，请观看本书配套视频“任务六：制作玻璃材质脏迹效果.wmv”。

任务七：调节图层的方法

给“脏迹”图层添加调节图层。通过调节该图层属性参数调节“脏迹”效果。

步骤 01：在【图层】面板中先单击“脏迹”图层，再单击【图层】面板中的“添加特效”按钮，弹出下拉菜单。在弹出的下拉菜单中单击【添加色阶】命令，即可给选中的图层添加一个色阶图层。添加的色阶图层如图 2.50 所示。

步骤 02：在【属性-色阶】面板中，根据项目要求调节色阶图层属性参数。调节参数之后煤油灯 3D 模型的材质效果如图 2.51 所示。

图 2.48　选择的遮罩样式

图 2.49　3D 煤油灯玻璃罩模型的材质效果

图 2.50　添加的色阶图层

图 2.51　调节参数之后煤油灯 3D 模型的材质效果

视频播放：关于具体介绍，请观看本书配套视频“任务七：调节图层的方法.wmv”。

任务八：绘画图层的相关操作

绘画图层的相关操作主要包括创建绘画图层、取消绘画图层的功能和启用绘画图层的功能。

步骤 01：创建绘画图层。在【图层】面板中单击【添加图层】按钮，即可创建一个绘画图层。

步骤 02：若要取消绘画图层的功能，则可以直接单击绘画图层左侧的图标。

步骤 03：若要启用绘画图层的功能，则可以直接单击绘画图层左侧的图标。

提示：其他图层功能的启用和取消与绘画图层的操作完全相同。在 Adobe Substance 3D Painter 中，各种图层的操作方法基本相同，读者要学会举一反三。

视频播放：关于具体介绍，请观看本书配套视频“任务八：绘画图层的相关操作.wmv”。

六、拓展训练

请读者根据本章所学知识，使用本书配套资料提供的“煤油灯拓展训练.spp”文件，给该煤油灯制作材质。

案例 2　面板的参数介绍

一、案例内容简介

本案例主要介绍 Adobe Substance 3D Painter 常用面板中各个参数的作用、调节方法和使用技巧。

二、案例效果欣赏

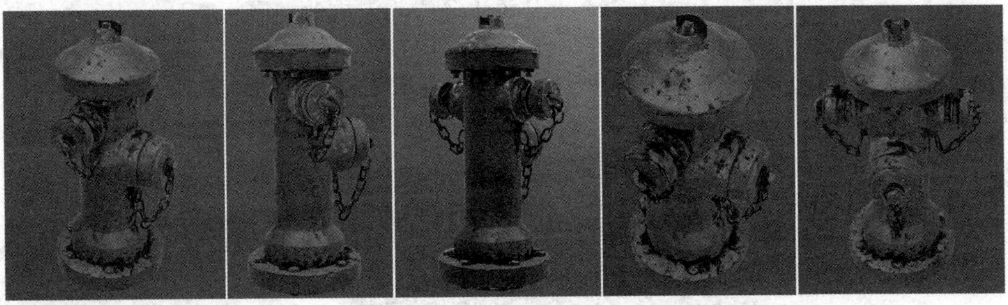

三、案例制作（步骤）流程

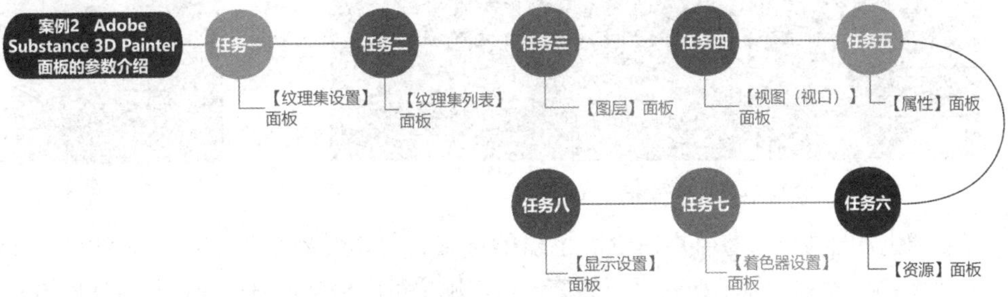

四、制作目的

（1）掌握【纹理集设置】面板中各个参数的作用和调节的方法及技巧。
（2）掌握【纹理集列表】面板中各个参数的作用和调节的方法及技巧
（3）熟练掌握【图层】面板中各个按钮的作用和使用方法。
（4）了解【资源】面板的作用和各个按钮的使用方法。
（5）了解【视图（视口）】的操作和各个参数的作用。
（6）理解【着色器设置】面板中各个参数的作用和调节的方法及技巧。
（7）熟练掌握【显示设置】面板中各个参数的作用和调节的方法及技巧。
（8）掌握【属性】面板的作用和参数调节的方法及技巧。

五、详细操作步骤

任务一：【纹理集设置】面板

【纹理集设置】面板主要用来调节纹理的大小、设置纹理的通道和烘焙模型贴图。【纹理集设置】面板如图 2.52 所示。

1.【常规属性】参数

单击【常规属性】按钮，显示常规属性中的所有参数。

（1）【名称】：显示用户设置的纹理集的名称。

（2）【描述】：方便用户在文本框中输入相关文字，方便团队合作。

（3）【大小】：选择纹理分辨率的大小。单击【大小】右边的图标，弹出下拉菜单。弹出的下拉菜单显示所有可用分辨率，如图 2.53 所示。用户可根据项目要求和设备的配置选择分辨率值。该值越大，效果越精细，但对设备的要求也越高，最大分辨率可设为 4096×4096 像素。

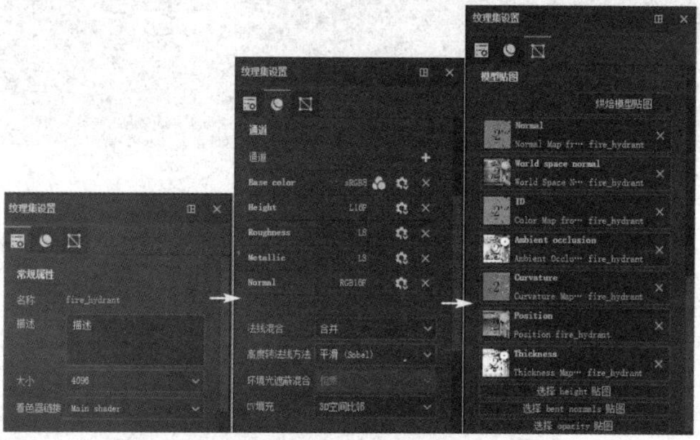

图 2.52 【纹理集设置】面板

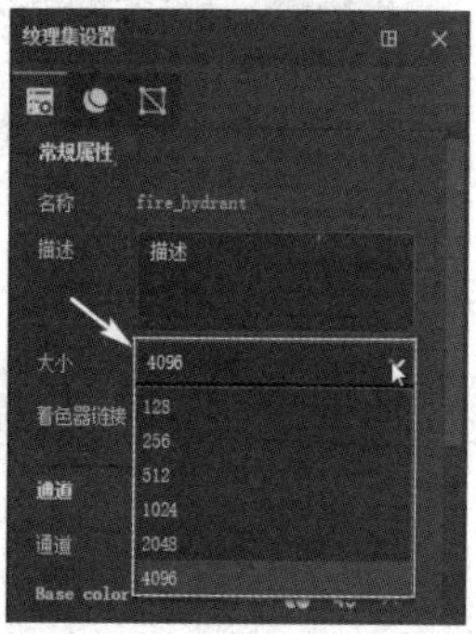

图 2.53 可用分辨率

（4）【着色器连接】：为用户提供着色器的选择。单击【着色器连接】右侧的图标，弹出下拉列表。下拉列表显示所有可用的着色器，用户可以根据项目要求选择合适的着色器。

提示：【着色器】就相当于 Maya 中的材质类型，如兰伯特材质、布林材质等。

2.【通道】属性面板

单击【通道】按钮，显示通道中的所有属性。【通道】参数的作用是控制纹理图层的通道信息。通过【通道】参数可以删除、添加、设置通道的混合模式和 UV 填充模式。

（1）【通道】：给纹理添加通道。单击【通道】右侧的按钮，弹出快捷菜单，如图 2.54 所示，该菜单列出了所有能够添加的纹理通道。

（2）【通道数据类型】：单击按钮，弹出通道数据类型列表，如图 2.55 所示，该列表列出了所有能够选择的数据类型。

（3）【删除通道】：单击需要删除的通道右侧的按钮即可。

（4）【法线混合】：控制“烘焙法线贴图”通道与“法线”通道的混合模式。系统提供了【替换】和【合并】两种混合模式。

①【替换】：忽略“烘焙法线贴图”通道，仅使用此纹理集的“法线”通道。可在烘焙法线贴图上绘制。

②【合并】：为默认选项，通过面向细节的功能组合“法线”通道和“烘焙法线贴图”通道。

(5)【高度转法线方法】：控制高度转法线的方式。系统提供了【平滑（Sobel）】和【锐化】两种方式。

(6)【环境光遮蔽混合】：控制“烘焙环境光遮罩”通道与“环境光遮罩”通道的混合模式。系统提供了【正片叠底】和【替换】两种混合模式。

①【正片叠底】：为默认选项，通过乘法运算组合“环境光遮罩”通道和 “烘焙环境光遮罩”。

②【替换】：忽略“烘焙环境遮罩”通道，仅使用此纹理集的“环境遮罩”通道。可用来在“烘焙环境遮罩”上绘画。

(7)【UV 填充】：控制 Adobe Substance 3D Painter 如何生成 UV 岛外的第 1 个像素。系统提供了【UV 空间比邻】和【3D 空间比邻】两种方式。

①【3D 空间比邻】：在 UV 接缝找到相邻像素的颜色，并在 UV 边界使用它。在使用连续图案跨 UV 接缝绘画时，建议使用该参数。

②【UV 空间比邻】：在使用 UV 填充模式之前，将 UV 岛内的像素复制到 UV 岛外的边界。当 UV 岛具有相反的信息且不重叠时，建议使用该参数。

3. 模型贴图

单击【模型贴图】按钮，显示所有与模型贴图有关的属性。其主要作用是方便用户添加“法线”、“World space normal（世界空间法线）”、“ID”、“Ambient occlusion（环境阻塞）”、“曲率”、“Position（位置）”和“厚度”烘焙贴图。

(1)【烘焙模型贴图】：单击该按钮，切换到【纹理烘焙】界面。【纹理烘焙】界面如图 2.56 所示，可以在该界面中根据项目要求调节烘焙参数。单击【烘焙所有纹理】按钮，可以进行烘焙，烘焙之后的纹理被自动添加到贴图通道中。烘焙完成后单击【返回至绘画模式】按钮，返回材质制作界面。

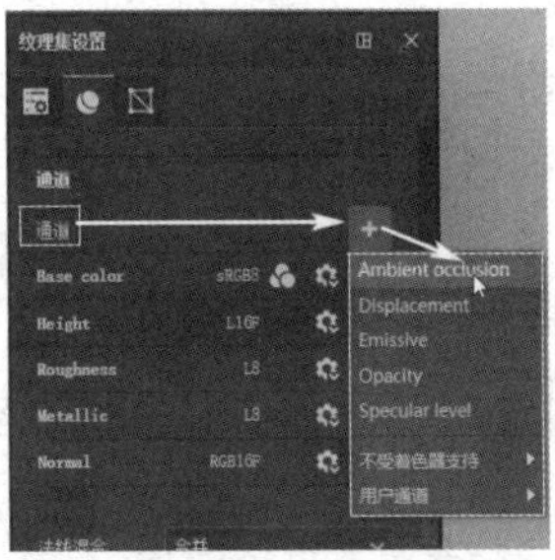

图 2.54　快捷菜单

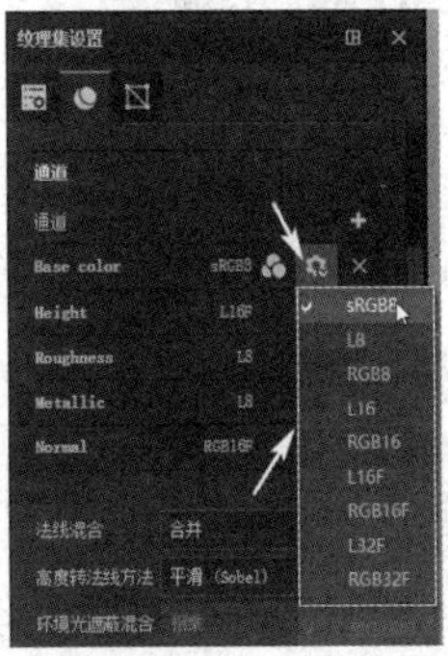

图 2.55　通道数据类型列表

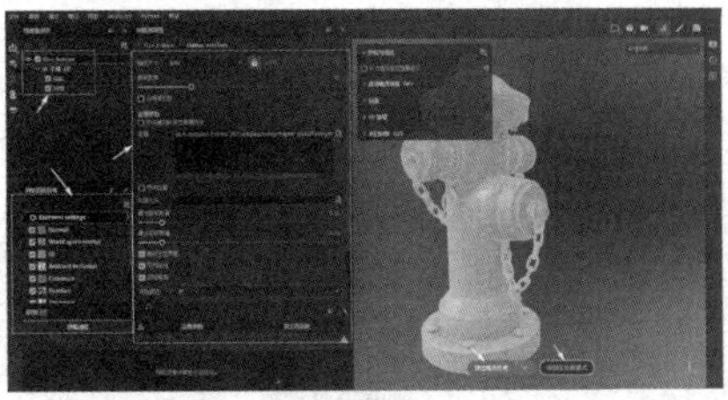

图 2.56 【纹理烘焙】界面

（2）【各个烘焙贴图通道】：方便用户添加烘焙贴图。如果用户使用其他软件烘焙好了贴图，就可以直接把这些贴图拖到对应的通道上，松开左键，完成添加。如果用户没有烘焙好的贴图，就可以单击【烘焙模型贴图】按钮烘焙模型贴图。

视频播放：关于具体介绍，请观看本书配套视频“任务一：【纹理集设置】面板.wmv”。

任务二：【纹理集列表】面板

【纹理集列表】面板的主要作用是显示在项目当前网格所有的材质 ID，该面板还提供有关项目中可用的不同纹理集的工具和信息。【纹理集列表】面板如图 2.57 所示。

（1）【打开菜单】按钮：控制菜单的显示模式。系统提供了“隐藏空白描述”、“隐藏所有描述”、“显示所有描述”、“展开所有层级”、“折叠所有层级”、“导入着色器参数…”和“重新分配纹理集”7 种显示模式。

（2）【聚焦模式】按钮：当此模式处于活动状态时，可以隔离当前活动的纹理集并隐藏所有其他纹理集。再次单击此按钮，可退出该模式。

（3）【可见性】按钮：单击【纹理集列表】面板左侧的【可见性】按钮，在视图中隐藏或显示纹理集。

视频播放：关于具体介绍，请观看本书配套视频“任务二：【纹理集列表】面板.wmv”。

任务三：【图层】面板

【图层】面板的主要作用是对所有图层进行管理和操作。【图层】面板如图 2.58 所示。

（1）图标 Base Color：为用户提供图层的通道选择。单击图标 Base Color，弹出通道列表，如图 2.59 所示。

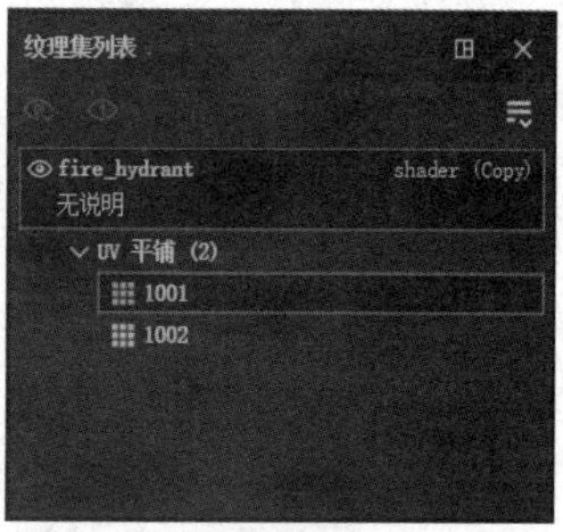

图 2.57 【纹理集列表】面板

图 2.58 【图层】面板

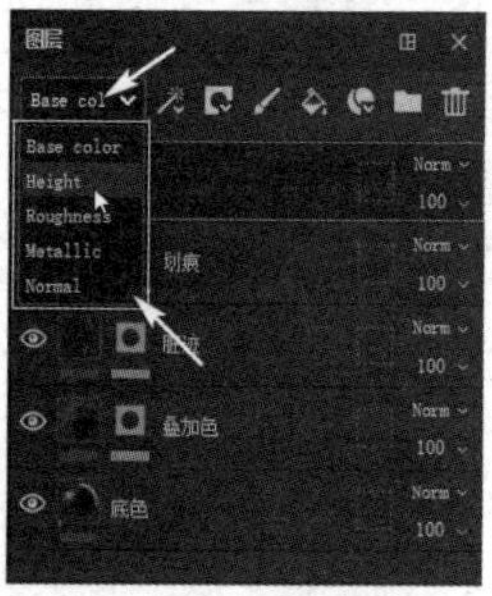

图 2.59 通道列表

（2）【添加特效】按钮：为选定的图层添加特效。单击【添加特效】按钮，弹出特效列表，如图 2.60 所示。在该列表中，单击需要添加的特效命令即可。

（3）【添加遮罩】按钮：为选定的图层或文件夹添加遮罩。单击【添加遮罩】按钮，弹出所有能添加的遮罩列表，如图 2.61 所示。在该列表中，单击需要添加的遮罩命令即可。

提示：各种遮罩的使用方法，请读者参考配套教学资源中“遮罩的使用方法.mp4”教学视频。

（4）【添加图层】按钮：单击该按钮，即可添加一个绘画图层。

（5）【添加填充图层】按钮：单击该按钮，即可添加一个填充图层。

（6）【添加预设图层】按钮：为 3D 模型（网格）添加预设图层（预设材质）。单击该按钮，弹出预设图层（预设材质）列表，如图 2.62 所示。在该列表中，单击需要添加的预设图层（预设材质）即可。

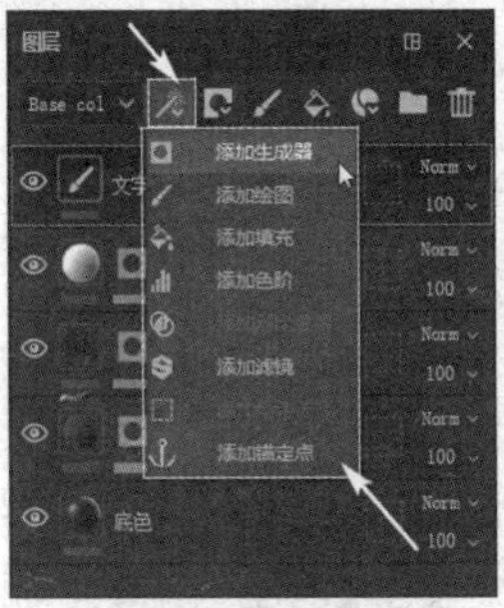

图 2.60　特效列表

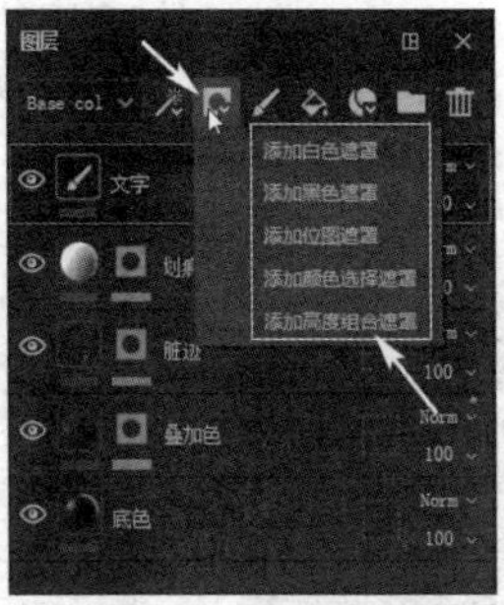

图 2.61　遮罩列表

图 2.62　预设图层（预设材质）列表

（7）【添加组】按钮：用于创建文件，方便多图层管理。单击该按钮，即可创建一个文件。

（8）【移除图层】按钮：用于删除选定的图层。选择需要删除的图层，单击该按钮即可。

（9）【可见性】按钮：单击图层左侧的可见性按钮，在视图中隐藏或显示图层信息。

（10）【几何体遮罩编辑缩略图】图标：单击该缩略图，即可在 2D 视图和 3D 视图中编辑几何体遮罩。

（11）图标：为用户提供图层之间的叠加模式。系统提供的图层叠加模式如图 2.63 所示。

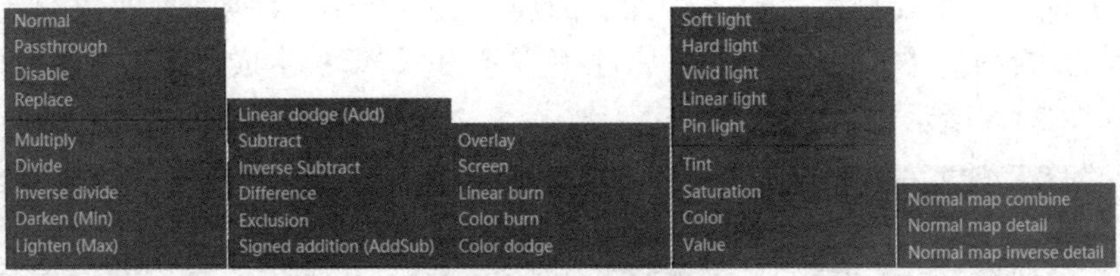

图 2.63　系统提供的图层叠加模式

（12）图标：调节图层的透明度。

视频播放：关于具体介绍，请观看本书配套视频“任务三：【图层】面板.wmv”。

任务四：【视图（视口）】面板

【视图（视口）】的主要作用是对 3D 模型（网格）和 2D 纹理进行绘制和编辑。【视图（视口）】面板如图 2.64 所示。

在【视图（视口）】面板右上角单击选项，弹出下拉菜单，如图 2.65 所示。

在弹出的下拉菜单中，可选择“灯光”、“单通道”和“模型贴图”3 种显示模式。“灯光”显示模式有 1 种，即“材质”显示模式，“单通道”显示模式有 6 种，“模型贴图”显示模式有 10 种。在材质制作过程中，用户可以根据需要选择对应的显示模式，以便观察效果。

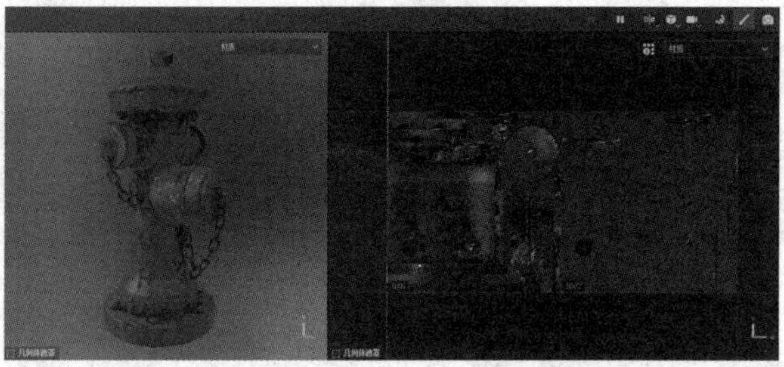

图 2.64 【视图（视口）】面板

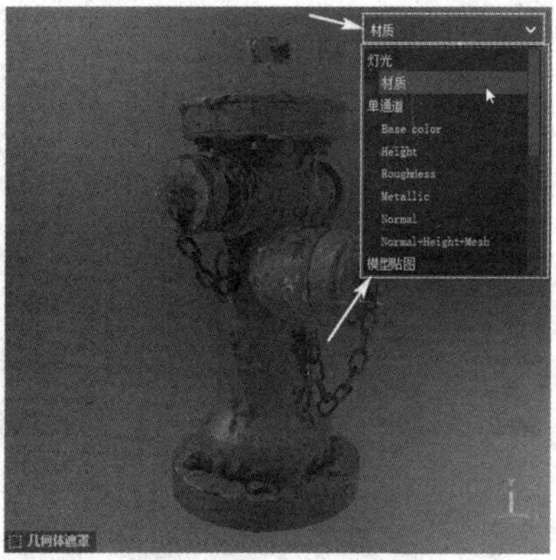

图 2.65 下拉菜单

各种显示模式之间的切换比较简单，具体操作步骤如下。

步骤 01：单击选项，弹出下拉菜单。

步骤 02：将光标移到需要切换的通道上单击。

步骤 03：单击键盘上的“↑”键或“↓”键，可以切换到当前显示模式的上一种模式或下一种模式。

视频播放：关于具体介绍，请观看本书配套视频“任务四:【视图（视口）】面板.wmv”。

任务五:【属性】面板

【属性】面板的主要作用是对各种图层的属性进行调节。【属性】面板主要包【属性-填充】、【属性-绘画】、【属性-滤镜】、【属性-色阶】和【属性-生成器】5 个属性面板。5 种属性面板如图 2.66 所示。

图 2.66 5 种属性面板

提示：关于各种属性面板中的参数介绍和调节，已在前文案例中详细介绍了。在此不再详细介绍，请读者参考前文的案例或本书配套视频。

视频播放：关于具体介绍，请观看本书配套视频“任务五:【属性】面板.wmv”。

任务六：【资源】面板

【资源】面板的主要作用是管理项目、当前会话或磁盘上可用的所有资产（资源）。在【资源】面板中可以列出各种类型的文件，从位图到 Adobe Substance 3D Painter 文件，甚至是自定义画笔预设。

【资源】面板如图 2.67 所示。

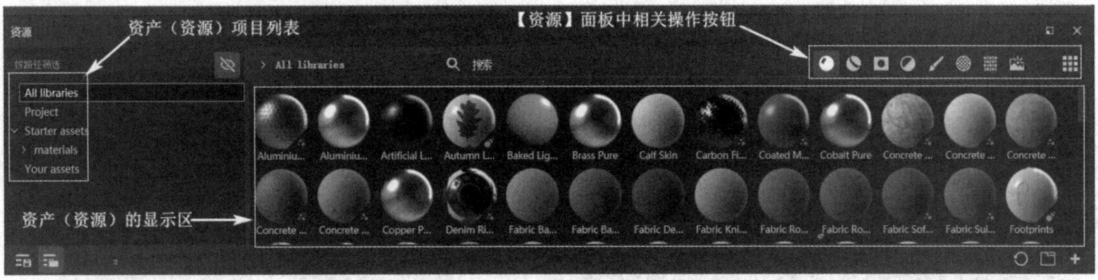

图 2.67　【资源】面板

（1）【材质】按钮◐：单击该按钮，在资产（资源）的显示区显示预设材质模式示例球。

（2）【Smart Materials（智能材质）】按钮◑：单击该按钮，在资产（资源）的显示区显示预设和自定义智能材质模式示例球。

（3）【智能遮罩】按钮◉：单击该按钮，在资产（资源）的显示区显示预设智能遮罩样式示例球。

（4）【滤镜】按钮◔：单击该按钮，在资产（资源）的显示区显示预设滤镜样式示例球。

（5）【笔刷】按钮✎：单击该按钮，在资产（资源）的显示区显示预设或自定义笔刷示例图标。

（6）【透贴】按钮◉：单击该按钮，在资产（资源）的显示区显示预设或自定义透贴示例图标。

（7）【贴图】按钮▦：单击该按钮，在资产（资源）的显示区显示预设或导入的贴图示例图标。

（8）【背景】按钮▧：单击该按钮，在资产（资源）的显示区显示预设或导入的背景HDR 贴图图标

（9）【搜索】文本框🔍：在该文本输入框中输入需要搜索的内容，按键盘上的"Enter"键，可以显示符合条件的资产（资源）。

（10）【显示控制】按钮▦：单击该按钮，弹出下拉列表。该列表中有"小"、"中等"、"大"和"列表"4 种示例球或图标的显示模式。

（11）【导入资源】按钮✚：单击该按钮，弹出【导入资源】对话框，通过【导入资源】对话框可以导入自定义或收集的资产（资源），如图片、材质和透贴等。

视频播放：关于具体介绍，请观看本书配套视频"任务六：【资源】面板.wmv"。

任务七：【着色器设置】面板

【着色器设置】面板的主要作用是控制着色器参数。在 Adobe Substance 3D Painter 中，

着色器主要用于读取纹理集通道并在视图中渲染 3D 模型（网格）。

在菜单栏中单击【窗口】→【视图】→【着色器设置】命令，即可打开或关闭【着色器设置】面板。【着色器设置】面板如图 2.68 所示。【着色器设置】面板中的参数主要有【撤销、重做和着色器文件】、【着色器参数】和【置换&曲面细分】三大参数组。

1.【撤销、重做和着色器文件】

（1）【撤销】：恢复/取消着色器文件的更改或任何着色器参数的修改。

（2）【重做】：取消“撤销”命令的操作。

（3）【着色器文件】：显示当前使用的着色器文件示例球。单击该按钮，弹出着色器文件示例球列表，如图 2.69 所示。在该列表显示所有能够使用的着色器文件示例球，单击需要使用的着色器文件示例球即可。

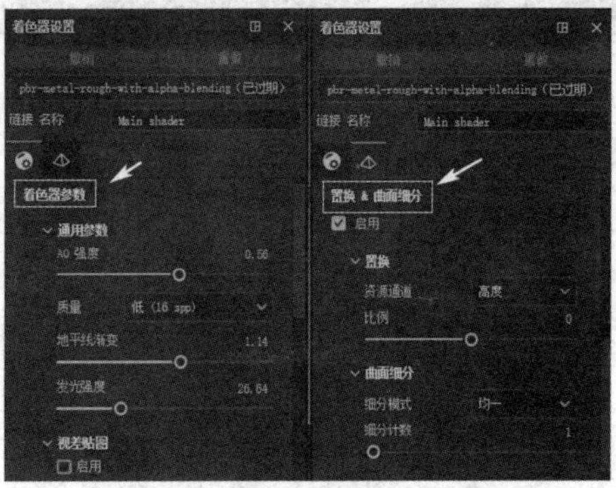

图 2.68 【着色器设置】面板

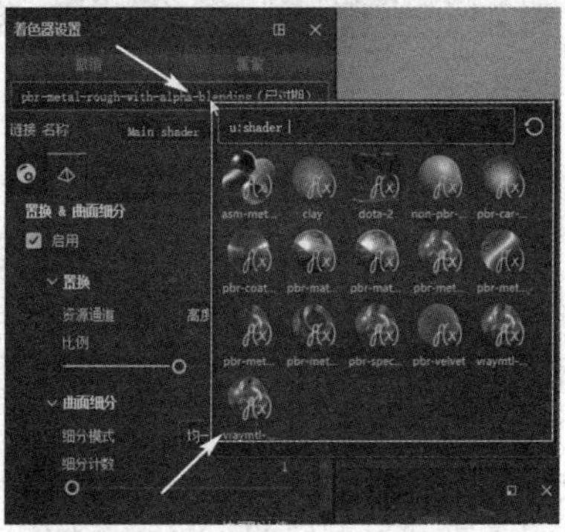

图 2.69 着色器文件示例球列表

（4）【着色器参数】按钮：单击该按钮，显示所选着色器的参数，如图 2.70 所示。

提示：这里的参数会因所选着色器的不同而略有差异，但大部分参数和含义是相同的。

（5）【置换&曲面细分】按钮：单击该按钮，显示【置换&曲面细分】参数，如图 2.71 所示。

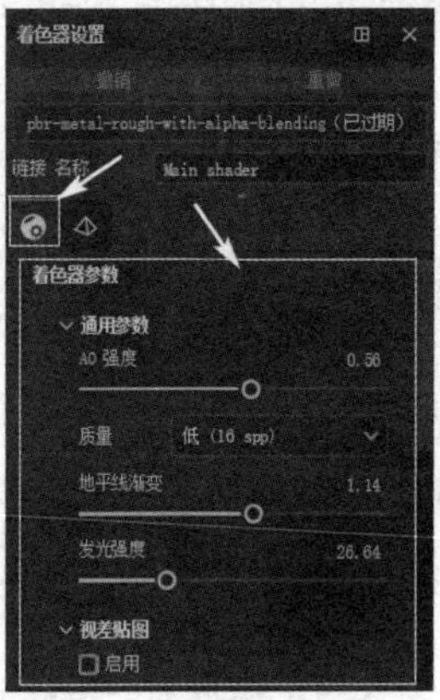

图 2.70 显示所选着色器的参数

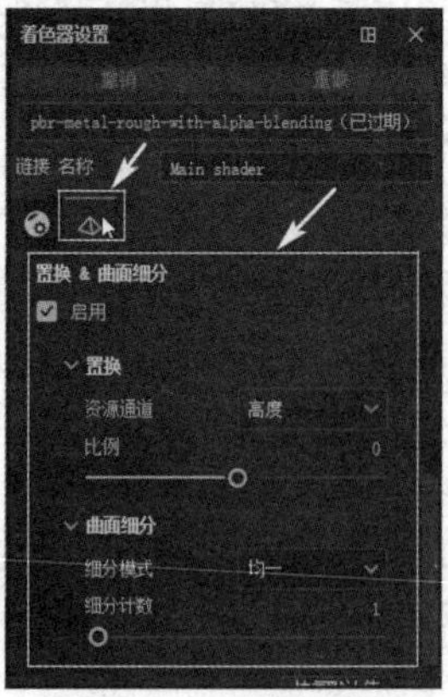

图 2.71 显示【置换&曲面细分】参数

2.【着色器参数】

【着色器参数】会因所选着色器文件示例球的不同而有所不同，但 common parameters（常用参数）不会改变。在此，只介绍着色器文件示例球的通用参数。

（1）【AO 强度】：调节与视图（视口）的照明度相乘时的环境光遮罩强度。

（2）【质量】：控制视图（视口）中镜面反射的质量。高值将产生更准确的结果，但对计算机硬件要求更高，因此在视图（视口）中的渲染速度更慢。这里，提供以下 6 种质量选择。

① Very Low（4spp）：非常低，每像素 4 个样本。

② Low（16 spp）：低，每像素 16 个样本，该项为默认选择。

③ Medium（32spp）：中，每像素 32 个样本。

④ High（64spp）：高，每像素 64 个样本。

⑤ Very high（128spp：）非常高，每像素 128 个样本。

⑥ Ultra（256spp）：超极高，每像素 256 个样本。

（3）【地平线渐变）】：根据地平线视角淡化镜面反射。该功能需要用网格贴图插槽中的法线贴图实现。

（4）【发光强度】：调节发光的强度。该功能一般用于创建非常明亮的发光颜色，以便与眩光后期效果一起使用。

（5）【视差贴图】：控制是否启用或停止视差贴图。

（6）【恢复默认值】：单击该按钮，将用户设置的所有着色器参数恢复到默认值。

3.【置换&曲面细分】参数

【置换&曲面细分】参数主要包括【置换】和【曲面细分】两大参数组，其他参数还有【启动】和【恢复默认值】。

（1）【启用】：勾选此项，【置换&曲面细分】参数起作用。

（2）【置换】参数组：主要包括【资源通道】和【比例】两个参数。

①【资源通道】：模型（网格）变形依赖的通道，主要有高度和置换两种通道可选，默认为高度通道。

②【比例】：控制那些应用于项目中的模型（网格）的变形量。

（3）【曲面细分】：细分模式的选择和细分计数参数的设置。

①【细分模式】：确定如何计算细分量，主要有“均一（默认）”和“边缘长度”两种细分模式。

②【细分计数】：从 1 到 32。其值越大，产生的多边形就越多，细节就越丰富，对计算机硬件的要求就越高。

③【最大长度】：从 1 到 4096。该功能主要用来设置每个多边形的细分段数，最大值为用户所设参数。

（4）【恢复默认值】：单击该按钮，将用户设置的所有【置换&曲面细分】参数恢复到默认值。

视频播放：关于具体介绍，请观看本书配套视频“任务七：【着色器设置】面板.wmv”。

任务八：【显示设置】面板

【显示设置】面板主要用来对背景、镜头和视图相关参数进行调节。单击【窗口】→【视图】→【显示设置】命令，即可打开或关闭【显示设置】面板。【显示设置】面板如图 2.72 所示。

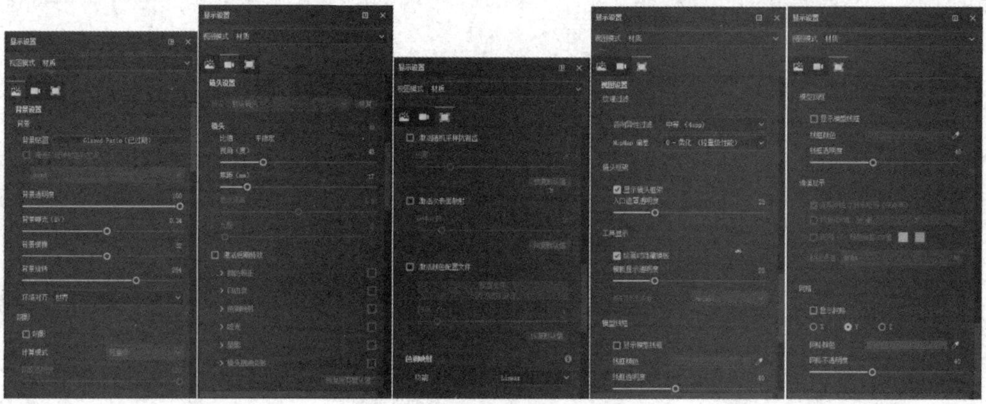

图 2.72 【显示设置】面板

1.【背景设置】参数

(1)【背景贴图】：设置视图环境的 HDR 贴图。单击【背景贴图】右侧的横条按钮，弹出视图环境 HDR 贴图示例框，如图 2.73 所示，单击需要的 HDR 贴图即可。

(2)【背景透明度】：调节视图（视口）背景中环境纹理的可见性（不透明度）。该功能对场景的照明没有影响，其他参数不变，不同背景透明度参数值对应的视图背景效果如图 2.74 所示。

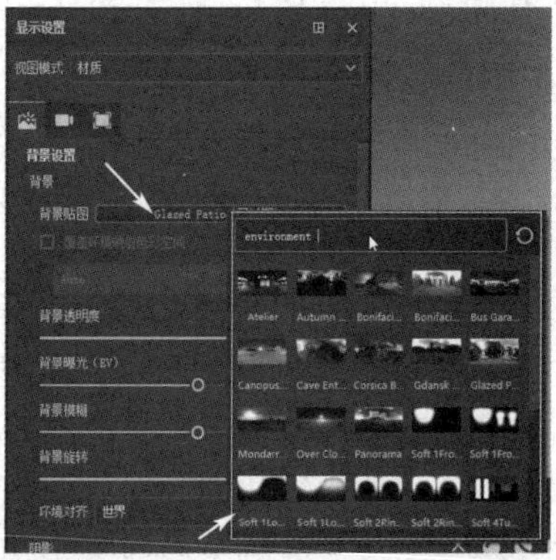

图 2.73 视图环境 HDR 贴图示例框

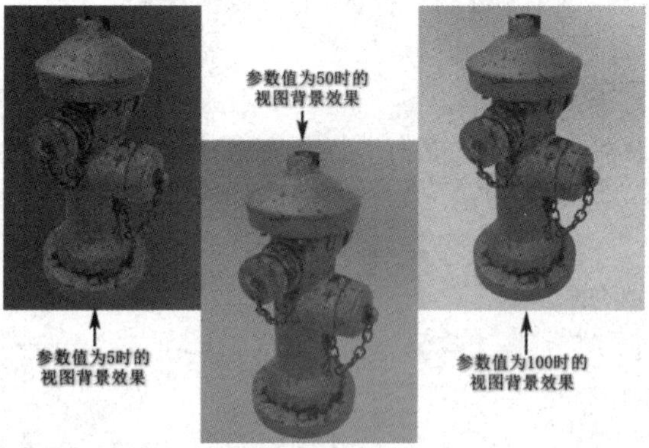

图 2.74 不同背景透明度参数值对应的视图背景效果

(3)【背景曝光（EV）】：调节背景贴图的曝光程度。其他参数不变，不同背景曝光（EV）参数值对应的视图背景效果如图 2.75 所示。

（4）【背景模糊】：主要用来控制背景贴图的清晰程度或模糊程度，该功能对照明没有影响。其他参数不变，不同背景模糊参数值对应的视图背景效果如图 2.76 所示。

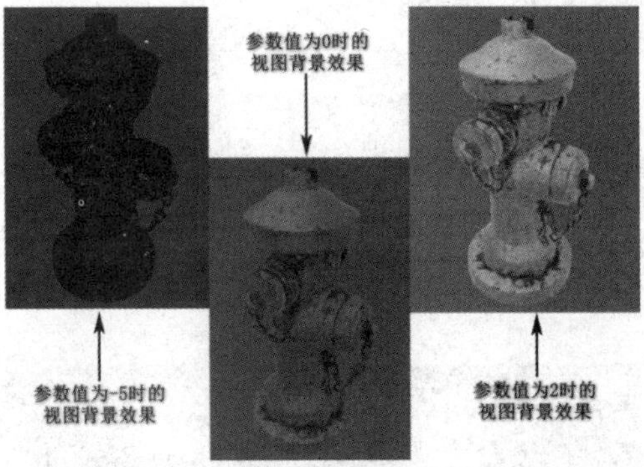

图 2.75　不同背景曝光（EV）参数值对应的视图背景效果

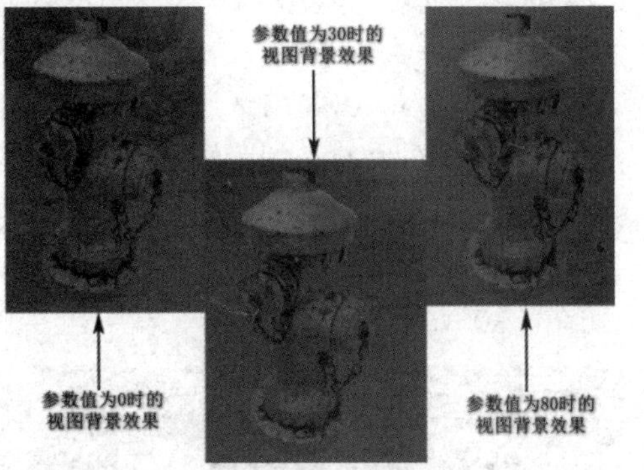

图 2.76　不同背景模糊参数值对应的视图背景效果

（5）【背景旋转】：主要用来对背景贴图进行旋转，也可以按住“Shift+右键”对背景贴图进行旋转。其他参数不变，不同背景旋转参数值对应的视图背景效果如图 2.77 所示。

（6）【阴影】：控制视图是否开启“阴影”，勾选符号“ √ ”表示开启“阴影”，取消勾选符号“ √ ”表示不开启“阴影”。其他参数相同，开启和不开启“阴影”的对比效果如图 2.78 所示。

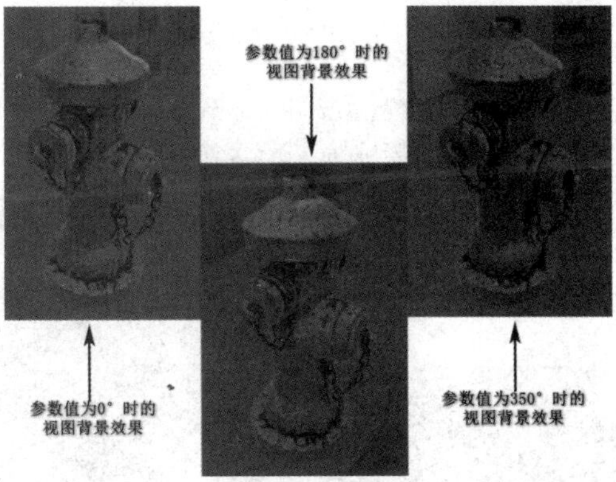

图 2.77　不同【背景旋转】参数值对应的视图背景效果

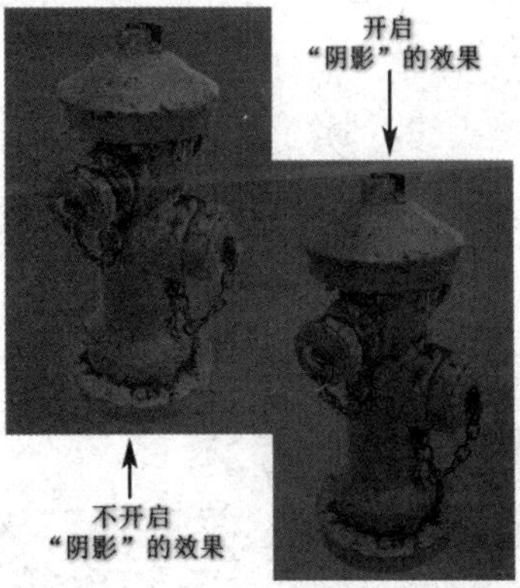

图 2.78　开启和不开启“阴影”的对比效果

（7）【计算模式】：选择计算阴影的模式。该功能主要提供【强度】、【平均值】和【轻量级】3 种计算阴影的模式。

①【强度】：选择该模式，计算速度快，但在计算时会冻结视图的渲染。

②【平均值】选择该模式，【强度】和【轻量级】模式的计算速度平均值。

③【轻量级】：选择该模式，可在几秒内缓慢计算阴影，但不会降低视图性能，该项为默认选项。

（8）【阴影透明度】：主要用来调节视图的可见度。

2.【镜头设置】参数

【镜头设置】参数主要用来控制镜头的动作及视图的最终外观。

1）镜头的基本参数

(1)【预设】：主要用来切换镜头（摄像机）。

(2)【视角（°）】：调节镜头的视野。其他参数不变，不同视角参数值对应的效果如图 2.79 所示。

(3)【焦距（mm）】：调节镜头焦距的大小。其他参数不变，不同焦距参数值对应的效果如图 2.80 所示。

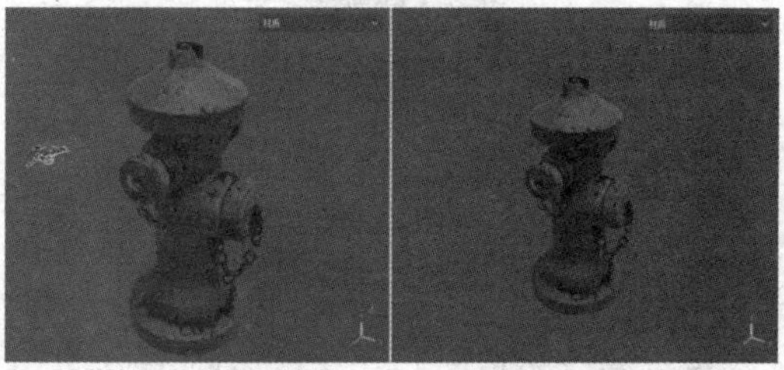

参数值为35°时的视角效果　　参数值为45°时的视角效果

图 2.79　不同视角参数值对应的效果

参数值为20mm时视图的显示效果　　参数值为30mm时视图的显示效果

图 2.80　不同焦距参数值对应的效果

(4)【焦点距离（mm）】：调节摄像机的焦点位置。

(5)【光圈】：调节镜头的景深宽度。

2）镜头的后期特效参数

镜头的后期特效参数主要应用于 Adobe Substance 3D Painter 视图（视口）中渲染的图像过滤器，用来模拟常见的摄像机效果。镜头的后期特效参数如图 2.81 所示。

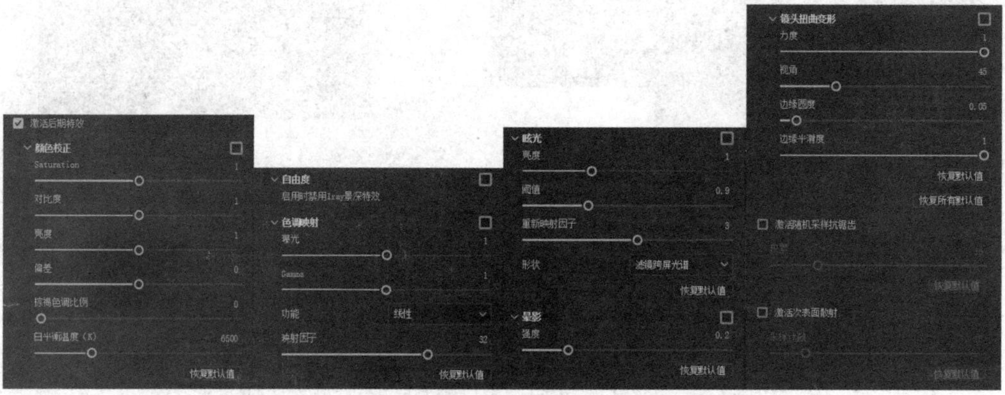

图 2.81　镜头的后期特效参数

(1)【颜色校正】参数组。【颜色校正】参数组包括以下 6 个参数。

①【颜色校正】：若其右端的复选框被勾选，则启用颜色校正功能，否则，该功能不起作用。

②【Saturation（饱和度）】：用来调节视图颜色的强度和饱和度，但饱和度参数值为 0 时，视图的颜色为灰色。其他参数不变，不同饱和度参数值对应的视图渲染效果如图 2.82 所示。

③【对比度】：主要用来调节视图颜色中的亮色和暗色之间的差异。其他参数不变，不同对比度参数值对应的视图渲染效果如图 2.83 所示。

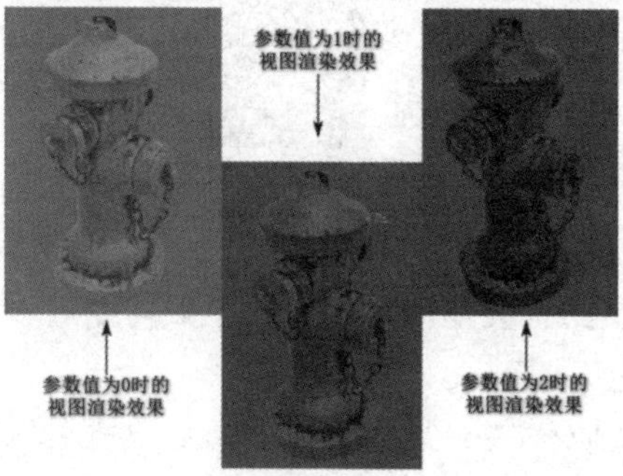

图 2.82　不同饱和度参数值对应的视图渲染效果

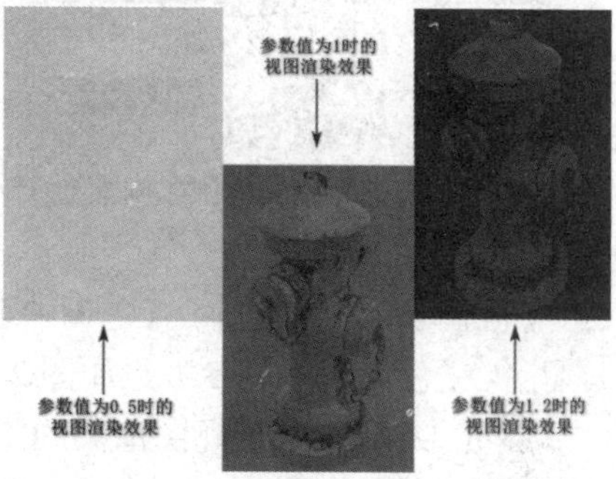

图 2.83　不同对比度参数值对应的视图渲染效果

④【亮度】：主要用来调节视图颜色的亮度。其他参数不变，不同亮度参数值对应的视图渲染效果如图 2.84 所示。

⑤【偏差】：主要用来调节视图的偏差亮度。其他参数不变，不同偏差参数值对应的视图渲染效果如图 2.85 所示。

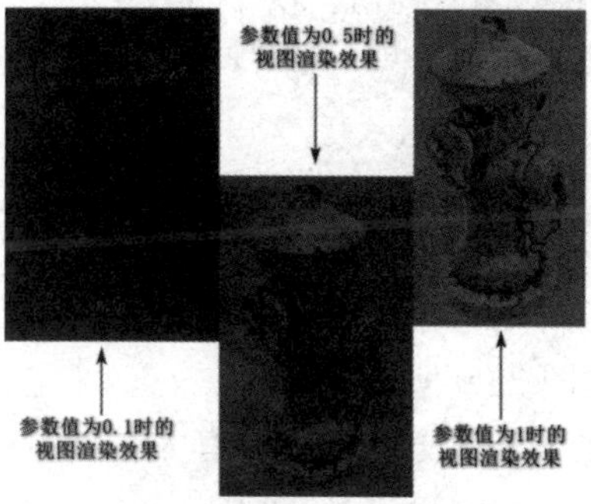

图 2.84　不同亮度参数值对应的视图渲染效果

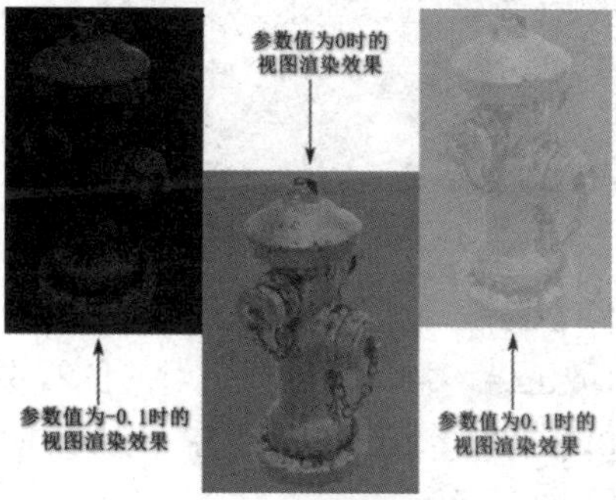

图 2.85　不同偏差参数值对应的视图渲染效果

⑥【棕褐色的色调比例】：调节视图棕褐色的色调比例大小。其他参数不变，不同棕褐色的色调比例参数值对应的视图渲染效果如图 2.86 所示。

⑦【白平衡温度（K）】：主要用来调节视图颜色的色温，以开尔文（K）为单位，默认值为 6500K（日光灯的色温值）。其他参数不变，不同白平衡温度值对应的视图渲染效果如图 2.87 所示。

⑧【恢复默认值】：单击该按钮，将【颜色校正】参数组中的所有参数值恢复到默认值。

(2)【自由度】参数组。该参数组的主要作用是启用或禁用 Iray 景深特效，也就是【镜头】参数组的焦点距离和【光圈】参数）。若【自由度】右端的复选框被勾选，则表示【自由度】参数起作用，否则，不起作用。

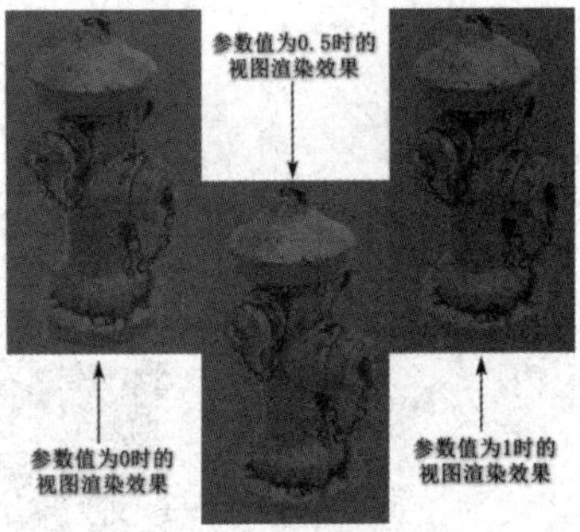

图 2.86　不同棕褐色的色调比例参数值对应的视图渲染效果

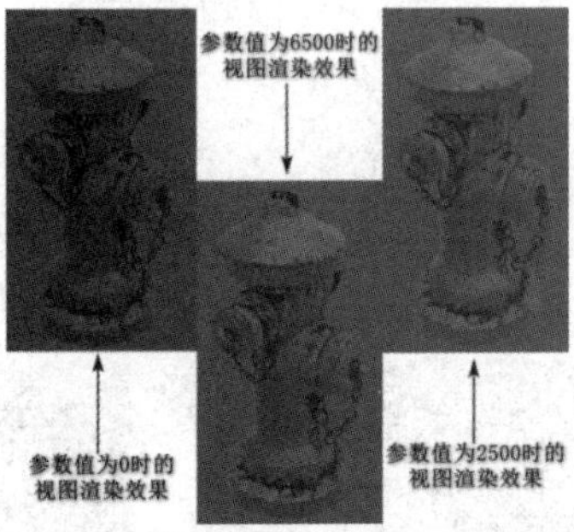

图 2.87　不同白平衡温度参数值对应的视图渲染效果

（3）【色调映射】参数组。【色调映射】参数组的主要作用是控制颜色如何缩放以便显示在屏幕上。【色调映射】参数组如图 2.88 所示。

①【曝光】：用来调节视图渲染的曝光度。其他参数不变，不同曝光参数值对应的视图渲染效果如图 2.89 所示。

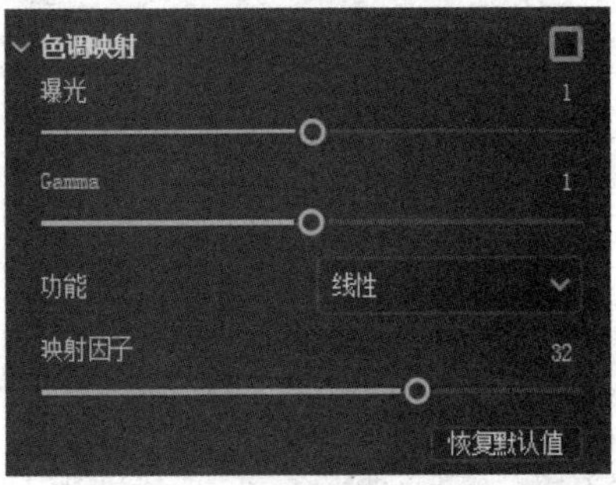

图 2.88　【色调映射】参数组

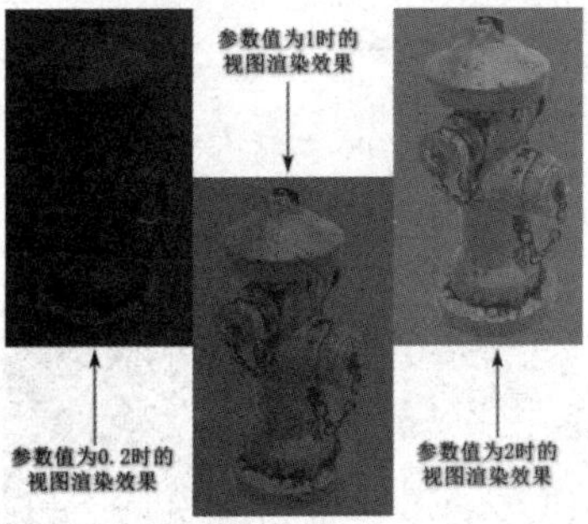

图 2.89　不同曝光参数值对应的视图渲染效果

②【Gamma（伽马）】：调节视图渲染的 Gamma（伽马）参数值大小。其他参数不变，不同 Gamma（伽马）参数值对应的视图渲染效果如图 2.90 所示。

③【功能】：调节从 HDR 范围映射到 LDR 范围的映射方式，主要有如图 2.91 所示的 8 种映射方式可选择。

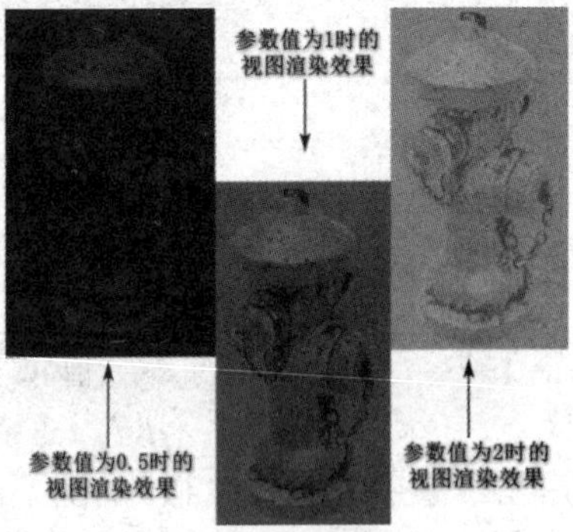

图 2.90　不同 Gamma（伽马）参数值对应的视图渲染效果

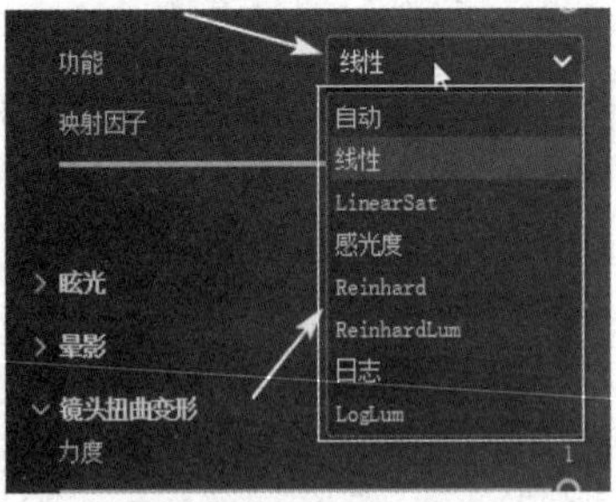

图 2.91　8 种映射方式

④【映射因子】：用来调节色调映射过程中映射到最终 LDR 空间的 HDR 空间亮度的大小。

⑤【恢复默认值】：单击该按钮，将所有【色调映射】参数组中的参数值恢复到默认值。

(4)【眩光】参数组。【眩光】参数组的主要作用是调节眩光效果，眩光参数组如图 2.92 所示，【眩光】效果如图 2.93 所示。

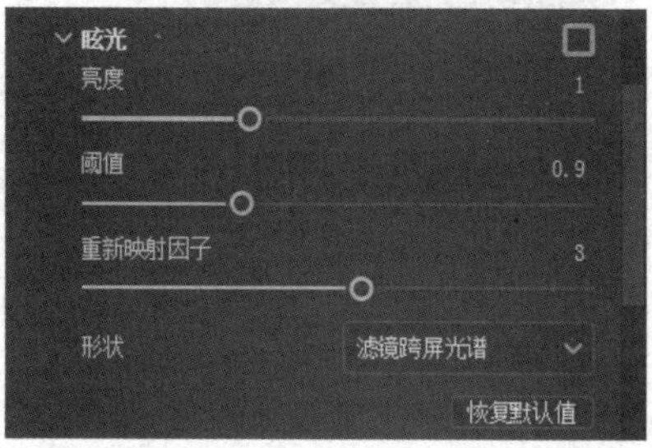

图 2.92 【眩光】参数组

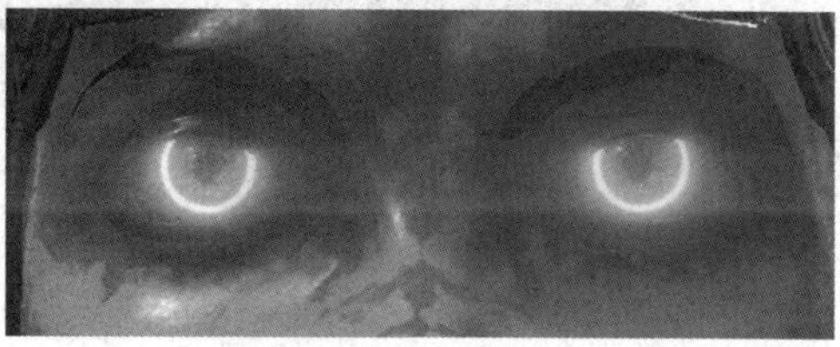

图 2.93 眩光效果

①【亮度】：用来调节眩光效果的整体亮度。该值为 0 时，表示完全禁用眩光效果。

②【阈值】：用来控制产生眩光的范围，仅提取高亮度像素对应的阈值，以产生眩光。如果想得到比较自然的视图渲染效果，建议使用 0.0～1.0 之间的阈值。其他参数不变，不同阈值对应的视图渲染效果如图 2.94 所示。

③【重新映射因子】：该因子是指主要阈值的比例大小。指定 1.0 以外的值会导致提取的高亮度分量（像素）进一步非线性扩展（或压缩）。如果其值高于 1.0，那么高亮度像素的眩光会变得更强。

④【形状】：主要用来控制眩光的外观。系统主要提供 13 种眩光形状，眩光形状列表如图 2.95 所示。

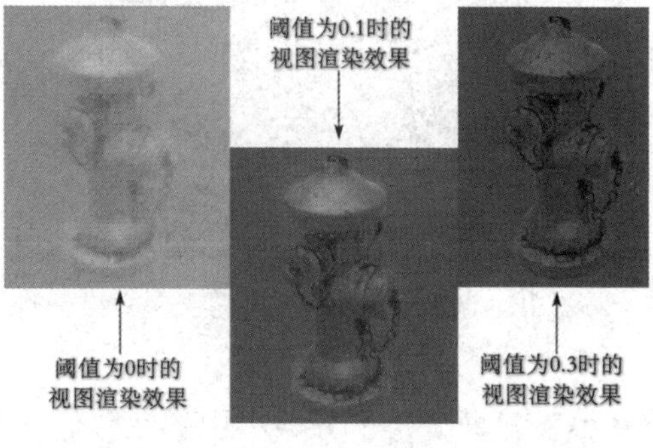

图 2.94 不同阈值对应的视图渲染效果

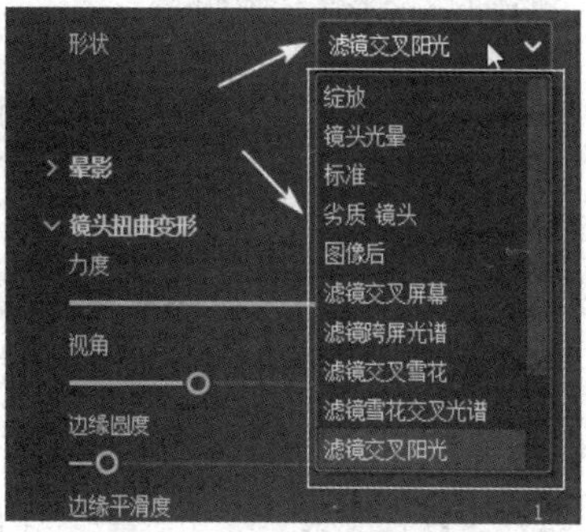

图 2.95 眩光形状列表

⑤【恢复默认值】：单击该按钮，将所有【色调映射】参数组中的参数值恢复到默认值。

(5)【晕影】参数组。【晕影】参数组的主要作用是调节晕影的大小。该参数组只有【强度】和【恢复默认值】两个参数。

①【强度】：主要用来控制晕影的强度大小。其他参数不变，不同强度参数值对应的视图渲染效果如图 2.96 所示。

图 2.96　不同强度参数值对应的视图渲染效果

②【恢复默认值】：单击该按钮，将【晕影】参数组中的参数值恢复到默认值。

（6）【镜头扭曲变形】参数组。【镜头扭曲变形】参数组的主要作用是调节镜头的扭曲变形效果，【镜头扭曲变形】参数组如图 2.97 所示。

①【力度】：用来调节从屏幕边缘失真的速度。

②【视角】：用来调节变形的角度。

③【边缘圆度】：用来调节边缘或视图的圆形大小。

④【边缘平滑度】：用来控制视图黑边的硬度和平滑度。

调节【镜头扭曲变形】参数组中的参数之后的视图渲染效果如图 2.98 所示。

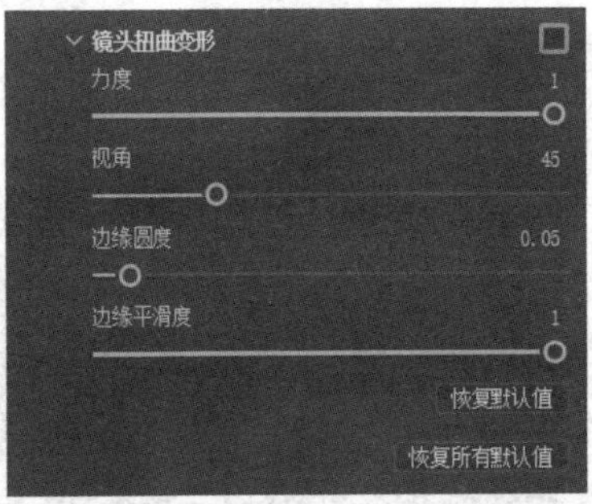

图 2.97　【镜头扭曲变形】参数组

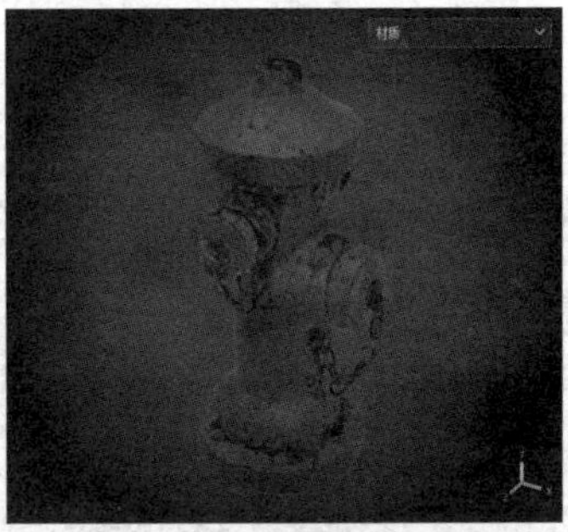

图 2.98　调节【镜头扭曲变形】参数组中的参数之后的视图渲染效果

⑤【恢复默认值】：单击该按钮，将所有【镜头扭曲变形】参数组中的参数值恢复到默认值。

⑥【恢复所有默认值】：单击该按钮，将所有【后期特效】参数组中的参数值恢复到默认值。

3）镜头的其他参数介绍

镜头的其他参数如图 2.99 所示，这些参数的具体介绍如下。

（1）【激活随机采样抗锯齿】：勾选此项，将移除视图中的锯齿状边缘。其中的【积累】参数用来累积许多帧的定义以减少混叠。一般情况下建议使用采样值 16。

（2）【激活次表面散射】：勾选此项，次表面散射效果将起作用。次表面散射是指光穿透物体或表面时的一种方式。一部分光被材料吸收，然后在内部散射，而不是像金属表面那样被反射。该参数主要用来表现半透明（sss）材质效果，如皮肤和蜡等。

（3）【激活颜色配置文件】：勾选此项，将允许选择预设的颜色配置文件。单击【配置文件】按钮，弹出预设的颜色配置文件，如图 2.100 所示。

（4）【白点】：主要用来调节预设颜色的亮度大小。其他参数不变，不同白点参数值对应的视图渲染效果如图 2.101 所示。

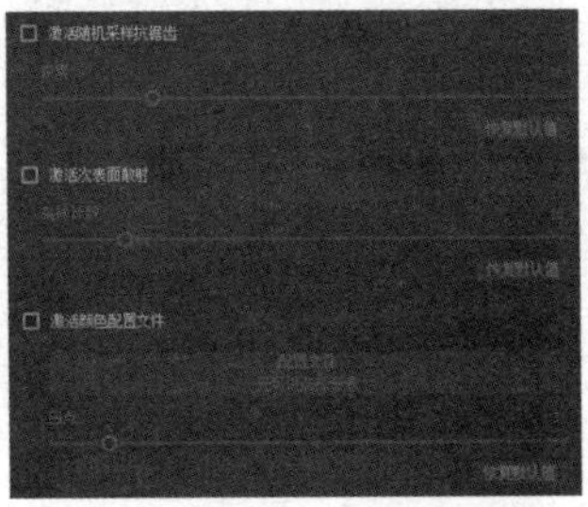

图 2.99　镜头的其他参数

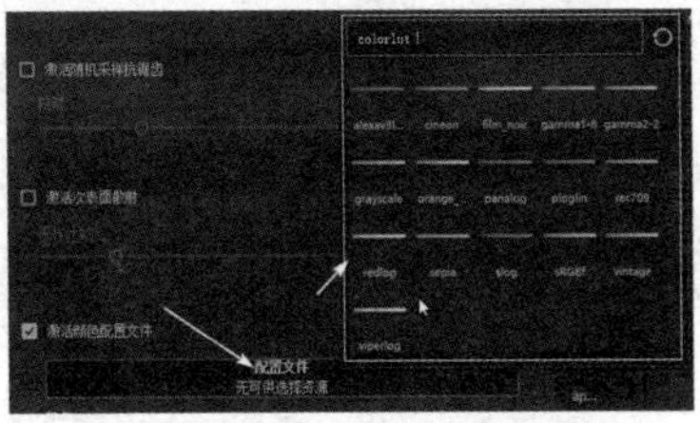

图 2.100　预设的颜色配置文件

图 2.101　不同白点参数值对应的视图渲染效果

（5）【恢复默认值】：单击该按钮，将预设的颜色配置文件取消，恢复到系统默认值。

3.【视图设置】参数

【视图设置】参数主要用来调节与视图显示相关的各种参数。

（1）【各向异性过滤】：用来控制过滤的每像素采样数（spp）。该值越大，过滤质量就越好，但渲染性能会下降。系统为用户提供了 5 种过滤采样质量。5 种过滤采样质量列表如图 2.102 所示。

（2）【MipMap 偏差】：用来调节纹理质量。系统为用户提供了 4 种偏差选项。4 种偏差选项列表如图 2.103 所示。

（3）【显示镜头框架】：勾选此项，将显示镜头框架，否则，不显示镜头框架。

（4）【入口遮罩透明度】：用来调节镜头框架入口遮罩的透明度。

（5）【绘画时隐藏模板】：勾选此项，在绘画过程中隐藏模板。

（6）【模板显示透明度】：用来调节模板显示透明度。

（7）【映射预览通道】：用来选择要进行投射的通道。

（8）【显示模型线框】：勾选此项，将在视图中显示模型的线框。模型线框显示模式如图 2.104 所示。

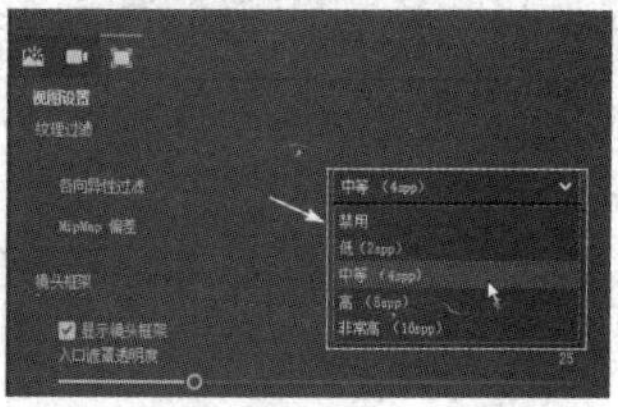

图 2.102　5 种过滤采样质量列表

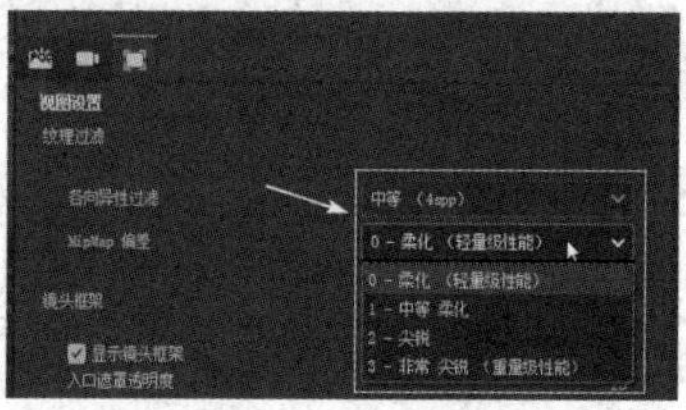

图 2.103　4 种偏差选项列表

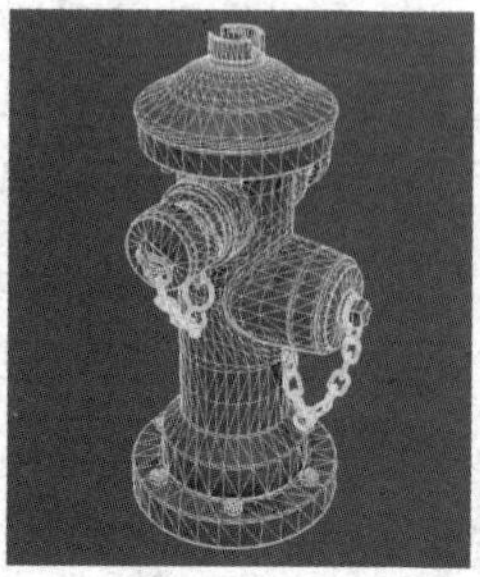

图 2.104　模型线框显示模式

（9）【线框颜色】：用来调节在视图中显示的模型线框颜色。

（10）【线框透明度】：用来调节模型线框显示透明度。

（11）【无照明独立显示视图（未点亮）】：勾选此项，将在视图中增强所选通道的显示亮度。

（12）【缩放 HDR 值】：勾选此项，可以对视图背景的 HDR 贴图进行调节。

（13）【使用+/-颜色调整 HDR 值】：通过所选的两种颜色对 HDR 值进行调节。

视频播放：关于具体介绍，请观看本书配套视频“任务八：【显示设置】面板.wmv”。

六、拓展训练

请读者根据本案例所学知识，使用本书提供的“消防栓.spp”文件，练习 Adobe Substance 3D Painter 2021 各种功能面板中的参数调节。

案例 3　材质制作流程

一、案例内容简介

本案例主要通过战锤材质的制作，介绍 Adobe Substance 3D Painter 中的材质制作流程。

二、案例效果欣赏

三、案例制作（步骤）流程

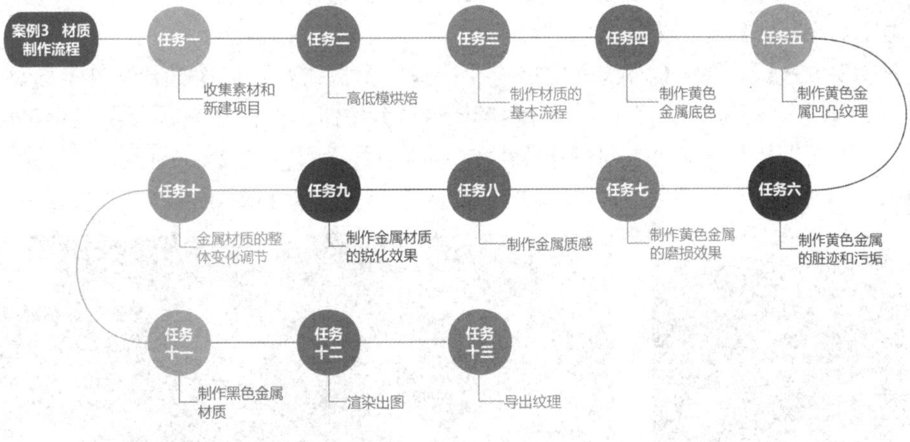

四、制作目的

（1）了解材质的制作原理、方法和技巧。
（2）了解在其他三维软件中还原材质的方法和注意事项。
（3）掌握高低模的烘焙技术和相关参数调节方法。
（4）掌握项目的创建方法。
（5）掌握材质纹理的导出方法。

五、详细操作步骤

任务一：收集素材和新建项目

在本案例中提供了一个名为“zc_low.obj”的低模、一个名为“zc_hig.obj”的高模和一张原画参考图，上述低模、高模和原画参考图如图 2.105 所示。

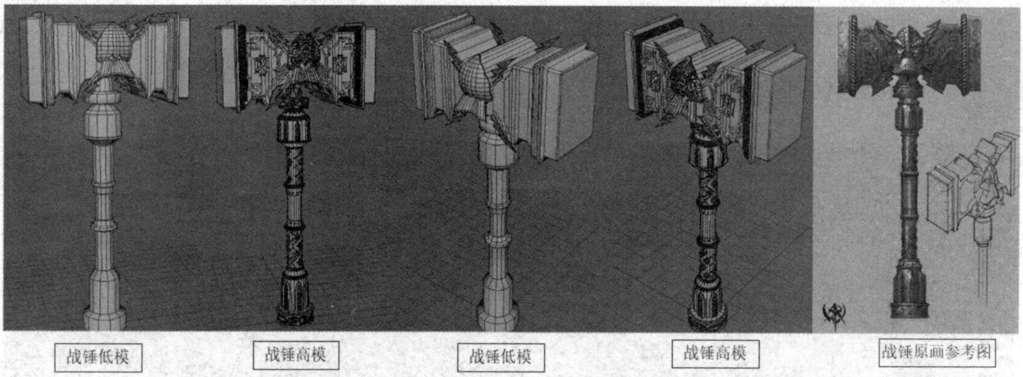

图 2.105　低模、高模和原画参考图

提示：以上原画参考图仅供参考，在制作材质时不必与此完全相同。

按以下步骤创建新项目。

步骤 01：启动 Adobe Substance 3D Painter。

步骤 02：在菜单栏中单击【文件】→【新建…】命令（或按键盘上的“Ctrl+N”组合键），弹出【新项目】对话框。

步骤 03：在【新项目】对话框中单击【选择…】按钮，弹出【打开文件】对话框。在该对话框中单击“zc_low.obj”文件→【打开（O）】按钮，返回【新项目】对话框。

步骤 04：设置【新项目】对话框参数，具体参数设置如图 2.106 所示。

步骤 05：单击【OK】按钮，完成新项目的创建。创建的新项目界面如图 2.107 所示。

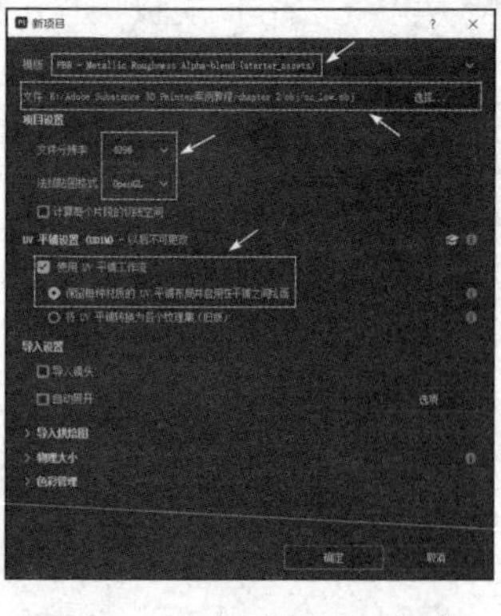

图 2.106　【新项目】对话框参数设置

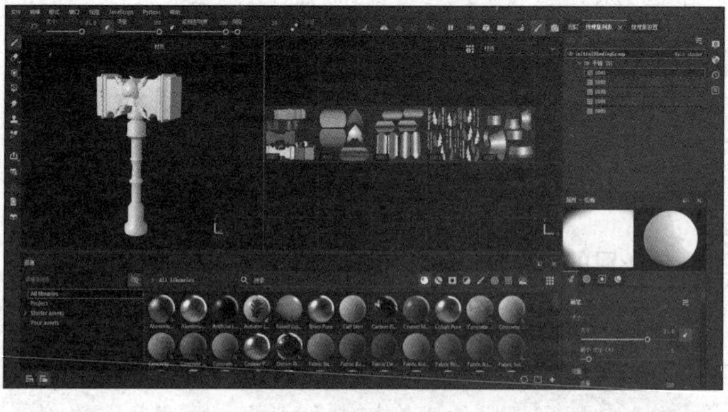

图 2.107　创建的新项目界面

步骤 06：将创建的新项目保存并命名为“战锤.spp”文件。

视频播放：关于具体介绍，请观看本书配套视频“任务一：收集素材和新建项目.wmv”。

任务二：高低模烘焙

烘焙的目的是将高模的细节和模型贴图（如法线、世界空间法线、ID、环境阻塞、曲率、位置和厚度）烘焙到低模上。这是制作材质的第一步。

步骤 01：在【纹理设置】面板中单击【烘焙模型贴图】按钮，弹出【烘焙】对话框。

步骤 02：在【烘焙】对话框中单击高模图标，弹出【高模】选择对话框。在该对话框中单击“zc_hig.obj”文件→【打开（O）】按钮，返回【烘焙】对话框。

步骤 03：设置【烘焙】对话框参数，具体参数设置如图 2.108 所示。单击【烘焙所有纹理】按钮，开始烘焙。烘焙中的效果如图 2.109 所示。

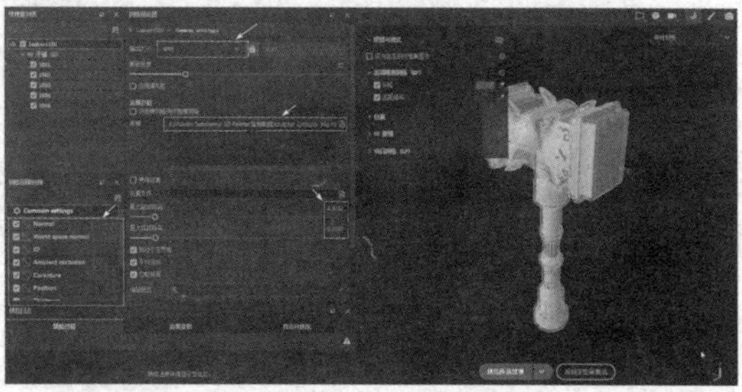

图 2.108　【烘焙】对话框参数设置

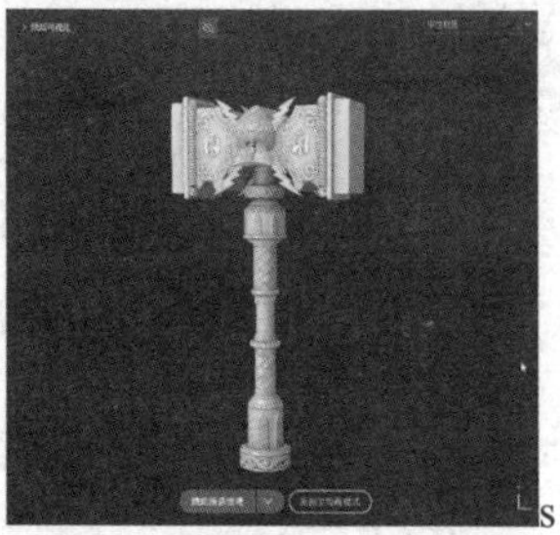

图 2.109　烘焙中的效果

步骤 04：单击【返回至绘画模式】按钮，完成烘焙。烘焙之后的效果如图 2.110 所示。

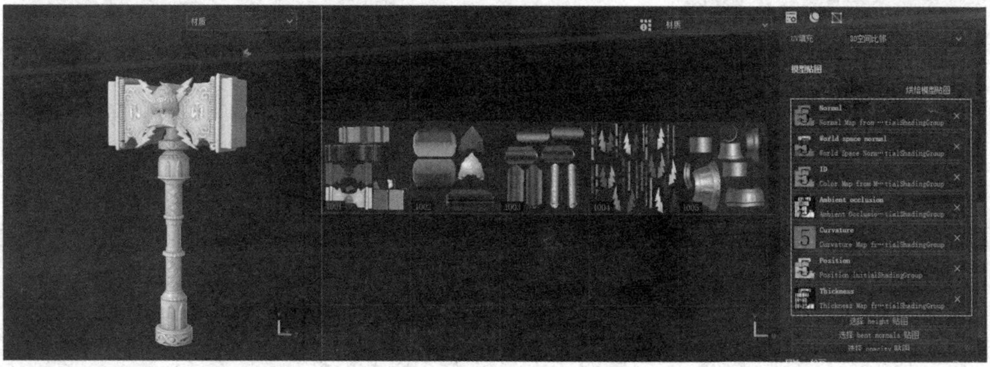

图 2.110　烘焙之后的效果

步骤 05：将文件保存并命名为“战锤.spp”文件。

视频播放：关于具体介绍，请观看本书配套视频“任务二：高低模烘焙.wmv”。

任务三：制作材质的基本流程

使用 Adobe Substance 3D Painter 制作材质大致分 6 个步骤。

步骤 01：制作材质底色。

步骤 02：制作材质的凹凸纹理。

步骤 03：制作材质的脏迹和污垢。

步骤 04：制作材质的边缘磨损效果。

步骤 05：对材质进行整体调节。

步骤 06：对材质的质感进行调节。

在本案例中，主要以金属材质的制作为例，介绍 Adobe Substance 3D Painter 的材质制作流程。材质分析流程图如图 2.111 所示，金属材质制作流程图如图 2.112 所示。

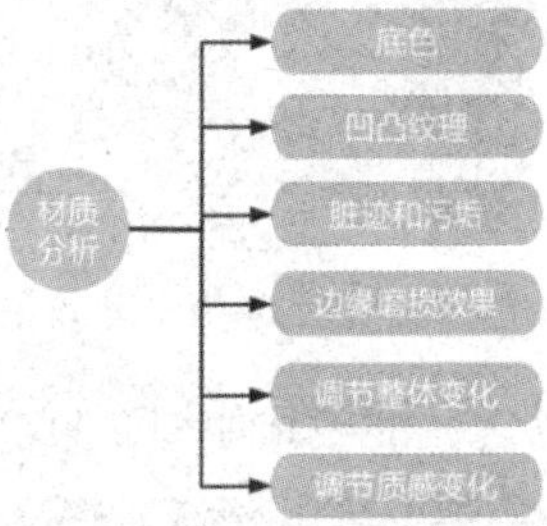

图 2.111　材质分析流程图

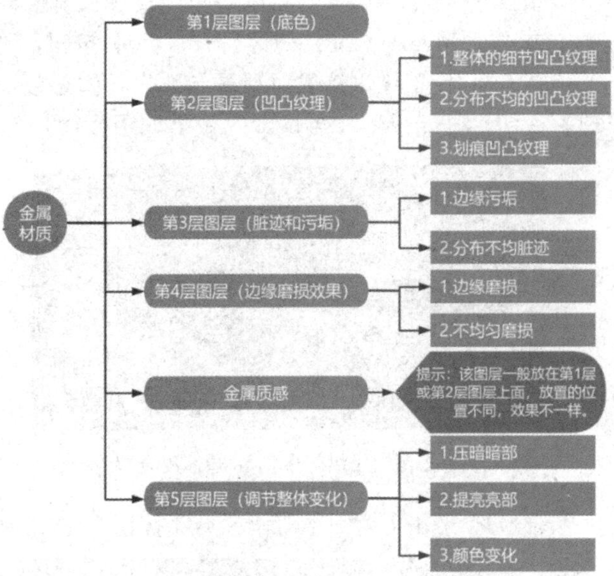

图 2.112　金属材质制作流程图

视频播放：关于具体介绍，请观看本书配套视频“任务三：制作材质的基本流程.wmv”。

任务四：制作黄色金属底色

根据原画参考图可知，战锤由黄色金属和灰色金属两种材质组合而成。下面介绍黄色金属底色的制作。

步骤 01：在【图层】面板中单击【添加组】图标，添加一个图层文件夹，将该图层文件夹命名为“黄色金属”。创建的图层文件夹如图 2.113 所示。

步骤 02：在【图层】面板中单击【添加填充图层】图标，添加一个填充图层，将该填充图层命名为“底色”。添加的“底色”填充图层如图 2.114 所示。

步骤 03：把“底色”填充图层的颜色调成黄色，适当调节“底色”填充图层属性参数。“底色”填充图层属性参数调节如图 2.115 所示，调节“底色”填充图层属性参数之后的效果如图 2.116 所示。

步骤 04：在【图层】面板中选择“底色”填充图层，单击【添加特效】图标，弹出下拉菜单。在弹出的下拉菜单中单击【添加滤镜】命令，为“底色”填充图层添加滤镜图层。

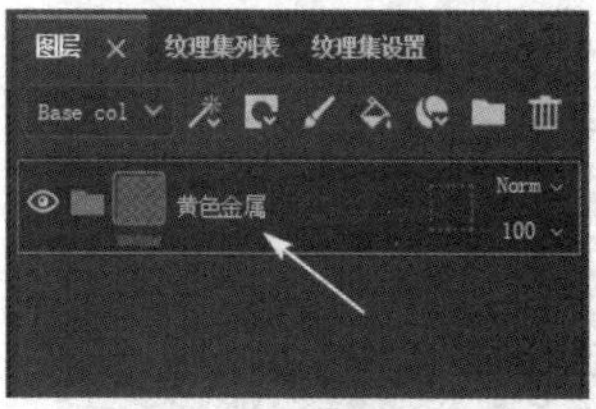

图 2.113　创建的图层文件夹

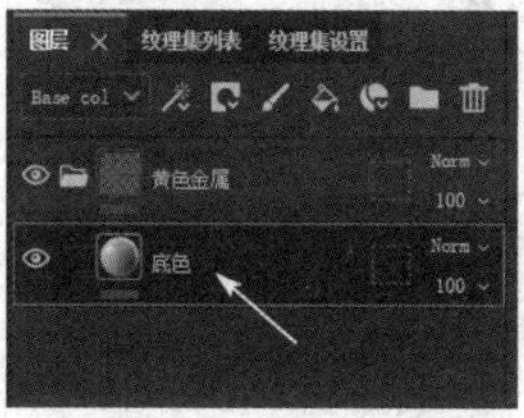

图 2.114　添加的“底色”填充图层

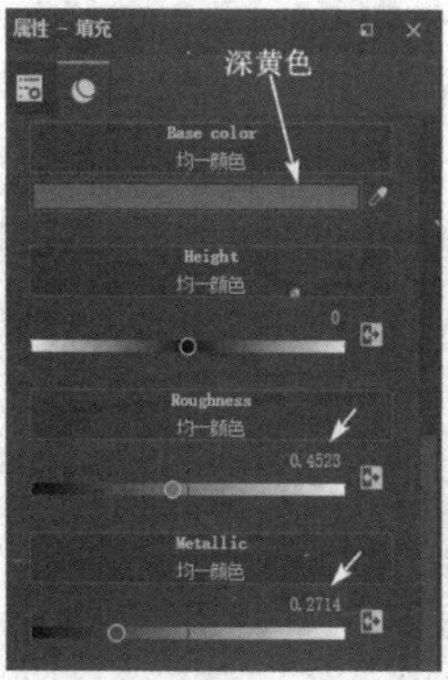

图 2.115　“底色”填充图层属性参数调节

步骤 05：单击添加的滤镜图层，在【属性-滤镜】面板中选择滤镜，选择的滤镜如图 2.117 所示。

步骤 06：调节选择的滤镜参数。调节滤镜参数之后的效果如图 2.118 所示。

图 2.116　调节“底色”填充图层属性参数之后的效果

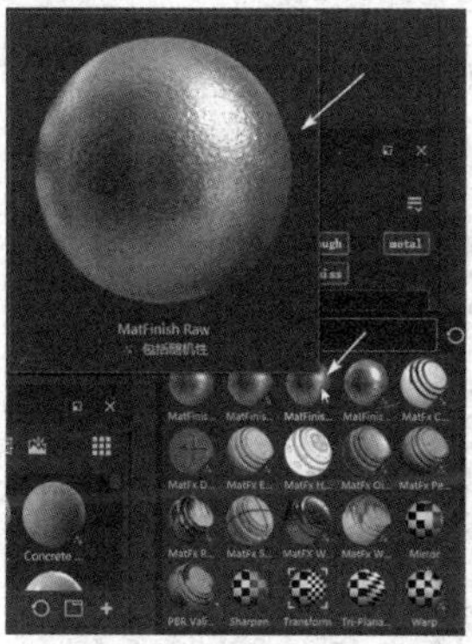

图 2.117　选择的滤镜

图 2.118　调节滤镜参数之后的效果

视频播放：关于具体介绍，请观看本书配套视频“任务四：制作黄色金属底色.wmv”。

任务五：制作黄色金属凹凸纹理

凹凸纹理一般通过整体的细节凹凸纹理、分布不均匀的凹凸纹理和划痕凹凸纹理 3 种凹凸效果叠加实现。

1. 制作整体细节凹凸纹理

步骤 01：创建一个图层文件夹，把它命名为“凹凸纹理”。创建的“凹凸纹理”图层文件夹如图 2.119 所示。

步骤 02：在“凹凸纹理”图层文件夹中添加一个填充图层，把它命名为“整体细节凹凸纹理”。添加的“整体细节凹凸纹理”填充图层如图 2.120 所示。

步骤 03：给“整体细节凹凸纹理”填充图层添加一个黑色遮罩。添加的黑色遮罩如图 2.121 所示。

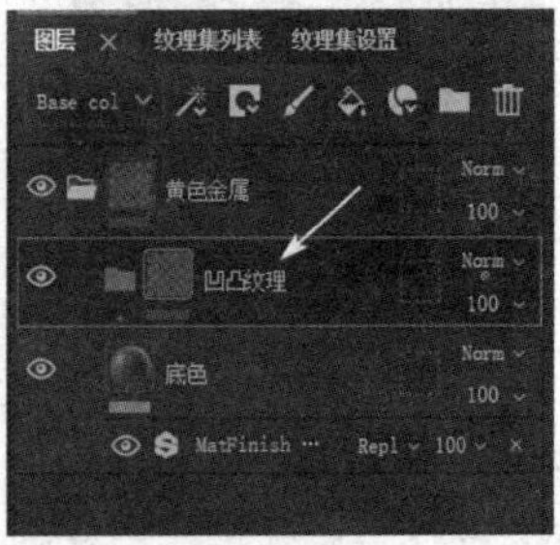

图 2.119　创建的“凹凸纹理”图层文件夹

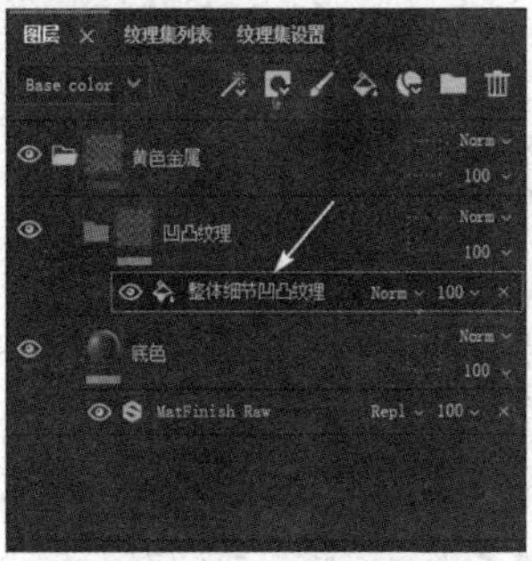

图 2.120　添加的“整体细节凹凸纹理”填充图层

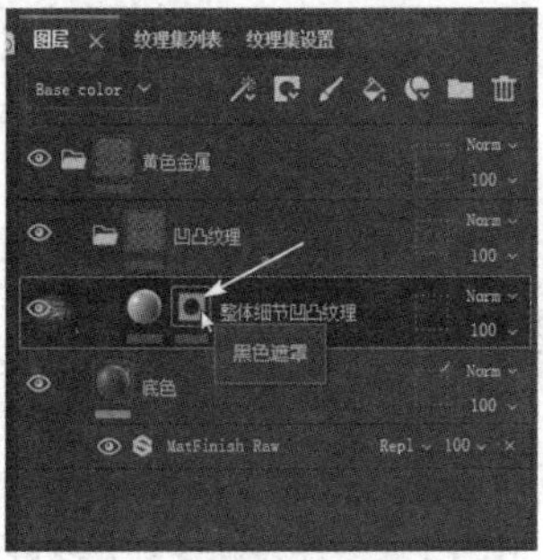

图 2.121　添加的黑色遮罩

步骤 04：先给黑色遮罩添加一个填充图层，再给该填充图层添加一个纹理贴图。添加的纹理贴图如图 2.122 所示。

步骤 05：在【属性-填充】面板调节“整体细节凹凸纹理”的参数。调节参数后的【属性-填充】面板如图 2.123 所示，调节参数之后的战锤效果如图 2.124 所示。

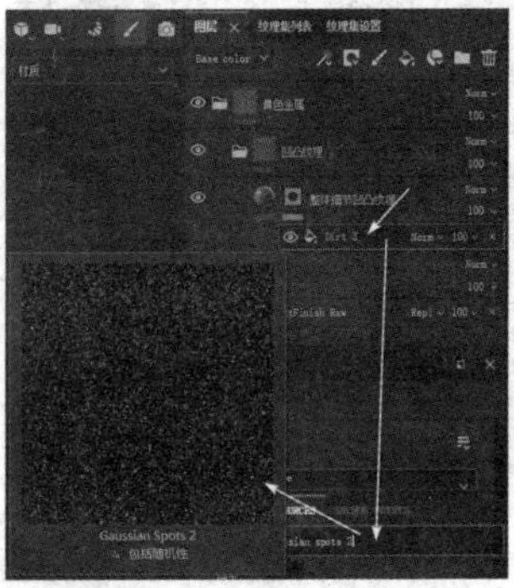

图 2.122　添加的纹理贴图

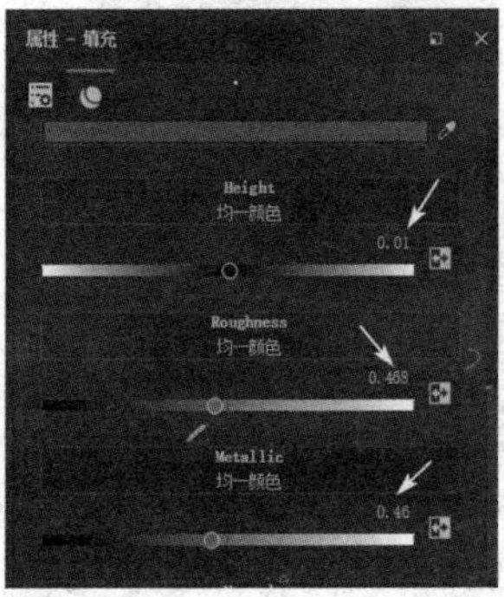

图 2.123　调节参数后的【属性-填充】面板

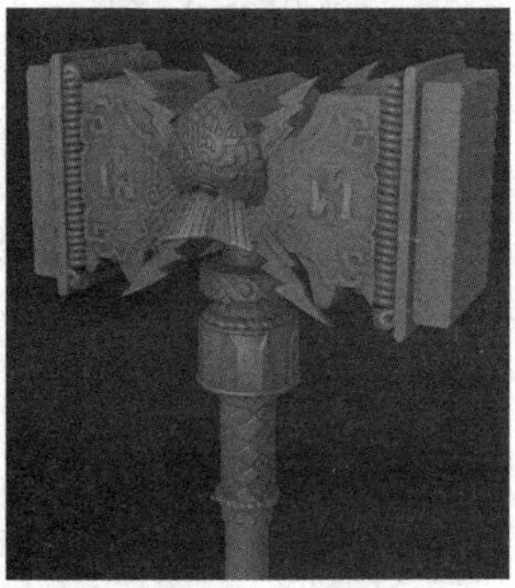

图 2.124　调节参数之后的战锤效果（步骤 05）

2. 制作分布不均匀的凹凸纹理

步骤 01：单击“整体细节凹凸纹理”填充图层，按键盘上的“Ctrl+D”组合键，复制该填充图层。

步骤 02：将复制的填充图层重命名为“分布不均匀凹凸”。复制和重命名的填充图层如图 2.125 所示。

步骤 03：将遮罩图层中的纹理贴图设为“Grunge Spots Dirty”，并根据需要调节其参数。

步骤 04：调节“分布不均匀凹凸”填充图层属性参数。“分布不均匀凹凸”填充图层属性参数调节如图 2.126 所示，调节参数之后的战锤效果如图 2.127 所示。

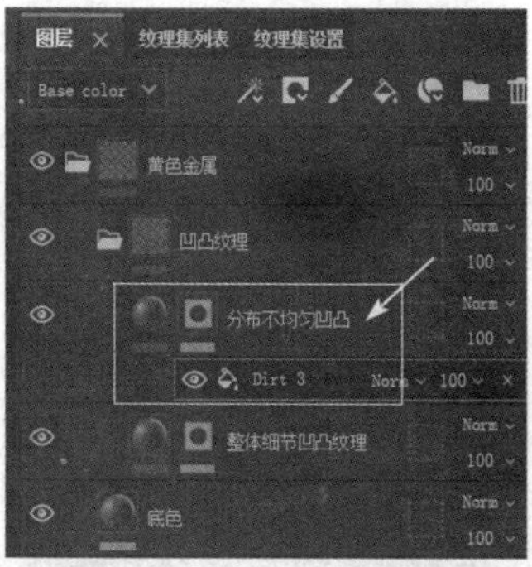

图 2.125　复制和重命名的填充图层

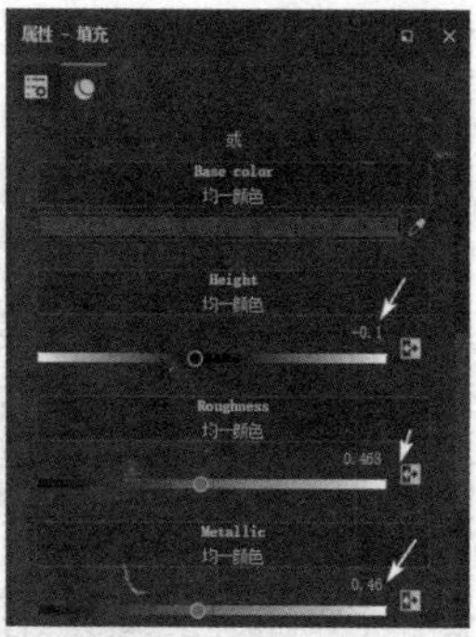

图 2.126　“分布不均匀凹凸”填充图层属性参数调节

图 2.127　调节参数之后的战锤效果（步骤 04）

3. 给“黄色金属”图层文件夹添加遮罩

为了观看效果，还需要给“黄色金属”图层文件夹添加遮罩。

步骤 01：给“黄色金属”图层文件夹添加黑色遮罩。添加遮罩的“黄色金属”图层文件夹如图 2.128 所示。

步骤 02：根据原画设计要求，使用【几何体填充】工具和【绘画】工具添加遮罩。遮罩之后的效果如图 2.129 所示。

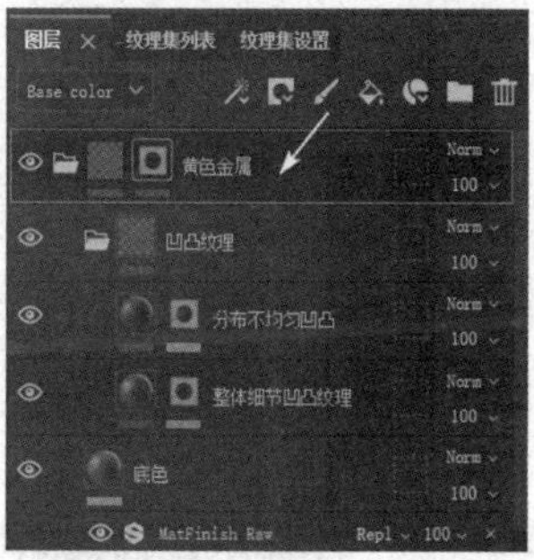

图 2.128　添加遮罩的“黄色金属”图层文件夹

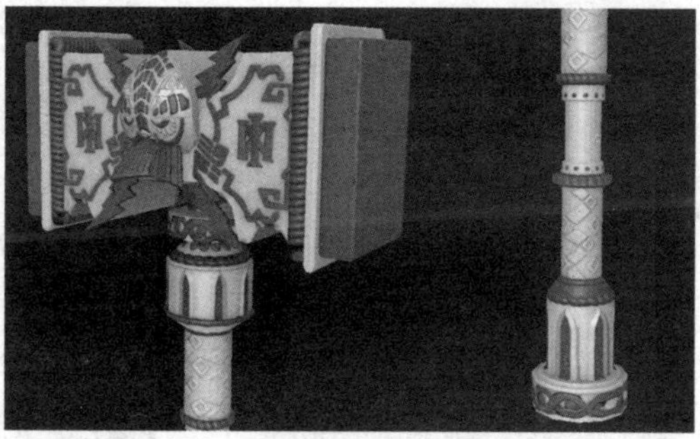

图 2.129　遮罩之后的效果

4. 制作划痕凹凸纹理

划痕凹凸纹理的制作方法比较简单：先通过复制“分布不均匀凹凸”填充图层，再通过修改遮罩中的填充图层灰度图实现划痕凹凸纹理的制作。

步骤 01：单击“分布不均匀凹凸”填充图层，按键盘上的“Ctrl+D”组合键，复制该填充图层，将复制的填充图层重命名为“划痕凹凸”。复制和重命名的填充图层如图 2.130 所示。

步骤 02：单击“划痕凹凸”填充图层遮罩中的填充图层，并修改该填充图层的灰度图。这里，选择“Grunge Scratches Rough”灰度图，选择的灰度图如图 2.131 所示。

步骤 03：调节“划痕凹凸”填充图层和所选灰度图的参数。调节参数之后的划痕效果如图 2.132 所示。

图 2.130 复制和重命名的填充图层

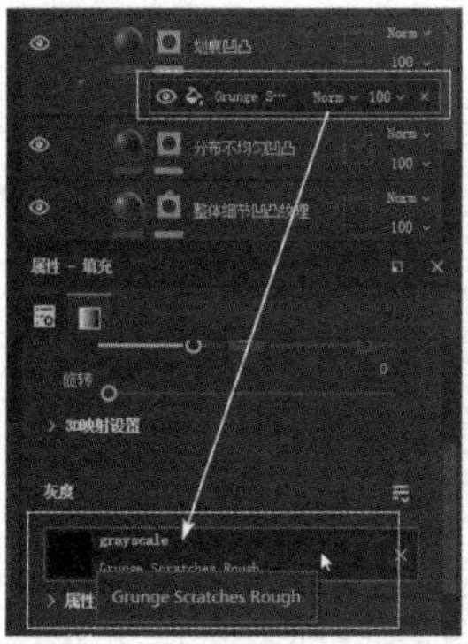

图 2.131 选择的灰度图

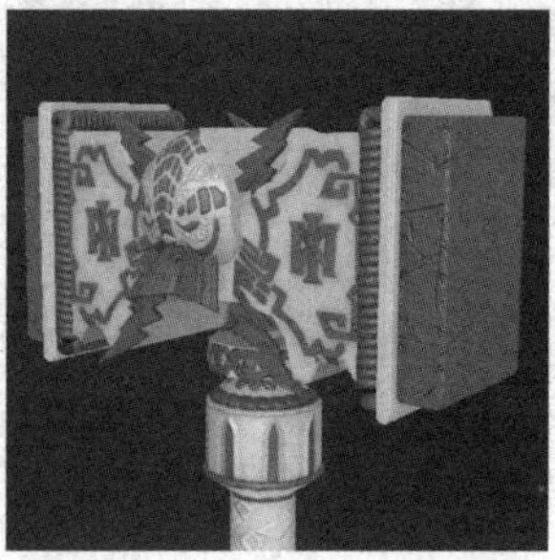

图 2.132 调节参数之后的划痕效果

视频播放：关于具体介绍，请观看本书配套视频“任务五：制作黄色金属凹凸纹理.wmv”。

任务六：制作黄色金属的脏迹和污垢

主要通过制作分布不均匀脏迹和边缘污垢两个图层制作黄色金属的脏迹和污垢，也可以根据实际项目要求，添加更多的图层。

1. 制作边缘污垢

步骤 01：添加图层文件夹并重命名。添加和重命名的图层文件夹如图 2.133 所示。

步骤 02：添加一个填充图层并给其添加一个黑色遮罩，然后给黑色遮罩添加一个生成器图层，对上述填充图层重命名。重命名和添加生成器图层之后的效果如图 2.134 所示。

步骤 03：选择生成器图层，给其添加一个名为“Dirt”生成器，调节“边缘污垢”图层和生成器图层属性参数。调节参数之后的边缘污垢效果如图 2.135 所示。

图 2.133 添加和重命名的图层文件夹

图 2.134 重命名和添加生成器图层之后的效果

图 2.135 调节参数之后的边缘污垢效果

步骤 04：给“边缘污垢”图层的遮罩添加一个填充图层，对添加的填充图层灰度图，选择“Grunge Map 012”。添加的填充图层和参数设置如图 2.136 所示，给遮罩添加填充图层之后的效果如图 2.137 所示。

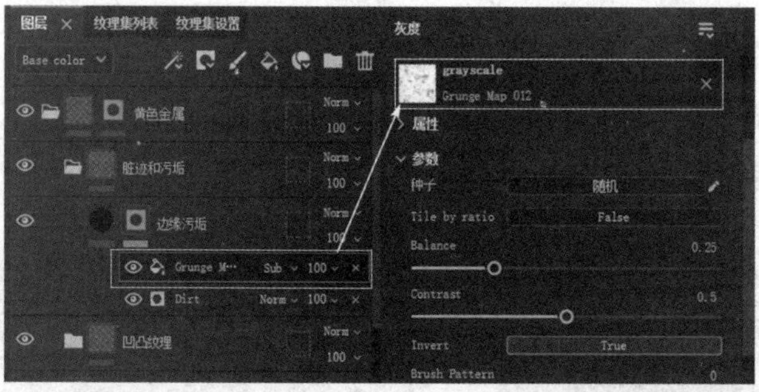

图 2.136　添加的填充图层和参数设置

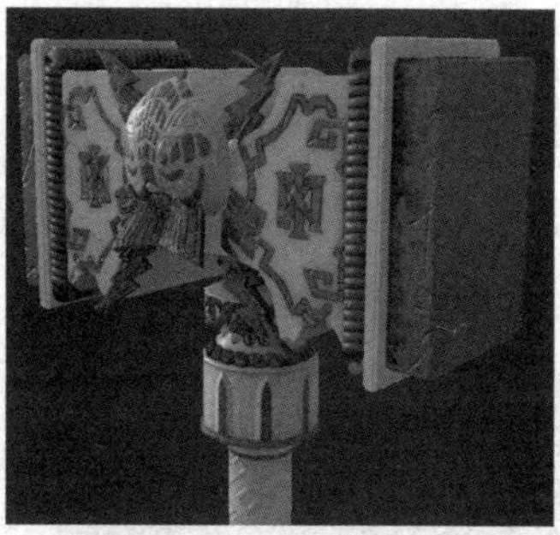

图 2.137　给遮罩添加填充图层之后的效果

2. 制作不均匀脏迹

主要通过复制“边缘污垢”图层，并对复制的图层进行修改，以达到不均匀脏迹的效果。

步骤 01：选择“边缘污垢”图层，按键盘上的“Ctrl+D”组合键，复制该图层，将复制的图层命名为“不均匀脏迹”。“不均匀脏迹”图层如图 2.138 所示。

步骤 02：调节遮罩中的填充图层灰度图和叠加模式。遮罩中的填充图层的叠加模式如图 2.139 所示。

步骤 03：根据项目要求，调节遮罩中的填充图层的相关参数。调节遮罩中的填充图层属性参数之后的效果如图 2.140 所示。

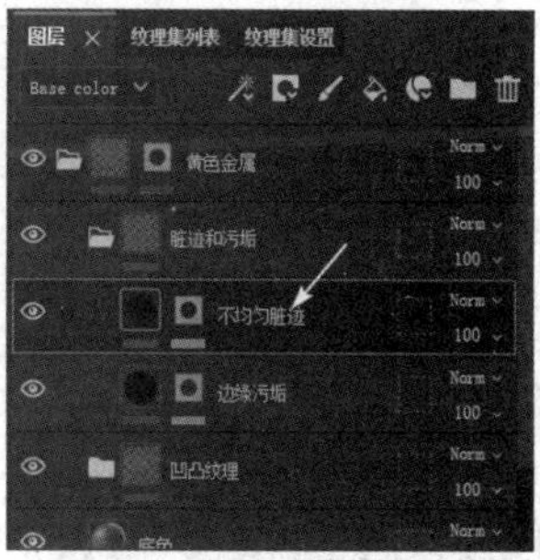

图 2.138　“不均匀脏迹”图层

图 2.139　遮罩中的填充图层的叠加模式

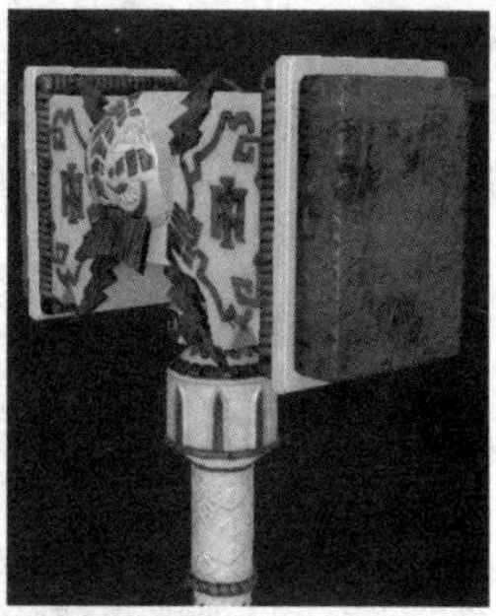

图 2.140　调节遮罩中的填充图层属性参数之后的效果

视频播放：关于具体介绍，请观看本书配套视频“任务六：制作黄色金属的脏迹和污垢.wmv”。

任务七：制作黄色金属的磨损效果

主要通过边缘磨损效果和不均匀磨损效果两个图层制作磨损效果。

1. 制作边缘磨损效果

步骤 01：添加一个图层文件夹并把它命名为“磨损”。“磨损”图层文件夹如图 2.141

所示。

步骤 02：添加一个填充图层，先给该填充图层添加一个黑色遮罩，再给该黑色遮罩添加一个生成器图层。添加的生成器图层如图 2.142 所示。

步骤 03：调节生成器图层属性参数。调节生成器图层属性参数之后的效果如图 2.143 所示。

图 2.141 “磨损”图层文件夹

图 2.142 添加的生成器图层

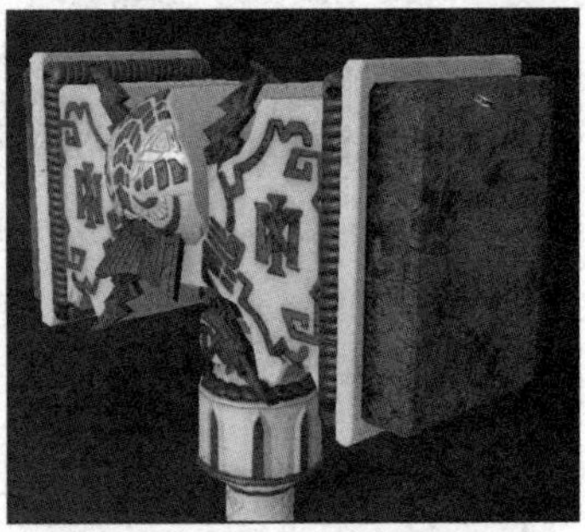

图 2.143 调节生成器图层属性参数之后的效果

2. 制作不均匀磨损效果

步骤 01：添加一个填充图层，将该填充图层命名为“不均匀磨损”。

步骤 02：按住左键，将文件名为“Edges Scratched”的智能遮罩材质拖到“不均匀磨损”填充图层上，松开左键，即可给“不均匀磨损”填充图层添加一个智能遮罩。然后调节上述图层和智能遮罩的参数，添加智能遮罩的图层效果如图 2.144 所示。

步骤 03：把“不均匀磨损”填充图层的叠加模式调为“Lighten（Max）”混合模式。调节混合模式之后的效果如图 2.145 所示。

图 2.144 添加智能遮罩的图层效果

图 2.145 调节混合模式之后的效果

视频播放：关于具体介绍，请观看本书配套视频“任务七：制作黄色金属的磨损效果.wmv”。

任务八：制作金属质感

主要通过给填充图层添加滤镜制作金属质感，具体操作步骤如下。

步骤 01：添加一个图层文件夹和一个填充图层并命名。添加的图层文件夹和填充图层如图 2.146 所示。

步骤 02：给“金属质感调节”图层选择“MatFinish Raw”滤镜，根据项目要求调节滤器参数。调节滤镜参数之后的效果如图 2.147 所示。

视频播放：关于具体介绍，请观看本书配套视频“任务八：制作金属质感.wmv”。

任务九：制作金属材质的锐化效果

主要通过添加图层和锐化滤镜实现金属材质锐化效果的制作，具体操作步骤如下。

步骤 01：添加一个填充图层，将添加的填充图层命名为“锐化处理”，给“锐化处理”图层添加一个滤镜图层。添加的滤镜图层如图 2.148 所示。

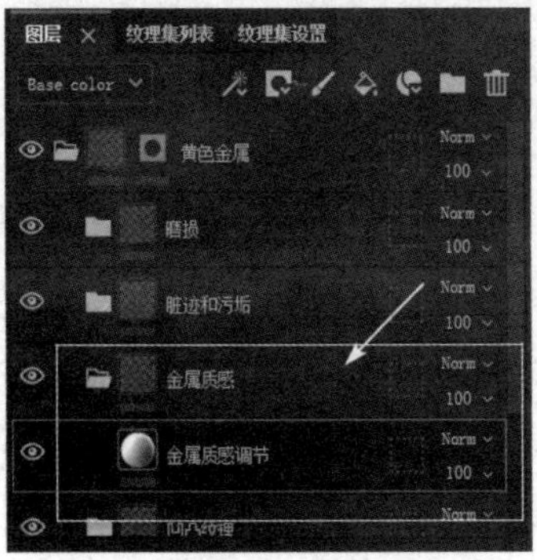

图 2.146　添加的图层文件夹和填充图层

图 2.147　调节滤镜参数之后的效果

图 2.148　添加的滤镜图层

步骤 02：给滤镜图层选择“Sharpen”滤镜，根据项目要求调节“Sharpen Intensity”参数值。这里，将该参数值调节为“2”。

步骤 03：调节“锐化处理”图层属性参数。“锐化处理”图层属性参数调节如图 2.149 所示，调节参数之后的效果如图 2.150 所示。

视频播放：关于具体介绍，请观看本书配套视频“任务九：制作金属材质的锐化效果.wmv”。

任务十：金属材质的整体变化调节

金属材质整体变化调节主要包括对暗部压暗和整体颜色变化两个方面的调节。

1. 暗部压暗

步骤 01：添加一个图层文件夹，将添加的图层文件夹命名为“整体变化调节”。

步骤 02：在“整体变化调节”图层文件夹中添加一个填充图层，并将该填充图层命名为“压暗”。

步骤 03：先给“压暗”填充图层添加一个黑色遮罩，再给该黑色遮罩添加一个填充图层。遮罩中添加的填充图层如图 2.151 所示。

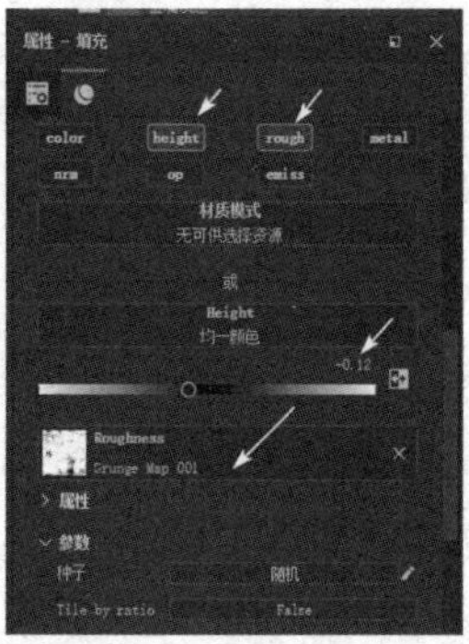

图 2.149 “锐化处理”图层属性参数调节

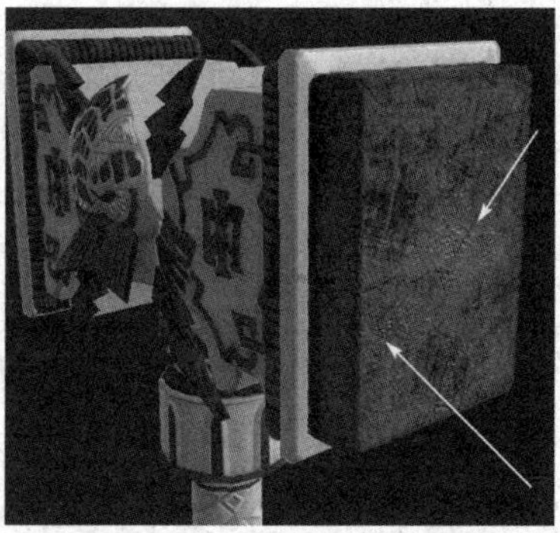

图 2.150 调节参数之后的效果

图 2.151 遮罩中添加的填充图层

步骤 04：按住左键，将资源中的“OCC”贴图拖到遮罩中的填充图层灰度图中。添加的“OCC”贴图如图 2.152 所示。

步骤 05：添加一个色阶图层，并调节色阶图层属性参数。色阶图层属性参数调节如图 2.153 所示。

步骤 06：先将“压暗”填充图层的颜色调为暗红色，再根据项目要求调节该填充图层的粗糙度和金属度参数。调节“压暗”填充图层属性参数之后的效果如图 2.154 所示。

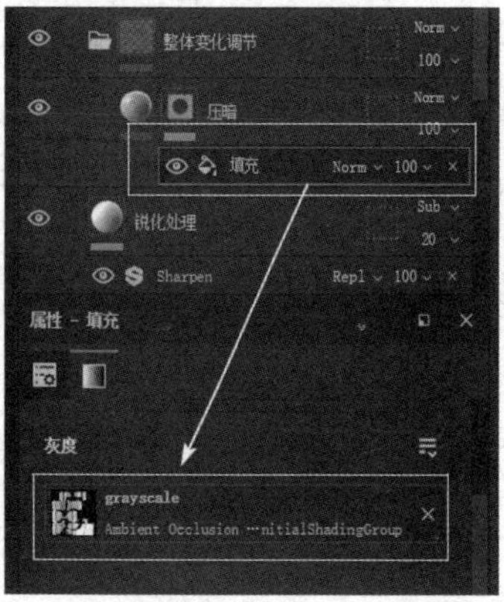

图 2.152 添加的“OCC”贴图

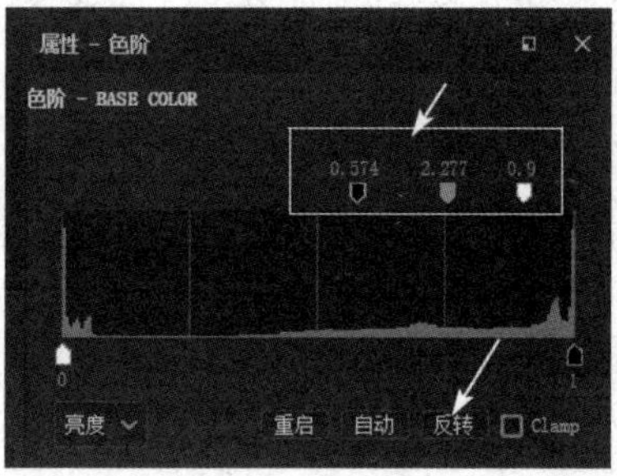

图 2.153 色阶图层属性参数调节

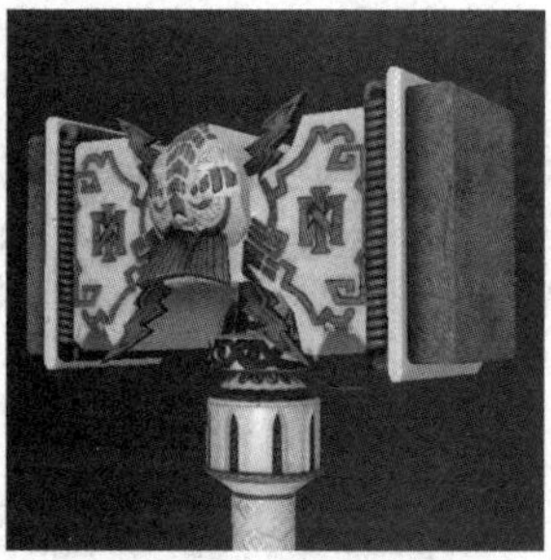

图 2.154 调节“压暗”填充图层属性参数之后的效果

2. 整体颜色变化

步骤 01：添加一个填充图层，将该填充图层命名为“颜色变化”，并将“颜色变化”填充图层的颜色调为紫色。

步骤 02：给“颜色变化”填充图层添加一个黑色遮罩，给该黑色遮罩添加一个填充图层，将遮罩中的填充图层灰度图设为“Grunge Map 012”，并调节灰度图的参数。灰度图的参数调节如图 2.155 所示。

步骤 03：给“颜色变化”填充图层的遮罩添加一个模糊滤镜。模糊滤镜的参数调节如图 2.156 所示，调节模糊滤器参数之后的效果如图 2.157 所示。

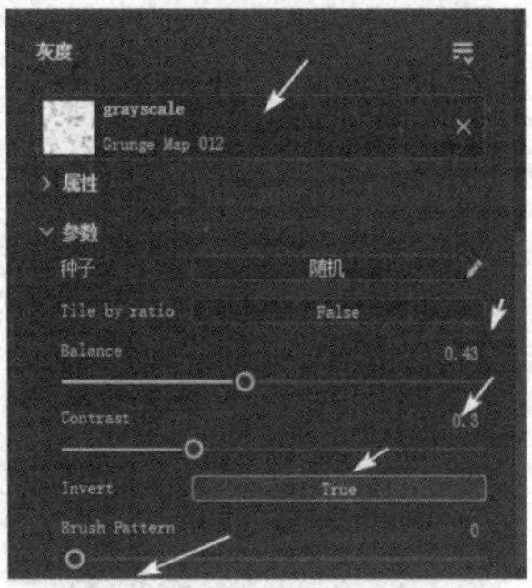

图 2.155　灰度图的参数调节

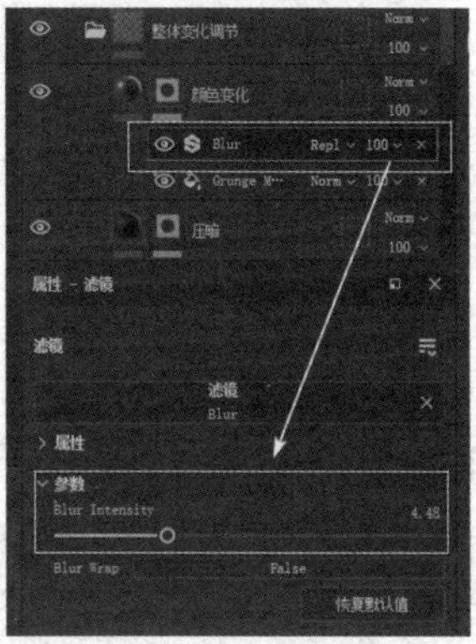

图 2.156　模糊滤镜的参数调节

图 2.157　调节模糊滤镜参数之后的效果

视频播放：关于具体介绍，请观看本书配套视频“任务十：金属材质的整体变化调节.wmv”。

任务十一：制作黑色金属材质

黑色金属材质的制作方法：将前文制作好的黄色金属材质复制一份，通过修改该黄色金属相关图层属性参数，以达到所要求的效果。

步骤 01：将前文制作好的黄色金属材质复制一份，并把它命名为“黑色金属”，删除遮罩。复制和修改的黑色金属材质如图 2.158 所示。

步骤 02：将“黑色金属”的“底色”填充图层的颜色调为深灰色。调节底色之后的效果如图 2.159 所示。

步骤 03：将“整体变化调节”图层文件夹中的“颜色变化”图层的填充颜色调为天蓝色。调节“颜色变化”图层之后的效果如图 2.160 所示。

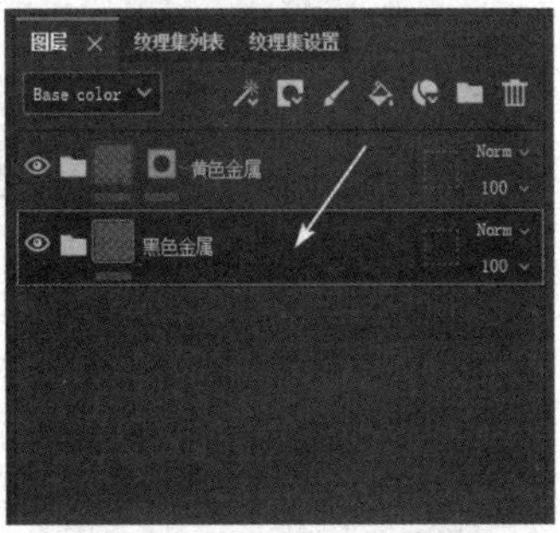

图 2.158　复制和修改的黑色金属材质

图 2.159　调节底色之后的效果

图 2.160　调节“颜色变化”图层之后的效果

视频播放：关于具体介绍，请观看本书配套视频“任务十一：制作黑色金属材质.wmv”。

任务十二：渲染出图

可以将制作好的战锤的材质渲染出图。具体操作步骤如下。

步骤 01：单击【Rendering（Iray）】按钮，切换到【Rendering（Iray）】窗口，按住键盘上的“Shift+右键”旋转环境贴图，以此确定环境光的照射方向。调节环境贴图之后的效果如图 2.161 所示。

步骤 02：在【渲染器设置】面板中，设置渲染图片的大小和质量等相关参数。【渲染器设置】面板参数设置如图 2.162 所示。

步骤 03：单击【渲染器设置】面板中的【暂停 Iray 渲染】按钮，开始渲染。当【状态】右侧的“渲染”两字变成绿色时，表示渲染结束。渲染之后的效果如图 2.163 所示。

图 2.161　调节环境贴图之后的效果

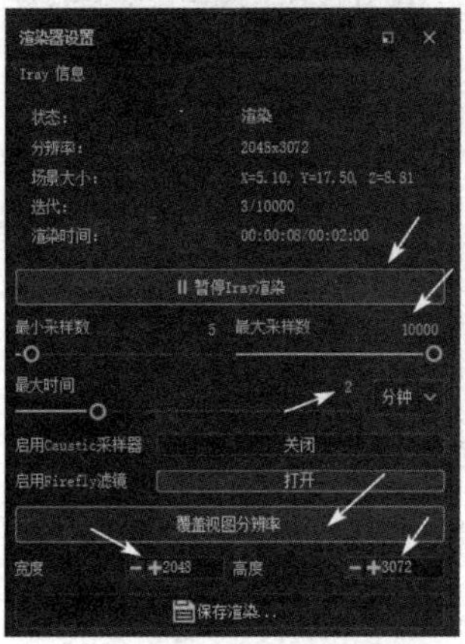

图 2.162　【渲染器设置】面板参数设置

图 2.163　渲染之后的效果

步骤 04：保存渲染图片。单击【保存渲染...】按钮，弹出【导出 Iray 渲染】对话框，在该对话框中设置保存路径和名称。【导出 Iray 渲染】对话框参数设置如图 2.164 所示。

步骤 05：方法同上，继续制作两个不同角度的战锤渲染图片。不同角度的战锤渲染图片如图 2.165 所示。

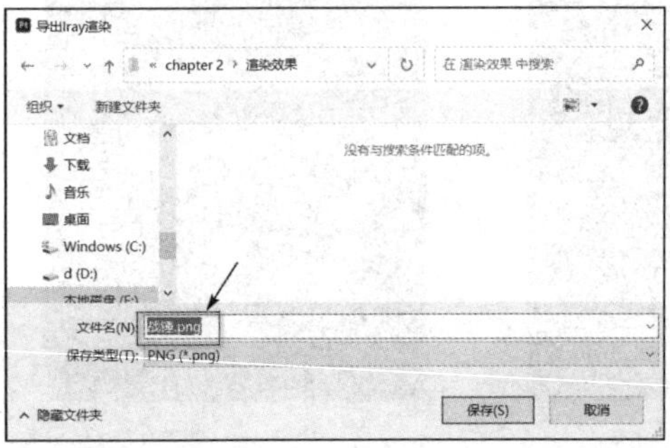

图 2.164　【导出 Iray 渲染】对话框参数设置

图 2.165　不同角度的战锤渲染图片

视频播放：关于具体介绍，请观看本书配套视频“任务十二：渲染出图.wmv”。

任务十三：导出纹理

在 Adobe Substance 3D Painter 中可以将制作好的纹理导出，在其他渲染软件中还原。例如，在 Maya、3DS MAX 和 Marmoset Toolbag 中进行渲染和输出。具体操作步骤如下。

步骤 01：在菜单栏中单击【文件】→【导出贴图…】命令（或按键盘上的“Ctrl+Shift+E”组合键），弹出【导出纹理】对话框，在该对话框中设置参数。【导出纹理】对话框参数设置如图 2.166 所示。

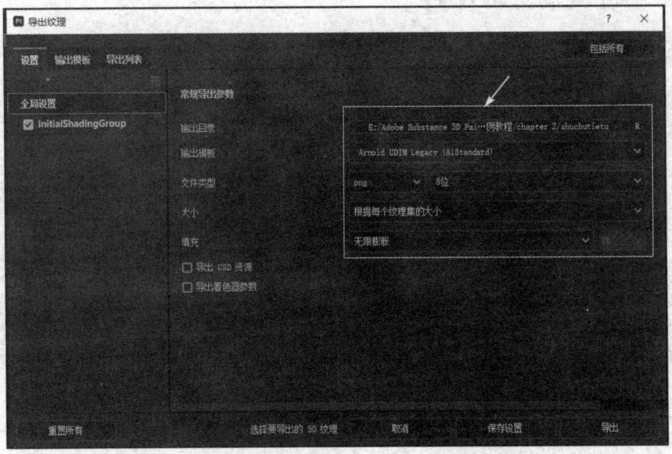

图 2.166　【导出纹理】对话框参数设置

步骤 02：参数设置完毕，单击【导出】按钮，开始导出纹理。

步骤 03：导出完毕，单击【打开输出目录】按钮，打开被导出纹理的所在文件夹。导出的所有纹理如图 2.167 所示。

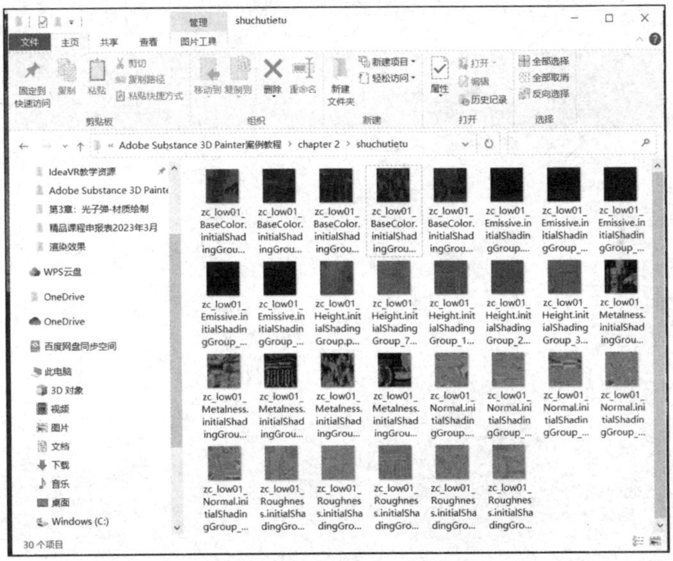

图 2.167　导出的所有纹理

提示：在设置【导出纹理】对话框参数时，需要注意输出模板的选择。使用不同的渲染器，需要选择不同的输出模板，才能正确还原纹理效果。

视频播放：关于具体介绍，请观看本书配套视频“任务十三：导出纹理.wmv”。

六、拓展训练

根据所学知识，利用本书配套资源中的“plhx_hig.obj”文件、“plhx_low.obj”文件和以下原画参考图，制作兵器材质效果。

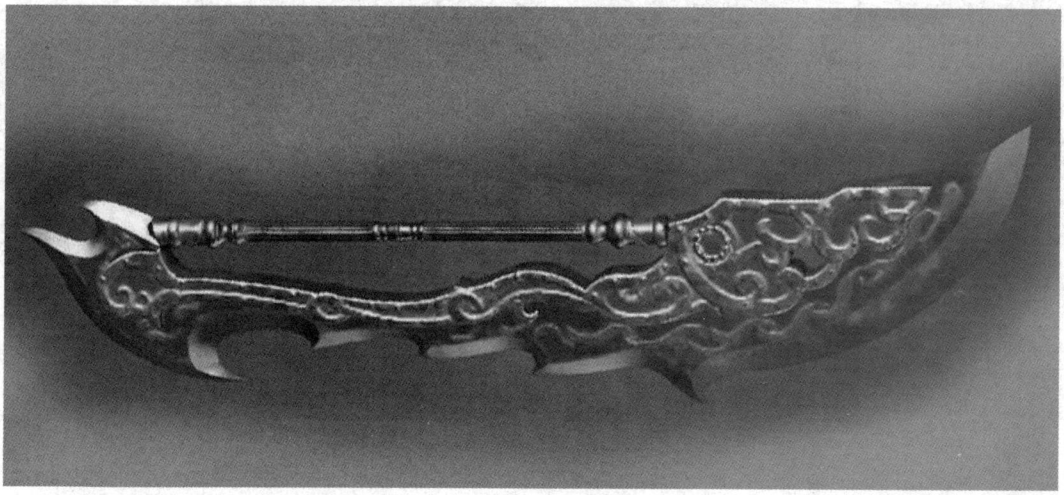

第 3 章　制作枪械材质和载具材质

知识点：

案例 1　制作枪械材质
案例 2　制作载具材质

说明：

本章主要通过枪械（G56 突击步枪）材质和载具（坦克）材质的制作，介绍道具材质的制作流程、方法、技巧和注意事项。

教学建议课时数：

一般情况下需要 16 课时，其中理论课时为 4 课时，实际操作课时为 12 课时（特殊情况下可做相应调整）。

在本章中，主要介绍游戏中常用道具材质的制作流程、方法、技巧和注意事项。读者通过学习枪械材质和载具材质的制作，可以举一反三，掌握其他游戏道具材质的制作流程、方法、技巧和注意事项。

案例 1 制作枪械材质

一、案例内容简介

本案例主要以 G56 突击步枪材质的制作为例，详细介绍枪械材质的制作流程、方法、技巧和注意事项。

二、案例效果欣赏

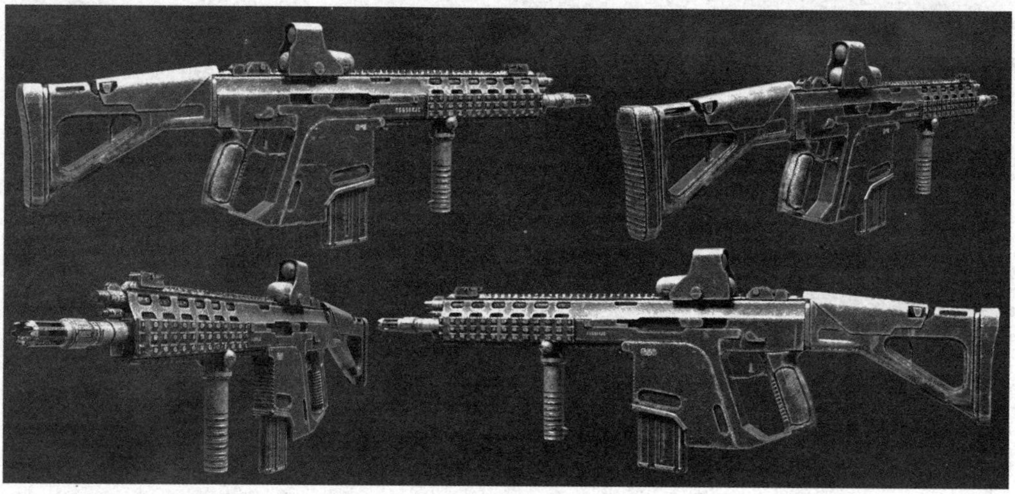

三、案例制作（步骤）流程

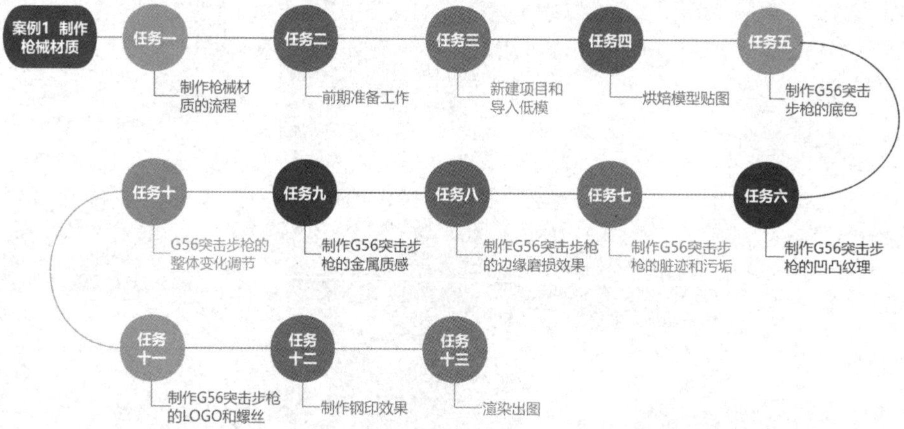

四、制作目的

（1）枪械材质的制作流程、方法、技巧和注意事项。
（2）枪械金属材质的制作。
（3）枪械锈蚀材质的制作。
（4）枪械划痕材质的制作。
（5）枪械材质渲染的相关设置。
（6）枪械材质渲染输出和后期处理。

五、详细操作步骤

任务一：制作枪械材质的流程

枪械材质的制作流程如下。
步骤 01：制作枪械的底色。
步骤 02：制作枪械的凹凸纹理。
步骤 03：制作枪械的脏迹和污垢。
步骤 04：制作枪械的边缘磨损效果。
步骤 05：制作枪械的 LOGO、钢印效果和发光效果。
步骤 06：制作枪械的金属质感。
步骤 07：枪械材质整体变化调节。
步骤 08：渲染效果图和贴图通道输出。
视频播放：关于具体介绍，请观看本书配套视频“任务一：制作枪械材质的流程.wmv”。

任务二：前期准备工作

在新建项目之后导入模型之前需要进行以下前期准备工作。
（1）检查模型是否已展开 UV。
（2）检查材质分类是否正确。
（3）是否已对变换参数进行冻结变换处理。
（4）检查模型的软硬边处理是否正确。
视频播放：关于具体介绍，请观看本书配套视频“任务二：前期准备工作.wmv”。

任务三：新建项目和导入低模

步骤 01：启动 Adobe Substance 3D Painter。

步骤 02：在菜单栏中单击【文件】→【新建】命令（或按键盘上的“Ctrl+N”组合键），弹出【新项目】对话框。

步骤 03：在【新项目】对话框中单击【选择…】按钮，弹出【打开文件】对话框，如图 3.1 所示。在该对话框中选择需要导入的低模（G56_low），单击【打开（O）】按钮，然后返回【新项目】对话框。

步骤 04：根据项目要求设置【新项目】对话框。【新项目】对话框参数设置如图 3.2 所示。

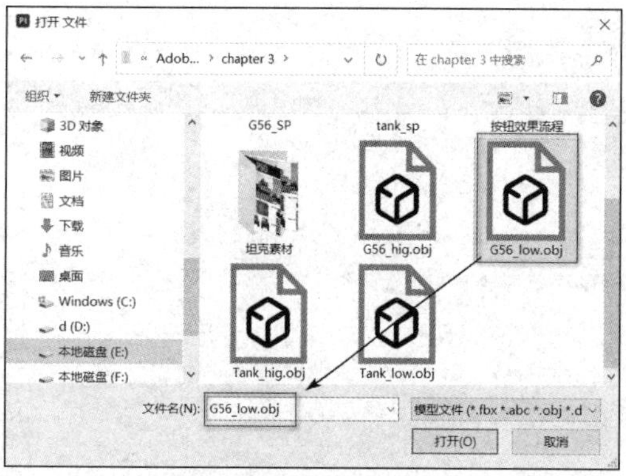

图 3.1 【打开文件】对话框

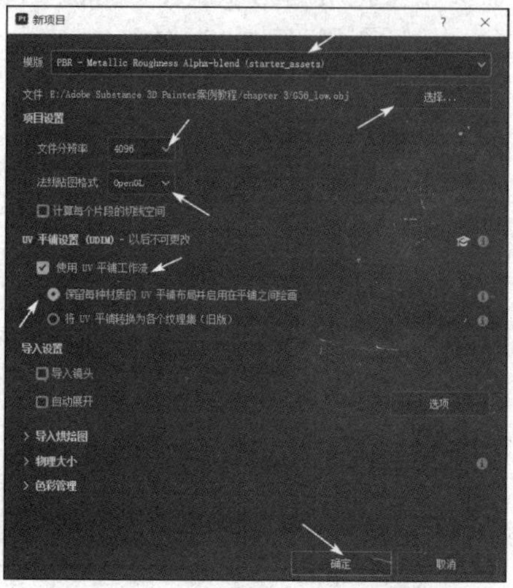

图 3.2 【新项目】对话框参数设置

步骤 05：单击【确定】按钮，完成新项目的创建和低模的导入。导入的低模和【纹理集列表】如图 3.3 所示。

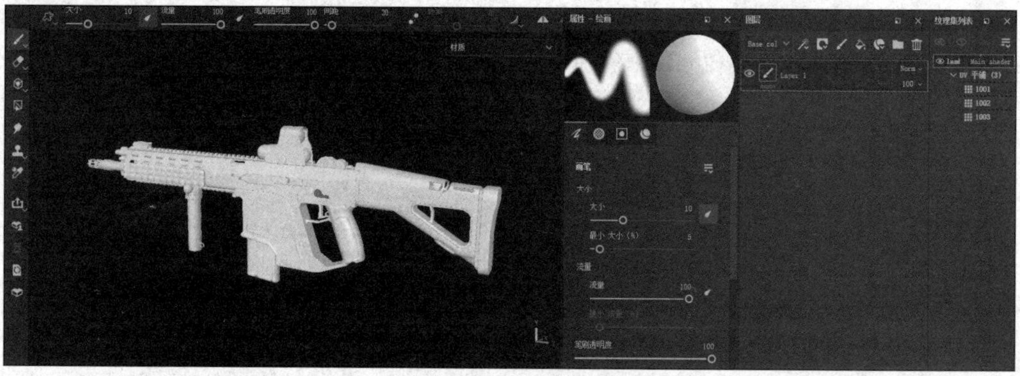

图 3.3 导入的低模和【纹理集列表】

步骤 06：保存项目。在菜单栏中单击【文件】→【保存】命令（或按键盘上的“Ctrl+S”组合键），弹出【保存项目】对话框。在【保存项目】对话框中的“文件名（N）”对应的文本输入框中输入“G56 突击步枪”，单击【保存（S）】按钮，完成保存。

视频播放：关于具体介绍，请观看本书配套视频“任务三：新建项目和导入低模.wmv”。

任务四：烘焙模型贴图

1. 修改【纹理集列表】中的材质名称

修改【纹理集列表】中材质名称的方法很简单。只须在待修改的材质名称上双击，被双击的材质名称显示蓝底白字。此时，直接输入新的名称，按键盘上的“Enter”键。修改材质名称之后的【纹理集列表】面板如图 3.4 所示。

2. 烘焙模型贴图

在制作材质之前，需要对导入的模型进行贴图烘焙。

步骤 01：在【纹理集设置】面板中单击【烘焙模型贴图】按钮，切换到纹理烘焙模式。

步骤 02：单击高模按钮，弹出【高模】对话框。在【高模】对话框中选择需要烘焙的高模，如图 3.5 所示。

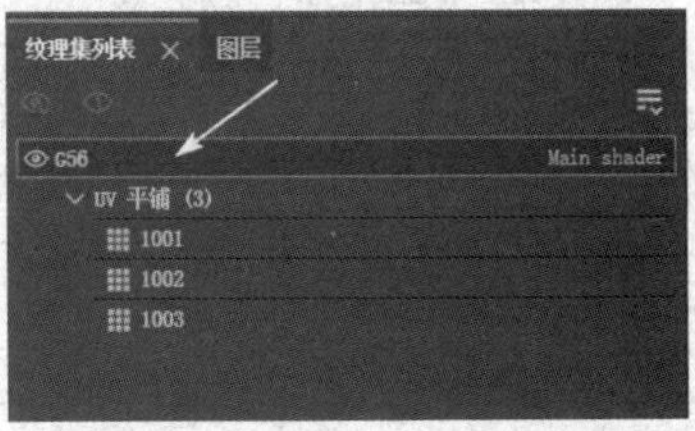

图 3.4　修改材质名称之后的【纹理集列表】面板

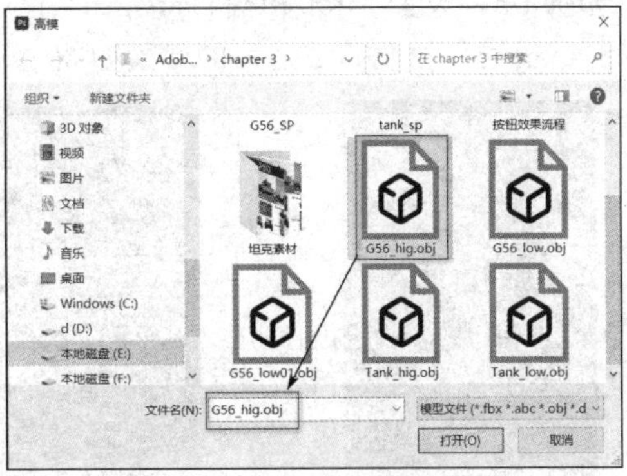

图 3.5　在【高模】对话框中选择需要烘焙的高模

步骤 03：单击【打开（O）】按钮，然后返回纹理烘焙模式。

步骤 04：设置烘焙参数。烘焙参数的具体设置如图 3.6 所示。

步骤 05：单击【烘焙所有纹理】按钮，开始纹理贴图的烘焙。烘焙之后的效果如图 3.7 所示。

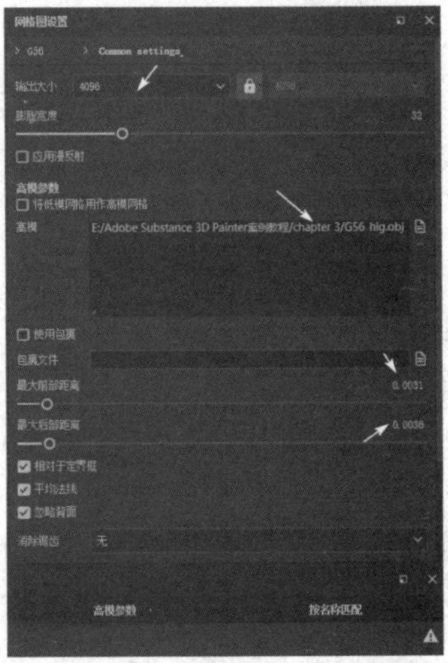

图 3.6　烘焙参数的具体设置

图 3.7　烘焙之后的效果

步骤 06：单击【返回至绘画模式】按钮，返回材质制作界面。

视频播放：关于具体介绍，请观看本书配套视频“任务四：烘焙模型贴图.wmv”。

任务五：制作 G56 突击步枪的底色

主要通过调节预设材质参数制作 G56 突击步枪底色。

步骤 01：在【图层】面板中单击添加填充图层按钮，创建一个填充图层，将创建的填充图层命名为“底色”。

步骤 02：单击创建的填充图层，将“底色”填充图层的材质设为“Iron Raw Damaged”。

步骤 03：设置“Iron Raw Damaged”材质参数，其参数设置如图 3.8 所示。设置“Iron Raw Damaged”材质参数之后的效果如图 3.9 所示。

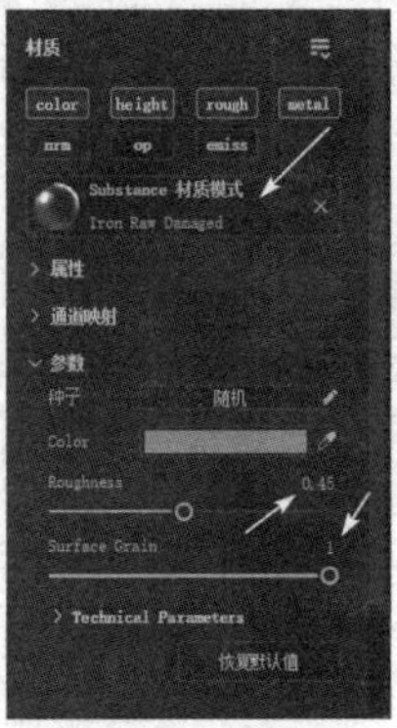

图 3.8　“Iron Raw Damaged”材质参数设置

图 3.9　设置“Iron Raw Damaged”材质参数之后的效果

视频播放：关于具体介绍，请观看本书配套视频“任务五：制作 G56 突击步枪的底色.wmv”。

任务六：制作 G56 突击步枪的凹凸纹理

G56 突击步枪的凹凸纹理主要包括整体凹凸纹理、不均匀凹凸纹理和划痕凹凸纹理 3 种。

1. 制作整体凹凸纹理

步骤 01：在【图层】面板中单击添加组按钮，创建一个图层文件夹，将创建的图层文件夹命名为“凹凸纹理”。命名之后的图层文件夹如图 3.10 所示。

步骤 02：创建一个填充图层，将创建的填充图层命名为“整体凹凸纹理”，并调节“整体凹凸纹理”填充图层属性参数，如图 3.11 所示。

步骤 03：先给“整体凹凸纹理”填充图层添加一个黑色遮罩，再给黑色遮罩添加一个填充图层，并调节黑色遮罩中的填充图层属性参数。黑色遮罩中的填充图层属性参数调节如图 3.12 所示。

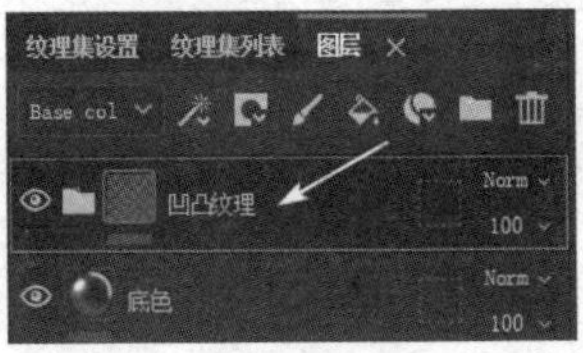

图 3.10　命名之后的图层文件夹

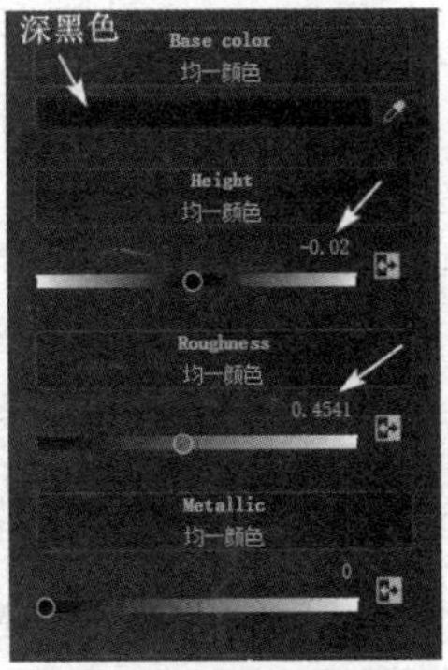

图 3.11　“整体凹凸纹理”填充图层属性参数调节

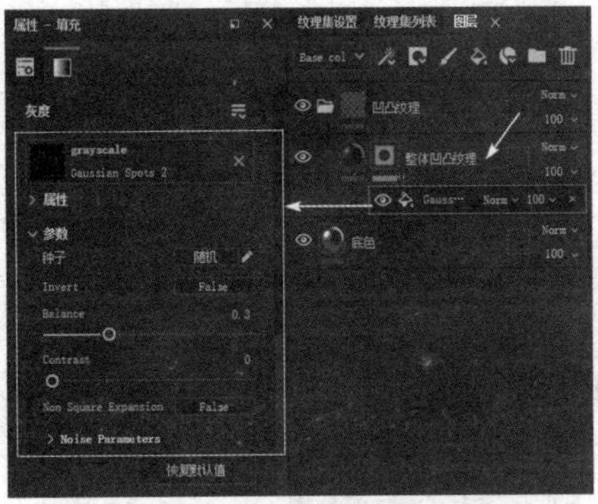

图 3.12　黑色遮罩中的填充图层属性参数调节

2. 制作不均匀凹凸纹理

步骤 01：单击“整体凹凸纹理”填充图层，按键盘上的“Ctrl+D”组合键，复制该填充图层。

步骤 02：将复制的填充图层命名为“不均匀凹凸”，调节黑色遮罩中的填充图层属性参数。黑色遮罩中的填充图层属性参数调节如图 3.13 所示。

3. 制作划痕凹凸纹理

步骤 01：单击“不均匀凹凸”填充图层，按键盘上的“Ctrl+D”组合键，复制该填充图层。

步骤 02：将复制的填充图层命名为“划痕凹凸”，调节黑色遮罩中的填充图层属性参数，黑色遮罩填充图层属性参数调节如图 3.14 所示。

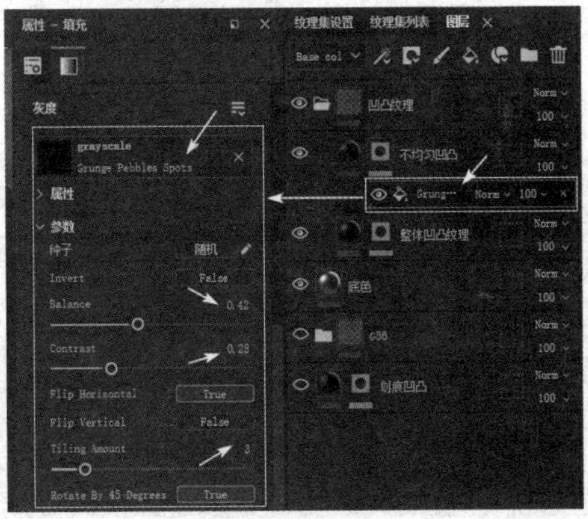

图 3.13　制作不均匀凹凸纹理时的黑色遮罩中的填充图层属性参数调节

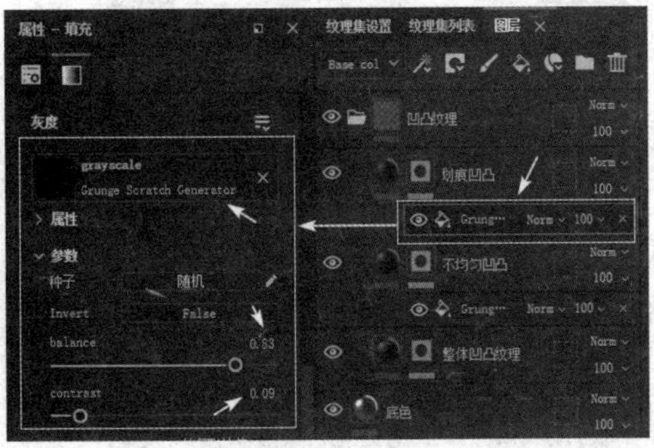

图 3.14　制作划痕凹凸纹理时的黑色遮罩填充图层属性参数调节

步骤 03：给“划痕凹凸”填充图层的黑色遮罩添加一个绘画图层。添加的绘画图层如图 3.15 所示。

步骤 04：使用绘画工具将不需要的划痕擦除。被擦除的划痕位置如图 3.16 所示。

视频播放：关于具体介绍，请观看本书配套视频“任务六：制作 G56 突击步枪的凹凸纹理.wmv”。

任务七：制作 G56 突击步枪的脏迹和污垢

1. 制作边缘污垢

步骤 01：创建一个图层文件夹，将其命名为“脏迹和污垢”。创建和命名的图层文件夹如图 3.17 所示。

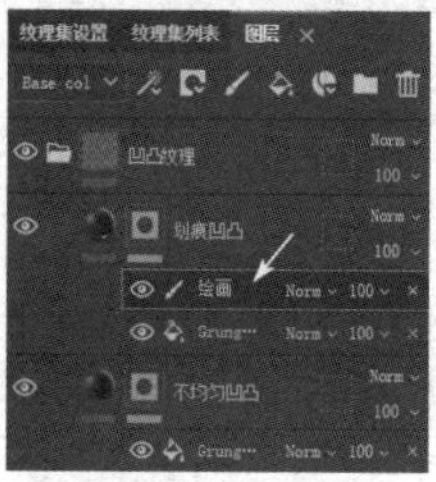

图 3.15　添加的绘画图层

图 3.16　被擦除的划痕位置

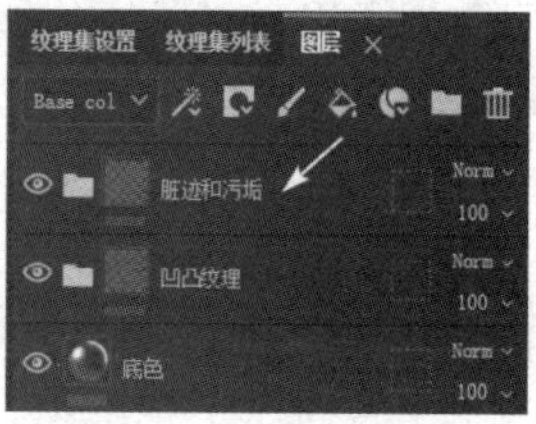

图 3.17　创建和命名的图层文件夹

步骤 02：创建一个填充图层，将其命名为“边缘污垢”。先给“边缘污垢”填充图层添加一个黑色遮罩，再给黑色遮罩添加一个生成器图层。在【属性-生成器】面板中，选择“Metal Edge Wear”生成器。添加的生成器图层及其属性参数调节如图 3.18 所示，调节生成器图层属性参数之后的效果如图 3.19 所示。

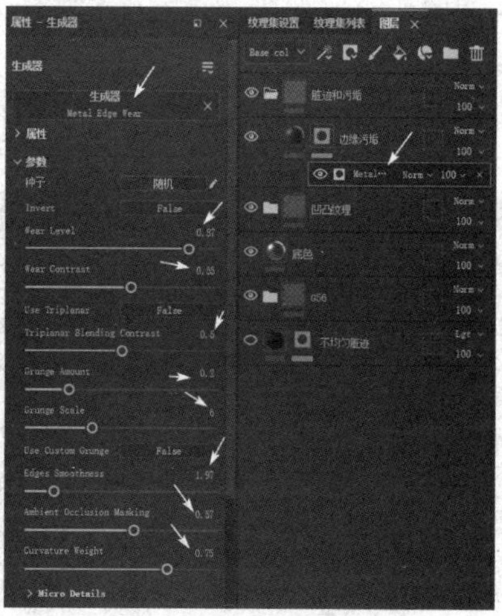

图 3.18　添加的生成器图层及其属性参数调节

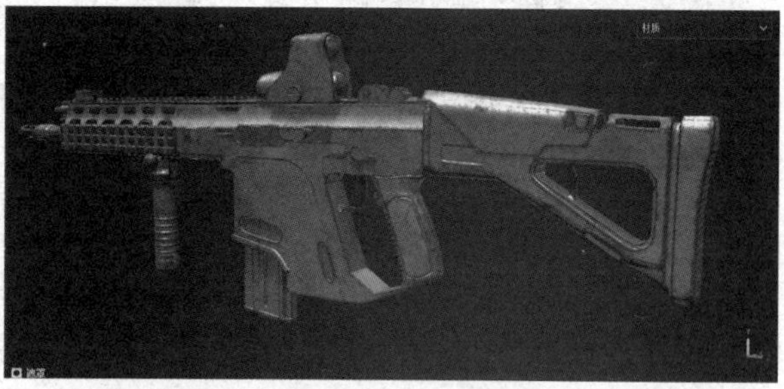

图 3.19　调节生成器图层属性参数之后的效果

步骤 03：给黑色遮罩添加一个填充图层。添加的填充图层及其属性参数调节如图 3.20 所示，添加填充图层和调节其属性参数之后的效果如图 3.21 所示。

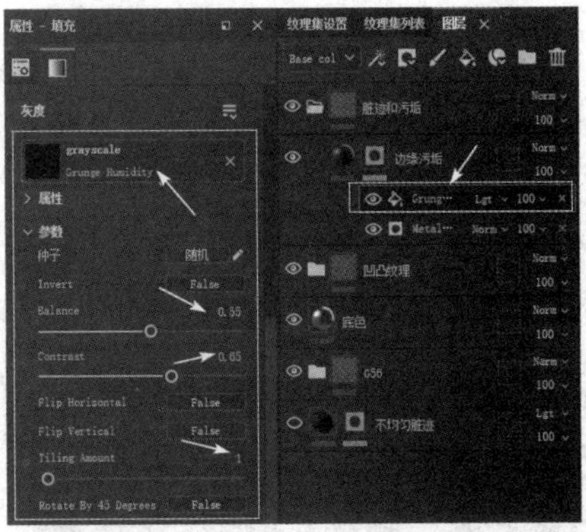

图 3.20　添加的填充图层及其属性参数调节

图 3.21　添加填充图层和调节其属性参数之后的效果

步骤 04： 给黑色遮罩再添加一个绘画图层，使用绘画工具将多余的边缘污垢擦除。擦除多余边缘污垢的效果如图 3.22 所示。

2. 制作不均匀脏迹

步骤 01： 单击“边缘污垢”填充图层，按键盘上的“Ctrl+D”组合键，复制该填充图层。

步骤 02： 将复制的填充图层命名为“不均匀脏迹”，删除黑色遮罩中多余的图层，只保留黑色遮罩中底层的填充图层。命名和删除多余图层之后的填充图层如图 3.23 所示。

步骤 03： 调节黑色遮罩中的填充图层属性参数，如图 3.24 所示。调节黑色遮罩中的填充图层属性参数之后的效果如图 3.25 所示。

图 3.22　擦除多余边缘污垢的效果

图 3.23　命名和删除多余图层之后的填充图层

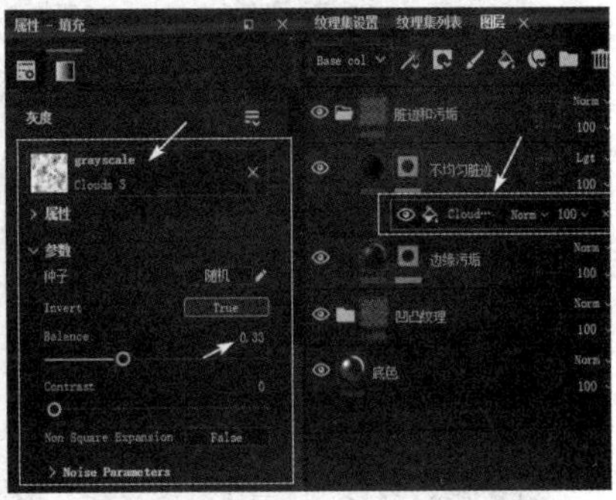

图 3.24　黑色遮罩中的填充图层属性参数调节

视频播放： 关于具体介绍，请观看本书配套视频“任务七：制作 G56 突击步枪的脏迹和污垢.wmv”。

任务八：制作 G56 突击步枪的边缘磨损效果

主要通过边缘磨损和不均匀磨损两个图层的叠加，实现 G56 突击步枪的边缘磨损效果的制作。

1. 制作边缘磨损效果

步骤 01：创建一个图层文件夹，将图层文件夹名命名为“磨损”。创建的“磨损”图层文件夹如图 3.26 所示。

步骤 02：创建一个填充图层，将创建的填充图层命名为“边缘磨损”，调节“边缘磨损”的参数。“边缘磨损”填充图层属性参数调节如图 3.27 所示。

图 3.25　调节黑色遮罩中的填充图层属性参数之后的效果

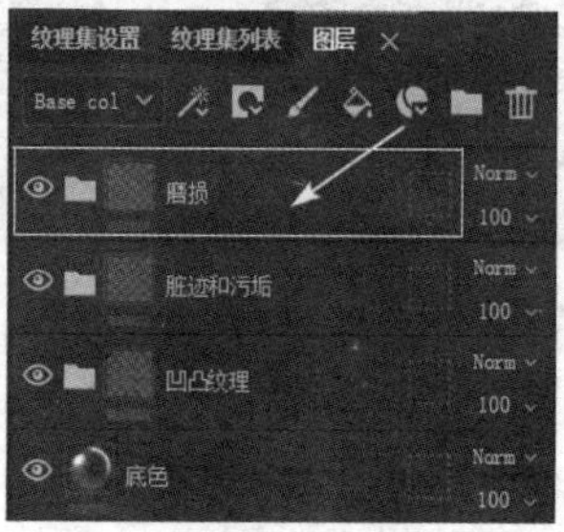

图 3.26　创建的“磨损”图层文件夹

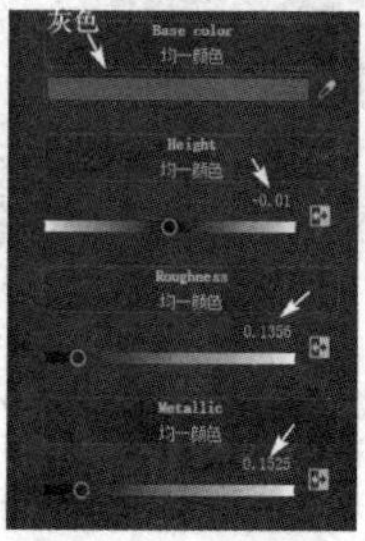

图 3.27　“边缘磨损”填充图层属性参数调节

步骤 03：先给“边缘磨损”填充图层添加一个黑色遮罩，再给黑色遮罩添加一个生成器图层。在【属性-生成器】面板中，选择“Metal Edge Wear”生成器，调节生成器图层属性参数，如图 3.28 所示。

步骤 04：给“边缘磨损”图层的黑色遮罩添加一个填充图层。黑色遮罩中的填充图层属性参数调节如图 3.29 所示。

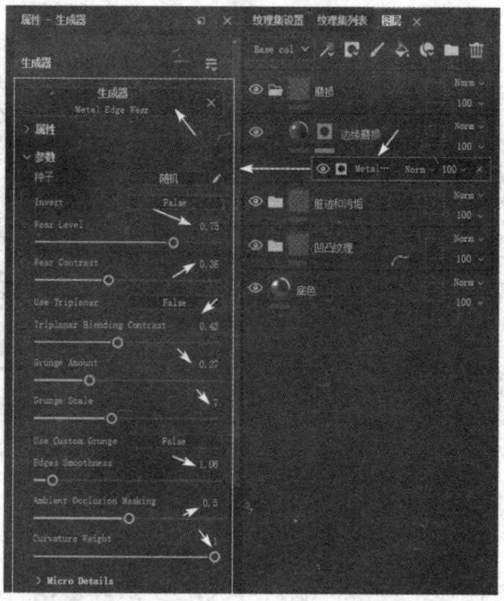

图 3.28　调节生成器图层属性参数

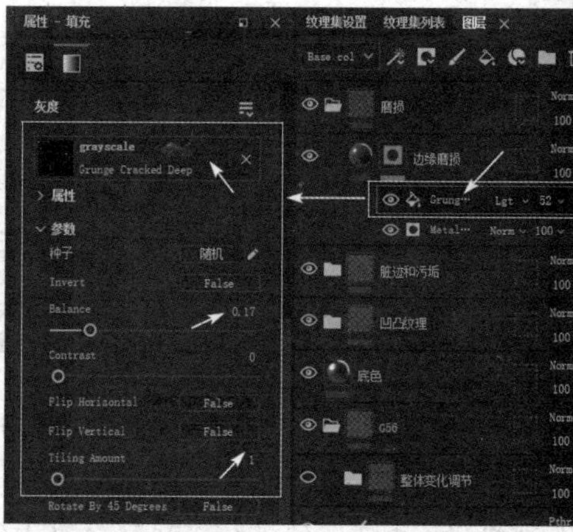

图 3.29　黑色遮罩中的填充图层属性参数调节

2. 制作不均匀磨损效果

步骤 01：单击“边缘磨损”填充图层，按键盘上的“Ctrl+D”组合键，复制该填充图层，将复制的图层命名为“不均匀磨损”。删除“不均匀磨损”填充图层中的多余图层，保留生成器图层，调节黑色遮罩中的生成器图层属性参数。黑色遮罩中的生成器图层属性参数调节如图 3.30 所示。

步骤 02：给“不均匀磨损”填充图层中的黑色遮罩添加一个锐化滤镜图层，调节锐化滤镜图层属性参数。锐化滤镜图层属性参数调节如图 3.31 所示，调节锐化滤镜图层属性参数之后的效果如图 3.32 所示。

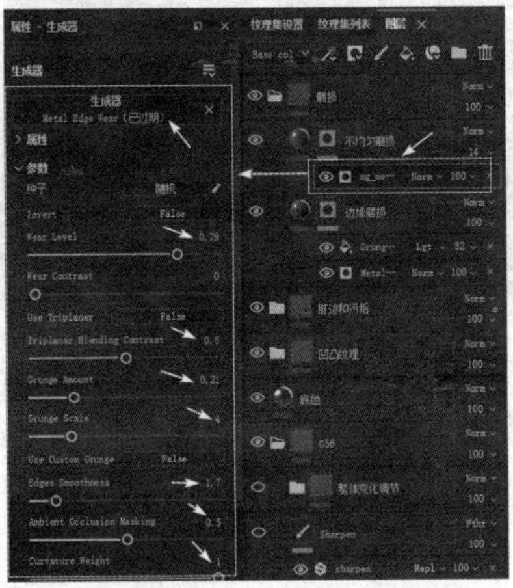

图 3.30　黑色遮罩中的生成器图层属性参数调节

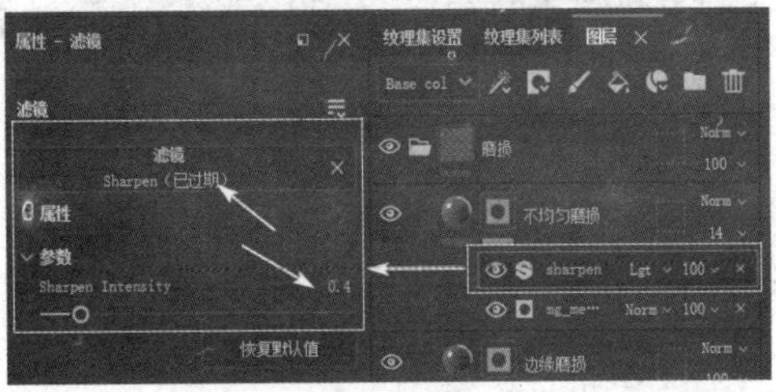

图 3.31　锐化滤镜图层属性参数调节

视频播放：关于具体介绍，请观看本书配套视频“任务八：制作 G56 突击步枪的边缘磨损效果.wmv”。

任务九：制作 G56 突击步枪的金属质感

主要通过调节预设滤镜实现 G56 突击步枪金属质感的制作。

步骤 01：创建一个图层文件夹，将该图层文件夹命名为“金属质感”。创建的“金属质感”图层文件夹如图 3.33 所示。

步骤 02：创建一个填充图层，将该填充图层命名为“金属质感调节”。调节“金属质感”填充图层属性参数，如图 3.34 所示。

图 3.32　调节锐化滤镜图层属性参数之后的效果

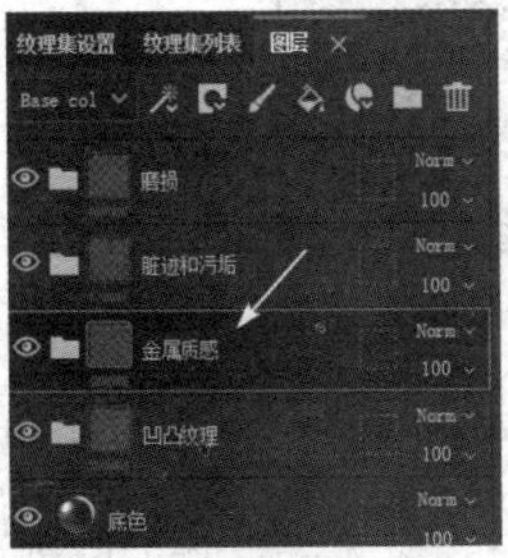

图 3.33　创建的“金属质感”图层文件夹

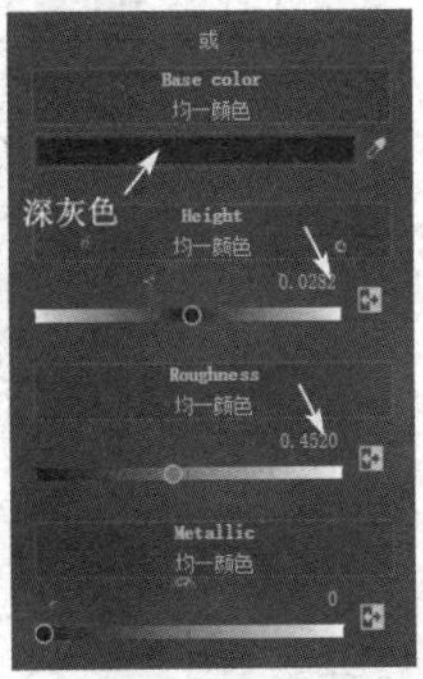

图 3.34　调节“金属质感”填充图层属性参数

步骤 03：给“金属质感调节”图层添加一个滤镜图层，调节滤镜图层属性参数。滤镜图层属性参数调节如图 3.35 所示。调节“MatFinish Raw”滤镜参数之后的效果如图 3.36 所示。

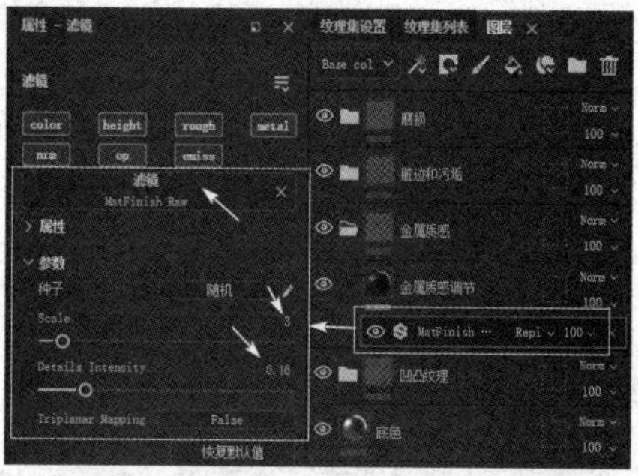

图 3.35　滤镜图层属性参数调节

图 3.36　调节“MatFinish Raw”滤镜参数之后的效果

视频播放：关于具体介绍，请观看本书配套视频“任务九：制作 G56 突击步枪的金属质感.wmv”。

任务十：G56 突击步枪的整体变化调节

主要通过添加两个图层，实现 G56 突击步枪的整体变化调节。

1. “压暗”填充图层

步骤 01：添加一个图层文件夹，将该图层文件夹命名为“整体变化调节”。添加和命名的图层文件夹如图 3.37 所示。

步骤 02：添加一个填充图层，将该填充图层命名为“压暗”。“压暗”填充图层属性参数调节如图 3.38 所示。

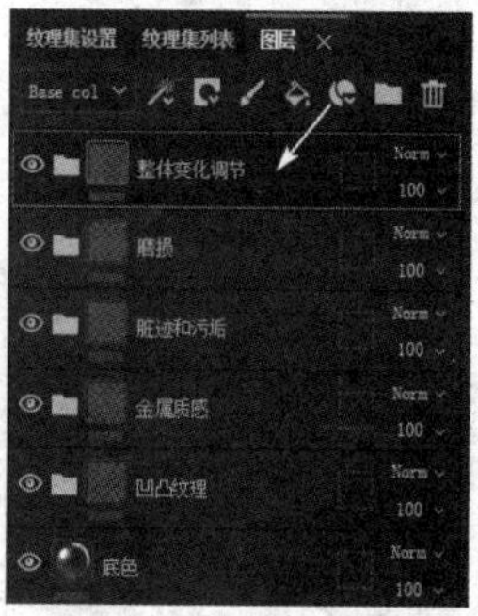

图 3.37　添加和命名的图层文件夹

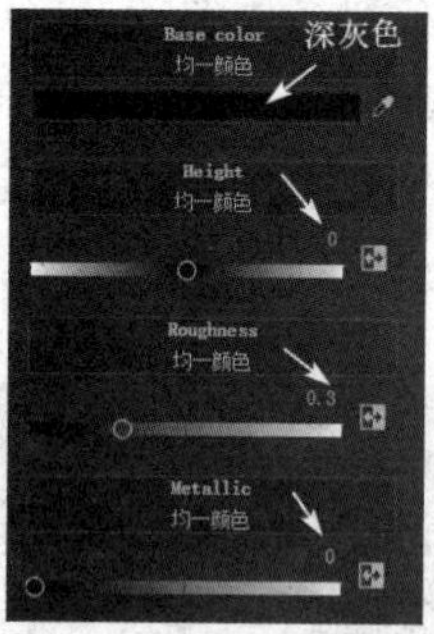

图 3.38　“压暗”填充图层属性参数调节

步骤 03：给“压暗”填充图层添加一个黑色遮罩，给黑色遮罩添加一个填充图层，调节填充图层属性参数。黑色遮罩中的填充图层属性参数调节如图 3.39 所示。

步骤 04：给“压暗”填充图层的黑色遮罩添加一个色阶图层，调节色阶图层属性参数。色阶图层属性参数调节如图 3.40 所示。

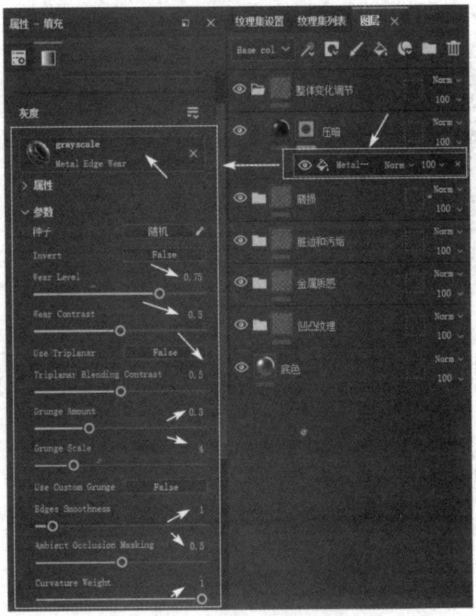

图 3.39　黑色遮罩中的填充图层属性参数调节

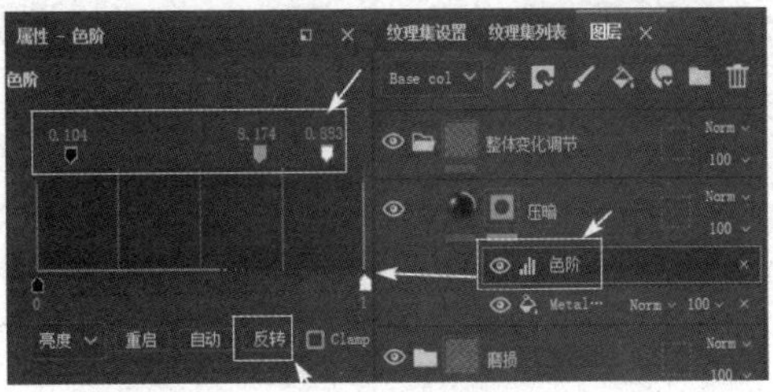

图 3.40　色阶图层属性参数调节

2. “颜色变化”填充图层

步骤 01：添加一个填充图层，将该填充图层命名为“颜色变化”，调节“颜色变化”填充图层属性参数。“颜色变化”填充图层属性参数调节如图 3.41 所示。

步骤 02：给“颜色变化”填充图层添加黑色遮罩，给黑色遮罩添加一个填充图层，调节黑色遮罩中的填充图层属性参数。黑色遮罩中的填充图层属性参数调节如图 3.42 所示。

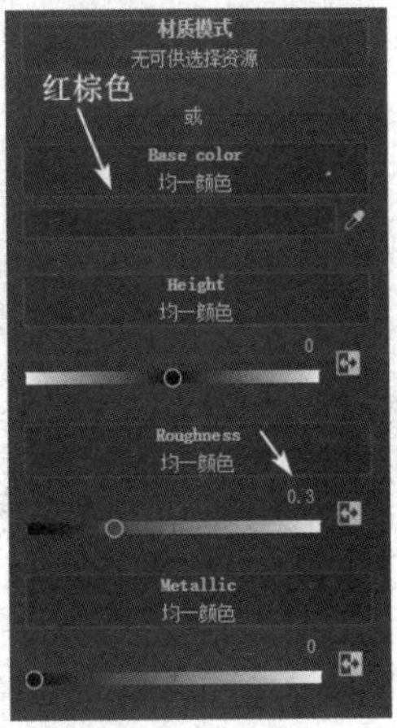

图 3.41　“颜色变化”填充图层属性参数调节

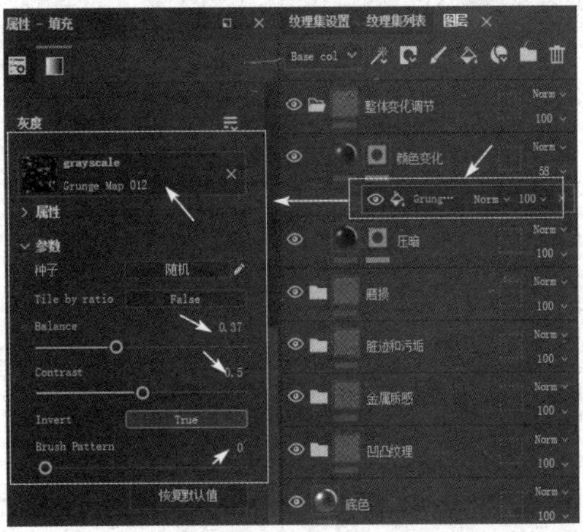

图 3.42　黑色遮罩中的填充图层属性参数调节

步骤 03：给“颜色变化”填充图层中的黑色遮罩添加一个滤镜图层，调节滤镜图层属性参数。滤镜图层属性参数调节如图 3.43 所示，添加和调节滤镜图层属性参数之后的模糊效果如图 3.43 所示。

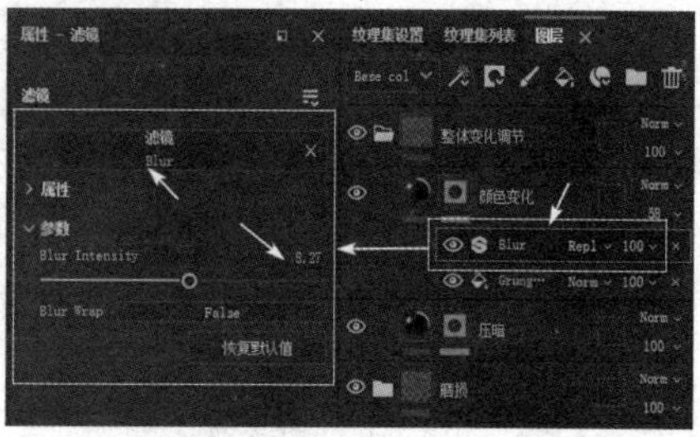

图 3.43　滤镜图层属性参数调节

图 3.44　添加和调节滤镜图层属性参数之后的模糊效果

视频播放：关于具体介绍，请观看本书配套视频“任务十：G56 突击步枪的整体变化调节.wmv”。

任务十一：制作 G56 突击步枪的 LOGO 和螺丝

主要通过导入 Alpha 贴图制作 G56 突击步枪的 LOGO，主要通过系统自带的贴图制作螺丝。

1. 导入 LOGO 图片

步骤 01：在【资源】面板中单击导入资源按钮，弹出【导入资源】对话框。在【导入资源】对话框中单击【添加资源】按钮，弹出【选择一个或多个要打开的文件】对话框，在该对话框中选择需要导入的 LOGO 图片。选择的 LOGO 图片如图 3.45 所示。

步骤 02：单击【打开（O）】按钮，然后返回【导入资源】对话框，设置该对话框参数。【导入资源】对话框参数设置如图 3.46 所示。

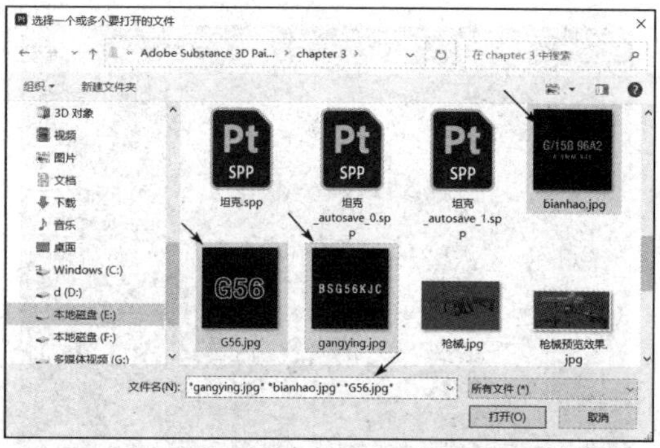

图 3.45　选择的 LOGO 图片

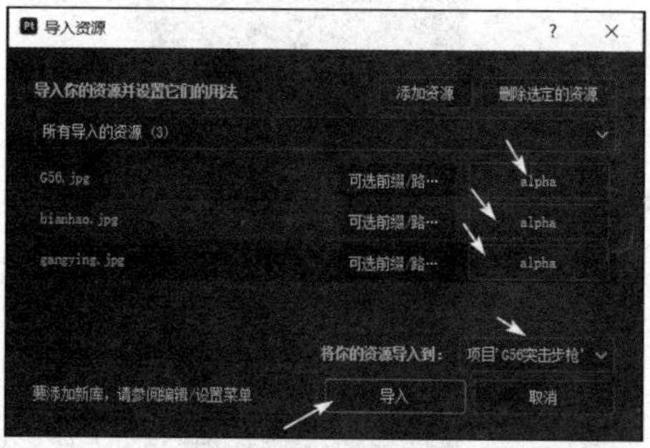

图 3.46　【导入资源】对话框参数设置

步骤 03：单击【导入】按钮，完成 LOGO 图片的导入。导入的 LOGO 图片如图 3.47 所示。

2. 制作 LOGO

步骤 01：创建一个图层文件夹，将该图层文件夹命名为“LOGO 和螺丝”。

步骤 02：创建一个绘画图层，将该绘画图层命名为“LOGO”。命名之后的“LOGO”绘画图层如图 3.48 所示。

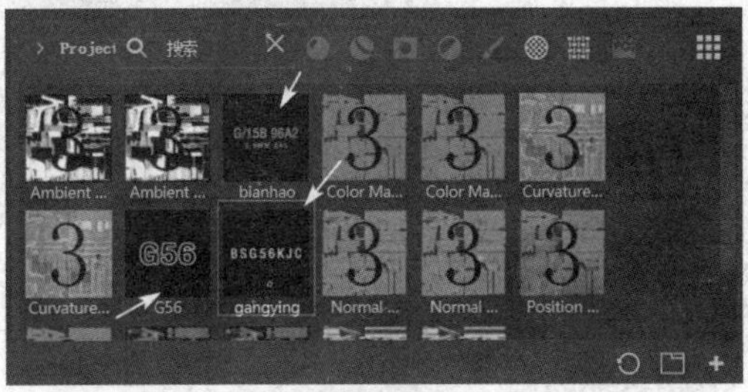

图 3.47　导入的 LOGO 图片

图 3.48　命名之后的“LOGO”绘画图层

步骤 03：单击绘画工具按钮，设置绘画工具的透贴为导入的 Alpha 黑白图片。选择的 Alpha 黑白图片如图 3.49 所示。

步骤 04：按住“Ctrl+Shift+左键”，移动光标，将视图调节为正交视图，再调节视图大小和画笔大小，在需要添加 LOGO 的位置单击。添加的 LOGO“G56”如图 3.50 所示。

步骤 05：在工具栏中单击橡皮擦工具按钮，选择合适的笔刷，调节笔刷的流量，对添加的 LOGO 进行适当的擦除，制作出 LOGO 掉漆的效果。LOGO 掉漆的效果如图 3.51 所示。

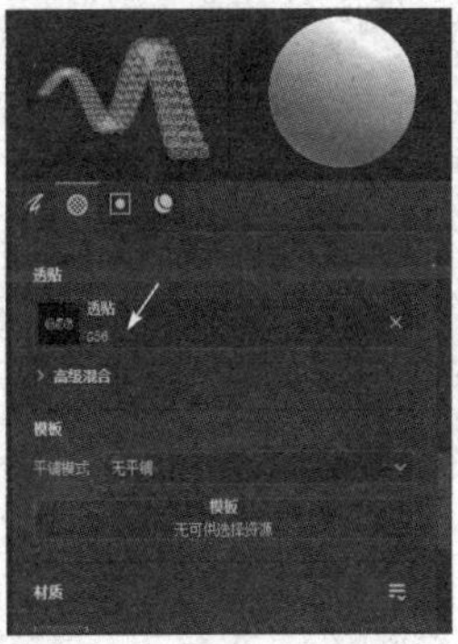

图 3.49　选择的 Alpha 黑白图片

图 3.50　添加的 LOGO“G56”

图 3.51　LOGO 掉漆的效果

步骤 06：方法同上，制作第 1 个 LOGO。

3. 添加螺丝

螺丝的制作通过添加绘画图层并调节绘画图层的高度实现。

步骤 01：添加一个绘画图层，将添加的绘画图层命名为“螺丝”，添加的“螺丝”绘画图层效果如图 3.52 所示。

步骤 02：调节笔刷的高度属性参数。笔刷的高度属性参数调节如图 3.53 所示。

步骤 03：开启 *X* 轴对称绘制模式，调节笔刷的大小，在需要添加螺丝的位置单击，即可完成螺丝的添加。添加的螺丝效果如图 3.54 所示。

图 3.52　添加的“螺丝”绘画图层效果

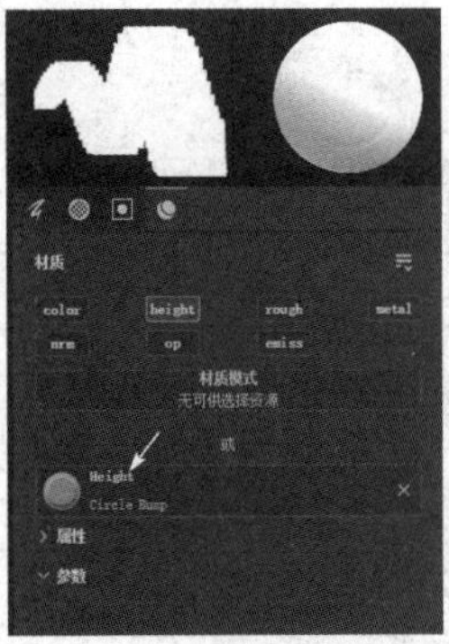

图 3.53　笔刷的高度属性参数调节

图 3.54　添加的螺丝效果

步骤 04：方法同上，可以选择不同的高度继续添加螺丝效果。添加的多个螺丝效果如图 3.55 所示。

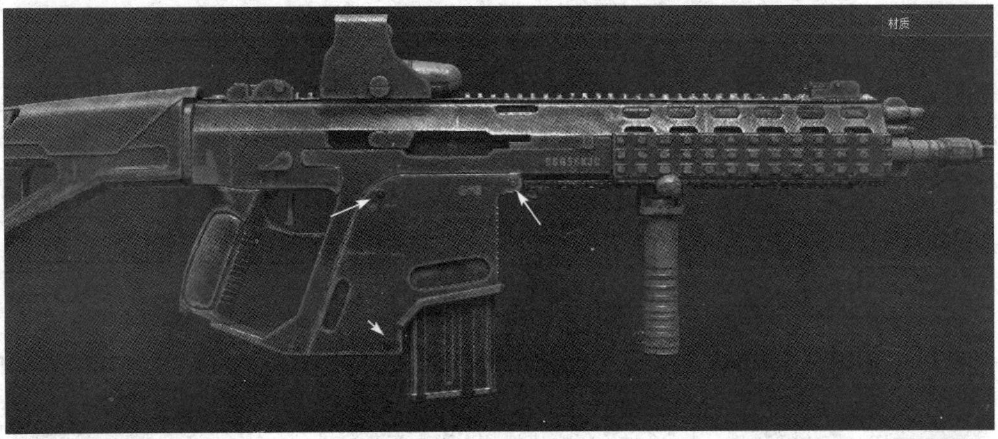

图 3.55　添加的多个螺丝效果

视频播放：关于具体介绍，请观看本书配套视频“任务十一：制作 G56 突击步枪的 LOGO 和螺丝.wmv”。

任务十二：制作钢印效果

主要通过透贴方式制作钢印效果。

步骤 01：添加一个图层文件夹，将添加的图层文件夹命名为“钢印文件夹”。

步骤 02：添加一个绘画图层，将添加的绘画图层命名为“钢印”，如图 3.56 所示。

步骤 03：将笔刷的透贴设为前面导入的黑白图片。笔刷的透贴如图 3.57 所示，将笔刷的“height”参数值设为“-0.2”，关闭其他通道。

步骤 04：调节画笔的大小和方向，在需要添加钢印效果的瞄准器上单击，即可添加钢印效果，如图 3.58 所示。

图 3.56　添加的绘画图层“钢印”

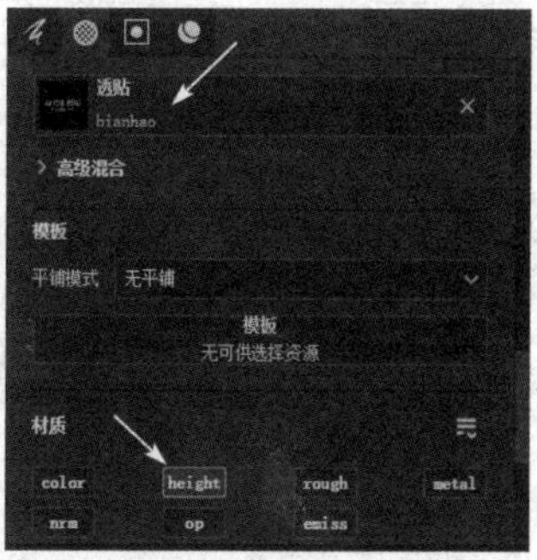

图 3.57　笔刷的透贴

图 3.58　添加的钢印效果

视频播放：关于具体介绍，请观看本书配套视频“任务十二：制作钢印效果.wmv”。

任务十三：渲染出图

使用 Adobe Substance 3D Painter 制作好材质后，可以使用该软件直接渲染出图，也可以将制作好的材质输出到其他渲染软件中还原，然后渲染出图。下面，介绍使用该软件自带的渲染器进行渲染出图。

步骤 01：单击渲染按钮，切换到渲染窗口。

步骤 02：根据要求设置【渲染器设置】面板相关参数。【渲染器设置】面板参数如图 3.59 所示。

步骤 03：在【渲染窗口】中调节好渲染视角和灯光角度。渲染前的 G56 突击步枪效果如图 3.60 所示。

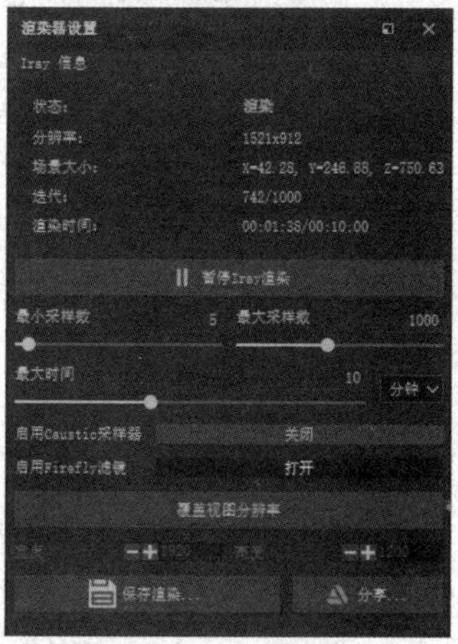

图 3.59　【渲染器设置】面板参数

图 3.60　渲染前的 G56 突击步枪效果

步骤 04：完成步骤 03 之后，系统开始自动渲染。当状态右侧的“完成”提示变成绿色时，表示渲染完成。此时，单击【保存渲染...】按钮，弹出【导出 Iray 渲染】对话框。【导出 Iray 渲染】对话框设置如图 3.61 所示。

步骤 05：单击【保存（S）】按钮，完成渲染效果的保存。最终的渲染效果如图 3.62 所示。

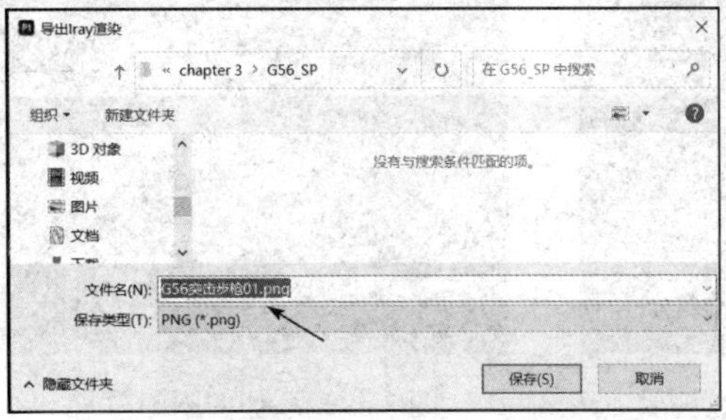

图 3.61 【导出 Iray 渲染】对话框设置

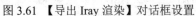

图 3.62 最终的渲染效果

提示：在选择保存类型时，一般选择“*.png”格式，因为这种格式是一种带有透明通道的文件格式。用户也可以根据项目实际需求，选择不同的保存类型。

视频播放：关于具体介绍，请观看本书配套视频“任务十三：渲染出图.wmv”。

六、拓展训练

请读者根据所学知识，使用本书提供的枪械高模、低模文件及其参考图，制作枪械的材质效果。

案例 2　制作载具材质

一、案例内容简介

本案例主要以坦克材质制作为例，介绍载具材质的制作流程、方法、技巧和注意事项。

二、案例效果欣赏

三、案例制作（步骤）流程

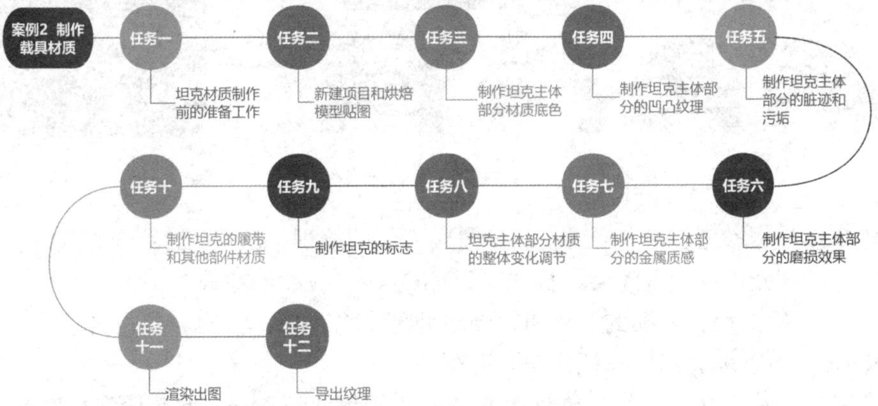

四、制作目的

（1）坦克材质的制作流程、方法、技巧和注意事项。
（2）坦克金属材质的表现。
（3）坦克锈蚀材质的表现。

（4）坦克划痕和弹坑材质的表现。

（5）坦克上的黄土材质的表现。

（6）坦克材质渲染的相关设置。

（7）坦克材质渲染输出和后期处理。

五、详细操作步骤

任务一：坦克材质制作前的准备工作

在制作坦克材质之前需要进行以下准备工作。

步骤 01：确定需要制作的坦克材质效果。例如，是要制作全新的坦克纹理效果，还是要制作战场上的坦克。

步骤 02：根据要求收集参考图，对这些参考图进行分析。收集的参考图如图 3.63 所示，更多的参考资料请读者观看本书配套资源素材。

图 3.63　收集的参考图

步骤 03：根据参考图分析结果，明确需要表现的纹理。该坦克的纹理表现主要有底色、暗部、锈蚀、高光、灰尘、泥土、标志（LOGO）、划痕和油漆等。

步骤 04：检查坦克低模的 UV 和软硬边处理是否合理，材质分类是否正确。

步骤 05：检查坦克高模与低模是否匹配。

视频播放：关于具体介绍，请观看本书配套视频“任务一：坦克材质制作前的准备工作.wmv”。

任务二：新建项目和烘焙模型贴图

新建项目和纹理烘焙是材质效果表现的第一步，纹理烘焙效果的好坏直接关系到后面材质的效果表现。

1. 新建项目

步骤 01：启动 Adobe Substance 3D Painter。

步骤 02：在菜单栏中单击【文件】→【新建…】命令（或按键盘上的“Ctrl+N”组合键），弹出【新项目】对话框。

步骤 03：在【新项目】对话框中单击【选择…】按钮，弹出【打开文件】对话框，在【打开文件】对话框中选择需要导入的低模。选择的低模如图 3.64 所示。

步骤 04：单击【打开（O）】按钮，然后返回【新项目】对话框。【新项目】对话框参数设置如图 3.65 所示。

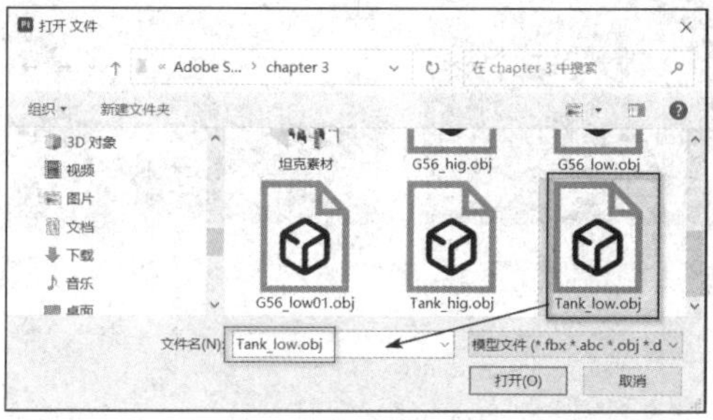

图 3.64　选择的低模

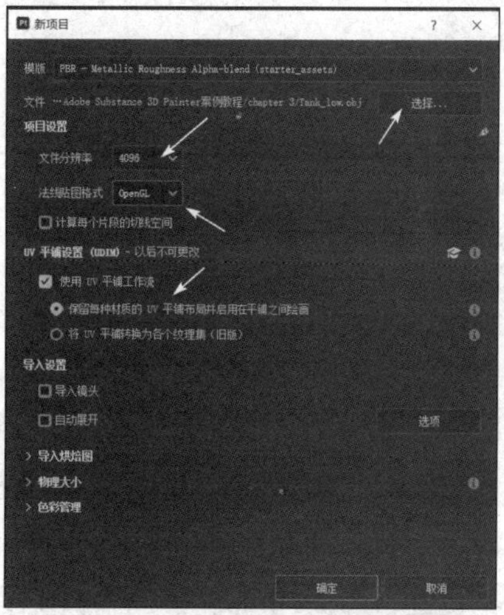

图 3.65　【新项目】对话框参数设置

步骤 05：参数设置完毕，单击【确定】按钮，完成新项目的创建。导入低模之后的效果如图 3.66 所示。

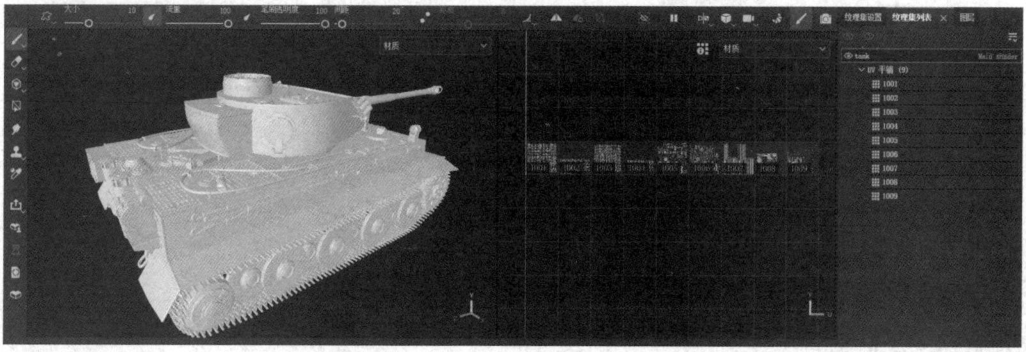

图 3.66　导入低模之后的效果

步骤 06：按键盘上的“Ctrl+S”组合键，弹出【保存项目】对话框，在该对话框中输入“坦克”两字，单击【保存（S）】按钮，完成新项目的保存。

2. 烘焙模型贴图

只有烘焙好模型贴图，才能在制作材质时正确显示纹理贴图。

步骤 01：在【纹理集设置】面板中单击【烘焙模型贴图】按钮，切换到纹理烘焙界面。

步骤 02：在【网格图设置】对话框中单击“高模”右侧的按钮，弹出【高模】对话框，在该对话框中选择坦克的高模。选择的坦克高模如图 3.67 所示。

步骤 03：单击【打开（O)】按钮，然后返回纹理烘焙界面。【网格图设置】参数设置如图 3.68 所示。

步骤 04：单击【烘焙所选纹理】按钮，开始烘焙。烘焙之后的效果如图 3.69 所示。

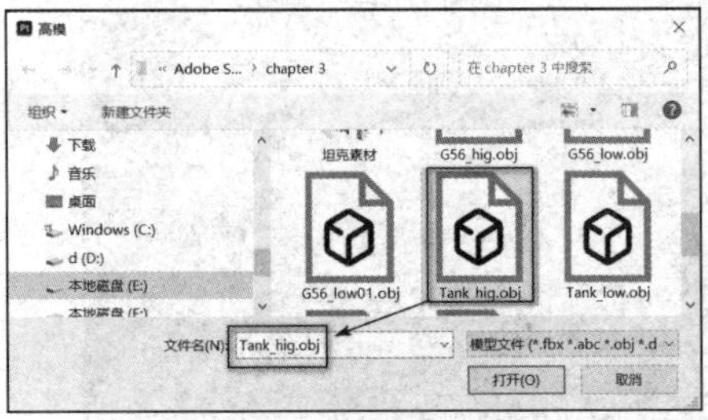

图 3.67　选择的坦克高模

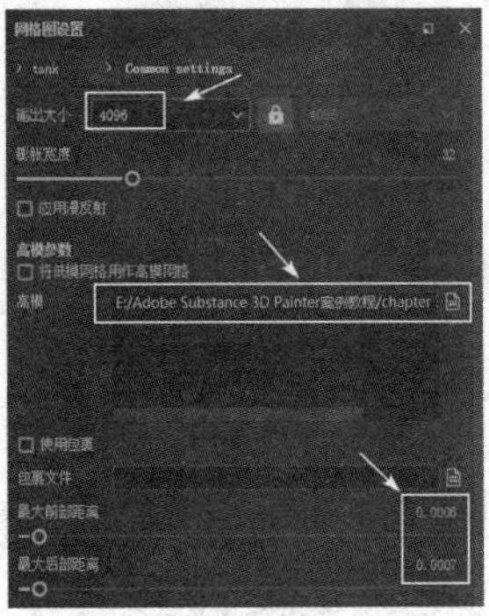

图 3.68 【网格图设置】参数设置

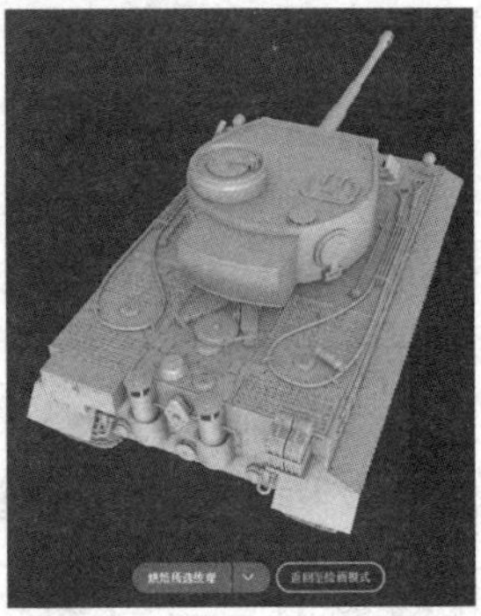
图 3.69　烘焙之后的效果

步骤 05：单击【返回至绘画模式】按钮，即可开始制作材质。

视频播放：关于具体介绍，请观看本书配套视频“任务二:新建项目和烘焙模型贴图.wmv”。

任务三：制作坦克主体部分材质底色

主要通过填充图层和滤镜实现坦克主体部分材质底色的制作。

步骤 01：创建一个图层文件夹，将创建的图层文件夹命名为“坦克主体材质”。

步骤 02：创建一个填充图层，将创建的填充图层命名为“底色”，将“底色”填充图层的“Base color”颜色设为军绿色（56552C）。

步骤 03：给“坦克主体材质”图层文件夹添加黑色遮罩。添加黑色遮罩的【图层】面板如图 3.70 所示。

步骤 04：使用绘画工具和几何体填充工具，选择需要遮罩的模型。添加黑色遮罩之后的效果如图 3.71 所示。

步骤 05：给“底色”填充图层添加一个滤镜图层，滤镜图层属性参数调节如 3.72 所示。

视频播放：关于具体介绍，请观看本书配套视频“任务三：制作坦克主体部分材质底色.wmv”。

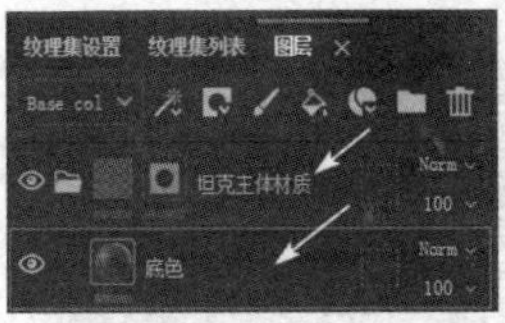

图 3.70　添加黑色遮罩的【图层】面板

图 3.71　添加黑色遮罩之后的效果

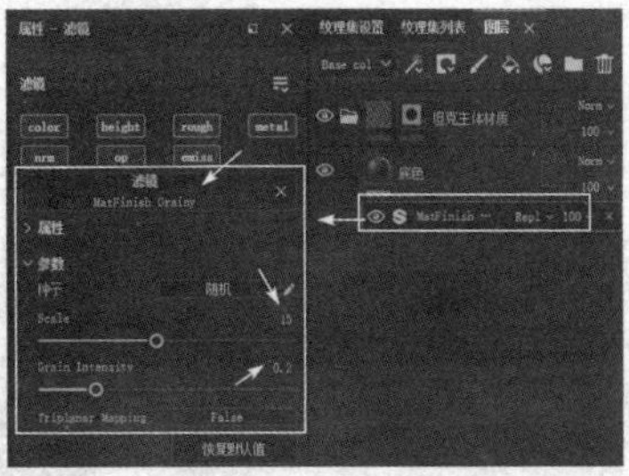

图 3.72　滤镜图层属性参数调节

任务四：制作坦克主体部分的凹凸纹理

坦克主体部分的凹凸纹理主要由整体凹凸纹理、不均匀凹凸纹理和划痕凹凸纹理 3 部分组成。

1. 制作整体凹凸纹理

步骤 01：创建一个图层文件夹，将创建的图层文件夹命名为“凹凸纹理”。创建的图层文件夹如图 3.73 所示。

步骤 02：创建一个填充图层，将创建的填充图层命名为“整体凹凸”，将“整体凹凸”填充图层的“Base color”颜色设为深绿色（746602）。“整体凹凸”填充图层属性参数调节如图 3.74 所示。

步骤 03：先给“整体凹凸”填充图层添加一个黑色遮罩，再给黑色遮罩添加一个填充图层。填充图层属性参数调节如图 3.75 所示，整体凹凸效果如图 3.76 所示。

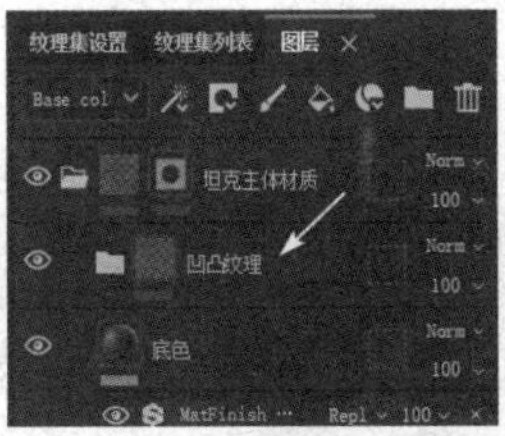

图 3.73　创建的图层文件夹

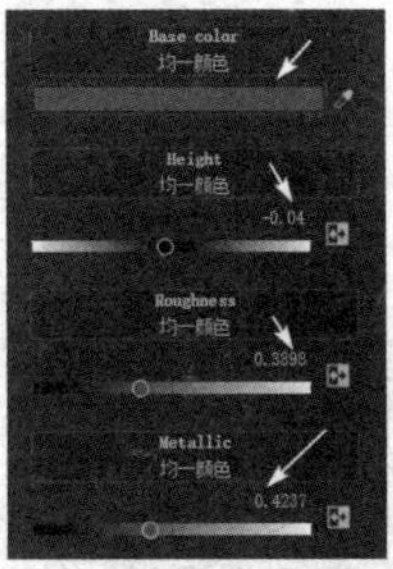

图 3.74　“整体凹凸”填充图层属性参数调节

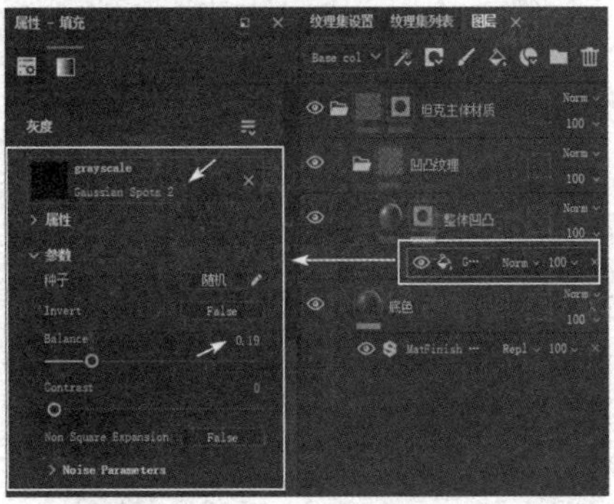

图 3.75　填充图层属性参数调节

2. 制作不均匀凹凸纹理

通过复制填充图层和修改填充图层属性，制作不均匀凹凸纹理。

步骤 01：选择“整体凹凸”填充图层，按键盘上的“Ctrl+D”组合键复制该填充图层，将复制的填充图层命名为“不均匀凹凸”。

步骤 02：选择“不均匀凹凸”填充图层黑色遮罩中的填充图层，修改黑色遮罩中的填充图层属性参数。黑色遮罩中的填充图层属性参数修改如图 3.77 所示，修改黑色遮罩中的填充图层属性参数之后的效果如图 3.78 所示。

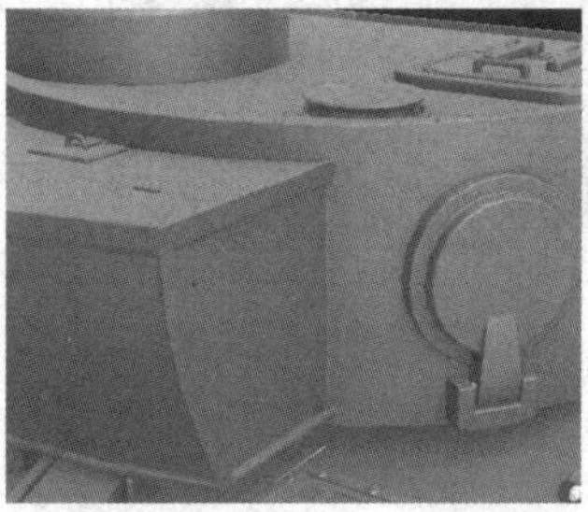

图 3.76　整体凹凸效果

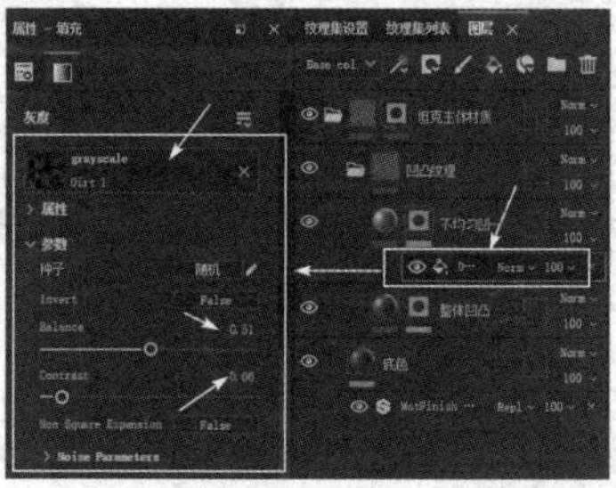

图 3.77　黑色遮罩中的填充图层属性参数修改

图 3.78　修改黑色遮罩中的填充图层属性参数之后的效果

3. 制作划痕凹凸纹理

主要通过复制填充图层并修改填充图层属性参数，以及使用绘画图层制作划痕凹凸纹理。

步骤 01：选择“不均匀凹凸”填充图层，按键盘上的“Ctrl+D”组合键复制该填充图层，将复制的填充图层命名为“划痕凹凸”。

步骤 02：将“划痕凹凸”填充图层的“Base color”颜色设为深绿色（393921）。“划痕凹凸”填充图层属性参数调节如图 3.79 所示。

步骤 03：修改“划痕凹凸”填充图层黑色遮罩中的填充图层灰度图，将其灰度图设为“Grunge Scratches Rough”，调节该灰度图的参数，直到满意为止。

步骤 04：给“划痕凹凸”填充图层的黑色遮罩添加一个绘画图层，添加的绘画图层如图 3.80 所示。

步骤 05：单击所添加的绘画图层，在工具箱中选择“物理绘画”工具，从其中选择合适的粒子画笔，在需要添加划痕的位置单击，即可绘制划痕效果。绘制的粒子划痕效果如图 3.81 所示。

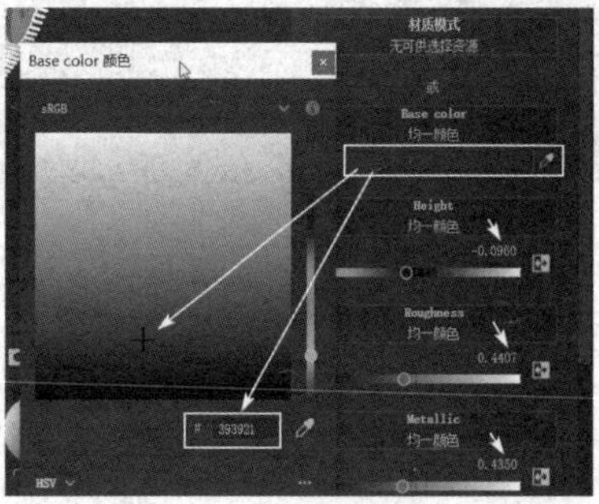

图 3.79　“划痕凹凸”填充图层属性参数调节

图 3.80　添加的绘画图层

图 3.81　绘制的粒子划痕效果

视频播放：关于具体介绍，请观看本书配套视频“任务四：制作坦克主体部分的凹凸纹理.wmv”。

任务五：制作坦克主体部分的脏迹和污垢

主要通过调节填充图层和黑色遮罩属性参数制作脏迹和污垢。

1. 污垢的制作

步骤 01：创建一个图层文件夹，将创建的图层文件夹命名为“脏迹和污垢”。创建的“脏迹和污垢”图层文件夹如图 3.82 所示。

步骤 02：创建一个填充图层，将创建的填充图层命名为“污垢”，将“污垢”填充图层的“Base color”颜色设为暗黄色（543B10），给“污垢”填充图层添加黑色遮罩。“污垢”填充图层属性参数调节如图 3.83 所示。

步骤 03：给“污垢”填充图层的黑色遮罩添加填充图层。黑色遮罩中的填充图层属性参数调节如图 3.84 所示，在黑色遮罩中添加填充图层之后的效果如图 3.85 所示。

图 3.82　创建的“脏迹和污垢”图层文件夹

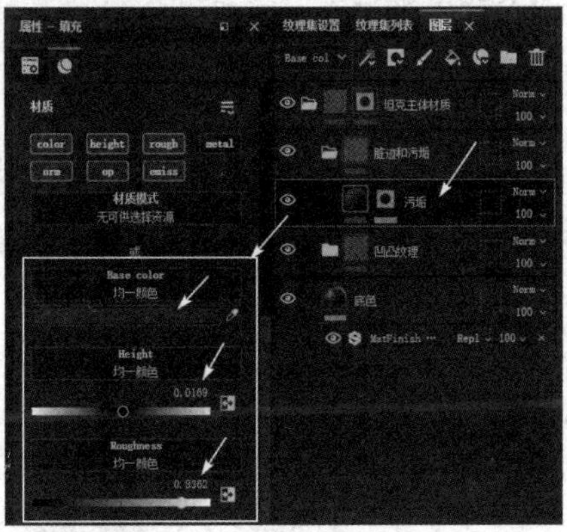

图 3.83　“污垢”填充图层属性参数调节

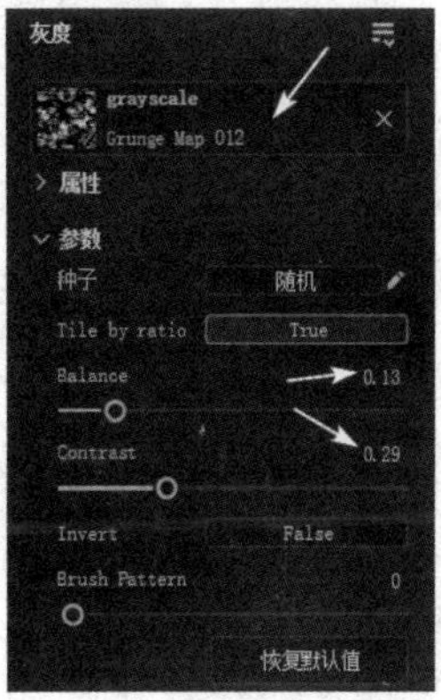

图 3.84　黑色遮罩中的填充图层属性参数调节

步骤 04：给“污垢”填充图层的黑色遮罩添加一个绘画图层，使用绘画工具对污垢不够多的位置进行涂抹，以添加污垢。添加污垢之后的效果如图 3.86 所示。

2. 制作脏迹

主要通过复制和修改“污垢”填充图层制作脏迹。

步骤 01：单击“污垢”填充图层，按键盘上的“Ctrl+D”组合键复制一份，将复制的填充图层命名为“脏迹”。

步骤 02：删除“脏迹”填充图层黑色遮罩中的绘画图层，修改黑色遮罩中的填充图层属性参数。黑色遮罩中的填充图层属性参数调节如图 3.87 所示，添加“脏迹”填充图层之后的效果如图 3.88 所示。

图 3.85　在黑色遮罩中添加填充图层之后的效果

图 3.86　添加污垢之后的效果

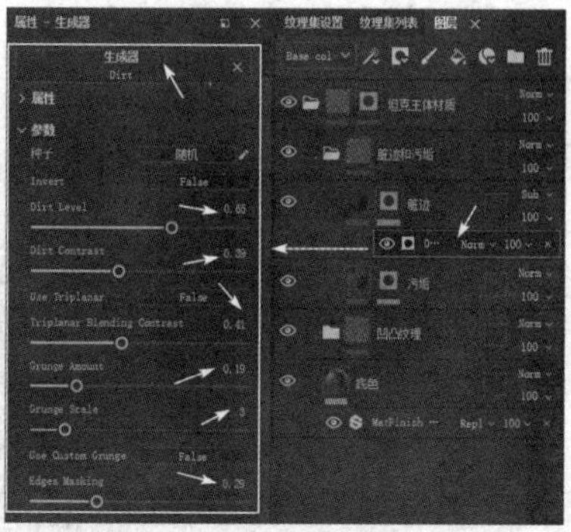

图 3.87　黑色遮罩中的填充图层属性参数调节

视频播放：关于具体介绍，请观看本书配套视频“任务五：制作坦克主体部分的脏迹和污垢.wmv”。

任务六：制作坦克主体部分的磨损效果

磨损主要分边缘磨损和不均匀磨损。

1. 制作边缘磨损效果

步骤 01：添加一个图层文件夹并把它命名为“磨损”。添加的“磨损”图层文件夹如图 3.89 所示。

步骤 02：添加一个填充图层，将添加的填充图层命名为“边缘磨损”，给“边缘磨损”填充图层添加一个黑色遮罩。将“边缘磨损”填充图层的“Base color”颜色设为深红色（381802），“边缘磨损”填充图层属性参数调节如图 3.90 所示。

图 3.88　添加“脏迹”填充图层之后的效果

图 3.89　添加的“磨损”图层文件夹

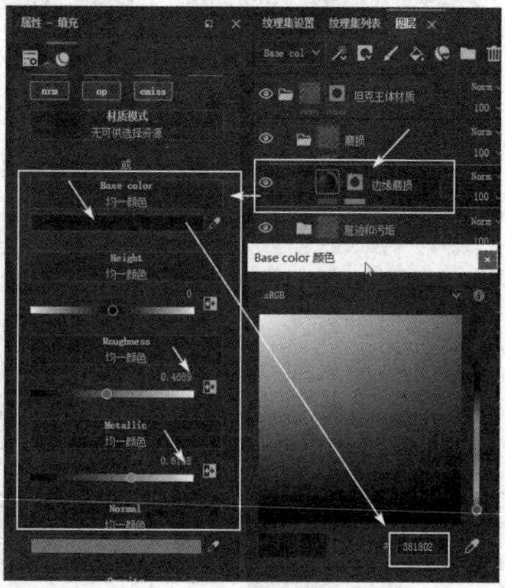

图 3.90　“边缘磨损”图层属性参数调节

步骤 03：给“边缘磨损”填充图层的黑色遮罩添加一个填充图层。黑色遮罩中的填充图层属性参数调节如图 3.91 所示。添加“边缘磨损”填充图层之后的效果如图 3.92 所示。

2. 制作不均匀磨损效果

步骤 01：单击“边缘磨损”填充图层，按键盘上的“Ctrl+D”组合键复制该填充图层，将复制的填充图层命名为“不均匀磨损”。

步骤 02：给“不均匀磨损”填充图层添加一个黑色遮罩，调节“不均匀磨损”填充图层属性参数。“不均匀磨损”图层属性参数调节如图 3.93 所示。

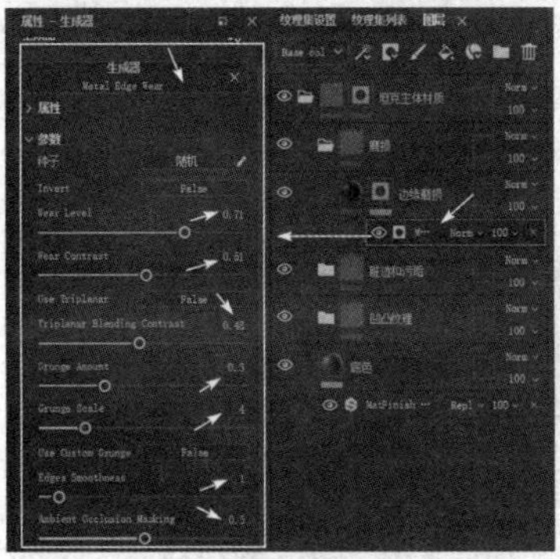

图 3.91　黑色遮罩中的填充图层属性参数调节

图 3.92　添加“边缘磨损”填充图层之后的效果

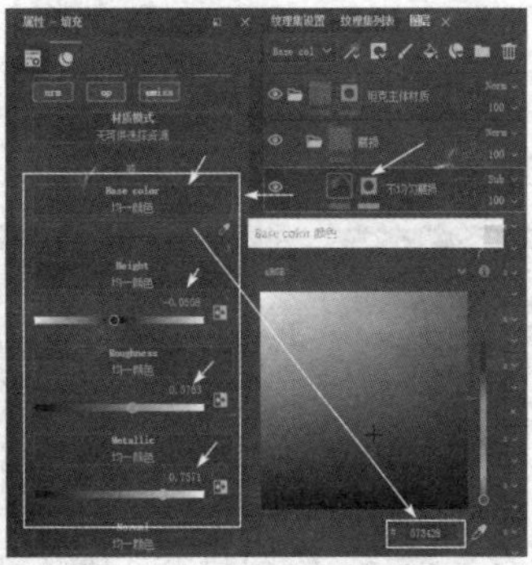

图 3.93　“不均匀磨损”填充图层属性参数调节

步骤 03：调节“不均匀磨损”填充图层黑色遮罩中的填充图层属性参数。黑色遮罩中的填充图层属性参数调节如图 3.94 所示。

步骤 04：给“不均匀磨损”填充图层黑色遮罩添加一个滤镜图层，滤镜图层属性参数调节如图 3.95 所示。添加磨损效果之后的坦克模型如图 3.96 所示。

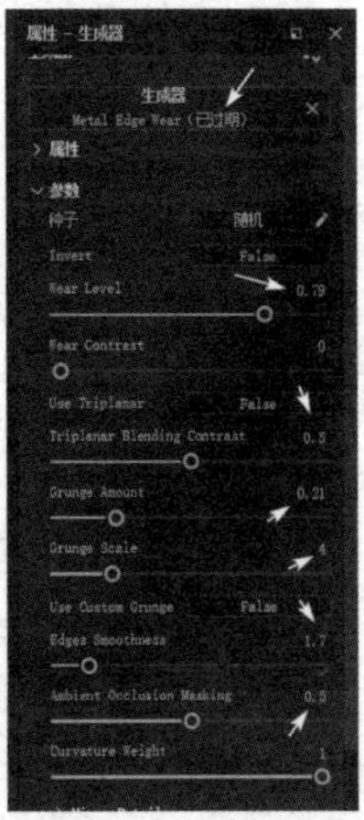

图 3.94　黑色遮罩中的填充图层属性参数调节

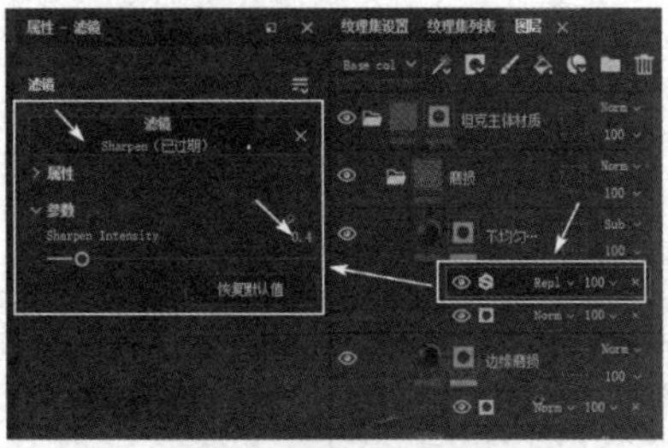

图 3.95　滤镜图层属性参数调节

图 3.96　添加磨损效果之后的坦克模型

视频播放：关于具体介绍，请观看本书配套视频“任务六：制作坦克主体部分的磨损效果.wmv”。

任务七：制作坦克主体部分的金属质感

主要通过添加预设生成器和调节参数制作坦克主体部分的金属质感。

步骤 01：添加一个图层文件夹，将图层文件夹命名为“金属质感”。“金属质感”图层文件夹的位置如图 3.97 所示。

步骤 02：添加一个填充图层，将填充图层命名为“金属质感调节”。“金属质感调节”填充图层属性参数调节如图 3.98 所示。

步骤 03：给“金属质感调节”填充图层添加一个滤镜图层。滤镜图层属性参数调节如图 3.99 所示。

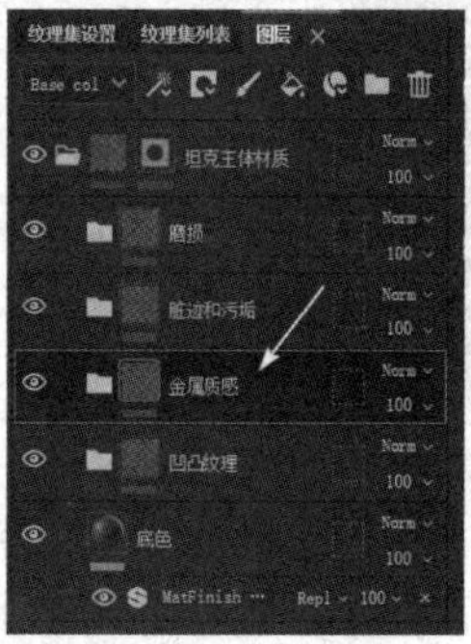

图 3.97 “金属质感”图层文件夹的位置

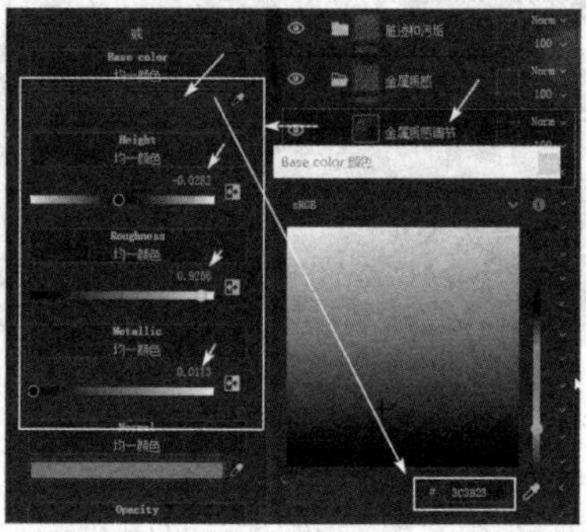

图 3.98 “金属质感调节”填充图层属性参数调节

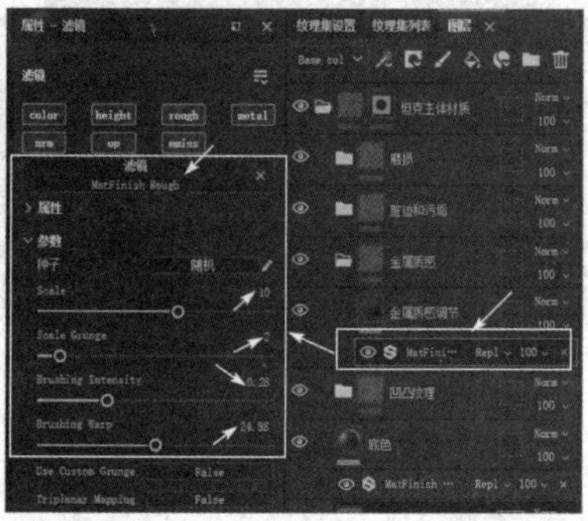

图 3.99 滤镜图层属性参数调节

步骤 04：添加金属质感之后的效果如图 3.100 所示。

视频播放：关于具体介绍，请观看本书配套视频“任务七：制作坦克主体部分的金属质感.wmv”。

任务八：坦克主体部分材质的整体变化调节

主要通过压暗和颜色变化调节坦克主体部分材质的整体变化。

1. 制作坦克主体部分材质的压暗效果

步骤 01：添加一个图层文件夹并把它命名为“整体变化调节”。添加的“整体变化调节”图层文件夹如图 3.101 所示。

步骤 02：添加一个填充图层并把它命名为“压暗”，给“压暗”填充图层添加一个黑色遮罩。“压暗”填充图层属性参数调节如图 3.102 所示。

步骤 03：在“压暗”填充图层的黑色遮罩中添加一个填充图层，给黑色遮罩中的填充图层添加一张灰度图。添加的灰度图如图 3.103 所示。

图 3.100　添加金属质感之后的效果

图 3.101　添加的“整体变化调节”图层文件夹

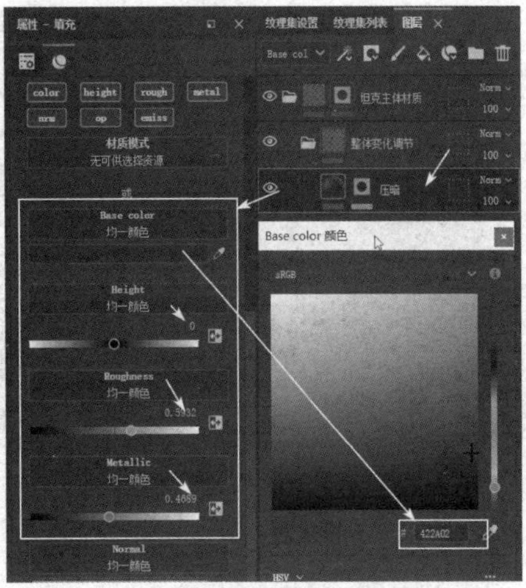

图 3.102　“压暗”填充图层属性参数调节

步骤 04：在“压暗”填充图层的黑色遮罩中添加一个色阶图层。“压暗”填充图层的黑色遮罩中的色阶图层属性参数设置如图 3.104 所示，添加“压暗”填充图层之后的效果如图 3.105 所示。

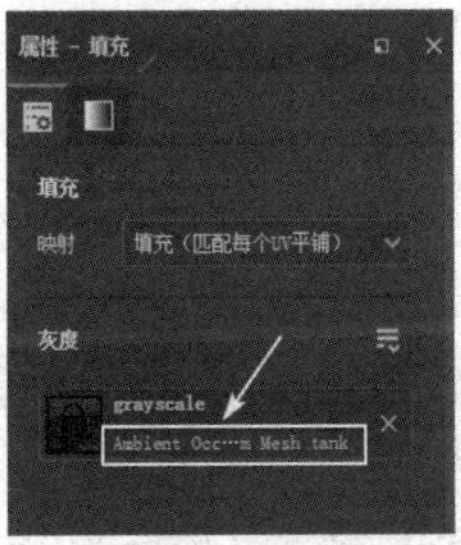

图 3.103　添加的灰度图

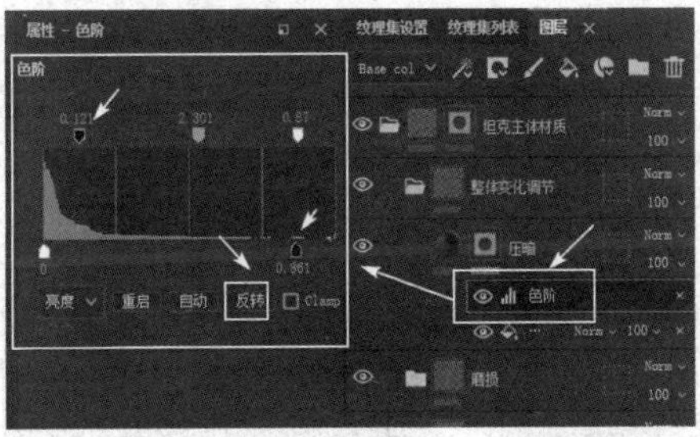

图 3.104　“压暗”填充图层黑色遮罩中的色阶图层属性参数设置

图 3.105　添加“压暗”填充图层之后的效果

2. 制作坦克主体部分材质的颜色变化效果

通过复制“压暗”填充图层和修改属性参数完成材质的颜色变化。

步骤 01：单击“压暗”填充图层，按键盘上的“Ctrl+D”组合键复制该填充图层，将复制的填充图层命名为“颜色变化”。

步骤 02：删除“颜色变化”填充图层黑色遮罩中的色阶图层。

步骤 03：调节“颜色变化”填充图层黑色遮罩中的填充图层属性参数。“颜色变化”填充图层黑色遮罩中的填充图层属性参数调节如图 3.106 所示。

步骤 04：在“颜色变化”填充图层的黑色遮罩中添加一个滤镜图层。“颜色变化”填充图层黑色遮罩中的滤镜图层属性参数调节如图 3.107 所示。

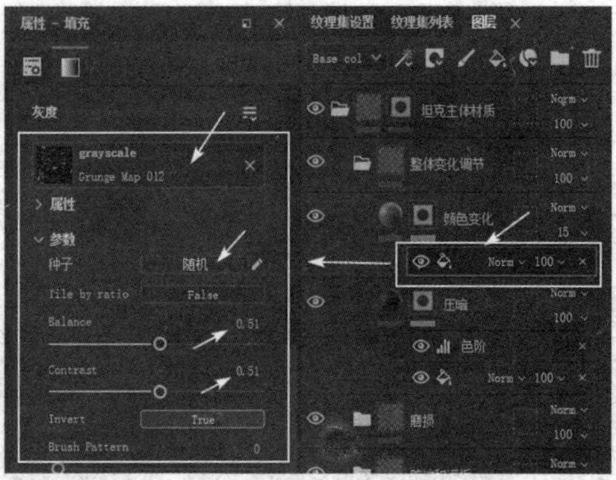

图 3.106 “颜色变化”填充图层黑色遮罩中的填充图层属性参数调节

图 3.107 “颜色变化”填充图层黑色遮罩中的滤镜图层属性参数调节

步骤 05：添加“颜色变化”填充图层之后的效果如图 3.108 所示。

视频播放：关于具体介绍，请观看本书配套视频“任务八：坦克主体部分材质的整体变化调节.wmv”。

任务九：制作坦克的标志

主要通过填充图层、绘画图层和橡皮擦工具制作坦克的标志。

步骤 01：创建一个图层文件夹并把它命名为“标志”。创建的“标志”图层文件夹如图 3.109 所示。

步骤 02：创建一个填充图层并把它命名为“标志”，给“标志”填充图层添加一个绘画图层并把它命名为“数字”。添加的“数字”绘画图层如图 3.110 所示。

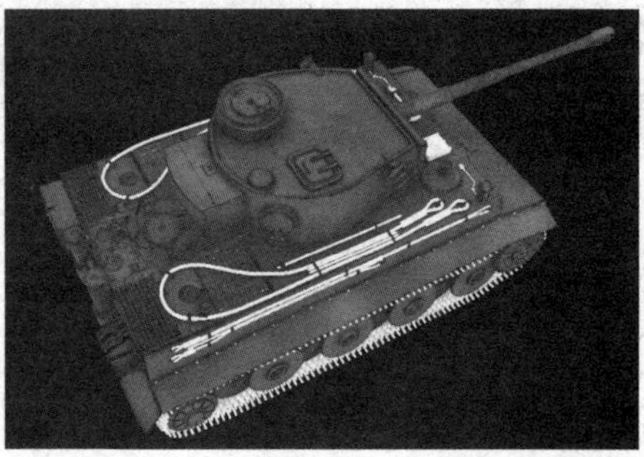

图 3.108 添加“颜色变化”填充图层之后的效果

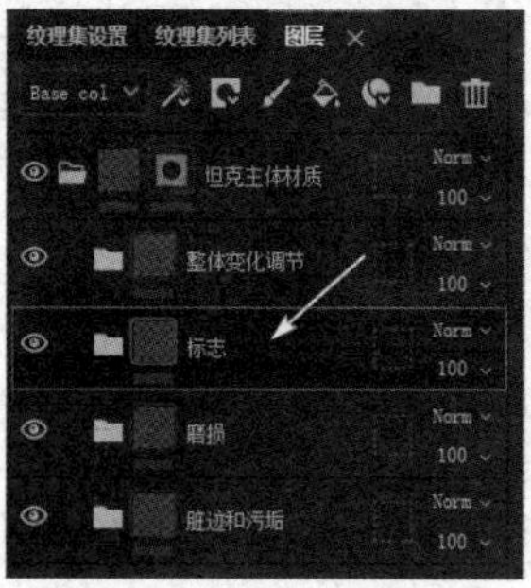

图 3.109 创建的“标志”图层文件夹

图 3.110 添加的“数字”绘画图层

步骤 03：先使用绘画工具制作数字标志，再使用橡皮擦工具对绘制的数字标志进行适当的擦除，实现若隐若现的效果。制作的数字标志如图 3.111 所示。

步骤 04：方法同上，再添加一个绘画图层，使用绘画工具和橡皮擦工具制作图标。制作的图标如图 3.112 所示。

视频播放：关于具体介绍，请观看本书配套视频“任务九：制作坦克的标志.wmv”。

图 3.111　制作的数字标志

图 3.112　制作的图标

任务十：制作坦克的履带和其他部件材质

通过复制和修改坦克主体材质制作坦克的履带和其他部件材质。

步骤 01：将制作好的“坦克主体材质”图层文件夹复制一份并把它命名为“履带和其他部件材质”，删除“履带和其他部件材质”图层文件夹的黑色遮罩。复制和修改名称之后的图层文件夹如图 3.113 所示。

步骤 02：修改“履带和其他部件材质”图层文件夹中的“底色”图层属性参数。“底色”图层属性参数修改如图 3.114 所示。

步骤 03：将“整体污垢”填充图层的“Base color”颜色值修改“3F2902”。【Base color 颜色】面板如图 3.115 所示。

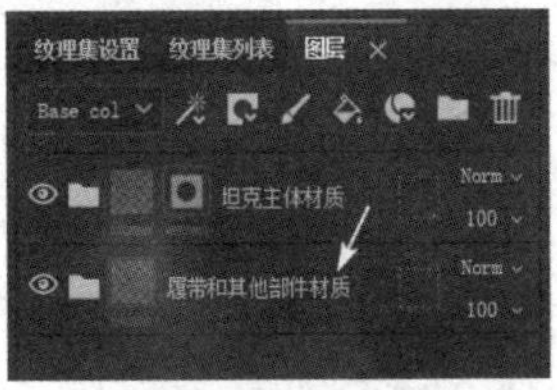

图 3.113　复制和修改名称之后的图层文件夹

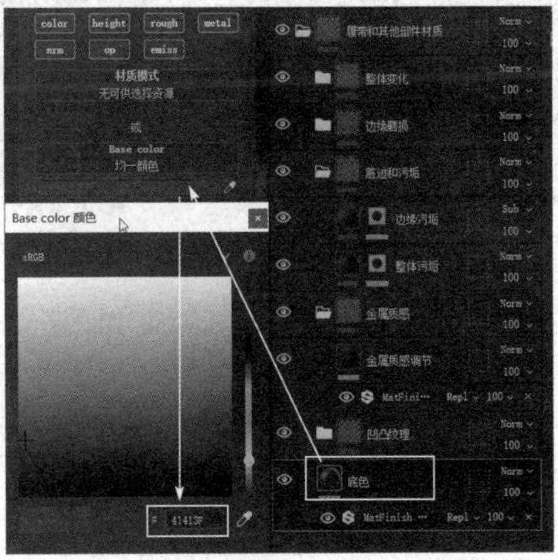

图 3.114　“底色”图层属性参数修改

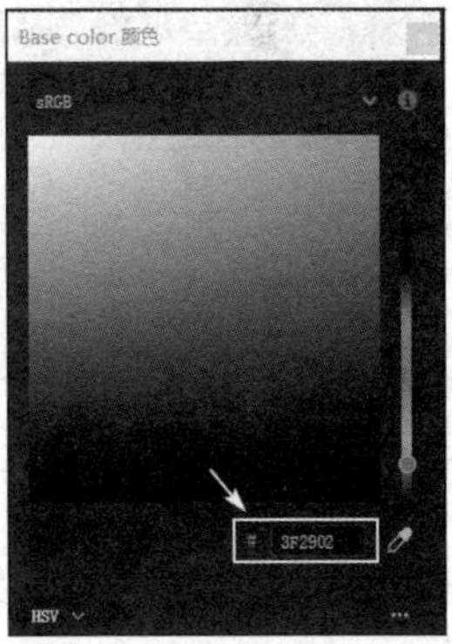

图 3.115　【Base color 颜色】面板

步骤 04：调节“边缘污垢”填充图层属性参数。“边缘污垢”填充图层属性参数的具体调节如图 3.116 所示。

步骤 05：调节“颜色变化”填充图层的“Base color”颜色。【Base color 颜色】面板参数设置如图 3.117 所示。

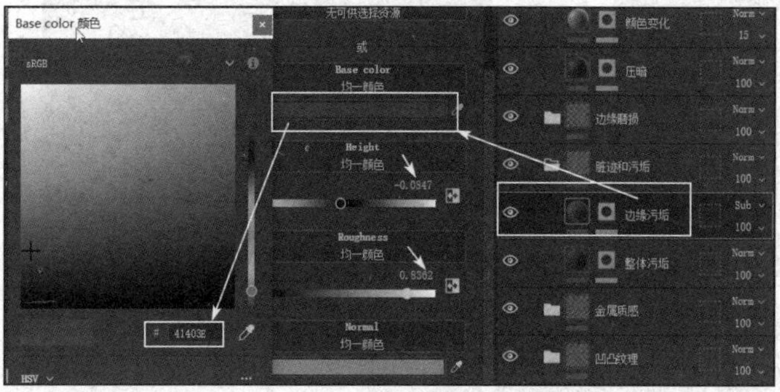

图 3.116　“边缘污垢”填充图层属性参数的具体调节

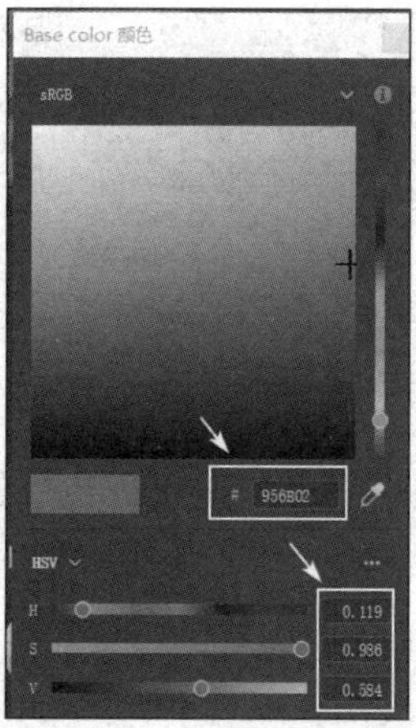

图 3.117　【Base color 颜色】面板参数设置

步骤 06：删除“履带和其他部件材质”图层文件夹中的“标志”图层文件夹。

步骤 07：修改之后的履带和其他部件材质效果如图 3.118 所示。

图 3.118　修改之后的履带和其他部件材质效果

视频播放：关于具体介绍，请观看本书配套视频“任务十：制作坦克的履带和其他部件材质.wmv”。

任务十一：渲染出图

坦克材质制作完毕，可以将制作好的效果渲染出图。具体操作步骤如下。

步骤 01：单击渲染按钮，切换到【Rendering（Iray）】窗口，按住键盘上的“Shift+右键”旋转环境贴图，以便确定环境光的照射方向。旋转环境贴图之后的效果如图 3.119 所示。

步骤 02：在【渲染器设置】面板中设置渲染图片的大小和质量等相关参数。【渲染器设置】面板参数设置如图 3.120 所示。

步骤 03：单击【渲染器设置】面板中的【暂停 Iray 渲染】按钮，开始渲染。当【状态】右侧的“渲染”两字变成绿色时，表示渲染完毕。渲染之后的效果如图 3.121 所示。

图 3.119　旋转环境贴图之后的效果

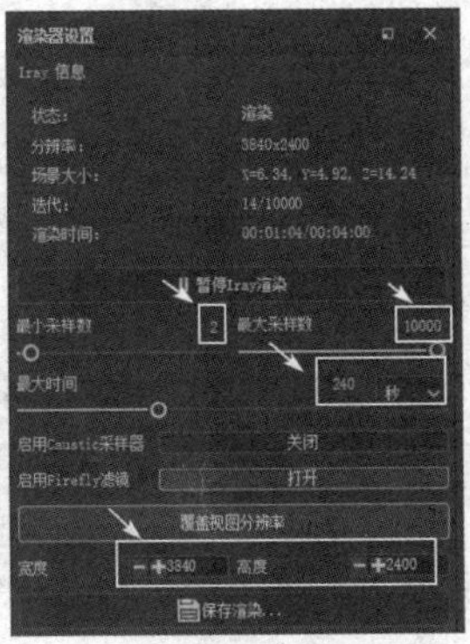

图 3.120　【渲染器设置】面板参数设置

图 3.121　渲染之后的效果

步骤 04：保存渲染图片。

视频播放：关于具体介绍，请观看本书配套视频“任务十一：渲染出图.wmv”。

任务十二：导出纹理

步骤 01：在菜单栏中单击【文件】→【导出贴图…】命令，或者按键盘上的“Ctrl+Shift+E”组合键，弹出【导出纹理】对话框。【导出纹理】对话框参数设置如图 3.122 所示。

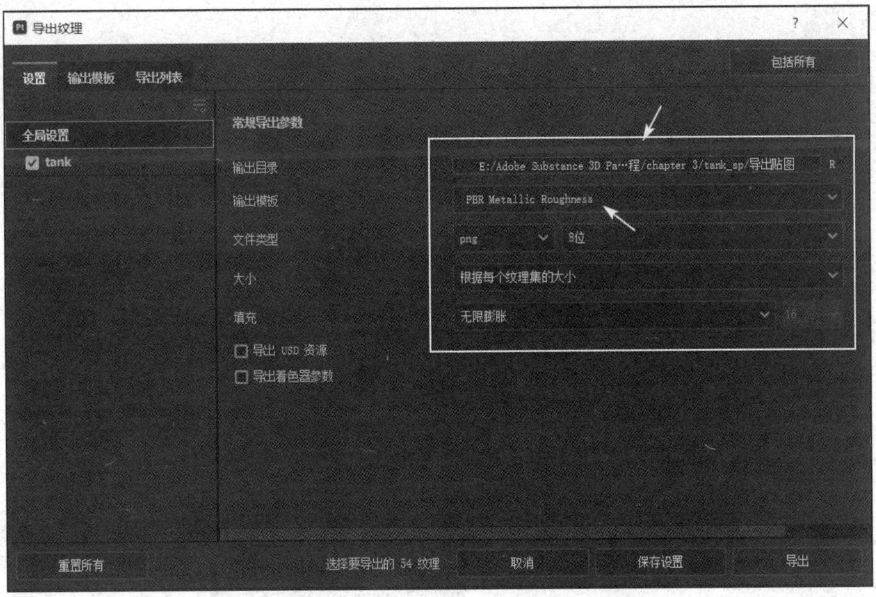

图 3.122　【导出纹理】对话框参数设置

步骤 02：参数设置完毕，单击【导出】按钮，开始导出纹理。

步骤 03：导出完毕，单击【打开输出目录】按钮，打开需要导出的纹理所在文件夹。导出的所有纹理如图 3.123 所示。

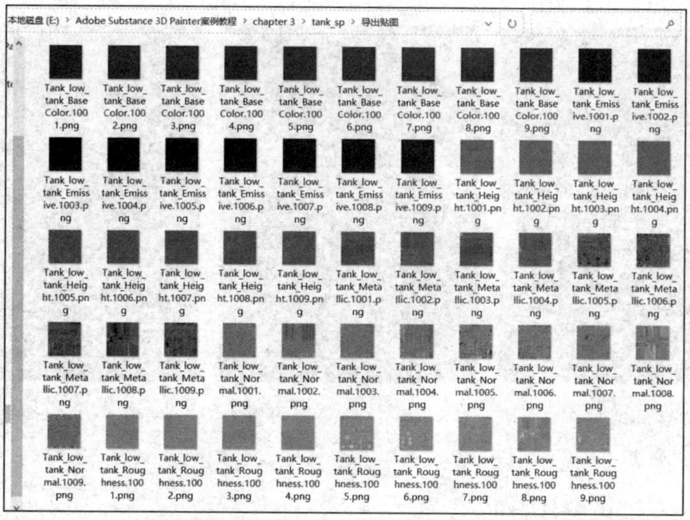

图 3.123　导出的所有纹理

提示：在【导出纹理】对话框设置参数时，需要注意输出模板的选择。使用不同渲染器时，只有选择相对应的输出模板，才能正确地还原纹理效果。

视频播放：关于具体介绍，请观看本书配套视频“任务十二：导出纹理.wmv”。

六、拓展训练

请读者根据所学知识，使用本书提供的载具高模、低模文件和参考图，制作载具的材质效果。

第 4 章　制作煤油灯材质和古代床弩材质

知识点：

案例 1　制作煤油灯材质

案例 2　制作古代床弩材质

说明：

本章主要通过煤油灯材质和古代床弩材质的制作，介绍锈迹、金属、木头和玻璃纹理材质的制作流程、方法、技巧和注意事项。

教学建议课时数：

一般情况下需要 8 课时，其中理论课时为 2 课时，实际操作课时为 6 课时（特殊情况下可做相应调整）。

在本章中，主要介绍游戏动画中常用道具材质的制作流程、方法、技巧和注意事项。读者通过学习煤油灯材质和古代床弩材质的制作，可以举一反三，掌握其他游戏动画材质的制作流程、方法、技巧和注意事项。

案例 1　制作煤油灯材质

一、案例内容简介

本案例主要以煤油灯材质的制作为例，详细介绍煤油灯材质的制作流程、方法、技巧和注意事项。

二、案例效果欣赏

三、案例制作（步骤）流程

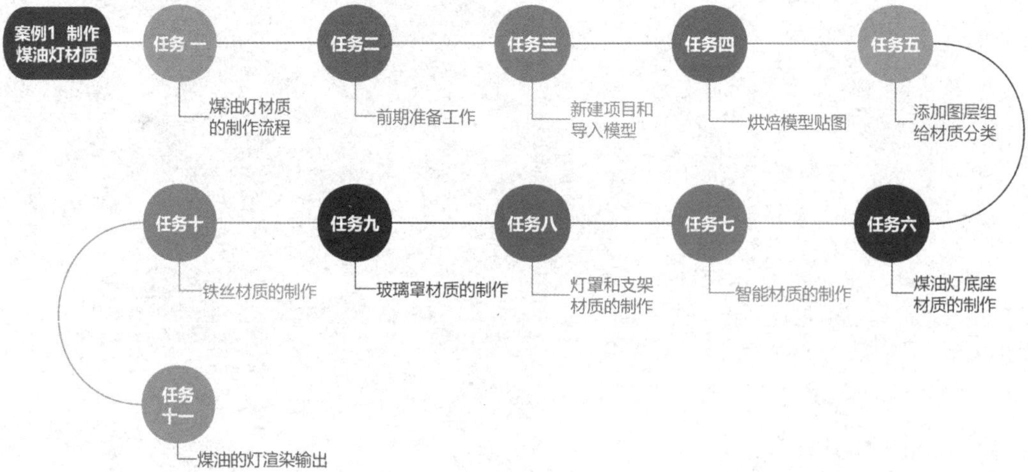

四、制作目的

（1）煤油灯材质的制作流程、方法、技巧和注意事项。
（2）煤油灯锈迹材质的制作。
（3）煤油灯金属材质的制作。
（4）煤油灯玻璃材质的制作。
（5）煤油灯材质渲染的相关设置。
（6）煤油灯材质渲染输出和后期处理。

五、详细操作步骤

任务一：煤油灯材质的制作流程

煤油灯材质的制作流程如下。

步骤 01：收集有关煤油灯的参考图，分析需要表现的煤油灯材质纹理效果。例如，煤油灯是刚出产的或复古怀旧的，还是久经沧桑被遗弃的、带有锈迹和灰尘的。煤油灯材质纹理参考图如图 4.1 所示。

图 4.1　煤油灯材质纹理参考图

步骤 02：制作煤油灯的锈迹材质。
步骤 03：制作煤油灯的金属材质。
步骤 04：制作煤油灯的玻璃材质。
步骤 05：对煤油灯的材质进行整体调节。
视频播放：关于具体介绍，请观看本书配套视频“任务一：煤油灯材质的制作流程.wmv”。

任务二：前期准备工作

在新建项目之后导入模型之前，需要进行以下前期准备工作。
（1）检查模型是否已展开 UV。
（2）检查材质分类是否正确。

（3）检查是否已清除模型的非流行边面和边面数大于 4 的边面。

（4）是否已对变换参数进行冻结变换处理。

（5）检查模型的软硬边处理是否正确。

视频播放：关于具体介绍，请观看本书配套视频“任务二：前期准备工作.wmv”。

任务三：新建项目和导入模型

步骤 01：启动 Adobe Substance 3D Painter。

步骤 02：在菜单栏中单击【文件】→【新建】命令（或按键盘上的“Ctrl+N”组合键），弹出【新项目】对话框。

步骤 03：在【新项目】对话框中单击【选择…】按钮，弹出【打开文件】对话框，如图 4.2 所示。在该对话框中选择需要导入的模型（煤油灯），单击【打开（O）】按钮，然后返回【新项目】对话框。

步骤 04：根据项目要求设置【新项目】对话框，【新项目】对话框参数设置如图 4.3 所示。

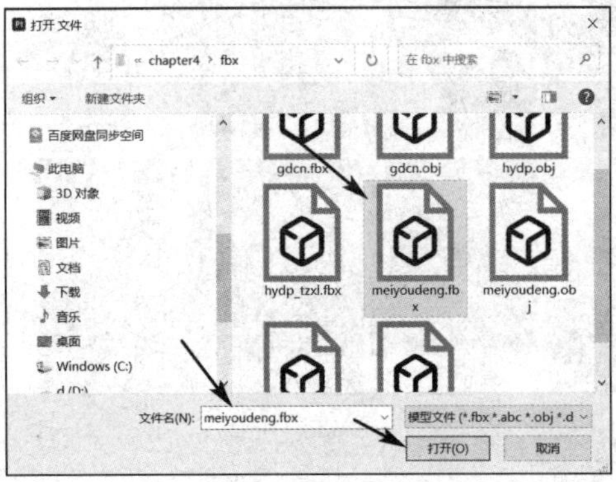

图 4.2 【打开文件】对话框

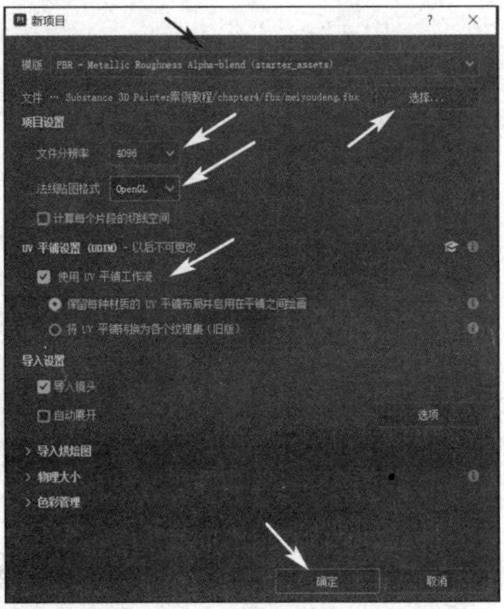

图 4.3 【新项目】对话框参数设置

步骤 05：单击【确定】按钮，完成新项目的创建和低模的导入。导入的低模和【纹理集列表】面板如图 4.4 所示。

步骤 06：保存项目。在菜单栏中单击【文件】→【保存】命令（或按键盘上的“Ctrl+S”组合键），弹出【保存项目】对话框。在【保存项目】对话框中找到“文件名（N）”对应的文本输入框，在其中输入“煤油灯”3 个字，单击【保存（S）】按钮，完成保存。

视频播放：关于具体介绍，请观看本书配套视频“任务三：新建项目和导入模型.wmv”。

任务四：烘焙模型贴图

在制作材质之前，需要对导入的低模进行贴图烘焙。

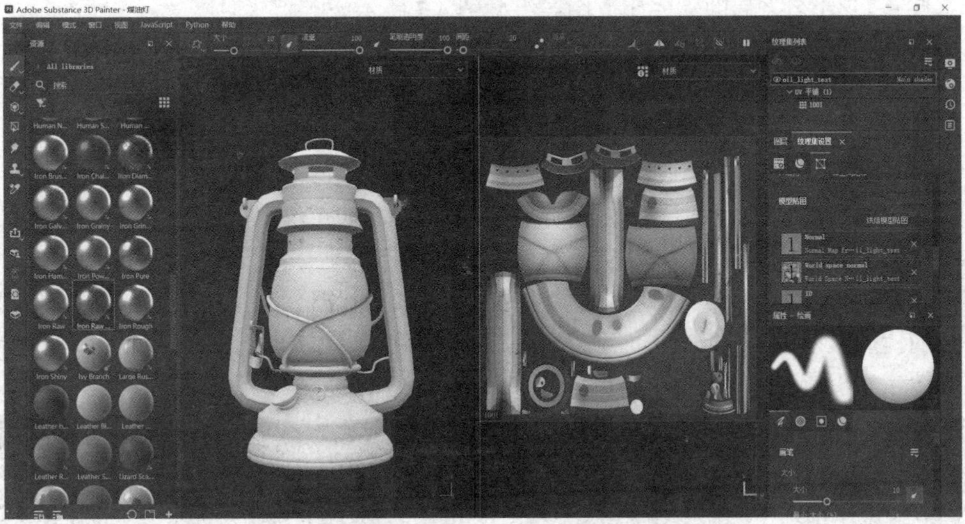

图 4.4　导入的低模和【纹理集列表】面板

步骤 01：在【纹理集设置】面板中单击【烘焙模型贴图】按钮，切换到纹理烘焙模式。

步骤 02：设置烘焙参数。烘焙参数的具体设置如图 4.5 所示。

步骤 03：单击【烘焙所有纹理】按钮，开始纹理贴图的烘焙。烘焙之后的效果如图 4.6 所示。

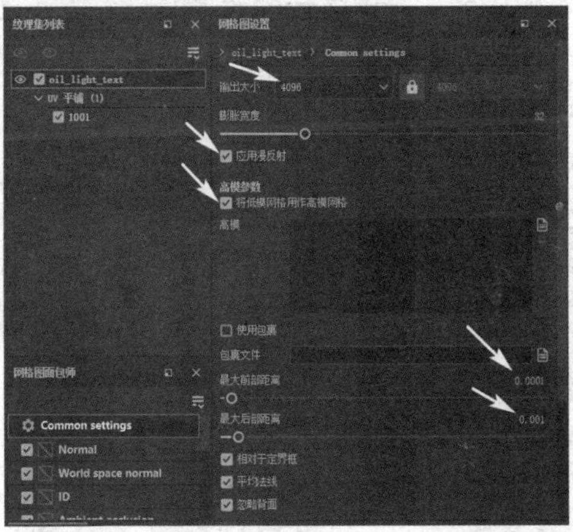

图 4.5　烘焙参数的具体设置

图 4.6　烘焙之后的效果

步骤 04：单击【返回至绘画模式】按钮，返回绘画模式进行材质纹理的制作。

视频播放：关于具体介绍，请观看本书配套视频“任务四：烘焙模型贴图.wmv”。

任务五：添加图层组给材质分类

本任务主要根据项目要求添加图层组，给煤油灯材质分类。

步骤 01：在【图层】面板中单击添加组按钮，添加一个图层组，将添加的图层组命名为“底座”。命名之后的“底座”图层组如图 4.7 所示。

步骤 02：在【图层】面板中先单击“底座”图层组，再单击添加填充图层按钮，在“底座”图层组中添加一个填充图层，将填充图层的颜色改为青色。添加的填充图层如图 4.8 所示。

步骤 03：将光标移到“底座”图层组的“图层组”图标上，单击右键，弹出快捷菜单。在弹出的快捷菜单中单击【添加黑色遮罩】命令，即可给“底座”图层组添加一个黑色遮罩。添加黑色遮罩后的“底座”图层组如图 4.9 所示。

步骤 04：将光标移到“底座”图层组的黑色遮罩图标上，单击右键，弹出快捷菜单。在弹出的快捷菜单中单击【添加绘画】命令，给黑色遮罩添加一个绘画图层。添加的绘画图层如图 4.10 所示。

图 4.7　命名之后的“底座”图层组

图 4.8　添加的填充图层

图 4.9　添加黑色遮罩后的“底座”图层组

图 4.10　添加的绘画图层

步骤 05：在【工具箱】中单击几何体填充工具按钮，在几何体填充工具属性栏中单击模型填充按钮，在材质制作区单击需要遮罩的模型。遮罩之后的效果如图 4.11 所示。

步骤 06：方法同“步骤 01 至步骤 05”。继续添加图层组、填充图层、黑色遮罩和绘画图层，对煤油灯材质进行划分。图层组和填充图层在【图层】面板中的顺序如图 4.12 所示。材质划分之后的效果如图 4.13 所示。

图 4.11　遮罩之后的效果

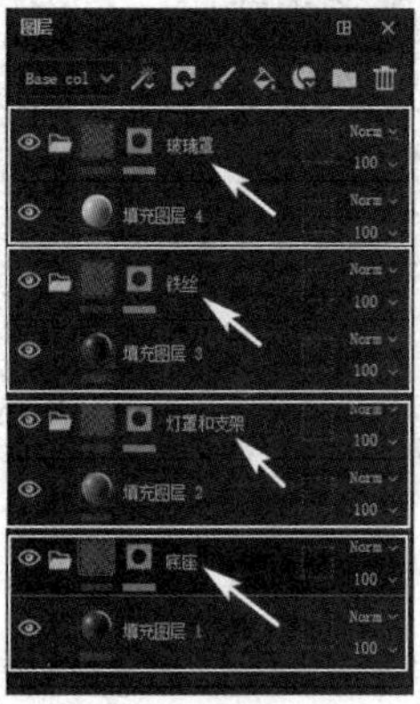

图 4.12　图层组和填充图层在【图层】面板中的顺序

图 4.13　材质划分之后的效果

视频播放：关于具体介绍，请观看本书配套视频“任务五：添加图层组给材质分类.wmv”。

任务六：煤油灯底座材质的制作

本任务主要介绍煤油灯底座的防锈漆材质的制作原理方法和技巧。

1. 制作基础色

步骤 01：将“底座”图层组中的填充图层命名为“底漆”。把“底漆”填充图层的“Base color”颜色设为天蓝色（R:0.090,G:0.345,B:0.486），给“height”添加一个“Clouds 1”程序纹理贴图。“底漆”填充图层属性参数调节如图 4.14 所示，调节“底漆”填充图层属性之后的效果如图 4.15 所示。

步骤 02：给“底漆”填充图层添加一个色阶图层，调节色阶图层的高度。色阶图层属性参数调节如图 4.16 所示，调节色阶图层属性参数之后的效果如图 4.17 所示。

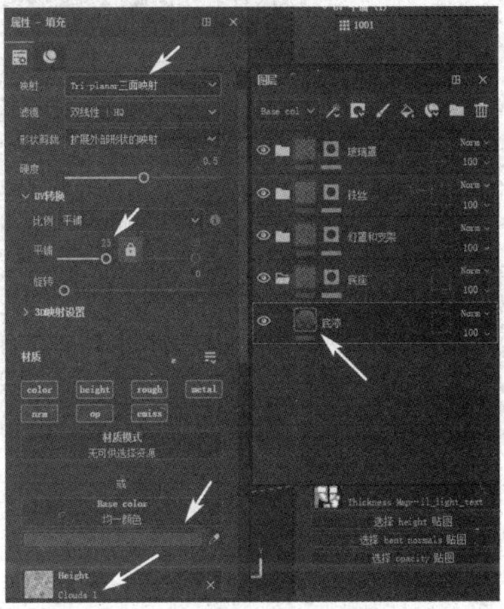

图 4.14　“底漆”填充图层属性参数调节

图 4.15　调节“底漆”填充图层属性参数之后的效果

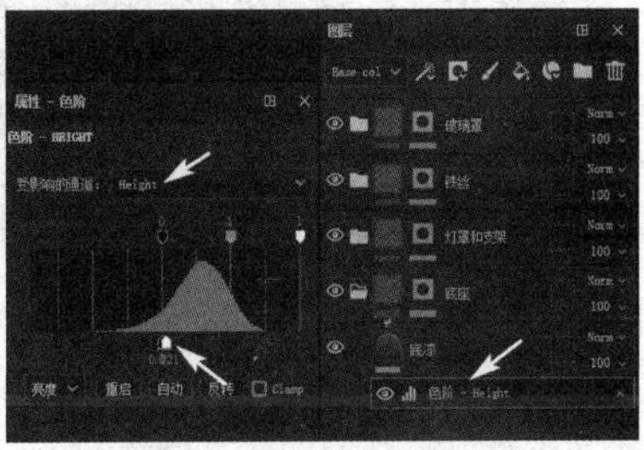

图 4.16　色阶图层属性参数调节

步骤 03：给“底漆”填充图层添加一个滤镜图层。在【属性-滤镜】面板中，选择“MatFinish Rough”滤镜。滤镜图层属性参数调节如图 4.18 所示，调节滤镜图层属性参数之后的效果如图 4.19 所示。

图 4.17　调节色阶图层属性参数之后的效果

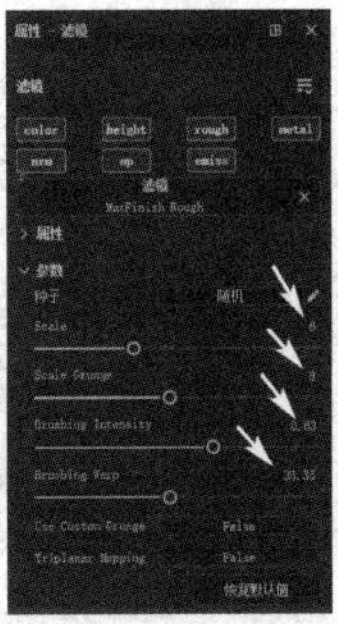

图 4.18　滤镜图层属性参数调节

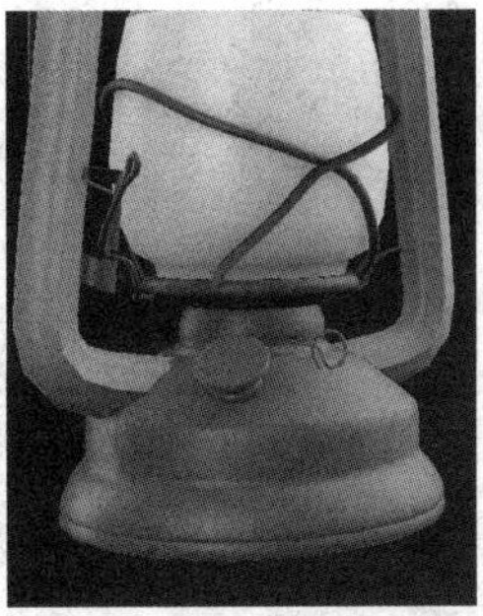

图 4.19　调节滤镜图层属性参数之后的效果

步骤 04：添加一个填充图层，将添加的填充图层命名为“水痕”。对“水痕”填充图层属性参数，只保留“rough”参数。“水痕”填充图层属性参数调节如图 4.20 所示，调节“水痕”填充图层属性参数之后的效果如图 4.21 所示。

步骤 05：添加一个填充图层，将添加的填充图层命名为“指纹”。对“指纹”填充图层属性参数，只保留“rough”参数。“指纹”填充图层属性参数调节如图 4.22 所示，调节“指纹”填充图层属性参数之后的效果如图 4.23 所示。

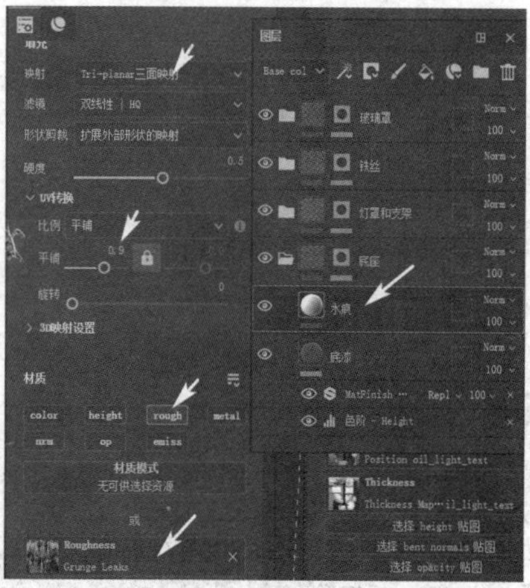

图 4.20 “水痕”填充图层属性参数调节

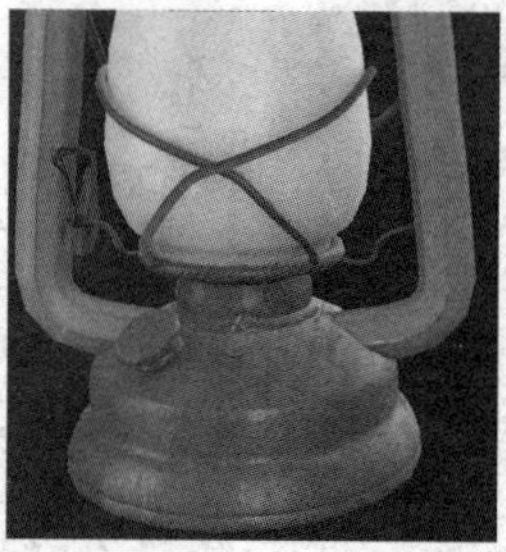

图 4.21 调节“水痕”填充图层属性参数之后的效果

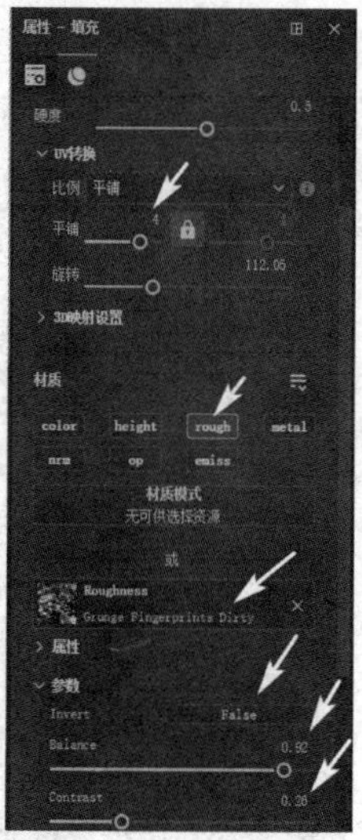

图 4.22 “指纹”填充图层属性参数调节

步骤 06：添加一个图层组，把它命名为“基础色”。将前面添加的“底漆”、“水痕”和“指纹”填充图层放到“基础色”图层组中。在“基础色”图层组中的填充图层顺序如图 4.24 所示。

2. 制作磨损效果

步骤 01：将“Iron Forged Old”智能材质拖到【图层】面板中，把它命名为“磨损”。命名之后的智能材质如图 4.25 所示，添加智能材质之后的效果如图 4.26 所示。

图 4.23 调节“指纹”填充图层属性参数之后的效果

图 4.24 在“基础色”图层组中填充图层顺序

图 4.25 命名之后的智能材质

图 4.26 添加智能材质之后的效果

步骤 02：给“磨损”图层组添加一个黑色遮罩，给黑色遮罩添加一个生成器图层，对生成器图层选择“Metal Edge Wear”。给黑色遮罩添加的生成器图层如图 4.27 所示，调节生成器图层属性参数之后的效果如图 4.28 所示。

步骤 03：给“磨损”图层组的黑色遮罩添加一个填充图层，给填充图层的“灰度”选项添加一个“Grunge Scratches Rough”程序纹理贴图。调节程序纹理贴图参数之后的效果如图 4.29 所示。

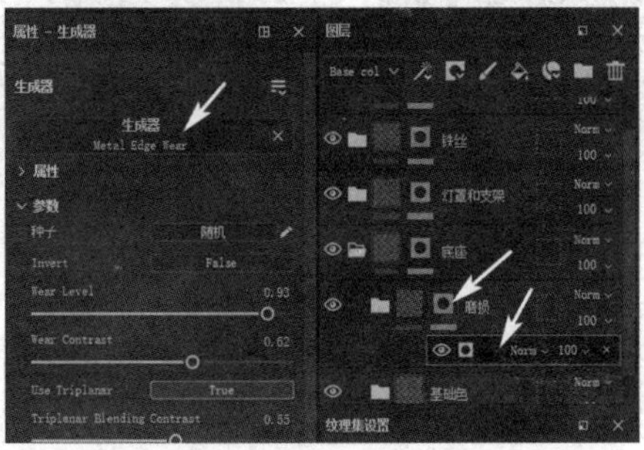

图 4.27　给黑色遮罩添加的生成器图层

图 4.28　调节生成器图层属性参数之后的效果

图 4.29　调节程序纹理贴图参数之后的效果

步骤 04：将黑色遮罩中的填充图层混合模式设为“Lighten（Max）”模式，设为“Lighten（Max）”模式的【图层】面板如图 4.30 所示，设置图层混合模式之后的效果如图 4.31 所示。

3. 制作锈迹效果

主要通过预设材质的修改完成锈迹效果的制作。

步骤 01：将“Rust Fine”预设材质图层拖到【图层】面板中，“Rust Fine”预设材质图层的位置如图 4.32 所示，将“Rust Fine”预设材质图层命名为“锈迹”。

步骤 02：添加一个填充图层，将添加的填充图层命名为“凹凸”，“凹凸”填充图层如图 4.33 所示。

图 4.30　设为“Lighten（Max）”模式的【图层】面板

图 4.31　设置图层混合模式之后的效果

图 4.32　“Rust Fine”预设材质的位置

图 4.33　“凹凸”填充图层

步骤 03：给“凹凸”填充图层的“height”属性添加一个名为“BnW Spots 3”的噪波程序纹理贴图，只保留“height”的材质属性。调节“BnW Spots 3”噪波程序纹理贴图参数之后的效果如图 4.34 所示。

步骤 04：给“凹凸”填充图层添加一个色阶图层，以调节“凹凸”填充图层的强度。色阶图层属性参数调节如图 4.35 所示，调节色阶图层属性参数之后的效果如图 4.36 所示。

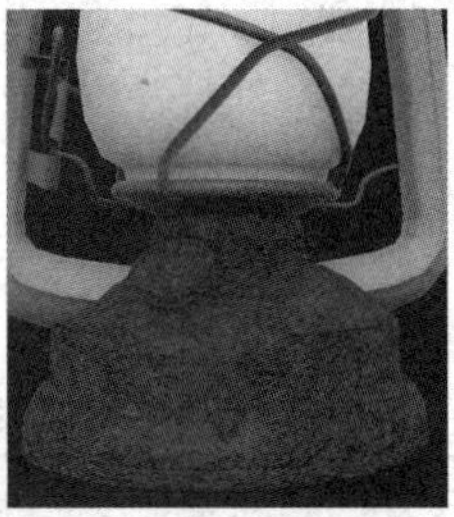

图 4.34　调节“BnW Spots 3”噪波程序纹理贴图参数之后的效果

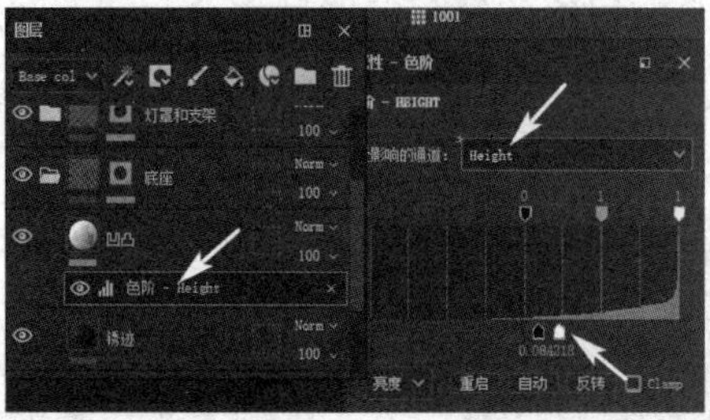

图 4.35　色阶图层属性参数调节

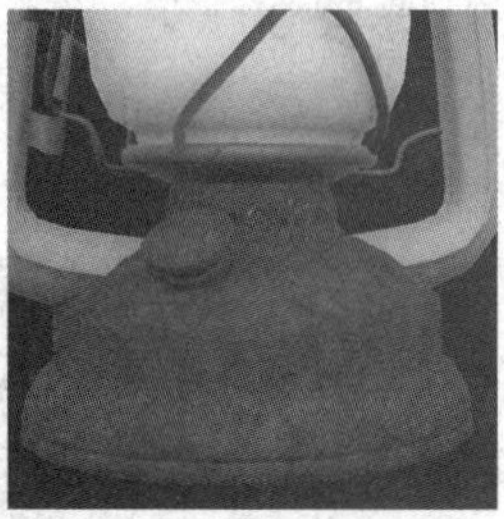

图 4.36　调节色阶图层属性参数之后的效果

步骤 05：添加一个图层组，将添加的图层组命名为“锈迹”，把“凹凸”填充图层和“锈迹”材质图层拖到该图层组中。图层叠放顺序如图 4.37 所示。

步骤 06：给“锈迹”图层组添加一个黑色遮罩。给黑色遮罩添加一个“Rust”智能遮罩图层。添加的“Rust”智能遮罩图层如图 4.38 所示。调节“Rust”智能遮罩图层属性参数之后的效果如图 4.39 所示。

步骤 07：将“锈迹”图层组复制一份，将复制的图层组命名为“锈迹 01”。根据项目要求，调节“锈迹 01”图层组中的锈迹颜色和遮罩参数。调节“锈迹 01”图层组参数之后的效果如图 4.40 所示。

图 4.37　图层叠放顺序

图 4.38　添加的“Rust”智能遮罩图层

图 4.39　调节“Rust”智能遮罩图层属性参数之后的效果

图 4.40　调节“锈迹 01”图层组参数之后的效果

4. 制作油渍效果

主要通过添加填充图层、黑色遮罩和生成器图层制作油渍效果。

步骤 01：添加一个填充图层，将添加的填充图层命名为“油渍 01”。把“油渍 01”填充图层的“Base color”颜色设为黑色，把“Roughness”参数值设为“0.7”。

步骤 02：给“油渍 01”填充图层添加一个黑色遮罩，给黑色遮罩添加一个名为“Dirt”的生成器图层。添加的“Dirt”生成器图层如图 4.41 所示。

步骤 03：调节“Dirt”生成器图层属性参数。调节“Dirt”生成器图层属性参数之后的效果如图 4.42 所示。

步骤 04：将“Large Rust Leaks”材质球拖到“底座”图层组中，即可给底座添加该材质并自动添加一个图层。自动添加的图层如图 4.43 所示。

步骤 05：调节“Large Rust Leaks”图层属性参数。

步骤 06：将“Large Rust Leaks”图层命名为“流淌油渍 01”。按键盘上的“Q”、“E”、“W”、“R”键，分别对“流淌油渍 01”填充图层进行移动、缩放或旋转等变换操作。变换操作之后的效果如图 4.44 所示。

图 4.41　添加的“Dirt”生成器图层

图 4.42　调节“Dirt”生成器图层属性参数之后的效果

图 4.43　自动添加的图层

图 4.44　变换操作之后的效果

步骤 07：将“流淌油渍 01”填充图层复制一份，并将复制的填充图层命名为“流淌油渍 02”。对“流淌油渍 02”填充图层进行移动、缩放或旋转等变换操作，变换操作之后的效果如图 4.45 所示。

步骤 08：复制上述两个填充图层，依次命名为“流淌油渍 03”和“流淌油渍 04”，对这两填充图层进行移动、缩放和旋转等变换操作。复制和变换操作之后的效果如图 4.46 所示。

步骤 09：添加一个图层组，将添加的图层组命名为“流淌油渍”。将“流淌油渍 01”～“流淌油渍 04”4 个填充图层放到该图层组中。“流淌油渍”图层组如图 4.47 所示。

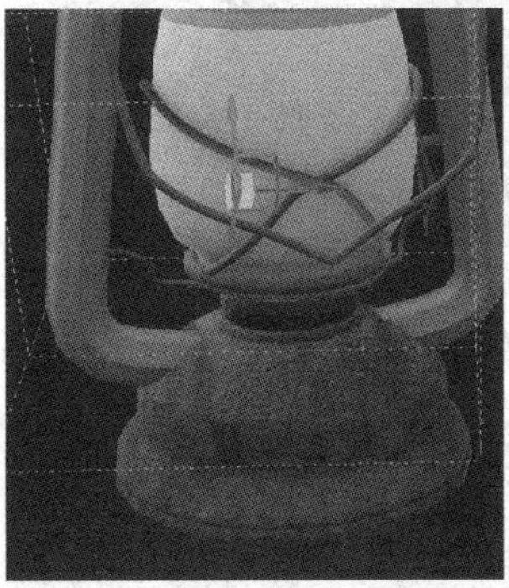

图 4.45　对“流淌油渍 02”填充图层进行变换操作之后的效果

图 4.46　复制和变换操作之后的效果

图 4.47　“流淌油渍”图层组

5. 制作灰尘和积尘效果

主要通过添加填充图层和智能遮罩完成灰尘和积尘效果的制作。

步骤 01：添加一个填充图层，将添加的填充图层命名为“灰尘 01”。将“灰尘 01”填充图层的“Base color”颜色改为浅灰色，将“Roughness”参数值设为“1”。“灰尘 01”填充图层如图 4.48 所示。

步骤 02：给“灰尘 01”填充图层添加一个黑色遮罩。给黑色遮罩添加一个“Dirt”生成器图层。添加的“Dirt”生成器图层如图 4.49 所示，调节“Dirt”生成器图层属性参数之后的效果如图 4.50 所示。

图 4.48 “灰尘 01”填充图层

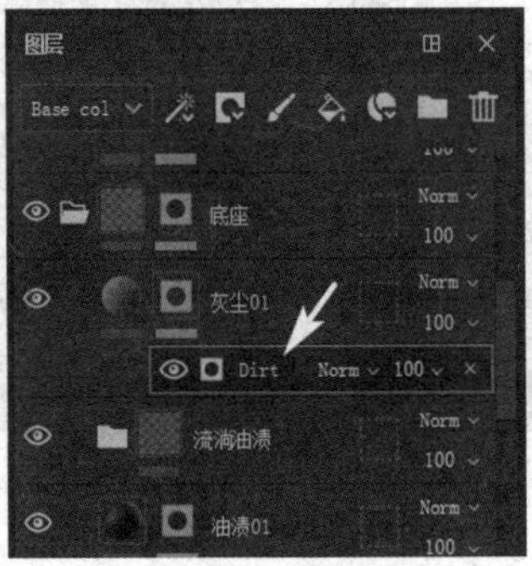

图 4.49 添加的“Dirt”生成器图层

图 4.50 调节“Dirt”生成器图层属性参数之后的效果

步骤 03：将“Concrete Dusty”材质图层拖到“底座”图层组中。“Concrete Dusty”材质图层在“底座”图层组中的位置如图 4.51 所示。

步骤 04：将“Concrete Dusty”材质图层命名为“积尘”，调节“积尘”材质图层属性参数。调节“积尘”材质图层属性参数之后的效果如图 4.52 所示。

图 4.51 “Concrete Dusty”材质图层在“底座”图层组中的位置

图 4.52 调节“积尘”图层材质属性参数之后的效果

步骤 05：给“积尘”材质图层添加一个智能遮罩，智能遮罩的名称为“Cavity Rust”。添加的“Cavity Rust”智能遮罩如图 4.53 所示。调节“Cavity Rust”智能遮罩参数之后的效果如图 4.54 所示。

视频播放：关于具体介绍，请观看本书配套视频“任务六：煤油灯底座的材质制作.wmv”。

图 4.53　添加的“Cavity Rust”智能遮罩

图 4.54　调节“Cavity Rust”智能遮罩参数之后的效果

任务七：智能材质的制作

本任务主要将煤油灯底座的材质制作成智能材质，有利于重复使用，提高工作效率。

步骤 01：添加一个图层组，将添加的图层组命名为“煤油灯材质”，将“底座”图层组中的所有图层和图层组放到该图层组中。“煤油灯材质”图层组如图 4.55 所示。

步骤 02：在“煤油灯材质”图层组上单击右键，弹出快捷菜单。在弹出的快捷菜单中单击【创建智能材质】命令，即可创建一个名为“煤油灯材质”的智能材质。创建的“煤油灯材质”智能材质如图 4.56 所示。

图 4.55　“煤油灯材质”图层组

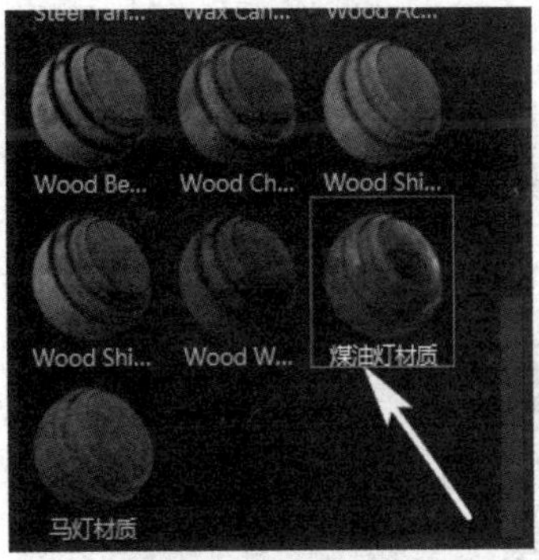

图 4.56　创建的“煤油灯材质”智能材质

视频播放：关于具体介绍，请观看本书配套视频“任务七：智能材质的制作.wmv”。

任务八：灯罩和支架材质的制作

灯罩和支架材质的制作比较简单，主要将任务七中制作的智能材质进行适当修改即可。

步骤 01：将“煤油灯材质”智能材质拖到“灯罩和支架”图层组中，并删除原有的填充图层。“煤油灯材质”智能材质在图层组中的位置如图 4.57 所示，添加了“煤油灯材质”智能材质的效果如图 4.58 所示。

步骤 02：从煤油灯的效果可以看出，流淌的油渍效果与项目要求的效果不符合。在【图层】面板中，将“流淌油渍”图层组关闭。关闭“流淌油渍”图层组之后的界面显示如图 4.59 所示，关闭“流淌油渍”图层组之后的煤油灯效果如图 4.60 所示。

图 4.57 “煤油灯材质”智能材质在图层组中的位置

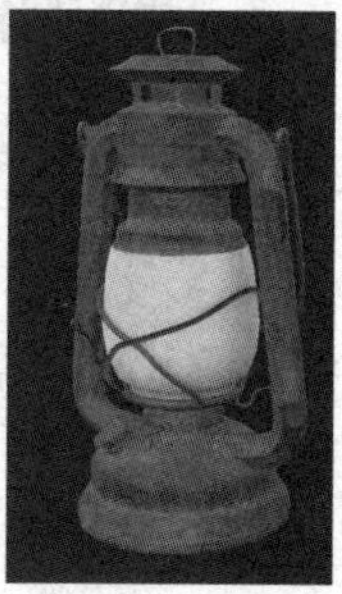

图 4.58 添加了“煤油灯材质”智能材质的效果

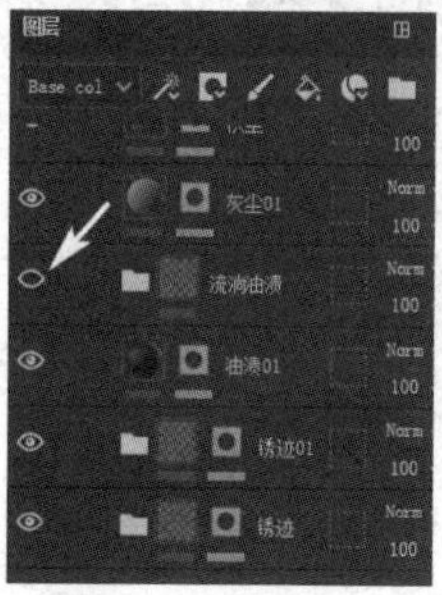

图 4.59 关闭“流淌油渍”图层组之后的界面显示

图 4.60 关闭“流淌油渍”图层组之后的煤油灯效果

视频播放：关于具体介绍，请观看本书配套视频“任务八：灯罩和支架材质的制作.wmv”。

任务九：玻璃罩材质的制作

1. 玻璃材质的制作

步骤 01：在“玻璃罩”图层组中，将原有的填充图层改名为“玻璃”。“玻璃”填充图层属性参数调节如图 4.61 所示。调节“玻璃”填充图层属性参数之后的效果如图 4.62 所示。

步骤 02：在“玻璃”填充图层上方，添加一个填充图层，将添加的填充图层命名为“黑色烟尘”。“黑色烟尘”填充图层属性参数调节如图 4.63 所示。

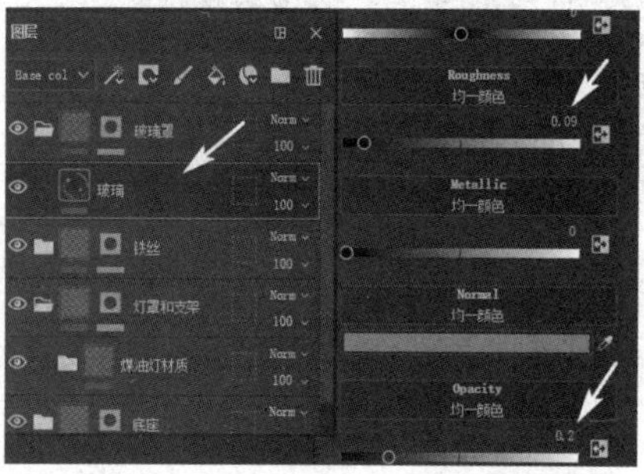

图 4.61 “玻璃”填充图层属性参数调节

图 4.62 调节“玻璃”填充图层属性参数之后的效果

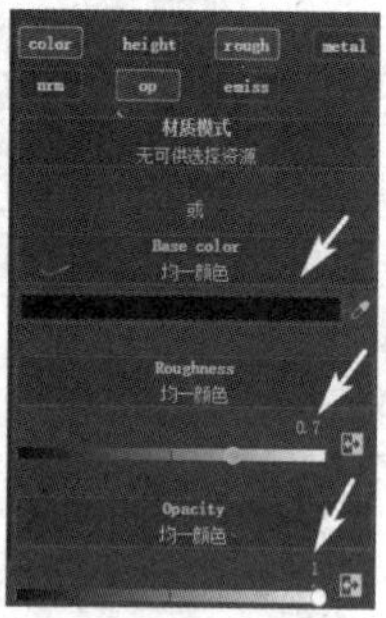

图 4.63 “黑色烟尘”填充图层属性参数调节

步骤 03：给“黑色烟尘”填充图层添加一个白色遮罩，给白色遮罩添加第 1 个“Position”生成器图层。“Position”生成器图层和【生成器】面板如图 4.64 所示。

步骤 04：调节“Position”生成器图层属性参数，调节生成器图层属性参数之后的效果如图 4.65 所示。

步骤 05：给白色遮罩添加第 2 个“Position”生成器图层，调节该生成器图层属性参数，使烟尘遮住玻璃罩的下半部分。

步骤 06：将第 2 个“Position”生成器图层的混合模式设为“Lighten（Max）”。调节混合模式之后的效果如图 4.66 所示。

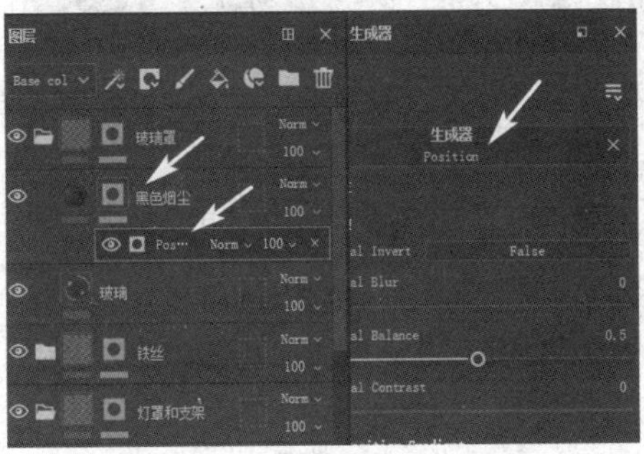

图 4.64　“Position”生成器图层和【生成器】面板

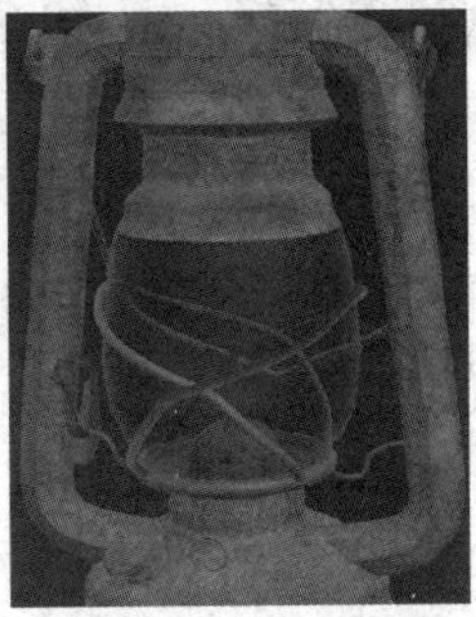

图 4.65　调节生成器图层属性参数之后的效果

图 4.66　调节混合模式之后的效果

步骤 07：给白色遮罩添加一个色阶图层，色阶图层属性参数调节如图 4.67 所示，调节色阶图层属性参数之后的效果如图 4.68 所示。

步骤 08：给白色遮罩添加一个绘画图层，使用“Dirt 2”画笔样式，在玻璃罩上进行涂抹，涂抹之后的效果如图 4.69 所示。

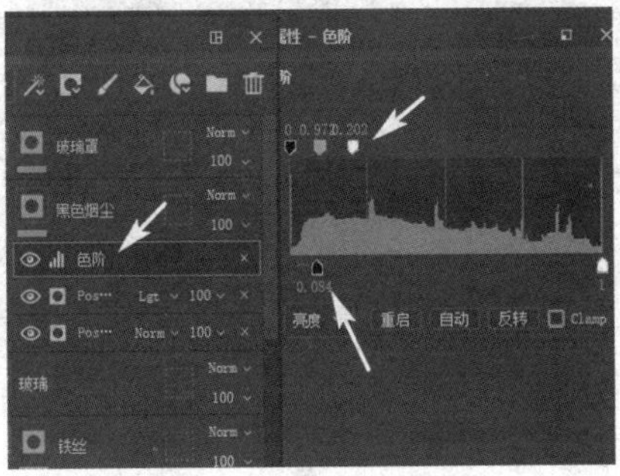

图 4.67　色阶图层属性参数调节

图 4.68　调节色阶图层属性参数之后的效果

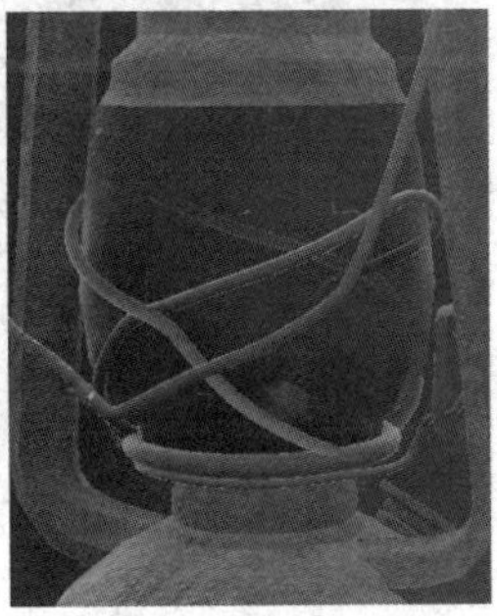

图 4.69　涂抹之后的效果

步骤 09：给白色遮罩添加一个填充图层，给填充图层添加一张名为“Grunge Map 003”脏迹灰度图，把填充图层的混合模式设为“Lighten（Max）”。填充图层和灰度图参数调节如图 4.70 所示，调节混合模式和灰度图参数之后的效果如图 4.71 所示。

步骤 10：给白色遮罩添加一个“Blur Directional”滤镜图层，把“Intensity”参数值设为“1”，把“Angle”参数值设为“90”，调节滤镜图层属性参数之后的效果如图 4.72 所示。

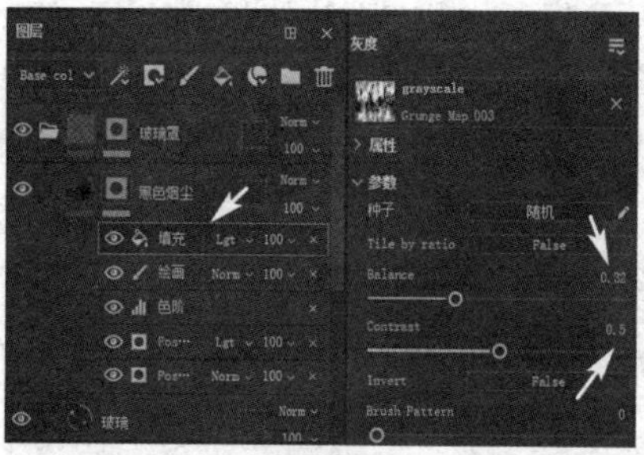

图 4.70　填充图层和灰度图参数调节

图 4.71　调节混合模式和灰度图参数之后的效果

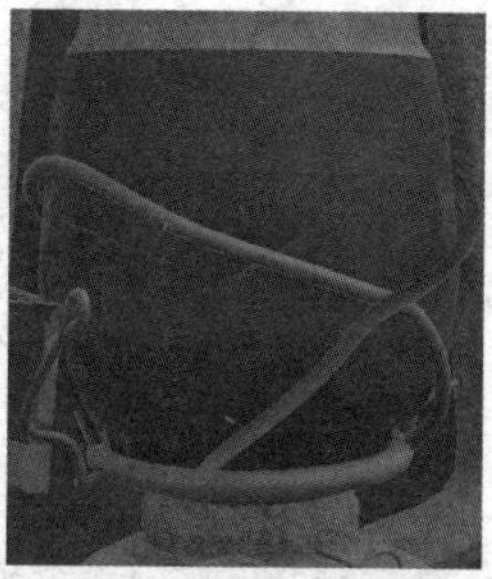

图 4.72　调节滤镜图层属性参数之后的效果

步骤 11：添加一个填充图层，将添加的填充图层命名为“粗糙度 01”。对“粗糙度 01”填充图层，只保留“rough”材质属性。给“rough”材质属性添加一张“Grunge Leaky Paint”灰度图。添加的填充图层和参数调节如图 4.73 所示，调节“粗糙度 01”填充图层属性参数之后的效果如图 4.74 所示。

步骤 12：方法同上，再添加一个填充图层，将填充图层命名为“粗糙度 02”，对“粗糙度 02”填充图层，只保留“rough”材质属性，给“rough”材质属性添加一张“Grunge Map 013”灰度图，调节“粗糙度 02”填充图层和“Grunge Map 013”灰度图参数。调节“Grunge Map 013”灰度图参数之后的效果如图 4.75 所示。

图 4.73　添加的填充图层和参数调节

图 4.74　调节“粗糙度 01”填充图层属性参数之后的效果

图 4.75　调节“grunge Map 013”灰度图参数之后的效果

2. 玻璃罩灰尘的制作

步骤 01：添加一个填充图层，将填充图层命名为“灰尘”，将“灰尘”填充图层的“Base color”颜色设为“R:0.0.247,G:0.220,B:0.171”。

步骤 02：给“灰尘”填充图层添加一个黑色遮罩，给黑色遮罩添加一个“Dirt”生成器图层。添加“Dirt”生成器图层之后的效果如图 4.76 所示。

步骤 03：给黑色遮罩添加一个绘画图层，使用绘画工具将多余的灰尘擦除。擦除多余灰尘之后的效果如图 4.77 所示。

视频播放：关于具体介绍，请观看本书配套视频“任务九：玻璃罩材质的制作.wmv”。

任务十：铁丝材质的制作

铁丝材质的制作比较简单，主要通过智能材质的修改。

步骤 01：将“Iron Forged Old”智能材质图层拖到【图层】面板中的“铁丝”图层组中，并删除原有的填充图层，添加的“Iron Forged Old”智能材质图层如图 4.78 所示。

图 4.76　添加“Dirt”生成器图层之后的效果

图 4.77　擦除多余灰尘之后的效果

图 4.78　添加的“Iron Forged Old”智能材质图层

步骤 02：调节“Iron Forged Old”智能材质图层属性参数，添加的铁丝效果如图 4.79 所示。

步骤 03：添加一个填充图层，将添加的填充图层命名为“铁丝灰尘”。将“铁丝灰尘”填充图层中的“Base color”颜色设为棕灰色（R:0.388,G:0.340,B:0.301），把“Roughness”参数值设为“1”。

步骤 04：给“铁丝灰尘”填充图层添加一个黑色遮罩，给黑色遮罩添加一个“World Space Normals”生成器图层。

步骤 05：调节“World Space Normals”生成器图层属性参数。调节属性参数之后的效果如图 4.80 所示。

步骤 06：根据需要，对已制作的煤油灯材质进行微调。煤油灯材质的最终效果如图 4.81 所示。

图 4.79　添加的铁丝效果

图 4.80　调节属性参数之后的效果

图 4.81　煤油灯材质的最终效果

视频播放：关于具体介绍，请观看本书配套视频“任务十：铁丝材质的制作.wmv”。

任务十一：煤油灯的渲染输出

通过前面 10 个任务，已经将煤油灯所有材质制作完成。在本任务中，对煤油灯进行渲染设置和渲染输出。

步骤 01：调节【显示设置】面板参数。【显示设置】面板参数调节如图 4.82 所示。

步骤 02：调节好渲染出图的角度。

步骤 03：单击渲染按钮，切换到渲染模式，设置【渲染器设置】面板参数。【渲染器设置】面板参数设置如图 4.83 所示。

步骤 04：当“状态”中的“渲染”文字变成绿色时，表示渲染完成。将渲染完成的图像保存为带通道的图像文件（png 格式），以便后期处理。渲染之后的效果如图 4.84 所示。

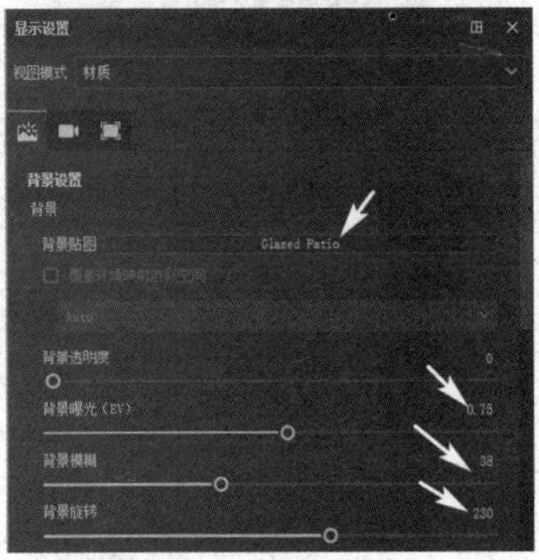

图 4.82 【显示设置】面板参数调节

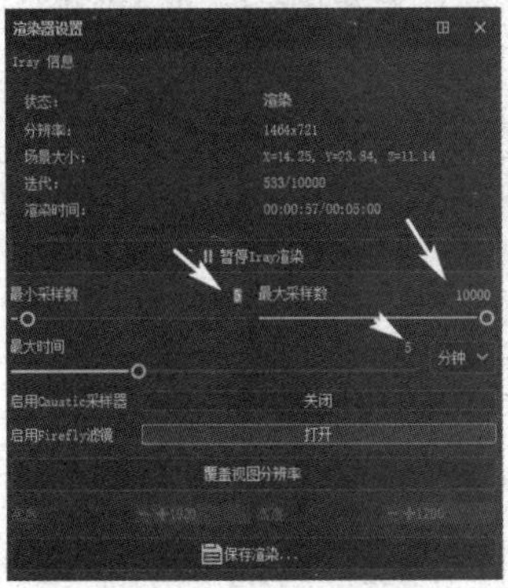

图 4.83 【渲染器设置】面板参数设置

图 4.84 渲染之后的效果

视频播放：关于具体介绍，请观看本书配套视频“任务十一：煤油灯渲染输出.wmv”。

六、拓展训练

请读者根据所学知识，使用本书提供的煤油灯模型文件和参考图，制作煤油灯的材质效果。

案例 2　制作古代床弩材质

一、案例内容简介

本案例主要以古代床弩材质的制作为例，详细介绍古代床弩材质的制作流程、方法、技巧和注意事项。

二、案例效果欣赏

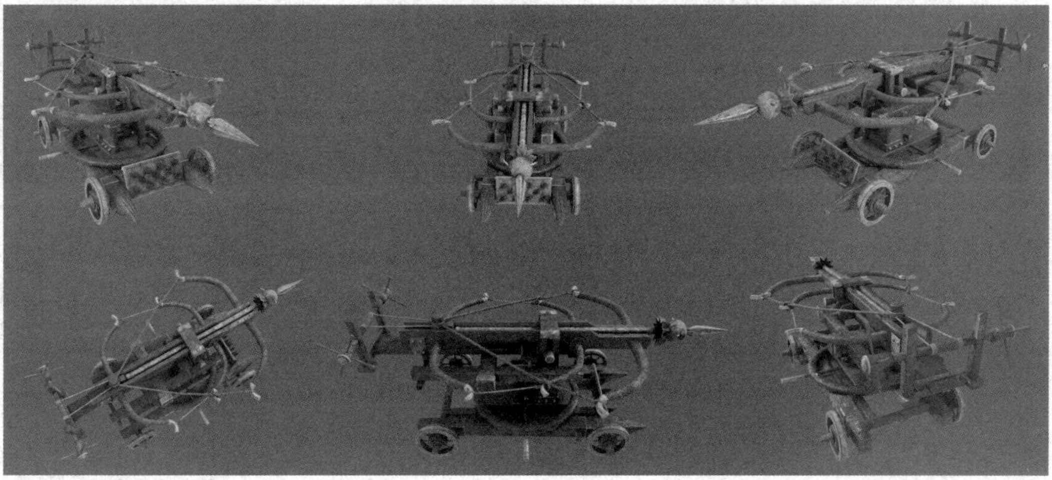

三、案例制作（步骤）流程

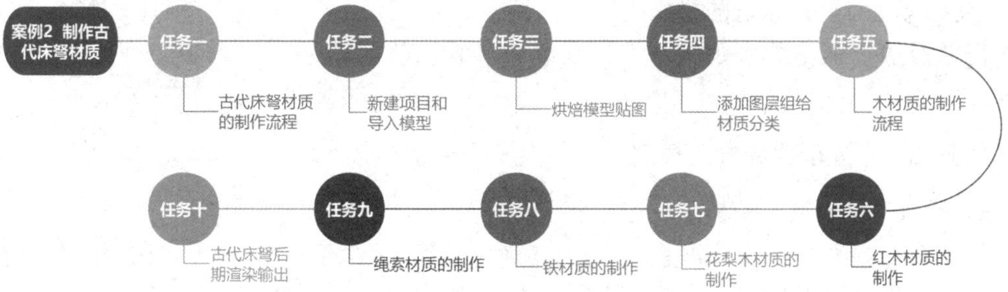

四、制作目的

（1）古代床弩材质的制作流程、方法、技巧和注意事项。

（2）古代床弩木头材质的制作。

（3）古代床弩金属材质的制作。

（4）古代床弩绳索材质的制作。

（5）古代床弩材质渲染的相关设置。

（6）古代床弩材质渲染输出和后期处理。

五、详细操作步骤

任务一：古代床弩材质的制作流程

古代床弩材质的制作流程如下。

步骤 01：收集有关古代床弩和兵器的参考图，分析需要表现的古代床弩材质纹理效果。例如，该古代床弩是刚制作的，还是久经使用的，是否带有锈迹和尘埃。古代床弩材质纹理参考图如图 4.85 所示。

图 4.85　古代床弩材质纹理参考图

步骤 02：制作古代床弩的木头材质。

步骤 03：制作古代床弩的金属材质。

步骤 04：制作古代床弩的绳索材质。

步骤 05：对古代床弩的材质进行整体调节。

视频播放：关于具体介绍，请观看本书配套视频“任务一：古代床弩材质的制作流程.wmv”。

任务二：新建项目和导入模型

步骤 01：启动 Adobe Substance 3D Painter。

步骤 02：在菜单栏中单击【文件】→【新建】命令（或按键盘上的“Ctrl+N”组合键），弹出【新项目】对话框。

步骤 03：在【新项目】对话框中单击【选择…】按钮，弹出【打开文件】对话框，如图 4.86 所示。在该对话框中单击需要导入的模型（古代床弩低模），单击该对话框中的【打开（O)】按钮，然后返回【新项目】对话框。

步骤 04：根据项目要求设置【新项目】对话框，【新项目】对话框参数设置如图 4.87 所示。

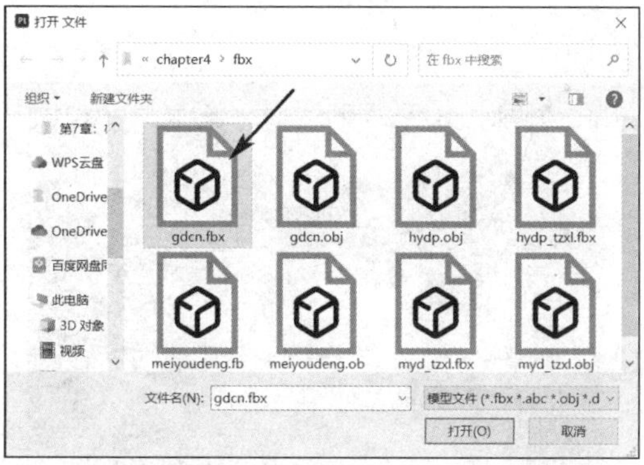

图 4.86 【打开文件】对话框

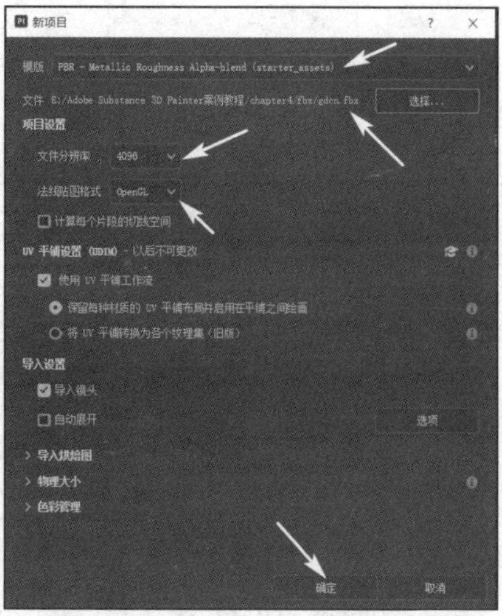

图 4.87 【新项目】对话框参数设置

步骤 05：单击【确定】按钮，完成新项目的创建和低模的导入。导入的低模和【纹理集列表】面板如图 4.88 所示。

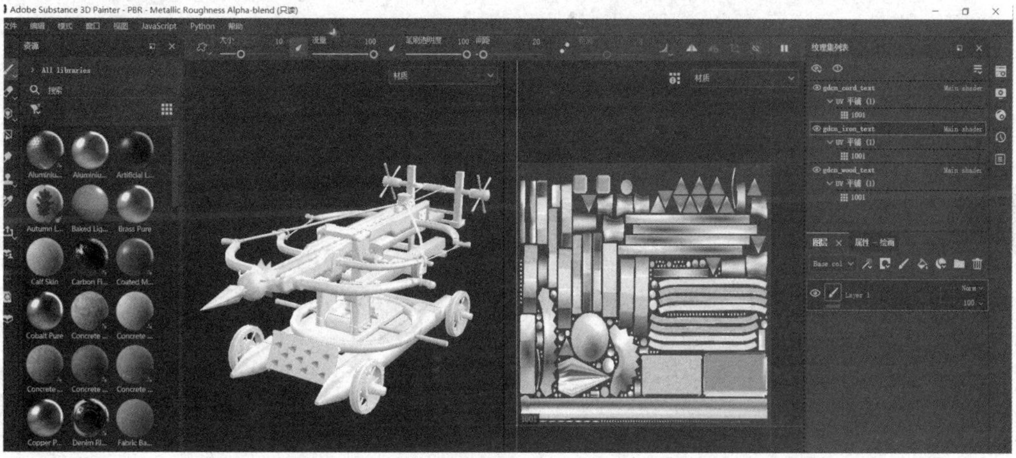

图 4.88 导入的低模和【纹理集列表】面板

步骤 06：保存项目。在菜单栏中单击【文件】→【保存】命令（或按键盘上的“Ctrl+S”组合键），弹出【保存项目】对话框。在【保存项目】对话框中找到“文件名（N）”对应的文本输入框，在其中输入“古代床弩”4 个字，单击【保存（S）】按钮，完成保存。

视频播放：关于具体介绍，请观看本书配套视频“任务二：新建项目和导入模型.wmv”。

任务三：烘焙模型贴图

在制作材质之前，需要对导入的低模进行贴图烘焙。

步骤 01：在【纹理集设置】面板中单击【烘焙模型贴图】按钮，切换到纹理烘焙模式。

步骤 02：设置烘焙参数，烘焙参数的具体设置如图 4.89 所示。

步骤 03：单击【烘焙所有纹理】按钮，开始纹理贴图的烘焙。烘焙之后的效果如图 4.90 所示。

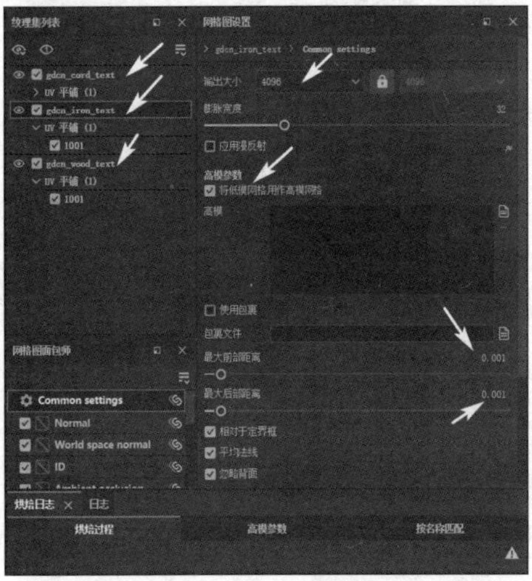

图 4.89　烘焙参数的具体设置

图 4.90　烘焙之后的效果

步骤 04：单击【返回至绘画模式】按钮，返回绘画模式进行材质纹理的制作。

视频播放：关于具体介绍，请观看本书配套视频“任务三：烘焙模型贴图.wmv”。

任务四：添加图层组给材质分类

本任务主要根据项目要求添加图层组，给古代床弩材质分类。

步骤 01：在【纹理集列表】面板中单击“gdcn_wood_text”列表项目。

步骤 02：在【图层】面板中单击添加组按钮，添加一个图层组，将添加的图层组命名为“红木”，命名之后的“红木”图层组如图 4.91 所示。

步骤 03：在【图层】面板中先单击“红木”图层组，再单击添加填充图层按钮，在“铁材质”图层组中添加一个填充图层，将填充图层的颜色改为暗红色。添加的填充图层如图 4.92 所示。

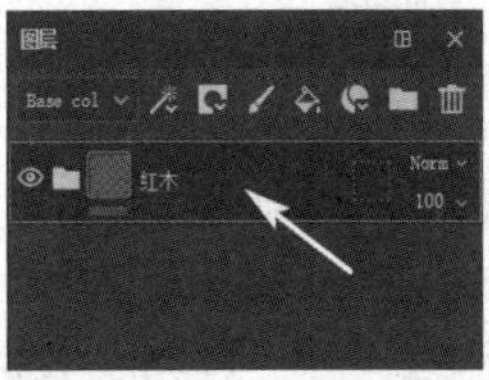

图 4.91　命名之后的“红木”图层组

图 4.92　添加的填充图层

步骤 04：将光标移到“红木”图层组的图标上，单击右键，弹出快捷菜单。在弹出的快捷菜单中单击【添加黑色遮罩】命令，即可给“红木”组添加一个黑色遮罩。添加黑色遮罩之后的“红木”图层组如图 4.93 所示。

步骤 05：将光标移到“红木”图层组的黑色遮罩图标上，单击右键，弹出快捷菜单。在弹出的快捷菜单中单击【添加绘画】命令，即可给黑色遮罩添加一个绘画图层。添加的绘画图层如图 4.94 所示。

图 4.93　添加黑色遮罩之后的“红木”图层组

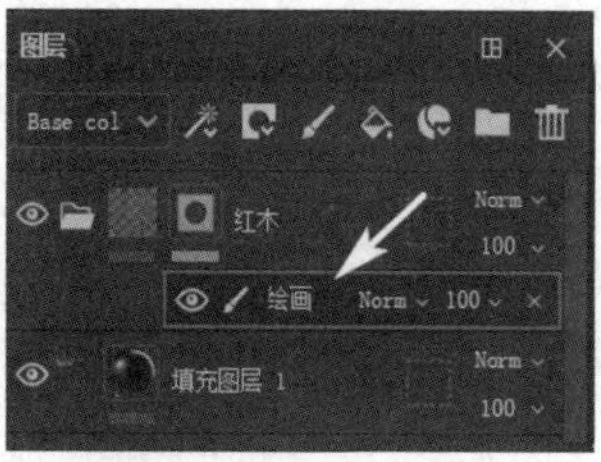

图 4.94　添加的绘画图层

步骤 06：在【工具箱】中单击几何体填充工具按钮，在几何体填充工具属性栏中单击模型填充按钮，在材质制作区单击需要添加遮罩的模型。添加遮罩之后的效果如图 4.95 所示。

步骤 07：方法同“步骤 01～步骤 05”，继续添加图层组、填充图层、黑色遮罩和绘画图层，对古代床弩进行材质的划分。图层组和填充图层在【图层】面板中的顺序如图 4.96 所示，材质划分之后的效果如图 4.97 所示。

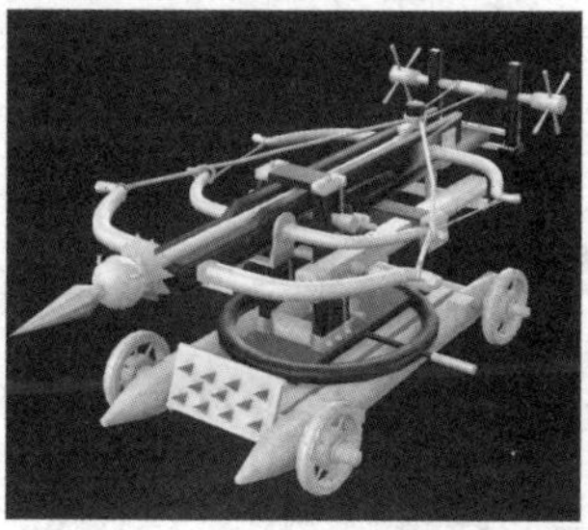

图 4.95　添加遮罩之后的效果

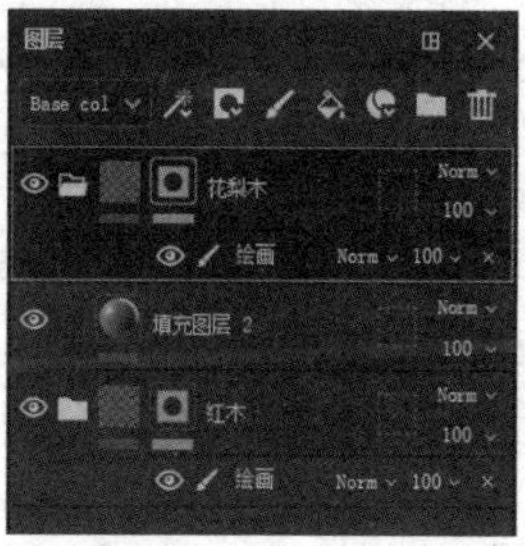

图 4.96　图层组和填充图层在【图层】面板中的顺序

图 4.97　材质划分之后的效果

视频播放：关于具体介绍，请观看本书配套视频“任务四：添加图层组给材质分类.wmv”。

任务五：木材质的制作流程

木材质的制作流程包括制作底色、凹凸纹理、质感、污垢和脏迹和磨损效果调节整体变化，进行锐化处理。在制作过程中，需要根据实际项目对这些流程进行取舍。例如，在制作刚出品的新木材质纹理时，可以省略污垢、脏迹和磨损效果的制作；在制作光滑的木材质纹理时，可以省略凹凸纹理的制作。

木材质的制作流程如图 4.98 所示。

视频播放：关于具体介绍，请观看本书配套视频“任务五：木材质的制作流程.wmv”。

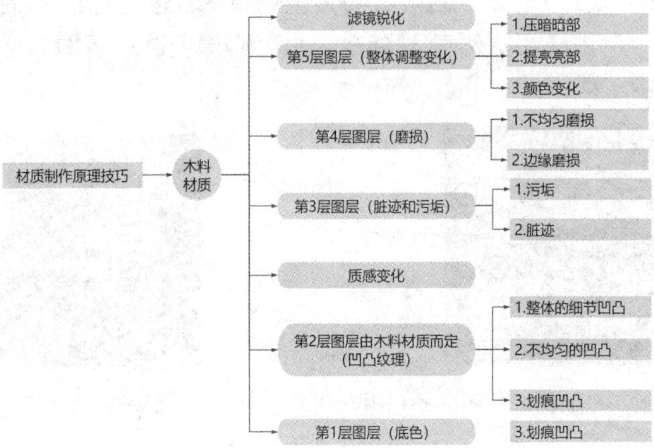

图 4.98　木材质的制作流程

任务六：红木材质的制作

1. 红木材质底色的制作

步骤 01：在【纹理集列表】面板中将“gdcn_cord_text”和“gdcn_icon_text”列表集中的模型隐藏，【纹理集列表】面板参数设置如图 4.99 所示，设置后只显示木头材质的模型。木头材质的模型如图 4.100 所示。

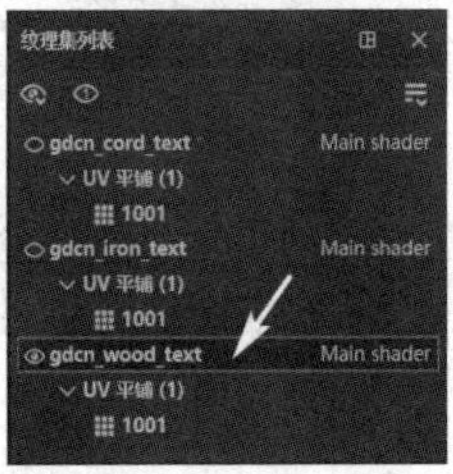

图 4.99　【纹理集列表】面板参数设置

图 4.100　木头材质的模型

步骤 02：将“Wood Walnut”预设材质图层拖到“红木底色”图层组中，“Wood Walnut”预设材质图层在【图层】面板中的位置如图 4.101 所示。

步骤 03：单击“Wood Walnut”预设材质图层，在【属性-填充】面板中调节“Wood Walnut”预设材质图层属性参数。调节“Wood Walnut”预设材质图层属性参数之后的材质效果如图 4.102 所示。

2. 红木材质凹凸纹理的制作

步骤 01：在【图层】面板中单击添加组按钮，添加一个图层组，将添加的图层组命名为“红木凹凸纹理”。“红木凹凸纹理”图层组如图 4.103 所示。

步骤 02：在【图层】面板中单击添加填充图层按钮，将添加的填充图层命名为“整体细节凹凸”。给“整体细节凹凸”填充图层添加一个黑色遮罩，给黑色遮罩添加一个填充图层，给黑色遮罩中的填充图层灰度图添加一个名为“Dirt 5”的程序纹理贴图。“整体细节凹凸”填充图层如图 4.104 所示。

图 4.101　“Wood Walnut”预设材质图层在【图层】面板中的位置

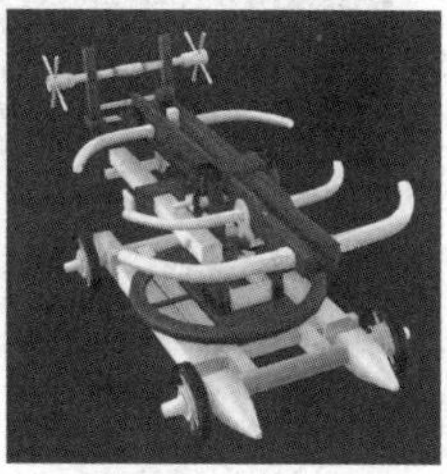

图 4.102　调节“Wood Walnut”预设材质图层属性参数之后的材质效果

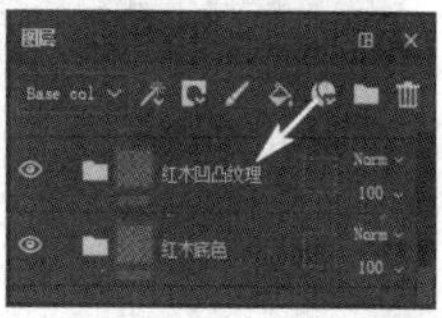

图 4.103　“红木凹凸纹理”图层组

步骤 03：调节“Dirt 5”程序纹理贴图参数和“整体细节凹凸”填充图层属性参数。调节“整体细节凹凸”填充图层属性参数之后的效果如图 4.105 所示。

步骤 04：单击“整体细节凹凸”填充图层，按键盘上的“Ctrl+D”组合键 2 次，把该填充图层复制两份。

步骤 05：将复制的两份填充图层依次命名为“划痕”和“不均匀凹凸”。复制和命名之后的填充图层如图 4.106 所示。

图 4.104　“整体细节凹凸”填充图层

图 4.105　调节“整体细节凹凸”填充图层属性参数之后的效果

图 4.106　复制和命名之后的填充图层

步骤 06：将“不均匀凹凸”填充图层中的黑色遮罩填充图层的灰度图改为“Grunge Spots Dirty”程序纹理贴图，调节“不均匀凹凸”填充图层属性参数之后的效果如图 4.107 所示。

步骤 07：将“划痕”填充图层中的黑色遮罩填充图层的灰度图改为“Grunge Scratches Rough”程序纹理贴图，调节“划痕”填充图层属性参数之后的效果如图 4.108 所示。

3. 红木材质脏迹和污垢的制作

步骤 01：在【图层】面板中单击添加组按钮■，添加一个图层组，将添加的图层命名为“脏迹和污垢”。“脏迹和污垢”图层组如图 4.109 所示。

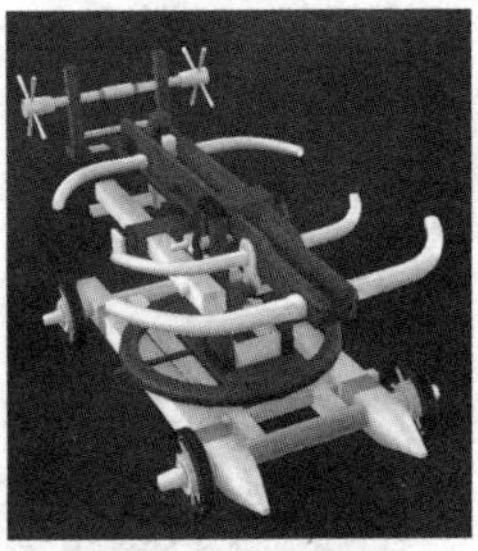

图 4.107　调节“不均匀凹凸”填充图层属性参数之后的效果

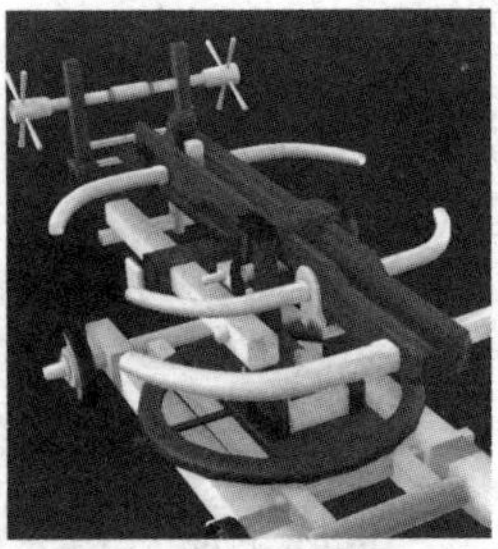

图 4.108　调节“划痕”填充图层属性参数之后的效果

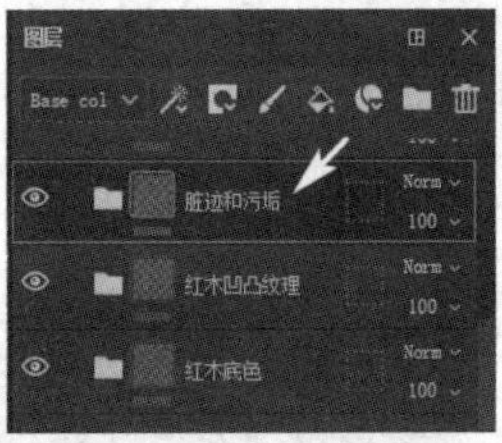

图 4.109　“脏迹和污垢”图层组

步骤 02：在“脏迹和污垢”图层组中添加第 1 个填充图层，将添加的填充图层命名为“污垢”。给“污垢”填充图层添加一个黑色遮罩，给黑色遮罩添加一个“Dirt”生成器图层。调节“Dirt”生成器图层属性参数之后的效果如图 4.110 所示。

步骤 03：在“脏迹和污垢”图层组中添加第 2 个填充图层，将添加的填充图层命名为“不均匀脏迹 01”。给“不均匀脏迹 01”填充图层添加一个黑色遮罩，给黑色遮罩添加一个填充图层，给黑色遮罩填充图层的灰度图添加一个“Grunge Map 012”程序纹理贴图。调节“不均匀脏迹 01”填充图层和“Grunge Map 012”程序纹理贴图参数之后的效果如图 4.111 所示。

步骤 04：在“脏迹和污垢”图层组中添加第 3 个填充图层，将添加的填充图层命名为“不均匀脏迹 02”。给“不均匀脏迹 02”填充图层添加一个黑色遮罩，给黑色遮罩添加一个填充图层，给黑色遮罩填充图层灰度图添加“Grunge Map 007”程序纹理贴图。调节“不均匀脏迹 02”填充图层和程序纹理贴图参数之后的效果如图 4.112 所示。

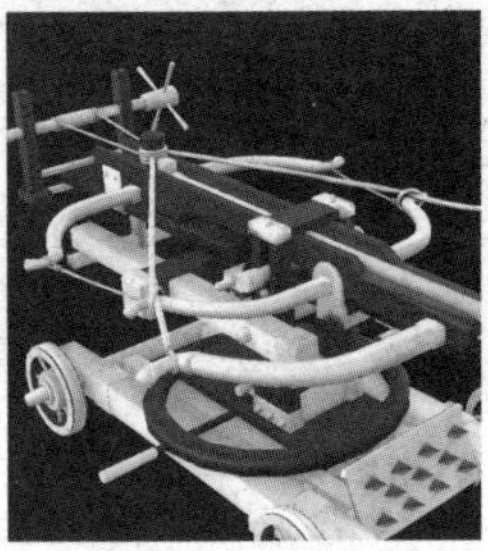

图 4.110　调节“Dirt”生成器图层属性参数之后的效果

图 4.111　调节“不均匀脏迹 01”填充图层和“Grunge Map 012”程序纹理贴图参数之后的效果

图 4.112　调节“不均匀脏迹 02”填充图层和“Grunge Map 012”程序纹理贴图参数之后的效果

4. 红木材质边缘磨损效果的制作

步骤 01：在【图层】面板中单击添加组按钮，添加一个图层组，将添加的图层组命名为“磨损”。“磨损”图层组如图 4.113 所示。

步骤 02：在“磨损”图层组中添加一个填充图层，将添加的填充图层命名为“边缘划痕”。“边缘划痕”填充图层的材质属性参数调节如图 4.114 所示。

步骤 03：给“边缘划痕”填充图层添加一个黑色遮罩，给黑色遮罩添加一个“Metal Edge Wear”生成器图层。调节“Metal Edge Wear”生成器图层属性参数之后的效果如图 4.115 所示。

图 4.113　“磨损”图层组

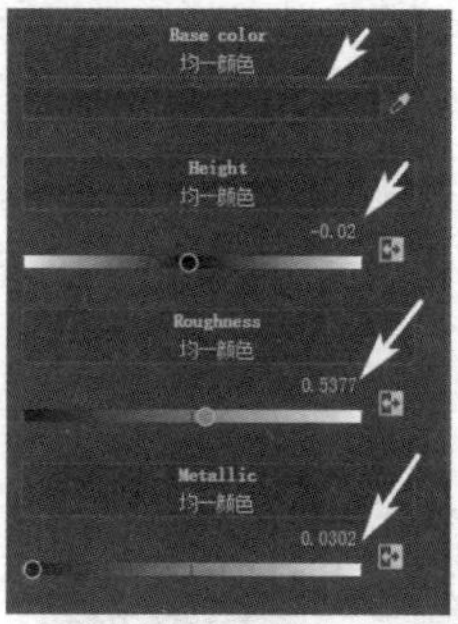

图 4.114　“边缘划痕”填充图层的材质属性参数调节

图 4.115　调节“Metal Edge Wear”生成器图层属性参数之后的效果

5. 红木材质的整体调整

红木材质的整体调整主要包括压暗效果和颜色变化效果的制作。

1）红木材质压暗效果的制作

步骤 01：在【图层】面板中单击添加组按钮，添加一个图层组，将添加的图层组命名为“整体调整”。“整体调整”图层组如图 4.116 所示。

步骤 02：在“整体调整”图层组中添加一个填充图层，将添加的填充图层命名为“压暗”，给“压暗”填充图层添加一个黑色遮罩，给黑色遮罩添加一个填充图层，给黑色遮罩填充图层的灰度图添加“Ambient Occlusion Map from Mesh gdcn_wood_text”贴图。

步骤 03：给黑色遮罩添加一个色阶图层，色阶图层属性参数调节如图 4.117 所示。调节“压暗”填充图层属性参数之后的效果如图 4.118 所示。

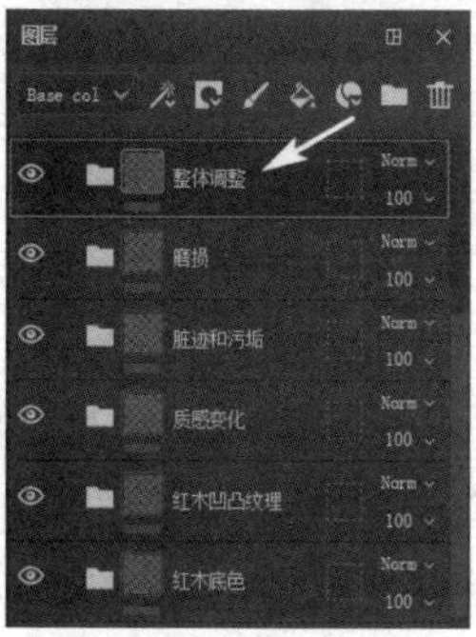

图 4.116　“整体调整”图层组

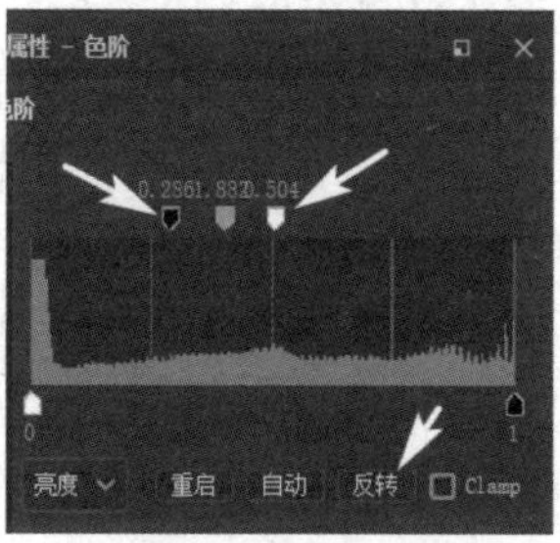

图 4.117　色阶图层属性参数调节

图 4.118　调节“压暗”填充图层属性参数之后的效果

2）颜色变化效果的制作

步骤 01：在“整体调整”图层组中添加一个填充图层，将添加的填充图层命名为“颜色变化”，给“颜色变化”填充图层添加一个黑色遮罩。“颜色变化”填充图层如图 4.119 所示。

步骤 02：给“颜色变化”填充图层的黑色遮罩添加一个填充图层，给黑色遮罩填充图层的灰度图添加一个“Grunge Map 007”程序纹理贴图，调节“颜色变化”填充图层和“Grunge Map 007”程序纹理贴图之后的效果如图 4.120 所示。

步骤 03：给“颜色变化”填充图层的黑色遮罩添加一个“Light”生成器图层，调节“Light”生成器图层属性参数之后的效果如图 4.121 所示。

图 4.119 “颜色变化”填充图层

图 4.120 调节“颜色变化”填充图层和“Grunge Map 007”程序纹理贴图之后的效果

图 4.121 调节“Light”生成器图层属性参数之后的效果

步骤 04：给“颜色变化”填充图层的黑色遮罩添加一个滤镜图层，对“滤镜”参数选项选择“Blur”滤镜，把“Blur”滤镜的“Blur Intensity”参数值设为“0.55”。添加滤镜图层之后的效果如图 4.122 所示。

6. 红木材质质感变化效果的制作和锐化处理

1）红木材质质感变化效果的制作

步骤 01：在【图层】面板中单击添加组按钮，添加一个图层组，将添加的图层组命名为“质感变化”。“质感变化”图层组如图 4.123 所示。

步骤 02：在【图层】面板中单击添加图层按钮，添加一个图层，将添加的图层命名为“拉丝”。给“拉丝”图层添加一个滤镜图层，在图层属性中选择“MatFinish Brushed Linear”滤镜。调节滤镜图层属性参数之后的效果如图 4.124 所示。

步骤 03：单击“拉丝”图层，按键盘上的“Ctrl+D”组合键，将选择的“拉丝”图层复制一份，将复制的图层命名为“纹理”。复制和命名之后的图层如图 4.125 所示。单击“纹理”图层组中的滤镜图层，在【属性-滤镜】面板中选择“MatFinish Galvanized 滤镜，调节“纹理”图层组中的滤镜图层属性参数之后的效果如图 4.126 所示。

2）红木材质的锐化处理

步骤 01：在【图层】面板中单击添加图层按钮，添加一个图层，将添加的图层命名为“Sharpen”。

图 4.122　添加滤镜图层之后的效果

图 4.123　“质感变化”图层组

图 4.124　调节滤镜图层属性参数之后的效果

步骤 02： 给“Sharpen”图层添加滤镜图层，在【属性-滤镜】面板中选择“Sharpen”滤镜，调节“Sharpen”图层和滤镜图层属性参数之后的效果如图 4.127 所示。

图 4.125　复制和命名之后的图层

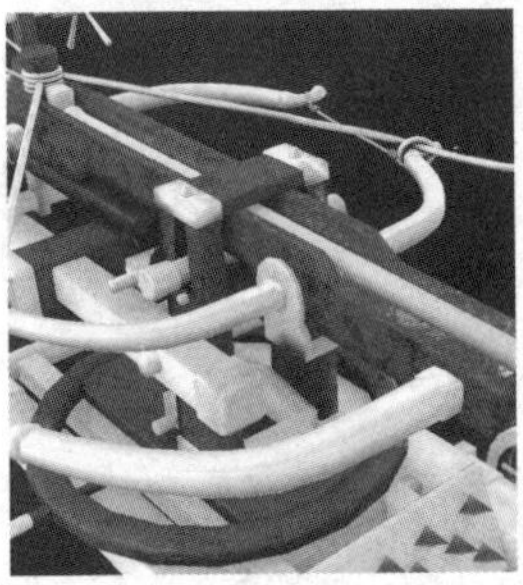
图 4.126　调节“纹理”图层组中的滤镜图层属性参数之后的效果

图 4.127　调节“Sharpen”图层和滤镜图层属性参数之后的效果

视频播放： 关于具体介绍，请观看本书配套视频“任务六：红木材质的制作.wmv”。

任务七：花梨木材质的制作

在红木材质的基础上进行修改，可完成花梨木材质的制作。

1. 复制红木材质

步骤 01： 在【图层】面板中单击“红木”图层组，按键盘上的“Ctrl+D”组合键复制该图层组，将复制的图层组命名为“花梨木”。命名之后的“花梨木”图层组如图 4.128 所示。

步骤 02： 展开“花梨木”图层组，对其中的图层进行重命名。各个图层的名称如图 4.129 所示。

步骤 03： 在“花梨木”图层组中，单击黑色遮罩的绘画图层，使用几何体填充工具修改遮罩对象。修改遮罩对象之后的效果如图 4.130 所示。

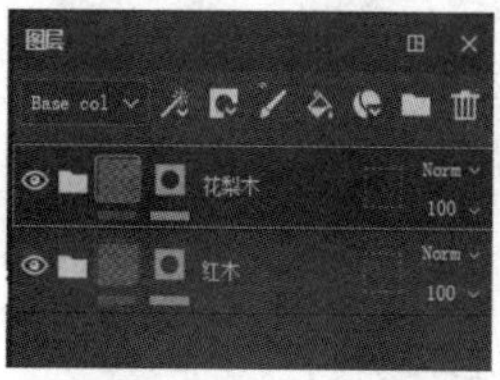

图 4.128　命名之后的“花梨木”图层

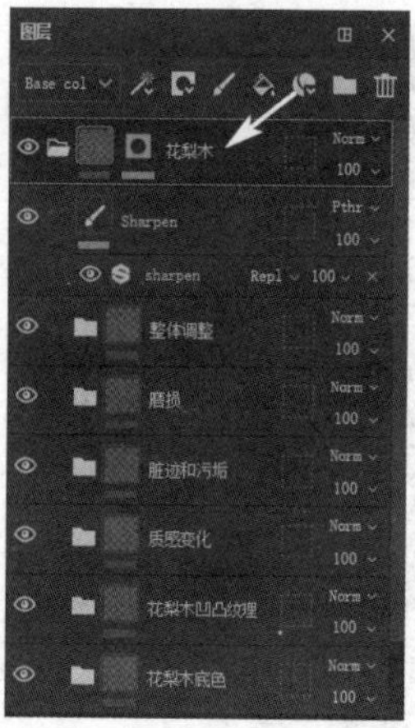

图 4.129　各个图层的名称

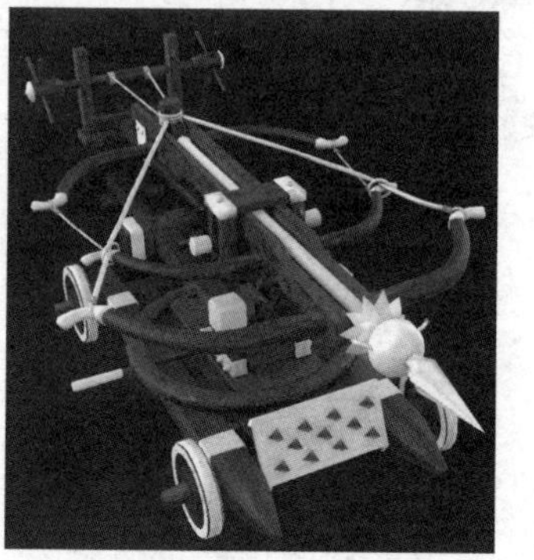

图 4.130　修改遮罩对象之后的效果

2. 花梨木材质底色的制作

步骤 01：将“花梨木底色”图层组中的原有材质删除，将系统预设的“Wood Walnut”智能材质拖到“花梨木底色”图层组中。添加的“Wood Walnut”智能材质如图 4.131 所示。

步骤 02：根据项目要求，修改“Wood Walnut”智能材质中的各项参数。调节“Wood Walnut”智能材质参数之后的效果如图 4.132 所示。

3. 花梨木材质凹凸纹理的制作

步骤 01：单击“整体细节凹凸”填充图层中的黑色遮罩的填充图层，在【属性-填充】面板中，将“灰度”参数选项中的程序纹理贴图设为“Dirt 5”。调节“整体细节凹凸”填充图层属性参数之后的效果如图 4.133 所示。

图 4.131　添加的“Wood Walnut”智能材质

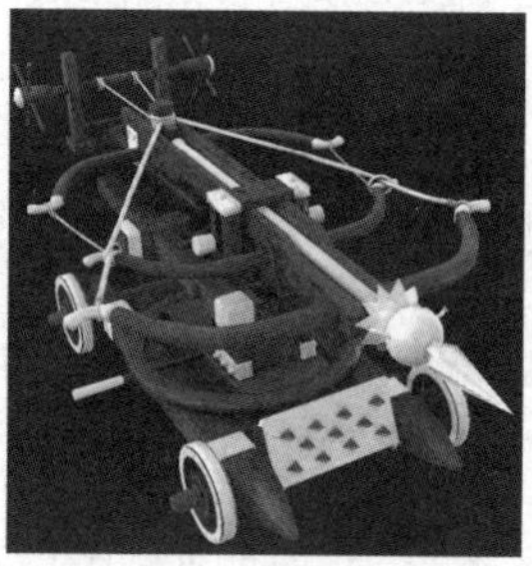

图 4.132　调节“Wood Walnut”智能材质参数之后的效果

图 4.133　调节“整体细节凹凸”填充图层属性参数之后的效果

步骤 02：单击“不均匀凹凸”填充图层中的黑色遮罩的填充图层，在【属性-填充】面板中，将“灰度”参数选项中的程序纹理贴图设为“Grunge Spots Dirty”。调节“不均匀凹凸”填充图层属性参数之后的效果如图 4.134 所示。

步骤 03：单击“划痕”填充图层中的黑色遮罩的填充图层，在【属性-填充】面板中，将“灰度”参数选项中的程序纹理贴图设为“Grunge Scratches Rough”。调节“划痕”填充图层属性参数之后的效果如图 4.135 所示。

步骤 04：添加一个填充图层，将填充图层命名为“深凹痕”，给“深凹痕”填充图层添加一个黑色遮罩，给黑色遮罩添加一个绘画图层。使用绘画工具，给木头绘制深凹痕。绘制的深凹痕如图 4.136 所示。

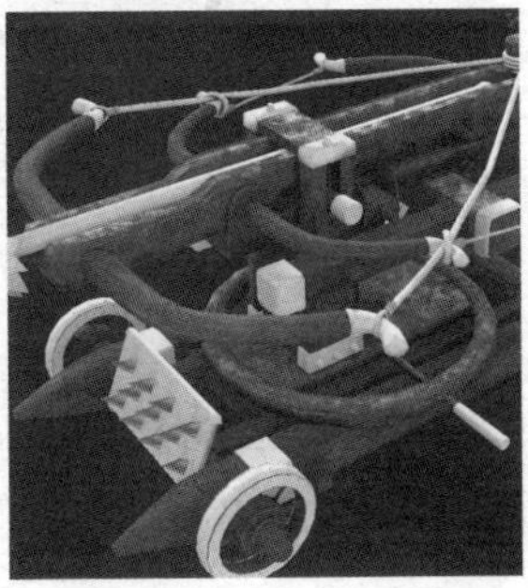

图 4.134　调节“不均匀凹凸”填充图层属性参数之后的效果

图 4.135　调节“划痕”填充图层属性参数之后的效果

图 4.136　绘制的深凹痕

步骤 05：给“深凹痕”填充图层中的黑色遮罩添加一个滤镜图层，在【属性-滤镜】面板中选择“Blur”滤镜，把“Blur Intensity”参数值设为“0.28”。添加滤镜图层之后的效果如图 4.137 所示。

4. 花梨木材质脏迹和污垢的制作

步骤 01：单击“污垢”填充图层中的黑色遮罩的填充图层，在【属性-填充】面板中将“灰度”参数选项中的程序纹理贴图设为“Dirt”。调节“污垢”填充图层属性参数之后的效果如图 4.138 所示。

步骤 02：单击“不均匀脏迹 01”填充图层中的黑色遮罩填充图层，在【属性-填充】面板中，将“灰度”参数选项中的程序纹理贴图设为“Grunge Map 012”。调节“不均匀脏迹 01”填充图层属性参数之后的效果如图 4.139 所示。

图 4.137　添加滤镜图层之后的效果

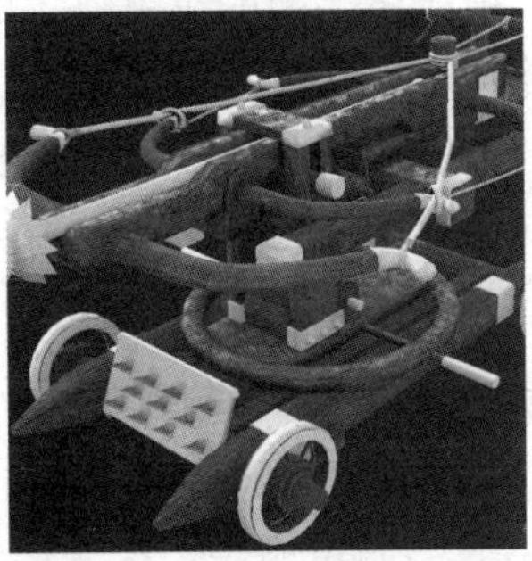

图 4.138　调节“污垢”填充图层属性参数之后的效果

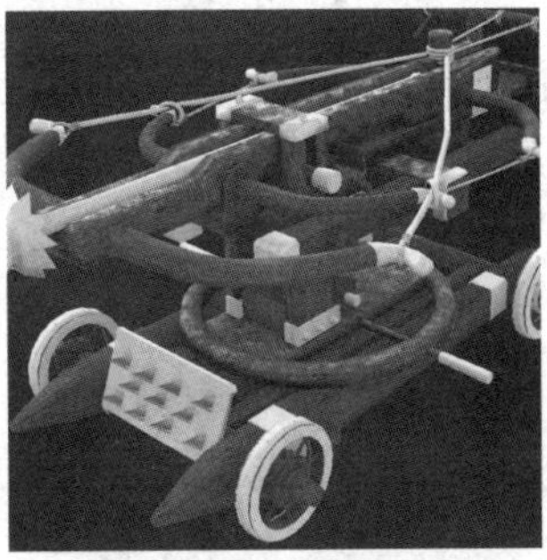

图 4.139　调节“不均匀脏迹 01”填充图层属性参数之后的效果

步骤 03：单击“不均匀脏迹 02”填充图层黑色遮罩中的填充图层，在【属性-填充】面板中将“灰度”参数选项中的程序纹理贴图设为“Grunge Map 007”。调节“不均匀脏迹 02”填充图层属性参数之后的效果如图 4.140 所示。

5. 花梨木材质磨损效果的制作

单击“边缘划痕”填充图层黑色遮罩中的填充图层，在【属性-填充】面板中，将“灰度”参数选项中的程序纹理贴图设为“Metal Edge Wear”。调节“边缘划痕”填充图层属性参数之后的效果如图 4.141 所示。

6. 花梨木材质整体变化调节

步骤 01：单击“压暗”填充图层黑色遮罩中的色阶图层，调节色阶图层的属性参数。调节色阶图层属性参数之后的效果如图 4.142 所示。

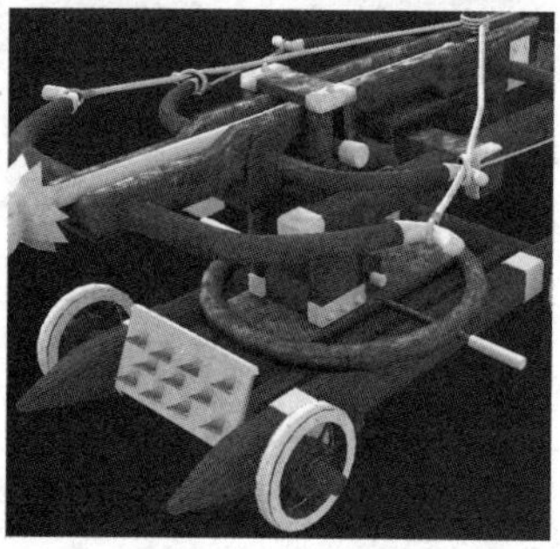

图 4.140 调节“不均匀脏迹 02”填充图层属性参数之后的效果

图 4.141 调节“边缘划痕”填充图层属性参数之后的效果

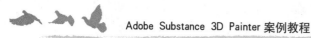

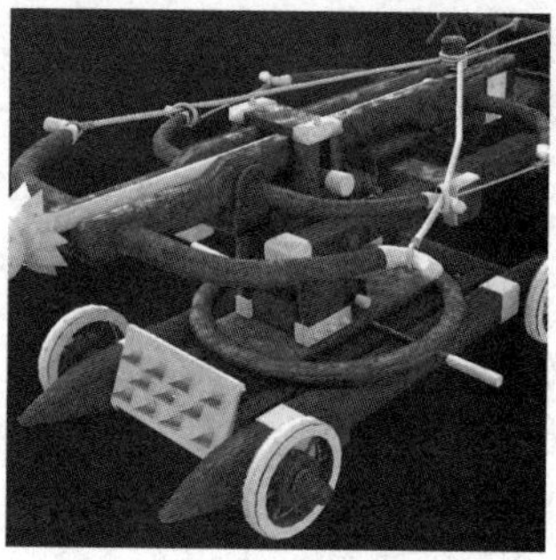

图 4.142 调节色阶图层属性参数之后的效果

步骤 02：单击“颜色变化”填充图层黑色遮罩中的填充图层，在【属性-填充】面板中将“灰度”参数选项中的程序纹理贴图设为“Grunge Map 007”。调节“Grunge Map 007”程序纹理贴图参数之后的效果如图 4.143 所示。

步骤 03：单击“颜色变化”填充图层中的黑色遮罩的生成器图层，在【属性-生成器】面板中，将“生成器”参数选项中的生成器图层设为“Light”。调节“Light”生成器图层属性参数之后的效果如图 4.144 所示。

7. 花梨木材质质感变化效果的制作

步骤 01：单击“拉丝”图层中的滤镜图层，在【属性-滤镜】面板中，对“滤镜”参数选项选择“MatFinish Brushed Linear”滤镜，调节“MatFinish Brushed Linear”滤镜参数。

步骤 02：单击“纹理”图层中的滤镜图层，在【属性-滤镜】面板中，对“滤镜”参数选项选择“MatFinish Galvanized”滤镜，调节“MatFinish Galvanized”滤镜参数。调节“质感变化”图层组中的各个图层属性参数之后的效果如图 4.145 所示。

图 4.143　调节“Grunge Map 007”程序纹理贴图参数之后的效果

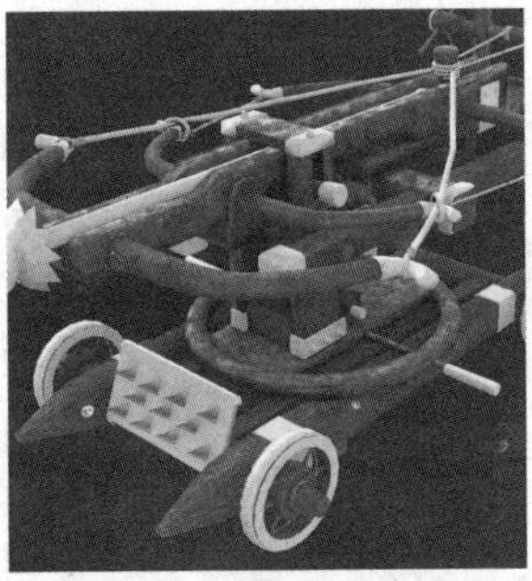

图 4.144　调节“Light”生成器图层属性参数之后的效果

图 4.145　调节“质感变化”图层组中的各个图层属性参数之后的效果

视频播放：关于具体介绍，请观看本书配套视频“任务七：花梨木材质的制作.wmv”。

任务八：铁材质的制作

铁材质的制作流程包括制作底色、凹凸纹理、质感、脏迹和污垢、磨损效果，调整整体变化，以及锐化处理。在制作过程中需要根据实际项目对这些流程进行取舍。例如，在制作新铁材质纹理时，可以省略脏迹和污垢、磨损效果的制作；在制作光滑的铁材质纹理时，可以省略凹凸纹理的制作。

铁材质的制作流程可以参考图 4.146 所示的金属材质制作流程。

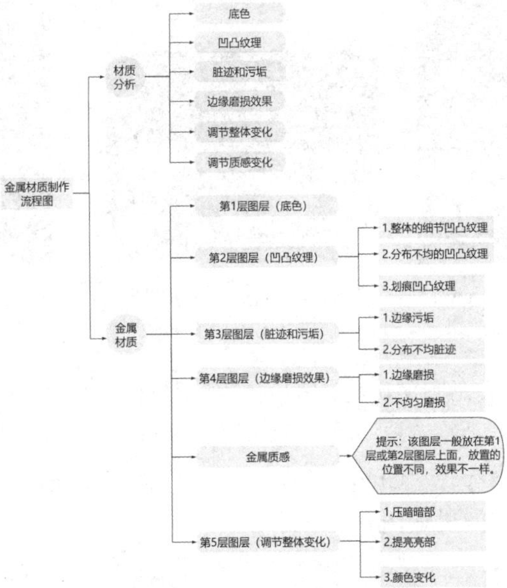

图 4.146　金属材质制作流程

1. 铁底色的制作

步骤 01：在【纹理集列表】面板中单击“gdcn_iron_text”列表项，将古代床弩的铁模型作为当前模型。

步骤 02：在【图层】面板中单击添加组按钮，添加图层组，将添加的图层组命名为“铁底色”。

步骤 03：单击添加填充图层按钮，在“铁底色”图层组中添加一个填充图层，将填充图层命名为“底色”。

步骤 04：给“底色”填充图层添加一个滤镜图层。在【属性-滤镜】面板中，对“滤镜”参数选项选择“MatFinish Rough”滤镜。调节“MatFinish Rough”滤镜参数之后的效果如图 4.147 所示，添加滤镜图层之后的【图层】面板如图 4.148 所示。

2. 铁材质凹凸纹理的制作

步骤 01：在【图层】面板中单击添加组按钮，添加图层组，将添加的图层组命名为“铁凹凸纹理”。

步骤 02：单击添加填充图层按钮，在“铁凹凸纹理”图层组中添加一个填充图层，将填充图层命名为“整体凹凸”。

步骤 03：给“整体凹凸”填充图层添加一个黑色遮罩，给黑色遮罩添加一个填充图层，在【属性-填充】面板中，对“灰度”参数选项选择“Gaussian Spots 2”程序纹理贴图。调节“整体凹凸”填充图层属性参数之后的效果如图 4.149 所示。

图 4.147　调节“MatFinish Rough”滤镜图层属性参数之后的效果

图 4.148　添加滤镜图层之后的【图层】面板

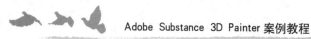

图 4.149　调节“整体凹凸”填充图层属性参数之后的效果

步骤 04：添加一个填充图层，将添加的填充图层命名为“不均匀凹凸”。给“不均匀凹凸”填充图层添加一个黑色遮罩，给黑色遮罩添加一个填充图层，在【属性-填充】面板中，对“灰度”参数选项选择“Grunge Spots Dirty”程序纹理贴图。调节“不均匀凹凸”填充图层属性参数之后的效果如图 4.150 所示。

步骤 05：添加一个填充图层，将添加的填充图层命名为“划痕”。给“划痕”填充图层添加一个黑色遮罩，给黑色遮罩添加一个填充图层，在【属性-填充】面板中，对“灰度”参数选项选择“Grunge Scratches Rough”程序纹理贴图。调节“划痕”填充图层属性参数之后的效果如图 4.151 所示。

步骤 06：“铁凹凸纹理”图层组中的各个图层的叠放顺序如图 4.153 所示。

图 4.150　调节“不均匀凹凸”填充图层属性参数之后的效果

图 4.151　调节“划痕”填充图层属性参数之后的效果

图 4.152　“铁凹凸纹理”图层组中的各个图层的叠放顺序

3. 铁材质脏迹和污垢的制作

步骤 01：在【图层】面板中单击添加组按钮，添加图层组，将添加的图层组命名为“脏迹和污垢”。

步骤 02：单击添加填充图层按钮，在“脏迹和污垢”图层组中添加一个填充图层，将填充图层命名为“边缘污垢”。

步骤 03：给“边缘污垢”填充图层添加一个黑色遮罩，给黑色遮罩添加一个填充图层，在【属性-填充】面板中，对“灰度”参数选项选择“Grunge Map 012”程序纹理贴图，调节“边缘污垢”填充图层属性参数之后的效果如图 4.153 所示。

步骤 04：添加一个填充图层，将添加的填充图层命名为“不均匀脏迹”，先给“不均匀脏迹”填充图层添加一个黑色遮罩，再给黑色遮罩添加一个填充图层，在【属性-填充】面板中，对“灰度”参数选项选择“Grunge Map 012”程序纹理贴图。调节“Grunge Map 012”程序纹理贴图参数。

步骤 05：给黑色遮罩添加一个填充图层，在【属性-填充】面板中，对“灰度”参数选项选择“Grunge Map 007”程序纹理贴图，对填充图层的叠加模式选择“Lighten（Max）”。调节“不均匀脏迹”填充图层属性参数之后的效果如图 4.154 所示。

4. 铁材质的边缘磨损效果制作

步骤 01：在【图层】面板中单击添加组按钮，添加图层组，将添加的图层组命名为“边缘磨损”。

步骤 02：单击添加填充图层按钮，在“边缘磨损”图层组中添加一个填充图层，将填充图层命名为“边缘磨损 01”。

步骤 03：给“边缘磨损 01”填充图层添加一个黑色遮罩，给黑色遮罩添加一个生成器图层。在【属性-生成器】面板中，对“生成器”参数选项选择“Metal Edge Wear”生成器，调节“Metal Edge Wear”生成器图层属性参数之后的效果如图 4.155 所示。

图 4.153 调节“边缘污垢”填充图层属性参数之后的效果

图 4.154 调节“不均匀脏迹”填充图层属性参数之后的效果

图 4.155 调节“Metal Edge Wear”生成器图层属性参数之后的效果

步骤 04：给黑色遮罩添加一个填充图层，在【属性-填充】面板中，对“灰度”参数选项选择“Grunge Map 012”程序纹理贴图。调节“边缘磨损 01”填充图层属性参数之后的效果如图 4.156 所示。

步骤 05：单击添加填充图层按钮，在“边缘磨损”图层组中添加一个填充图层，将填充图层命名为“边缘磨损 02”。

步骤 06：给“边缘磨损 02”填充图层添加一个黑色遮罩，给黑色遮罩添加一个生成器图层，在【属性-生成器】面板中，对生成器参数选项选择“Metal Edge Wear”生成器。调节“Metal Edge Wear”生成器图层属性参数。

步骤 07：给黑色遮罩添加一个填充图层，在【属性-填充】面板中，对“灰度”参数选项选择“Grunge Map 012”程序纹理贴图。调节“边缘磨损 02”填充图层属性参数之后的效果如图 4.157 所示。

5. 铁材质金属质感的制作

步骤 01：在【图层】面板中单击添加组按钮，添加图层组，将添加的图层组命名为“金属质感”。“金属质感”图层组在【图层】面板中的位置如图 4.158 所示。

图 4.156 调节“边缘磨损 01”填充图层属性参数之后的效果

图 4.157 调节“边缘磨损 02”填充图层属性参数之后的效果

图 4.158 “金属质感”图层组在【图层】面板中的位置

步骤 02：单击添加填充图层按钮，在“金属质感”图层组中添加一个填充图层，将填充图层命名为“质感”。

步骤 03：给“质感”填充图层添加一个生成器图层，在【属性-生成器】面板中，对“生成器”参数选项选择“MatFinish Rough”生成器。调节“质感”填充图层属性参数之后的效果如图 4.159 所示。

6. 铁材质的整体调整

步骤 01：在【图层】面板中单击添加组按钮，添加图层组，将添加的图层组命名为“整体调整”。“整体调整”图层组在【图层】面板中的位置如图 4.160 所示。

步骤 02：单击添加填充图层按钮，在“整体调整”图层组中添加一个填充图层，将填充图层命名为“压暗”。

步骤 03：给“压暗”填充图层添加一个黑色遮罩，给黑色遮罩添加一个填充图层，在【属性-填充】面板中，对“灰度”参数选项选择“Ambient Occlusion Map from Mesh gdcn_iron_text”贴图。

步骤 04：给黑色遮罩添加一个色阶滤镜，调节“压暗”填充图层和色阶图层属性参数之后的效果如图 4.161 所示。

图 4.159　调节“质感”填充图层属性参数之后的效果

图 4.160　“整体调整”图层组在【图层】面板中的位置

图 4.161　调节“压暗”填充图层和色阶图层属性参数之后的效果

步骤 05：单击添加填充图层按钮，在“整体调整”图层组中添加一个填充图层，将填充图层命名为“颜色变化”。

步骤 06：给“颜色变化”填充图层添加一个黑色遮罩，给黑色遮罩添加一个填充图层，在【属性-填充】面板中，对“灰度”参数选项选择“Grunge Map 012”程序纹理贴图。

步骤 07：给黑色遮罩添加一个色阶图层，调节“颜色变化”填充图层和色阶图层属性参数之后的效果如图 4.162 所示。

7. 铁材质的整体锐化处理

步骤 01：在【图层】面板中单击添加图层按钮，添加一个图层，将添加的图层命名为“Sharpen”。

步骤 02：给“Sharpen”图层添加一个滤镜图层，在【属性-滤镜】面板中，对“滤镜”参数选项选择“Sharpen”滤镜，将“Sharpen Intensity”参数值设为“0.1”，“sharpen”滤镜图层如图 4.163 所示，调节滤镜图层属性参数之后的效果如图 4.164 所示。

图 4.162　调节“颜色变化”填充图层和色阶图层属性参数之后的效果

图 4.163　“sharpen”滤镜图层

图 4.164　调节滤镜图层属性参数之后的效果

视频播放：关于具体介绍，请观看本书配套视频“任务八：铁材质的制作.wmv”。

任务九：绳索材质的制作

1. 绳索材质底色的制作

步骤 01：在【纹理集列表】面板中单击“gdcn_cord_text”列表项，将古代床弩的绳索模型作为当前模型。

步骤 02：在【图层】面板中单击添加组按钮，添加图层组，将添加的图层组命名为“绳索底色”。

步骤 03：把系统预设的“Concrete Smooth”材质拖到“绳索底色”图层组中，添加的“Concrete Smooth”材质图层如图 4.115 所示。调节“Concrete Smooth”材质图层属性参数之后的效果如图 4.166 所示。

2. 绳索材质凹凸纹理的制作

步骤 01：在【图层】面板中单击添加组按钮，添加图层组，将添加的图层组命名为“绳索凹凸纹理”。

步骤 02：单击添加填充图层按钮，在“绳索凹凸纹理”图层组中添加一个填充图层，将填充图层命名为“整体细节凹凸”。

步骤 03：给“整体细节凹凸”填充图层添加一个黑色遮罩，给黑色遮罩添加一个填充图层，在【属性-填充】面板中，对“灰度”参数选项中选择“Stripes”程序纹理贴图。调节“Stripes”程序纹理贴图参数之后的效果如图 4.167 所示。

图 4.165　添加的“Concrete Smooth”材质图层

图 4.166　调节“Concrete Smooth”材质图层属性参数之后的效果

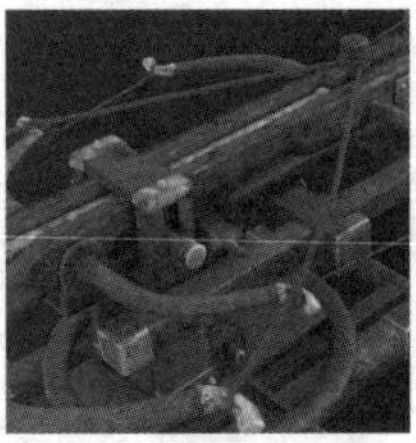

图 4.167　调节“Stripes”程序纹理贴图参数之后的效果

步骤 04：给黑色遮罩添加一个滤镜图层，在【属性-滤镜】面板中，对“滤镜”参数选项选择“Blur”滤镜，把“Blur Intensity”参数值设为“0.1”。

步骤 05：单击添加填充图层按钮，在“绳索凹凸纹理”图层组中添加一个填充图层，将填充图层命名为“不均匀凹凸”。

步骤 06：给“不均匀凹凸”填充图层添加一个填充图层，在【属性-填充】面板中，对“灰度”参数选项选择“Grunge Spots Dirty”程序纹理贴图。调节“不均匀凹凸”填充图层属性参数之后的效果如图 4.168 所示。

步骤 07：单击添加填充图层按钮，在“绳索凹凸纹理”图层组中添加一个填充图层，将填充图层命名为“划痕”。

步骤 08：给“划痕”填充图层添加一个填充图层，在【属性-填充】面板中，对“灰度”参数选项选择“Grunge Spots Dirty”程序纹理贴图。调节“划痕”填充图层属性参数之后的效果如图 4.169 所示。

步骤 09：“绳索凹凸纹理”图层组中的各个图层如图 4.170 所示。

图 4.168　调节“不均匀凹凸”填充图层属性参数之后的效果

图 4.169　调节“划痕”填充图层属性参数之后的效果

图 4.170　“绳索凹凸纹理”图层组中的各个图层

3. 绳索材质脏迹和污垢的制作

步骤 01：在【图层】面板中单击添加组按钮，添加图层组，将添加的图层组命名为“脏迹和污垢”。

步骤 02：单击添加填充图层按钮，在“脏迹和污垢”图层组中添加一个填充图层，将填充图层命名为“污垢”。

步骤 03：给“污垢”填充图层添加一个生成器，在【属性-生成器】面板中，对“滤镜”参数选项选择“Dirt”生成器。调节“污垢”填充图层属性参数之后的效果如图 4.171 所示。

步骤 04：单击“添加填充图层”按钮，在“脏迹和污垢”图层组中添加一个填充图层，将填充图层命名为“不均匀脏迹 01”。

步骤 05：给“不均匀脏迹 01”填充图层添加一个填充图层，在【属性-填充】面板中，对“灰度”参数选项选择“Grunge Map 012”程序纹理贴图。调节“不均匀脏迹 01”填充图层属性参数之后的效果如图 4.172 所示。

步骤 06：单击添加填充图层按钮，在“脏迹和污垢”图层组中添加一个填充图层，将填充图层命名为“不均匀脏迹 02”。

步骤 07：给“不均匀脏迹 02”填充图层添加一个黑色遮罩，给黑色遮罩添加一个填充图层，在【属性-填充】面板中，对“灰度”参数选项选择“Grunge Map 007”程序纹理贴图。

步骤 08：给“不均匀脏迹 02”填充图层添加一个黑色遮罩，给黑色遮罩添加一个填充图层，在【属性-填充】面板中，对“灰度”参数选项选择“Grunge Map 012”程序纹理贴图。调节“不均匀脏迹 02”填充图层属性参数之后的效果如图 4.173 所示。

图 4.171　调节“污垢”填充图层属性参数之后的效果

图 4.172　调节“不均匀脏迹 01”填充图层属性参数之后的效果

图 4.173　调节“不均匀脏迹 02”填充图层属性参数之后的效果

4. 绳索材质磨损效果的制作

步骤 01：在【图层】面板中单击添加组按钮，添加图层组，将添加的图层组命名为“磨损”。

步骤 02：单击添加填充图层按钮，在“磨损”图层组中创建一个填充图层，将填充图层命名为“绳索磨损”。

步骤 03：给“绳索磨损”填充图层添加黑色遮罩，给黑色遮罩一个生成器，在【属性-生成器】面板中，对“滤镜”参数选项选择“Metal Edge Wear”生成器。调节“绳索磨损”填充图层属性参数之后的效果如图 4.174 所示。

5. 绳索材质质感变化效果的制作

步骤 01：在【图层】面板中单击添加组按钮，添加图层组，将添加的图层命名为“质感变化”。“质感变化”图层组在【图层】面板中的位置如图 4.175 所示。

步骤 02：在【图层】面板中单击添加图层按钮，添加一个图层，将添加的图层命名为“拉丝”，给“拉丝”图层添加一个滤镜图层，在【属性-滤镜】面板中，对“滤镜”参数选项选择“MatFinish Brushed Linear”滤镜。调节“拉丝”图层属性参数之后的效果如图 4.176 所示。

步骤 03：在【图层】面板中单击添加图层按钮，添加一个图层，将添加的图层命名为“纹理”，给“纹理”图层添加一个滤镜，在【属性-滤镜】面板中，对“滤镜”参数选项选择“MatFinish Galvanized”滤镜。调节“纹理”图层属性参数之后的效果如图 4.177 所示。

图 4.174　调节“绳索磨损”填充图层属性参数之后的效果

图 4.175　“质感变化”图层组在【图层】面板中的位置

图 4.176　调节“拉丝”图层属性参数之后的效果

6. 绳索材质的整体调整

步骤 01：在【图层】面板中单击添加组按钮，添加图层组，将添加的图层组命名为“整体调整”。“整体调整”图层组在【图层】面板中的位置如图 4.178 所示。

步骤 02：单击添加填充图层按钮，在“整体调整”图层组中添加一个填充图层，将填充图层命名为“压暗”。

步骤 03：给“压暗”填充图层添加一个黑色遮罩，给黑色遮罩添加一个填充图层，在【属性-填充】面板中，对“灰度”参数选项选择“Ambient Occlusion Map from Mesh gdcn_cord_text”贴图。

步骤 04：给黑色遮罩添加一个色阶图层，调节色阶图层和“压暗”填充图层属性参数之后的效果如图 4.179 所示。

图 4.177　调节“纹理”图层属性参数之后的效果

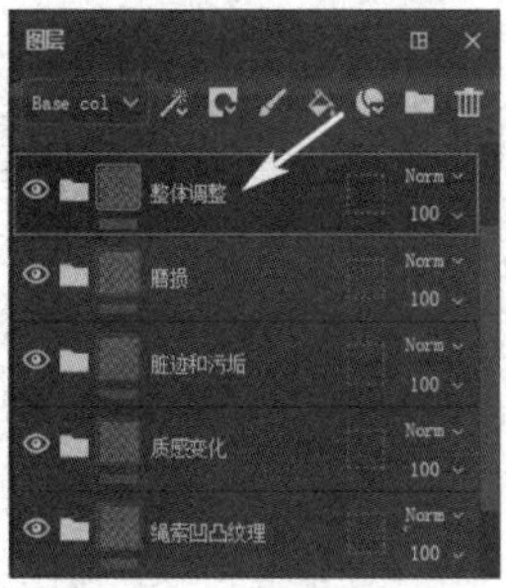

图 4.178　“整体调整”图层组在【图层】面板中的位置

图 4.179　调节色阶图层和“压暗”填充图层属性参数之后的效果

步骤 05：单击添加填充图层按钮，在“整体调整”图层组中添一个填充图层，将填充图层命名为“颜色变化”。

步骤 06：给“颜色变化”填充图层添加一个黑色遮罩，给黑色遮罩添加一个填充图层，在【属性-填充】面板中，对“灰度”参数选项选择“Grunge Map 007”程序纹理贴图。调节“Grunge Map 007”程序纹理贴图参数之后的效果如图 4.180 所示。

步骤 07：给黑色遮罩添加一个生成器图层，在【属性-生成器】面板中，对“生成器”参数选项选择“Light”生成器。调节“Light”生成器图层属性参数之后的效果如图 4.181 所示。

步骤 08：给黑色遮罩添加一个滤镜图层。在【属性-滤镜】面板中，对“滤镜”参数选项选择“Blur”滤镜，将“Blur Intensity”参数值设为“0.55”，调节滤镜图层属性参数之后的效果如图 4.182 所示。

图 4.180　调节“Grunge Map 007”程序纹理贴图参数之后的效果

图 4.181　调节“Light”生成器图层属性参数之后的效果

图 4.182　调节滤镜图层属性参数之后的效果

7. 绳索材质的锐化处理

步骤 01：在【图层】面板中单击添加图层按钮，添加一个图层，将添加的图层命名为“Sharpen”。

步骤 02：给“Sharpen”图层添加一个滤镜图层，在【属性-滤镜】面板中，对“滤镜”参数选项选择“Sharpen”滤镜，将“Sharpen Intensity”参数值设为“0.5”。添加的滤镜图层如图 4.183 所示，调节滤镜图层属性参数之后的效果如图 4.184 所示。

视频播放：关于具体介绍，请观看本书配套视频“任务九：绳索材质的制作.wmv”。

任务十：古代床弩后期渲染输出

通过前面九个任务，已经将古代床弩所有材质制作完成。在本任务中对古代床弩进行渲染设置和渲染输出。

步骤 01：调节【显示设置】面板参数，【显示设置】面板参数调节如图 4.185 所示。

图 4.183　添加的滤镜图层

图 4.184　调节滤镜图层属性参数之后的效果

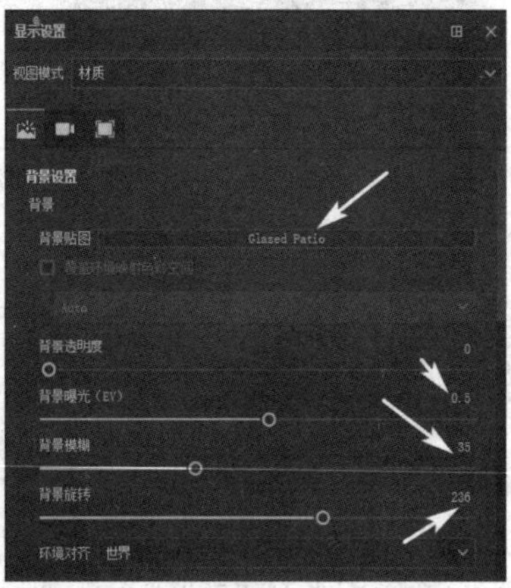

图 4.185　【显示设置】面板参数调节

步骤 02：调节好渲染出图的角度。

步骤 03：单击渲染按钮，切换到渲染模式，调节【渲染器设置】面板参数。【渲染器设置】面板参数调节如图 4.186 所示。

步骤 04：当“状态”中的“渲染”文字变成绿色时，表示渲染完成。将渲染之后的图像保存为带通道的图像文件（.png 格式），以便后期处理。渲染之后的效果如图 4.187 所示。

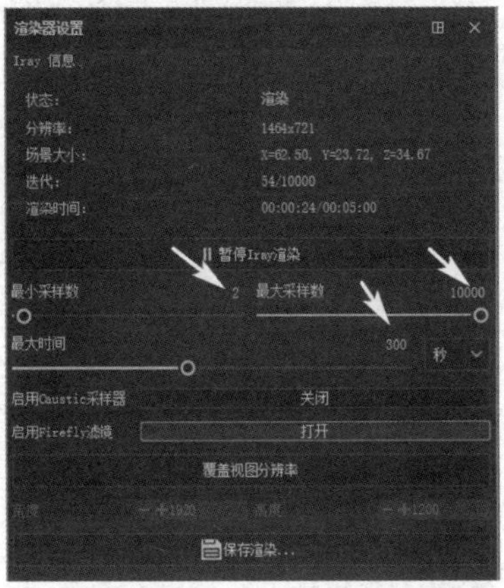

图 4.186 【渲染器设置】面板参数调节

图 4.187　渲染之后的效果

视频播放：关于具体介绍，请观看本书配套视频“任务十：古代床弩后期渲染输出.wmv”。

六、拓展训练

请读者根据所学知识，使用本书提供的模型文件和参考图，制作材质效果。

第 5 章　制作机器人材质和卡通角色材质

知识点：

案例 1　制作机器人材质

案例 2　制作卡通角色——莱德材质

说明：

本章主要通过机器人材质和卡通角色——莱德材质的制作，介绍漆材质、金属材质、玻璃材质、布料材质和头发的纹理材质的制作流程、方法、技巧和注意事项。

教学建议课时数：

一般情况下需要 20 课时，其中理论课时为 6 课时，实际操作课时为 14 课时（特殊情况下可做相应调整）。

在本章中，主要介绍机器人材质和卡通角色材质的制作流程、方法、技巧和注意事项。读者通过学习机器人材质和卡通角色材质的制作，可以举一反三，掌握其他机器人和卡通角色材质的制作流程、方法、技巧和注意事项。

案例 1　制作机器人材质

一、案例内容简介

本案例主要以机器人材质的制作为例，详细介绍机器人材质的制作流程、方法、技巧和注意事项。

二、案例效果欣赏

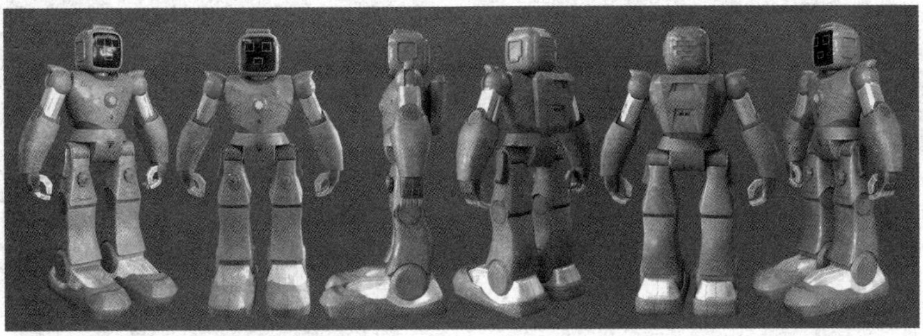

三、案例制作（步骤）流程

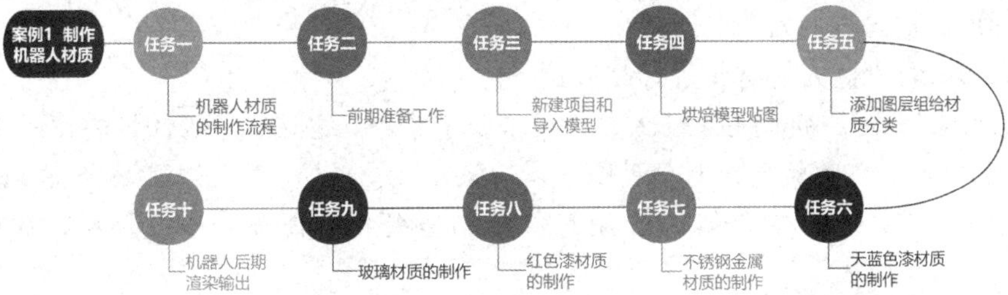

四、制作目的

（1）机器人材质的制作流程、方法、技巧和注意事项。
（2）机器人漆材质的制作。
（3）机器人金属材质的制作。
（4）机器人玻璃材质的制作。
（5）机器人发光效果的制作。
（6）机器人材质渲染的相关设置。
（7）机器人材质渲染输出和后期处理。

五、详细操作步骤

任务一：机器人材质的制作流程

机器人材质的制作流程如下。

步骤 01：收集有关机器人的参考图，分析需要表现的机器人材质纹理效果。例如，是刚出产的机器人，还是久经使用后被遗弃的带有锈迹和灰尘的机器人。机器人材质纹理参考图如图 5.1 所示。

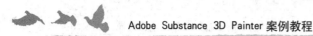

图 5.1 机器人材质纹理参考图

步骤 02：制作机器人的漆材质。

步骤 03：制作机器人的金属材质。

步骤 04：制作机器人的玻璃材质。

步骤 05：制作机器人的发光效果。

步骤 06：对机器人的材质进行整体调节。

提示：以上参考图的大图请读者参考本书配套素材，这些参考图仅供制作材质时参考。希望读者在制作前，收集更多的参考图。

视频播放：关于具体介绍，请观看本书配套视频“任务一：机器人材质的制作流程.wmv”。

任务二：前期准备工作

在新建项目之后导入模型之前，需要进行以下前期准备工作。

（1）检查模型是否已展开 UV。

（2）检查材质分类是否正确。

（3）检查模型是否已清除非流行边面和边面数大于 4 的边面。

（4）是否已对变换参数进行冻结变换处理。

（5）检查模型的软硬边处理是否正确。

视频播放：关于具体介绍，请观看本书配套视频“任务二：前期准备工作.wmv”。

任务三：新建项目和导入模型

步骤 01：双击桌面中的图标，启动 Adobe Substance 3D Painter。

步骤 02：在菜单栏中单击【文件】→【新建】命令（或按键盘上的“Ctrl+N”组合键），弹出【新项目】对话框。

步骤 03：在【新项目】对话框中单击【选择…】按钮，弹出【打开文件】对话框，在该对话框中选择需要导入的低模（机器人模型），单击【打开（O)】按钮，然后返回【新项目】对话框。

步骤 04：根据项目要求设置【新项目】对话框。【新项目】对话框参数设置如图 5.3 所示。

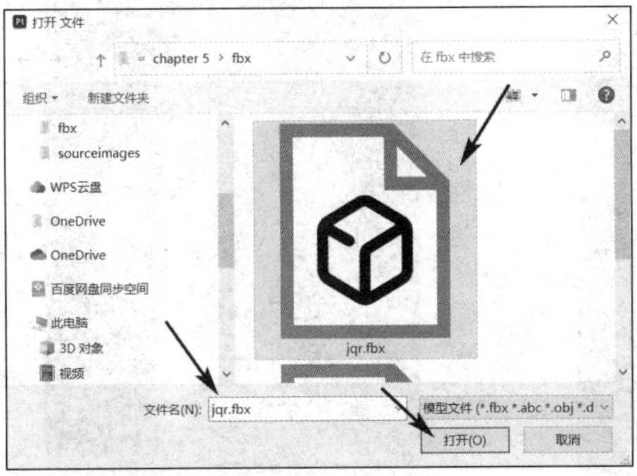

图 5.2　【打开文件】对话框

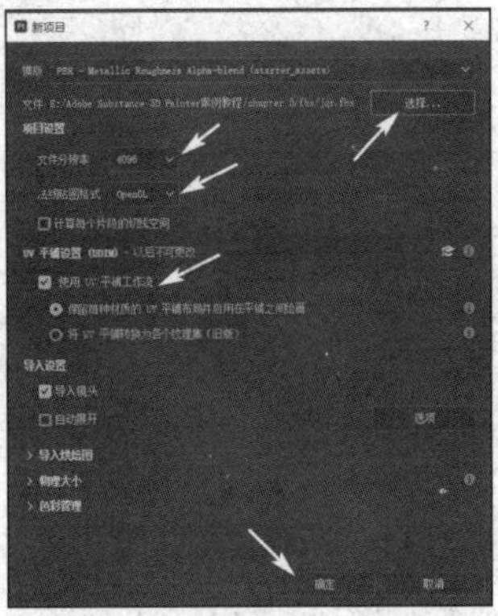

图 5.3　【新项目】对话框参数设置

步骤 05：单击【确定】按钮，完成新项目的创建和低模的导入。导入的低模和【纹理集列表】面板如图 5.4 所示。

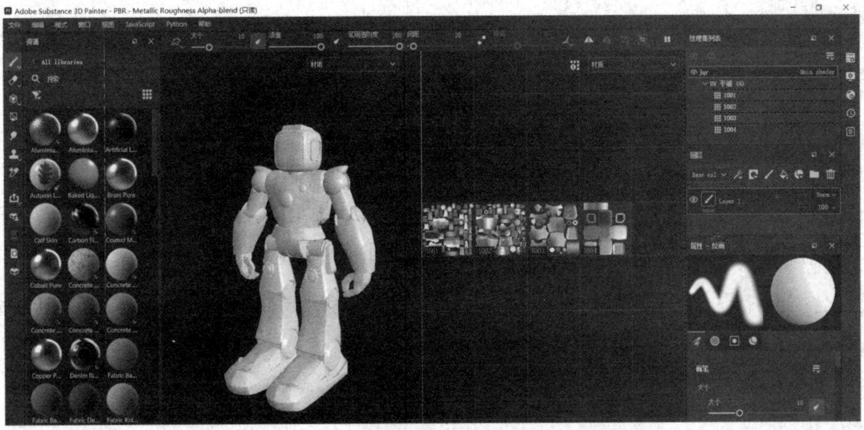

图 5.4　导入的低模和【纹理集列表】面板

步骤 06：保存项目。在菜单栏中单击【文件】→【保存】命令（或按键盘上的“Ctrl+S”组合键），弹出【保存项目】对话框。在【保存项目】对话框中找到“文件名（N)”对应的文本输入框，在其中输入“机器人”3 个字，单击【保存（S）】按钮，完成保存。

视频播放：关于具体介绍，请观看本书配套视频“任务三：新建项目和导入模型.wmv”。

任务四：烘焙模型贴图

在进行材质制作之前，需要对导入的低模进行贴图烘焙。

步骤 01：在【纹理集设置】面板中单击【烘焙模型贴图】按钮，切换到纹理烘焙模式。

步骤 02：设置烘焙参数。烘焙参数的具体设置如图 5.5 所示。

步骤 03：单击【烘焙所有纹理】按钮，开始烘焙纹理贴图。烘焙之后的效果如图 5.6 所示。

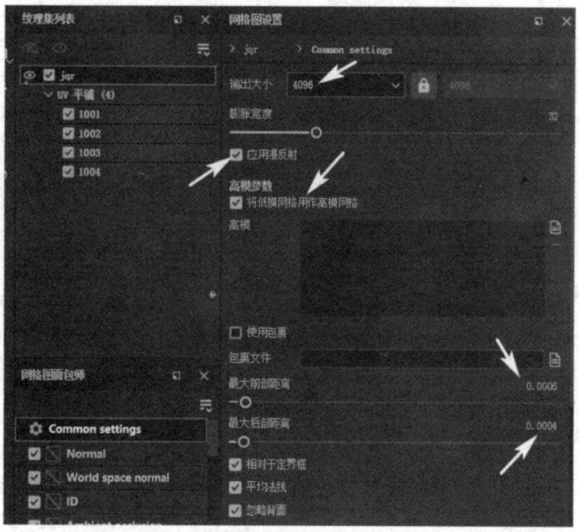

图 5.5　烘焙参数的具体设置

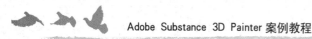

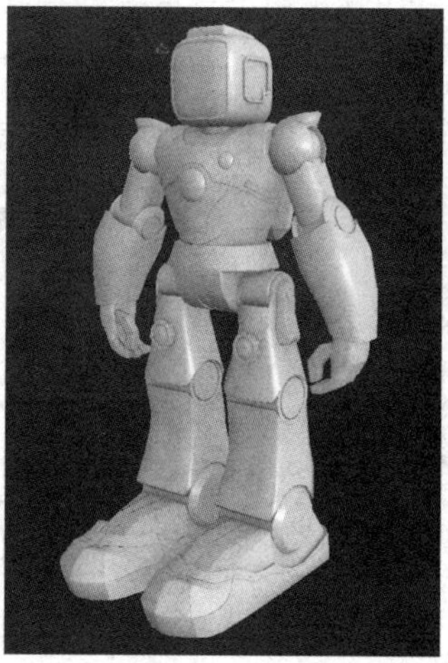

图 5.6　烘焙之后的效果

步骤 04：单击【返回至绘画模式】按钮，即可返回绘画模式进行材质纹理的制作。

视频播放：关于具体介绍，请观看本书配套视频“任务四：烘焙模型贴图.wmv”。

任务五：添加图层组给材质分类

本任务主要根据项目要求添加图层组，在该图层组中添加相关图层，给机器人材质分类。

步骤 01：在【图层】面板中单击添加组按钮，添加一个图层组，将添加的图层组命名为“天蓝色漆”。命名之后的“天蓝色漆”图层组如图 5.7 所示。

步骤 02：在【图层】面板中选择“天蓝色漆”图层组，单击添加填充图层按钮，在“天蓝色漆”图层组中添加一个填充图层，将该填充图层的颜色改为天蓝色。添加的填充图层如图 5.8 所示。

步骤 03：将光标移到“天蓝色漆”图层组的图标上，单击右键，弹出快捷菜单。在弹出的快捷菜单中单击【添加黑色遮罩】命令，即可给“天蓝色漆”图层组添加一个黑色遮罩。添加黑色遮罩之后的“天蓝色漆”图层组如图 5.9 所示。

步骤 04：将光标移到“天蓝色漆”图层组的黑色遮罩图标上，单击右键，弹出快捷菜单。在弹出的快捷菜单中单击【添加绘画】命令，即可给黑色遮罩添加一个绘画图层。添加的绘画图层如图 5.10 所示。

图 5.7　命名之后的“天蓝色漆”图层组

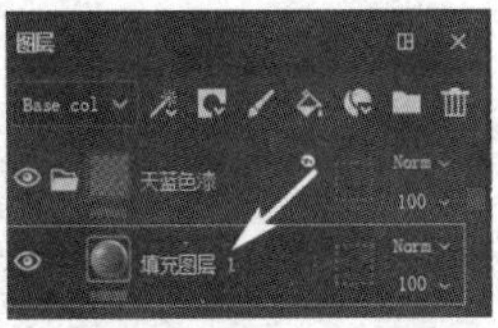

图 5.8　添加的填充图层

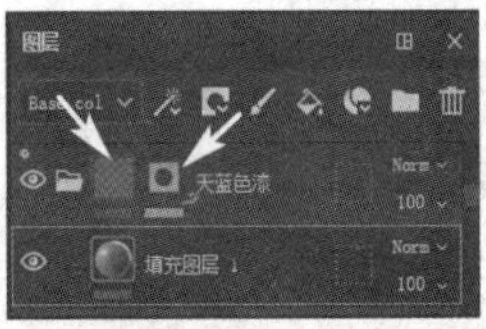

图 5.9　添加黑色遮罩之后的“天蓝色漆”图层组

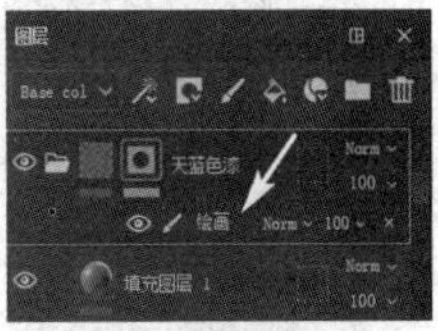

图 5.10　添加的绘画图层

步骤 05：在【工具箱】中单击几何体填充工具按钮，在几何体填充工具属性栏中选择模型填充按钮，在材质制作区选择需要遮罩的模型。遮罩之后的效果如图 5.11 所示。

步骤 06：方法同步骤 01～步骤 05，继续添加图层组、填充图层、黑色遮罩和绘画图层，给机器人材质分类。图层组和填充图层在【图层】面板中的顺序如图 5.12 所示，材质分类之后的效果如图 5.13 所示。

图 5.11　遮罩之后的效果

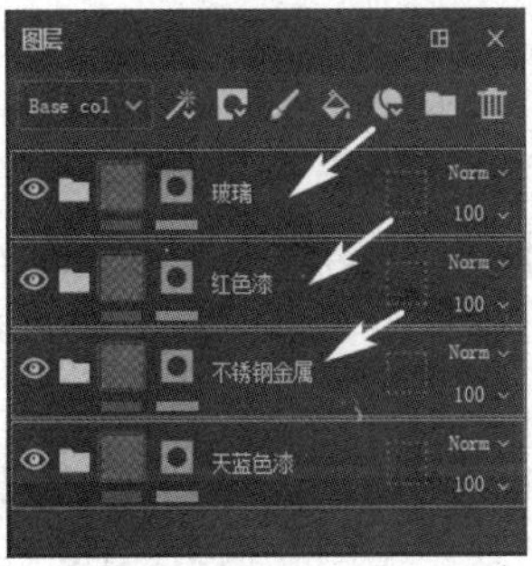

图 5.12　图层组和填充图层在【图层】面板中的顺序

图 5.13　材质分类之后的效果

视频播放：关于具体介绍，请观看本书配套视频“任务五：添加图层组给材质分类.wmv”。

任务六：天蓝色漆材质的制作

本任务主要介绍机器人天蓝色漆材质的制作原理、方法和技巧。

天蓝色漆材质的制作流程主要包括制作底色、凹凸纹理、脏迹和污垢、文字符号、图标、质感变化效果，对材质进行整体调整和锐化处理。根据参考图分析结果添加图层组，创建的图层组如图 5.14 所示。

1. 制作天蓝色漆的底色

步骤 01：给“底色”图层组添加一个填充图层，将填充图层命名为“底色”。

步骤 02：给“底色”填充图层添加一个滤镜图层，添加的滤镜图层如图 5.15 所示。

步骤 03：在【属性-滤镜】面板中，对“滤镜”参数选项选择“MatFinish Rough”滤镜，调节“MatFinish Rough”滤镜参数之后的效果如图 5.16 所示。

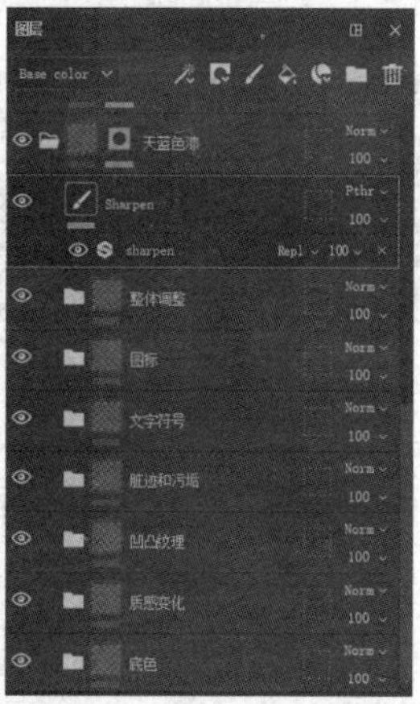

图 5.14　创建的图层组

图 5.15　添加的滤镜图层

图 5.16　调节“MatFinish Rough”滤镜参数之后的效果

2. 制作天蓝色漆的凹凸纹理

凹凸纹理分整体凹凸纹理和分布不均匀凹凸纹理两种。

步骤 01：在“凹凸纹理”图层组中添加一个填充图层，将填充图层命名为“整体凹凸”。给“整体凹凸”添加一个黑色遮罩，给黑色遮罩添加一个填充图层。黑色遮罩中的填充图层如图 5.17 所示。

步骤 02：选择黑色遮罩中的填充图层，在【属性-填充】面板中，对“灰度”参数选项选择“Gaussian Spots 2”程序纹理贴图。调节“Gaussian Spots 2”程序纹理贴图参数之后的效果如图 5.18 所示。

步骤 03：选择“整体凹凸”填充图层，按键盘上的“Ctrl+D”组合键，将“整体凹凸”填充图层复制一份，将复制的填充图层重命名为“分布不均匀凹凸”，将“分布不均匀凹凸”填充图层中的颜色调浅一点。复制和重命名的填充图层如图 5.19 所示。

步骤 04：选择“分布不均凹凸”填充图层黑色遮罩中的填充图层，在【属性-填充】面板中，对“灰度”参数选项选择“Grunge Spots Dirty”程序纹理贴图。调节“Grunge Spots Dirty”程序纹理贴图参数之后的效果如图 5.20 所示。

3. 制作天蓝色漆的脏迹和污垢

天蓝色漆的脏迹和污垢主要包括“边缘污垢”、“不均匀脏迹”和“边缘磨损”，制作步骤如下。

步骤 01：在“脏迹和污垢”图层组中添加一个填充图层，将填充图层命名为“边缘污垢”，给“边缘污垢”填充图层添加一个黑色遮罩，给黑色遮罩添加一个生成器图层。添加的黑色遮罩和生成器图层如图 5.21 所示。

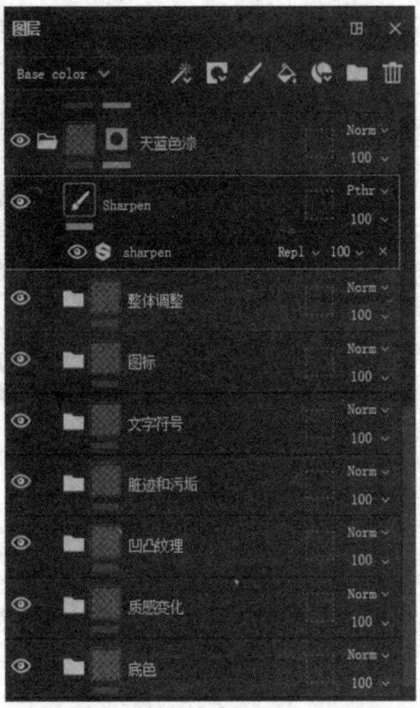

图 5.17　黑色遮罩中的填充图层

图 5.18　调节“Gaussian Spots 2”程序纹理贴图参数之后的效果

图 5.19　复制和重命名的填充图层

步骤 02：选择“生成器”图层，在【属性-生成器】面板中，对“生成器”参数选项选择“Dirt”生成器。调节“Dirt”生成器参数之后的效果如图 5.22 所示。

图 5.20　调节“Grunge Spots Dirty”程序纹理贴图参数之后的效果

图 5.21　添加的黑色遮罩和生成器图层

图 5.22　调节“Dirt”生成器参数之后的效果

步骤 03：给“边缘污垢”填充图层的黑色遮罩添加一个填充图层，添加的填充图层如图 5.23 所示。选择黑色遮罩中的填充图层，在【属性-填充】面板中，对“灰度”参数选项选择“Grunge Map 007”程序纹理贴图，将图层的叠加模式设为“Lighten（Max）”。调节“Grunge Map 007”程序纹理贴图参数之后的效果如图 5.24 所示。

步骤 04：添加一个填充图层，将添加的填充图层命名为“不均匀脏迹”。给“不均匀脏迹”填充图层添加一个黑色遮罩，给黑色遮罩添加两个填充图层。添加的填充图层如图 5.25 所示。

图 5.23 添加的填充图层（步骤 03）

图 5.24 调节“Grunge Map 007”程序纹理贴图参数之后的效果

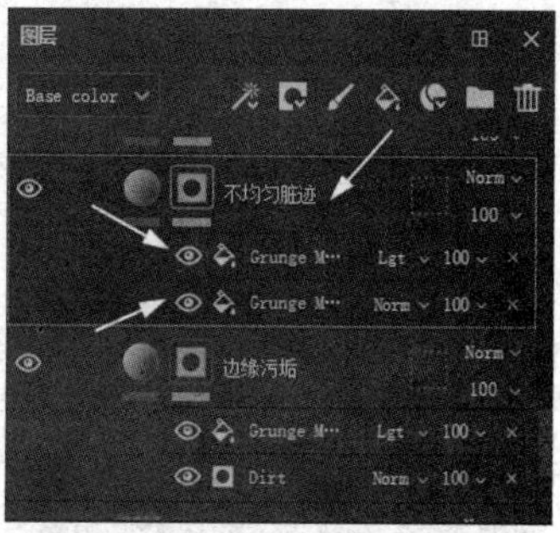

图 5.25 添加的填充图层（步骤 04）

步骤 05：选择“不均匀脏迹”图层组黑色遮罩中的第 1 个填充图层，在【属性-填充】面板中，对“灰度”参数选项选择“Grunge Map 012”程序纹理贴图。调节“Grunge Map 012”程序纹理贴图参数之后的效果如图 5.26 所示。

步骤 06：选择“不均匀脏迹”图层组黑色遮罩中的第 2 个填充图层，在【属性-填充】面板中，对“灰度”参数选项选择“Grunge Map 007”程序纹理贴图，将图层的叠加模式设为“Lighten（Max）”。调节“Grunge Map 007”程序纹理贴图参数之后的效果如图 5.27 所示。

步骤 07：在“脏迹和污垢”图层组中添加一个填充图层，将填充图层命名为“边缘磨损”。给“边缘磨损”填充图层添加一个黑色遮罩，给黑色遮罩添加一个生成器图层。添加的生成器图层如图 5.28 所示。

步骤 08：选择“边缘磨损”填充图层黑色遮罩中的生成器图层，在【属性-生成器】面板中，对“生成器”参数选项选择“Metal Edge Wear”生成器。调节“Metal Edge Wear”生成器参数之后的效果如图 5.29 所示。

图 5.26 调节“Grunge Map 012”程序纹理贴图参数之后的效果

图 5.27 调节“Grunge Map 007”程序纹理贴图参数之后的效果

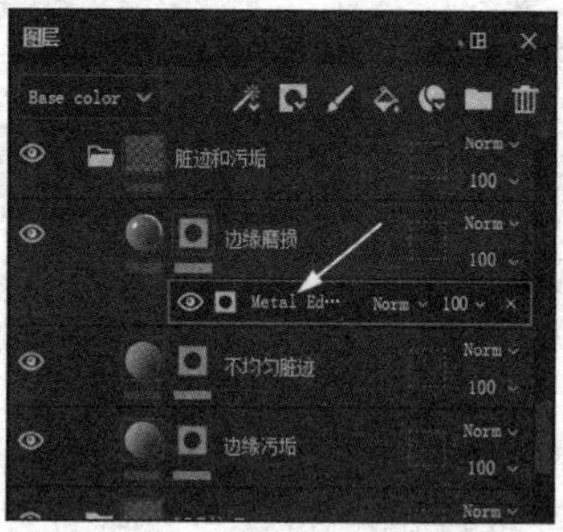

图 5.28 添加的生成器图层

图 5.29 调节“Metal Edge Wear”生成器参数之后的效果

4. 制作天蓝色漆中的文字符号

主要通过填充图层、绘画工具和遮罩制作天蓝色漆中的文字符号。

步骤 01：选择“文字符号”图层组，在【图层】面板中单击添加图层按钮，添加一个空白图层，将添加的空白图层命名为“RHYTHM”。添加的空白图层如图 5.30 所示。

步骤 02：在【工具箱】中单击绘画工具按钮，在绘画区单击右键，弹出【画笔属性】对话框。在【画笔属性】对话框中选择一种透贴文字样式，在“Text”文本框中输入“RHYTHM”文字。【画笔属性】对话框参数设置如图 5.31 所示。

步骤 03：调节好画笔的大小、流量和颜色，在需要添加文字的位置单击即可。添加的“RHYTHM”文字如图 5.32 所示。

步骤 04：方法同上，添加一个空白图层，将添加的空白图层命名为“Bot”。使用绘画工具添加文字。添加的“Bot”文字如图 5.33 所示。

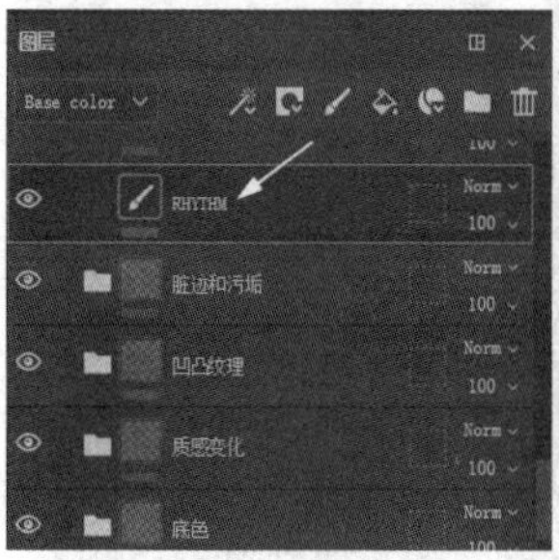

图 5.30　添加的空白图层

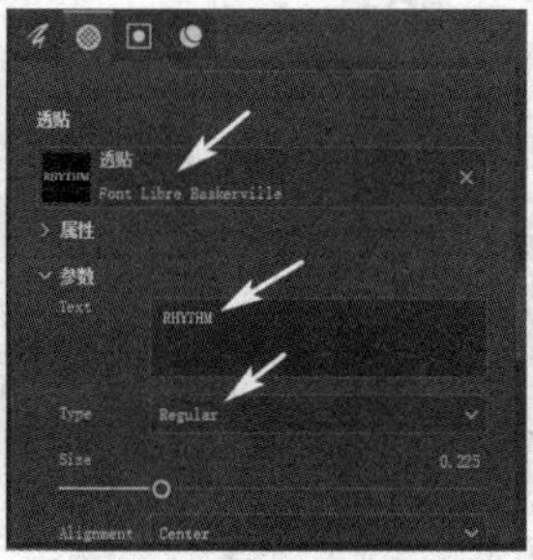

图 5.31　【画笔属性】对话框参数设置

图 5.32　添加的“RHYTHM”文字

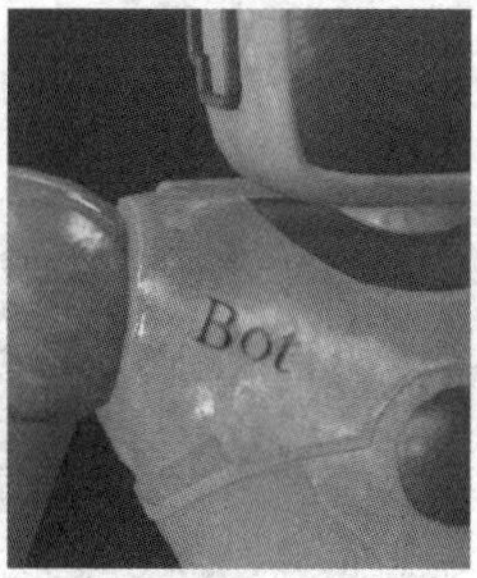

图 5.33　添加的“Bot”文字

步骤 05：在“文字符号”图层组中添加一个填充图层，将添加的填充图层命名为“FutureX”。给“FutureX”填充图层添加一个黑色遮罩，给黑色遮罩添加一个绘画图层。黑色遮罩中的绘画图层如图 5.34 所示。

步骤 06：使用绘画工具添加文字符号，添加的“FutureX”文字及其下方的符号如图 5.35 所示

步骤 07：在“文字符号”图层组中添加一个填充图层，将添加的填充图层命名为“FutureX 遮罩”。给“FutureX 遮罩”填充图层添加一个黑色遮罩，给黑色遮罩添加一个绘画图层。“FutureX 遮罩”填充图层黑色遮罩中的绘画图层如图 5.36 所示。

步骤 08：使用绘画工具添加文字，添加的黑色“tur”文字效果如图 5.37 所示。

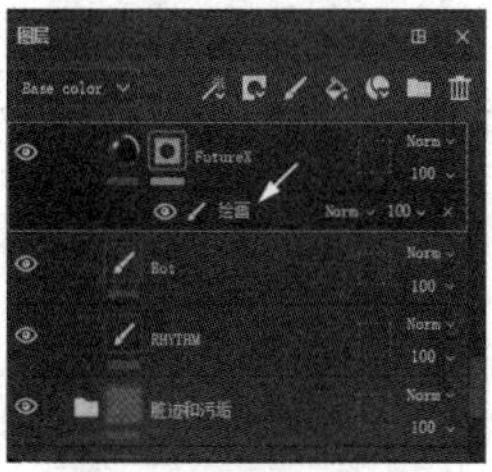

图 5.34　黑色遮罩中的绘画图层

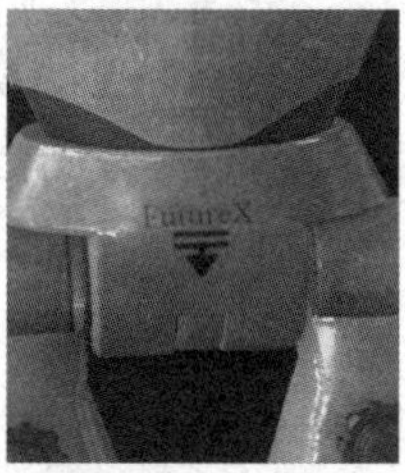

图 5.35　添加的“FutureX”文字及其下方的符号

图 5.36　“FutureX 遮罩”填充图层黑色遮罩中的绘画图层

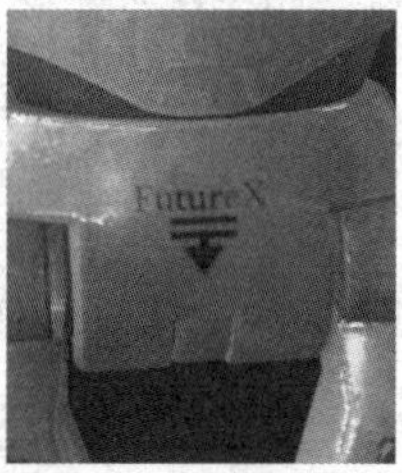

图 5.37　添加的黑色“tur”文字效果

5. 制作天蓝色漆中的图标

天蓝色漆中的图标主要包括机器人的腹部图标、左腿图标 1、左腿图标 2 和半圆形文字等。

步骤 01：在“图标”图层组中添加一个填充图层，将填充图层命名为“腹部图标”，给“腹部图标”填充图层添加一个黑色遮罩，给黑色遮罩添加一个绘画图层，“腹部图标”填充图层黑色遮罩中的绘画图层如图 5.38 所示。使用绘画工具，绘制机器人的腹部图标。腹部图标如图 5.39 所示。

步骤 02：方法同上，添加两个填充图层，将添加的两个填充图层分别命名为“左腿图标 1”和“左腿图标 2”，依次给它们添加黑色遮罩和绘画图层，命名之后的两个填充图层如图 5.40 所示。使用绘画工具绘制左腿图标 1。绘制的左腿图标 1 如图 5.41 所示。

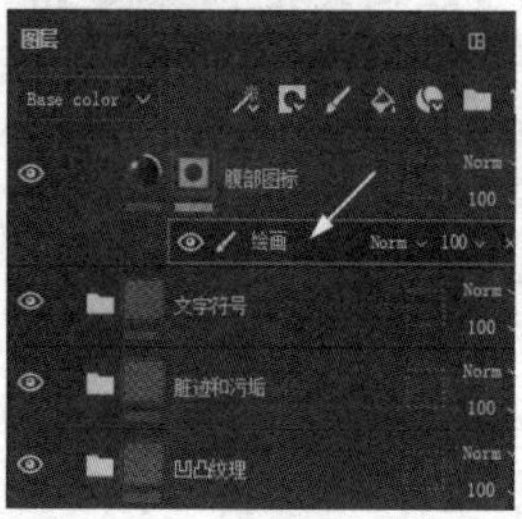

图 5.38 “腹部图标”填充图层黑色遮罩中的绘画图层

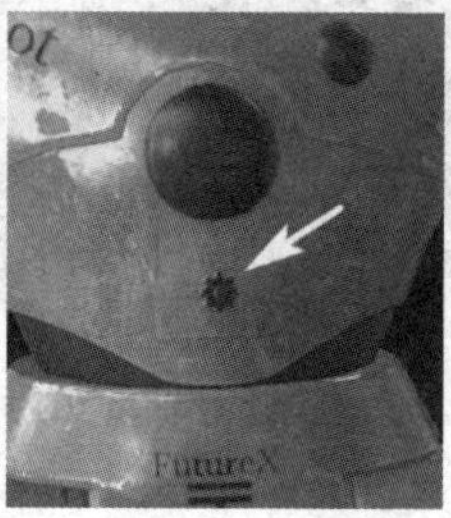

图 5.39 腹部图标

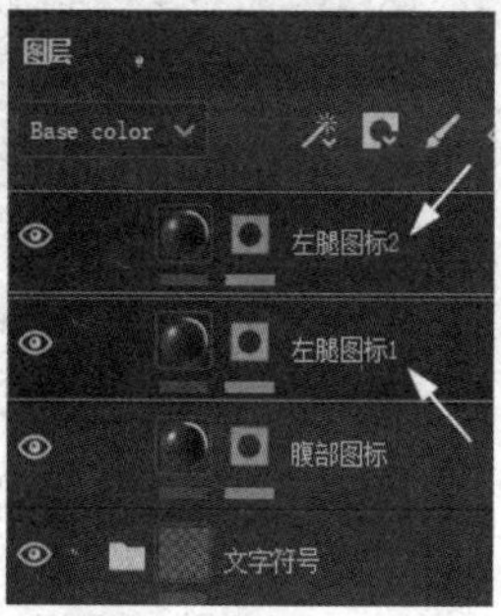

图 5.40 命名之后的两个填充图层

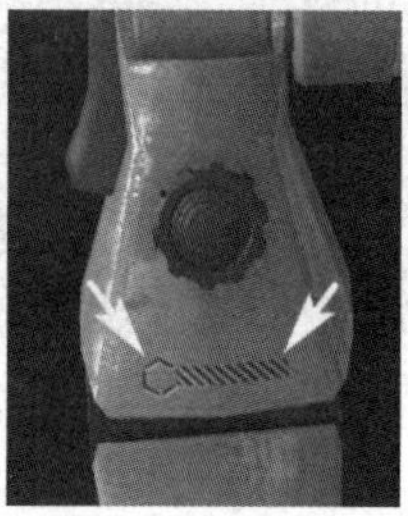
图 5.41 绘制的左腿图标 1

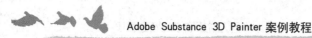

步骤 03：方法同上，添加一个填充图层，将添加的填充图层命名为“半圆形文字”，给“半圆形文字”填充图层添加黑色遮罩，给黑色遮罩添加绘画图层。使用绘画工具绘制半圆形文字效果，绘制的半圆形文字效果如图 5.42 所示。

提示：需要在 Photoshop 中制作黑白文字图，把它导入 Adobe Substance 3D Painter 中，形成半圆形文字效果。关于导入方法，请读者参考本书第 1 章的介绍。

步骤 04：给“半圆形文字”填充图层的黑色遮罩添加一个滤镜图层，添加的滤镜图层如图 5.43 所示。

步骤 05：选择滤镜。在【属性-滤镜】面板中，对“滤镜”参数选项选择“Blur”滤镜。调节“Blur”滤镜参数之后的效果如图 5.44 所示。

6. 制作天蓝色漆中的质感变化效果

主要通过给填充图层添加滤镜图层制作质感变化效果。

步骤 01：在“质感变化”图层组中添加一个填充图层，将添加的填充图层命名为“质感”。

步骤 02：给“质感”填充图层添加第 1 个滤镜图层，添加的第 1 个滤镜图层如图 5.45 所示。

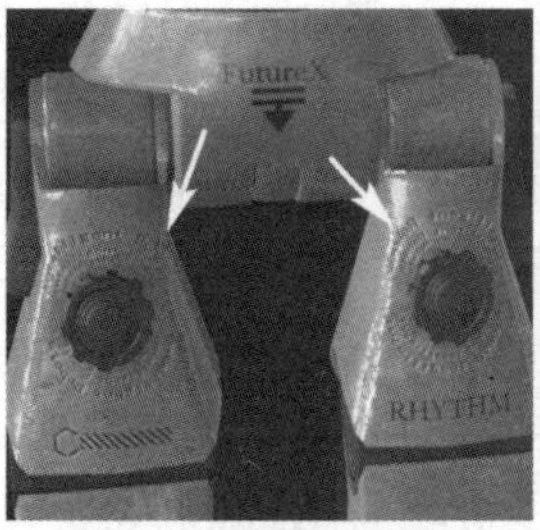

图 5.42　绘制的半圆形文字效果

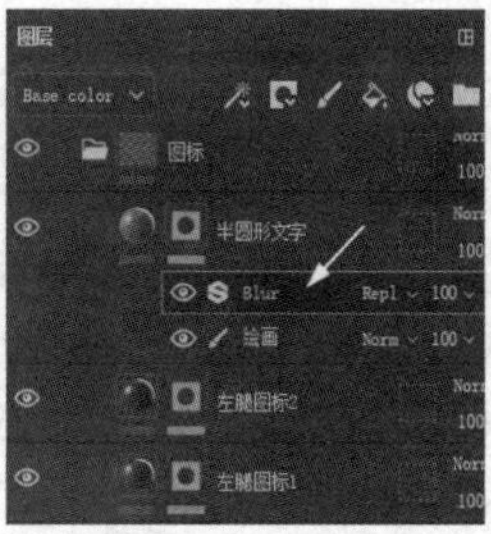

图 5.43　添加的滤镜图层

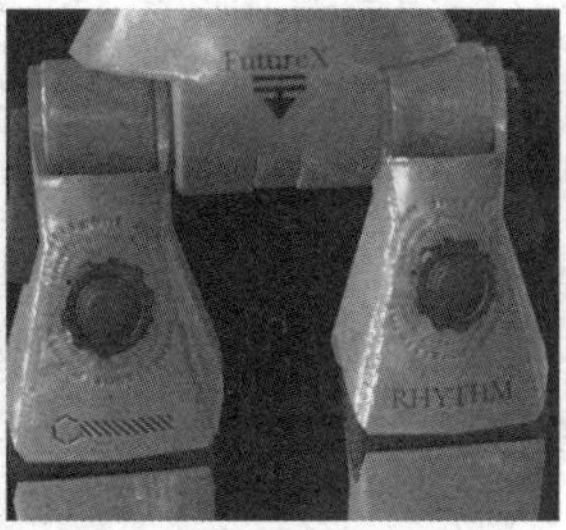

图 5.44　调节“Blur”滤镜参数之后的效果

图 5.45　添加的第 1 个滤镜图层

步骤 03：选择滤镜图层，在【属性-滤镜】面板中，对“滤镜”参数选项选择“MatFinish Brushed Linear”滤镜。调节“MatFinish Brushed Linear”滤镜参数之后的效果如图 5.46 所示。

步骤 04：给“质感”填充图层添加第 2 个滤镜图层，添加的第 2 个滤镜图层如图 5.47 所示。

步骤 05：选择滤镜图层，在【属性-滤镜】面板中，对“滤镜”参数选项选择“Blur”滤镜。调节“Blur”滤镜参数之后的效果如图 5.48 所示。

7. 天蓝色漆材质的整体调整

主要通过暗部压暗和颜色变化实现天蓝色漆材质的整体调整。

步骤 01：在“整体调整”图层组中添加一个填充图层，将添加的填充图层命名为“压暗”。给“压暗”填充图层添加一个黑色遮罩，给黑色遮罩添加一个填充图层。“压暗”填充图层黑色遮罩中的填充图层如图 5.49 所示。

图 5.46　调节“MatFinish Brushed Linear”滤镜参数之后的效果

图 5.47　添加的第 2 个滤镜图层

图 5.48　调节“Blur”滤镜参数之后的效果

图 5.49　“压暗”填充图层黑色遮罩中的填充图层

步骤 02：选择黑色遮罩中的填充图层，在【属性-填充】面板中，对“灰度”参数选项选择“Ambient Occlusion Map from Mesh jqr”灰度图。选择灰度图之后的效果如图 5.50 所示。

步骤 03：给黑色遮罩添加一个色阶图层。色阶图层属性参数调节如图 5.51 所示，调节色阶图层属性参数之后的效果如图 5.52 所示。

步骤 04：在“整体调整”图层组中添加一个填充图层，将添加的填充图层命名为“颜色变化”。给“颜色变化”填充图层添加一个黑色遮罩，给黑色遮罩添加一个填充图层。在【属性-填充】面板中，对“灰度”参数选项选择“Grunge Map 007”程序纹理贴图。调节该程序纹理贴图参数，将黑色遮罩中的填充图层透明度调节为 30%，将“颜色变化”的颜色调节为暗粉色。“颜色变化”填充图层如图 5.53 所示，调节颜色变化之后的效果如图 5.54 所示。

图 5.50　选择灰度图之后的效果

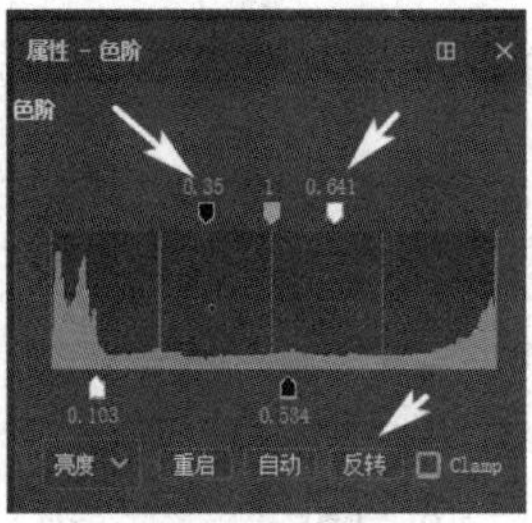

图 5.51　色阶图层属性参数调节

图 5.52　调节色阶图层属性参数之后的效果

图 5.53　“颜色变化”填充图层

8. 天蓝色漆材质的锐化处理

是否需要对材质进行锐化处理根据最终材质效果而定。一般情况下，都需要进行锐化处理，只是锐化的强度大小不同而已。

步骤 01：在“天蓝色漆”图层组中添加一个图层，将添加的图层命名为“Sharpen”，给“Sharpen”图层添加一个滤镜图层。

步骤 02：在【属性-滤镜】面板中，对“滤镜”参数选项选择“Sharpen”滤镜。“sharpen”滤镜图层（左）和“滤镜”参数调节（右）如图 5.55 所示，添加“sharpen”滤镜图层之后的效果如图 5.56 所示。

图 5.54　调节颜色变化之后的效果

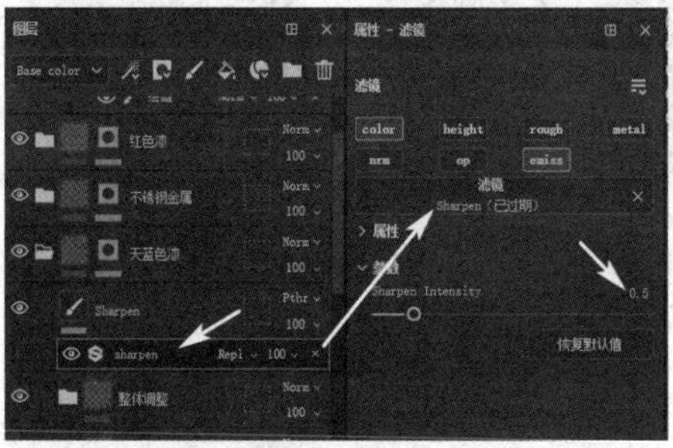

图 5.55　“sharpen”滤镜图层和滤镜参数调节

图 5.56　添加“sharpen”滤镜图层之后的效果

视频播放：关于具体介绍，请观看本书配套视频“任务六：天蓝色漆材质的制作.wmv”。

任务七：不锈钢金属材质的制作

不锈钢金属材质的制作方法和步骤与天蓝色漆材质基本相同，但对于颜色和参数，需要根据模型和材质纹理进行修改。

1. 复制天蓝色漆材质中的图层组和图层

步骤 01：将天蓝色漆材质中的所有图层组和图层复制一份到“不锈钢金属”图层组中，复制的图层组和图层如图 5.57 所示。

步骤 02：单击图层组或图层前面的图标，隐藏该图层组或图层的内容。此时，该图标变成图标，单击图标，显示图层组或图层的内容。

步骤 03：在修改材质时，按照材质的制作顺序进行修改。制作前，需要将其他图层和图层组隐藏，只显示底色图层。

2. 制作不锈钢金属材质的底色

步骤 01：在“底色”图层组中选择“底色”填充图层的滤镜图层。在【属性-滤镜】面板中，对“滤镜”参数选项选择“MatFinish Grainy”滤镜，然后调节“MatFinish Grainy”滤镜参数。

步骤 02：将“MatFinish Grainy”滤镜的透明度设为 50%，将“底色”填充图层的颜色改为浅灰色。“底色”填充图层和滤镜图层如图 5.58 所示，调节底色和滤镜参数之后的效果如图 5.59 所示。

3. 制作不锈钢金属材质的凹凸纹理

步骤 01：在“凹凸纹理”图层组中，选择“整体凹凸”填充图层黑色遮罩中的填充图层。在【属性-填充】面板中，对“灰度”参数选项选择“Gaussian Spots 2”程序纹理贴图。调节“Gaussian Spots 2”程序纹理贴图参数之后的效果如图 5.60 所示。

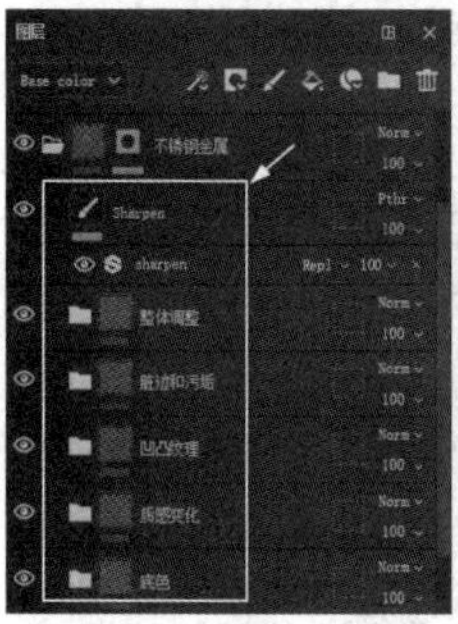

图 5.57　复制的图层组和图层

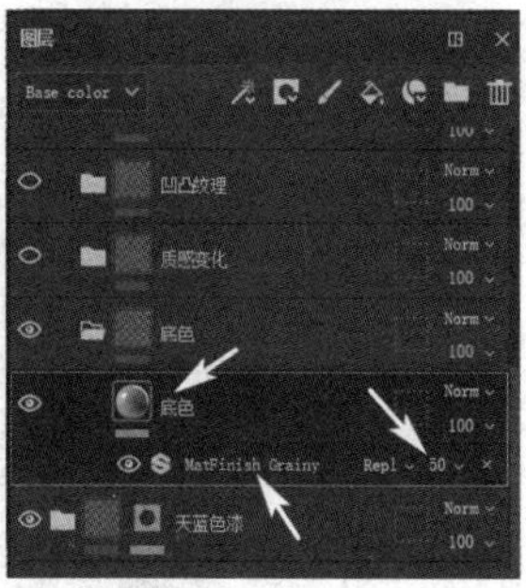

图 5.58　“底色”填充图层和滤镜图层

图 5.59　调节底色和滤镜参数之后的效果

图 5.60　调节“Gaussian Spots 2”程序纹理贴图参数之后的效果

步骤 02：将“分布不均匀凹凸”填充图层的颜色改为白色。

步骤 03：选择“分布不均匀凹凸”填充图层黑色遮罩中的填充图层，在【属性-填充】面板中，对“灰度”参数选项选择“Grunge Spots Dirty”程序纹理贴图。调节“Grunge Spots Dirty”程序纹理贴图参数之后的效果如图 5.61 所示。

4. 制作不锈钢金属材质的脏迹和污垢

步骤 01：在“脏迹和污垢”图层组中，修改“边缘污垢”填充图层、“不均匀脏迹”填充图层和“边缘磨损”填充图层的颜色。修改颜色之后的所有填充图层如图 5.62 所示。

图 5.61 调节“Grunge Spots Dirty”程序纹理贴图参数之后的效果

图 5.62 修改颜色之后的所有填充图层

步骤 02：选择“边缘污垢”填充图层黑色遮罩中的填充图层，在【属性-填充】面板中，对“灰度”参数选项选择“Grunge Map 007”程序纹理贴图。调节“Grunge Map 007”程序纹理贴图参数之后的效果如图 5.63 所示。

步骤 03：选择“不均匀脏迹”填充图层黑色遮罩中的第 1 个填充图层，在【属性-填充】面板中，对“灰度”参数选项选择“Grunge Map 012”程序纹理贴图，调节“Grunge Map 012”程序纹理贴图参数。

步骤 04：选择“不均匀脏迹”填充图层黑色遮罩中的第 1 个填充图层，在【属性-填充】面板中，对“灰度”参数选项选择“Grunge Map 007”程序纹理贴图，调节“Grunge Map 007”程序纹理贴图参数。调节程序纹理贴图参数之后的效果如图 5.64 所示。

图 5.63 调节“Grunge Map 007”程序纹理贴图参数之后的效果

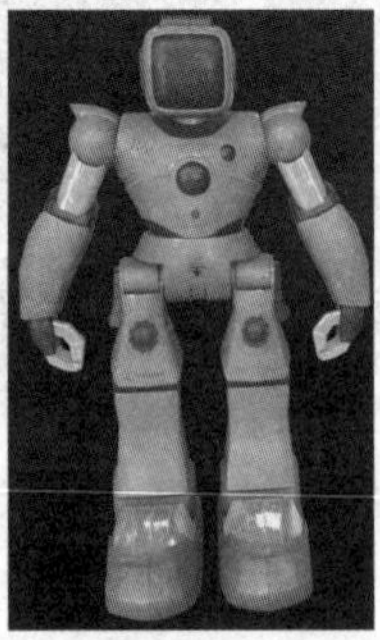

图 5.64 调节程序纹理贴图参数之后的效果

步骤 05：选择“边缘污垢”填充图层黑色遮罩中的生成器图层，在【属性-生成器】面板中，对“生成器”参数选项选择“Metal Edge Wear”生成器。调节“Metal Edge Wear”生成器参数之后的效果如图 5.65 所示。

5. 制作不锈钢金属材质的质感效果

步骤 01：在“质感变化”图层组中，将“质感”填充图层的颜色设为浅灰色。

步骤 02：选择“质感”填充图层中的第 1 个滤镜图层，在【属性-滤镜】面板中，对“滤镜”参数选项选择“MatFinish Brushed Linear”滤镜。调节“MatFinish Brushed Linear”滤镜参数之后的效果如图 5.66 所示。

步骤 03：选择“质感”填充图层中的第 2 个滤镜图层，在【属性-滤镜】面板中，对“滤镜”参数选项选择“Blur”滤镜。调节“Blur”滤镜参数之后的效果如图 5.67 所示。

6. 不锈钢金属材质的整体调整

步骤 01：在“整体调整”图层组中，将“压暗”填充图层的颜色设为暗黑色，将“颜色变化”填充图层的颜色设为浅蓝色。调节颜色之后的两个填充图层如图 5.68 所示。

图 5.65　调节“Metal Edge Wear”生成器参数之后的效果

图 5.66　调节“MatFinish Brushed Linear”滤镜参数之后的效果

图 5.67　调节“Blur”滤镜参数之后的效果

图 5.68　调节颜色之后的两个填充图层

步骤 02：选择“压暗”填充图层黑色遮罩中的填充图层，在【属性-填充】面板中，对“灰度”参数选项选择“Ambient Occlusion Map from Mesh jqr”灰度图，选择灰度图之后的效果如图 5.69 所示。

步骤 03：选择“压暗”填充图层黑色遮罩中的色阶图层，在【属性-色阶】面板中调节色阶图层属性参数。色阶图层属性参数调节如图 5.70 所示，调节色阶图层属性参数之后的效果如图 5.71 所示。

7. 不锈钢金属材质的锐化处理

在“不锈钢金属”图层组中，选择“Sharpen”图层中的“sharpen”滤镜图层。在【属性-滤镜】面板中，将“Sharpen Intensity”参数值设为“0.02”。调节“sharpen”滤镜图层属性参数之后的效果如图 5.72 所示。

视频播放：关于具体介绍，请观看本书配套视频“任务七：不锈钢金属材质的制作.wmv”。

图 5.69　选择灰度图之后的效果

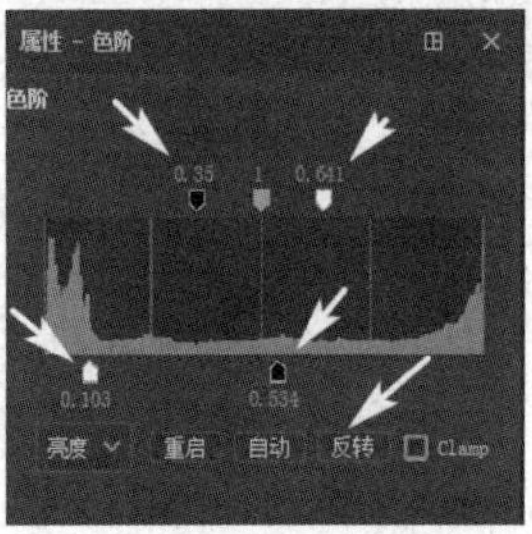

图 5.70　色阶图层属性参数调节

图 5.71　调节色阶图层属性参数之后的效果

图 5.72　调节“sharpen”滤镜图层属性参数之后的效果

任务八：红色漆材质的制作

红色漆材质的制作方法和步骤与天蓝色漆材质基本相同，但对颜色和参数，需要根据模型和材质纹理进行修改。

将天蓝色漆材质中的图层组和图层复制到“红色漆”材质中，复制的图层组和图层如图 5.73 所示。

1. 制作红色漆材质的底色

步骤 01：将“底色”图层组中的“底色”填充图层颜色设为橙红色，“底色”填充图层如图 5.74 所示。

步骤 02：选择“底色”填充图层中的滤镜图层，在【属性-滤镜】面板中，对“滤镜”参数选项选择“MatFinish Rough”滤镜。调节“MatFinish Rough”滤镜参数之后的效果如图 5.75 所示。

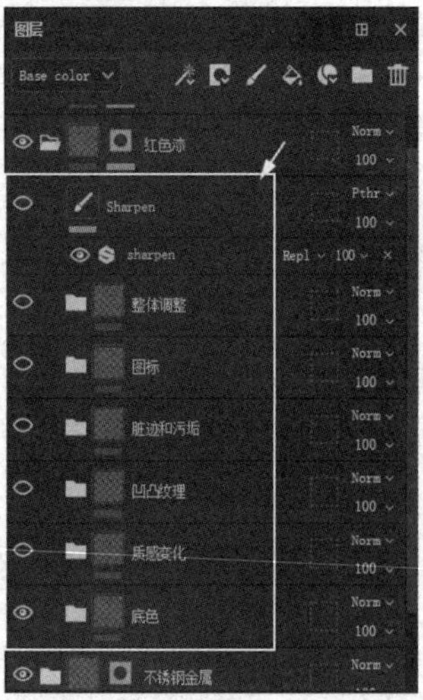

图 5.73　复制的图层组和图层

图 5.74　“底色”填充图层

图 5.75　调节“MatFinish Rough”滤镜参数之后的效果

2. 制作红色漆材质的凹凸纹理

步骤 01：将“凹凸纹理”图层组中的“整体凹凸”填充图层和“分布不均匀凹凸”填充图层的颜色改为橙红色，要求“整体凹凸”填充图层的颜色比“分布不均匀凹凸”填充图层的颜色稍微深一点。“凹凸纹理”图层组中的填充图层如图 5.76 所示。

步骤 02：选择“整体凹凸”填充图层黑色遮罩中的填充图层，在【属性-填充】面板中，对“灰度”参数选项选择“Gaussian Spots 2”程序纹理贴图。调节“Gaussian Spots 2”程序纹理贴图参数之后的效果如图 5.77 所示。

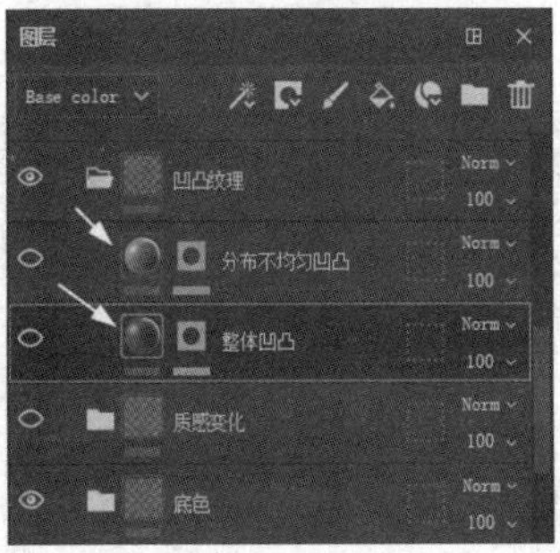

图 5.76 “凹凸纹理”图层组中的填充图层

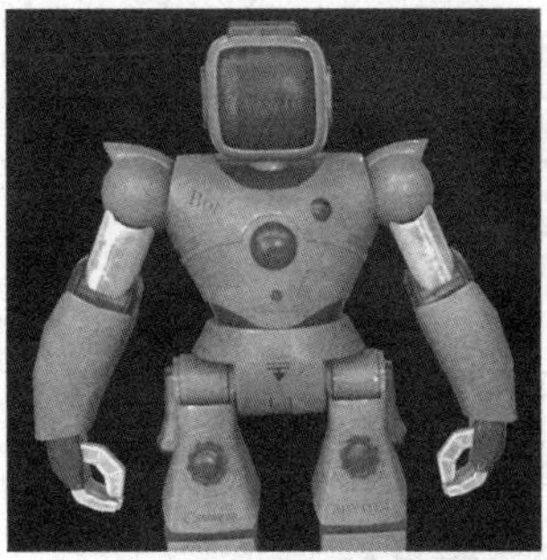

图 5.77 调节“Gaussian Spots 2”程序纹理贴图参数之后的效果

步骤 03：选择“分布不均凹凸”填充图层黑色遮罩中的填充图层，在【属性-填充】面板中，对“灰度”参数选项选择“Grunge Spots Dirty”程序纹理贴图。调节“Grunge Spots Dirty”程序纹理贴图参数之后的效果如图 5.78 所示。

3. 制作红色漆材质的脏迹和污垢

步骤 01：在“脏迹和污垢”图层组中，依次修改“边缘污垢”、“不均匀脏迹”、“边缘磨损”3 个填充图层的颜色。修改颜色之后的 3 个填充图层如图 5.79 所示。

图 5.78 调节“Grunge Spots Dirty”程序纹理贴图参数之后的效果

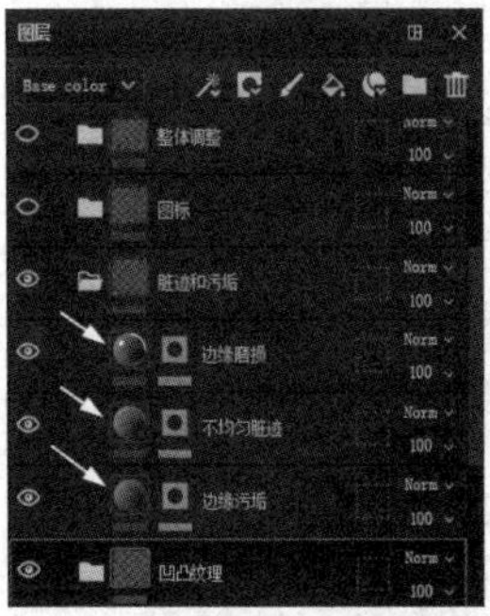

图 5.79 修改颜色之后的 3 个填充图层

步骤 02：选择“边缘污垢”填充图层黑色遮罩中的填充图层，在【属性-填充】面板中，对“灰度”参数选项选择“Grunge Map 007”程序纹理贴图。调节“Grunge Map 007”

程序纹理贴图参数之后的效果如图 5.80 所示。

步骤 03：选择“不均匀脏迹”填充图层黑色遮罩中的第 1 个填充图层，在【属性-填充】面板中，对“灰度”参数选项选择“Grunge Map 012”程序纹理贴图，调节“Grunge Map 012”程序纹理贴图参数。选择第 2 个填充图层，在【属性-填充】面板中，对“灰度”参数选项选择“Grunge Map 007”程序纹理贴图，调节“Grunge Map 007”程序纹理贴图参数。调节两个程序纹理贴图参数之后的效果如图 5.81 所示。

步骤 04：选择“边缘磨损”填充图层黑色遮罩中的生成器图层，在【属性-生成器】面板中，对“生成器”参数选项选择“Metal Edge Wear”生成器。调节“Metal Edge Wear”生成器参数之后的效果如图 5.82 所示。

图 5.80　调节“Grunge Map 007”程序纹理贴图参数之后的效果

图 5.81　调节两个程序纹理贴图参数之后的效果

图 5.82　调节“Metal Edge Wear”生成器参数之后的效果

4. 制作红色漆材质中的图标

步骤 01：在“图标”图层组中修改填充图层的颜色和名称。修改颜色和名称之后的填充图层如图 5.83 所示。

步骤 02：删除“胸口按钮 01”填充图层黑色遮罩中的绘画图层，重新添加绘画图层，使用绘画工具并配合透贴中的图标绘制图标。绘制的“胸口按钮 01”的图标如图 5.84 所示。

步骤 03：删除“胸口按钮 02”填充图层黑色遮罩中的绘画图层，重新添加绘画图层，使用绘画工具并配合透贴中的图标绘制图标。绘制的“胸口按钮 02”的图标如图 5.85 所示。

图 5.83　修改颜色和名称之后的填充图层

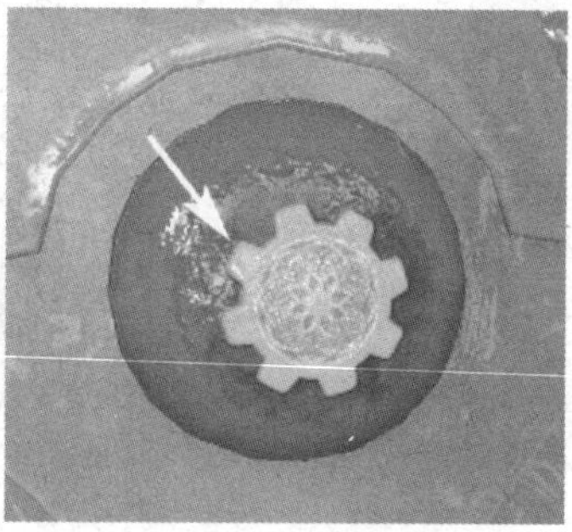

图 5.84　绘制的“胸口按钮 01”的图标

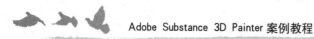

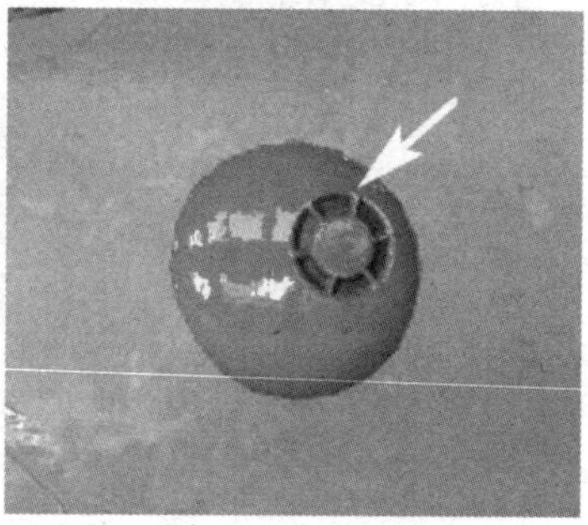

图 5.85　绘制的“胸口按钮 02”的图标

5. 制作红色漆材质中的质感效果

步骤 01：在“质感”图层组中，选择“质感”填充图层的第 1 个滤镜图层。在【属性-滤镜】面板中，对“滤镜”参数选项选择“MatFinish Brushed Linear”滤镜。调节“MatFinish Brushed Linear”滤镜参数之后的效果如图 5.86 所示。

步骤 02：在“质感”图层组中选择“质感”填充图层的第 2 个滤镜图层。在【属性-滤镜】面板中，对“滤镜”参数选项选择“Blur”滤镜。调节“Blur”滤镜参数之后的效果如图 5.87 所示。

6. 红色漆材质的整体调整

步骤 01：在“整体调整”图层组中调节“压暗”填充图层和“颜色变化”填充图层的颜色。调节颜色之后的两个填充图层如图 5.88 所示。

图 5.86　调节“MatFinish Brushed Linear”滤镜参数之后的效果

图 5.87　调节“Blur”滤镜参数之后的效果

图 5.88　调节颜色之后的两个填充图层

步骤 02：选择“压暗”填充图层黑色遮罩中的填充图层，在【属性-填充】面板中，对“灰度”参数选项选择“Ambient Occlusion Map from Mesh jqr”灰度图，选择灰度图之后的效果如图 5.89 所示。

步骤 03：选择“颜色变化”填充图层黑色遮罩中的填充图层，在【属性-填充】面板中，对“灰度”参数选项选择“Grunge Map 007”程序纹理贴图。调节“Grunge Map 007”程序纹理贴图参数之后的效果如图 5.90 所示。

7. 红色漆材质的锐化处理

在“红色漆”图层组中，选择“Sharpen”图层中的“sharpen”滤镜图层。在【属性-滤镜】面板中，将“Sharpen Intensity”参数值设为“0.1”。调节“sharpen”滤镜图层属性参数之后的效果如图 5.91 所示。

视频播放：关于具体介绍，请观看本书配套视频“任务八：红色漆材质的制作.wmv”。

任务九：玻璃材质的制作

机器人中的玻璃材质包括玻璃属性和发光效果两部分。

图 5.89　选择灰度图之后的效果

图 5.90　调节“Grunge Map 007”程序纹理贴图参数之后的效果

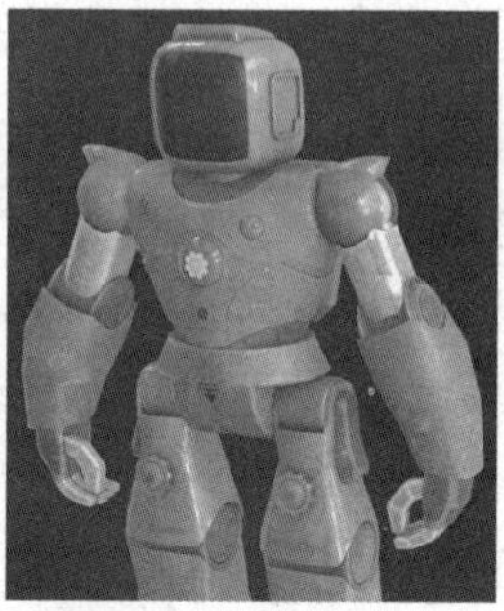

图 5.91　调节“sharpen”滤镜图层属性参数之后的效果

步骤 01：在“玻璃”图层组中将填充图层重命名为“玻璃颜色”，将“玻璃颜色”填充图层的颜色修改为暗黑色。

步骤 02：给“玻璃颜色”填充图层添加两个滤镜图层，选择第 1 个滤镜图层。在【属性-滤镜】面板中，对“滤镜”参数选项选择“MatFinish Brushed Linear”滤镜，调节“MatFinish Brushed Linear”滤镜参数。

步骤 03：选择第 2 个滤镜图层，在【属性-滤镜】面板中，对“滤镜”参数选项选择“Blur”滤镜，调节“Blur”滤镜参数。调节滤镜参数之后的效果如图 5.92 所示。

步骤 04：添加一个填充图层，将添加的填充图层命名为“发光物体”。给“发光物体”填充图层添加一个黑色遮罩，给黑色遮罩添加一个绘画图层。添加的绘画图层如图 5.93 所示。

步骤 05：使用绘画工具配合笔刷绘制发光效果。绘制的发光效果如图 5.94 所示。

图 5.92　调节滤镜参数之后的效果

图 5.93　添加的绘画图层

图 5.94　绘制的发光效果

视频播放：关于具体介绍，请观看本书配套视频“任务九：玻璃材质的制作.wmv”。

任务十：机器人后期渲染输出

通过前面九个任务，已将机器人所有材质制作完成。在本任务中，对机器人进行渲染设置和渲染输出。

步骤 01：调节【显示设置】面板参数。【显示设置】面板参数调节如图 5.95 所示。

步骤 02：调节好渲染出图的角度。

步骤 03：单击渲染按钮，切换到渲染模式，调节【渲染器设置】面板参数。【渲染器设置】面板参数调节如图 5.96 所示。

步骤 04：当“状态”中的“渲染”文字变成绿色时，表示渲染完成。将渲染的图像保存为带通道的图像文件（png 格式），以便后期处理。渲染之后的效果如图 5.97 所示。

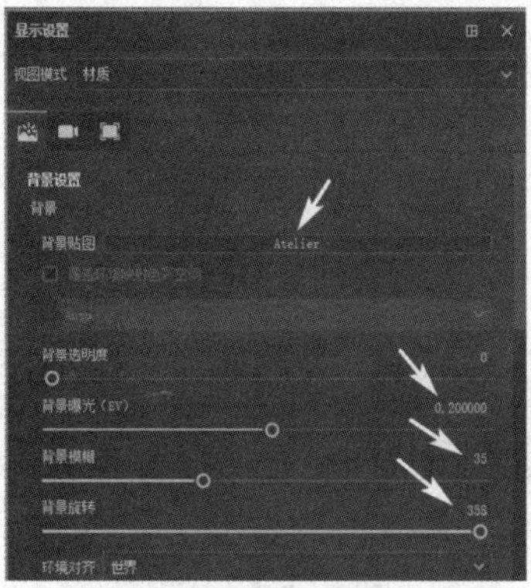

图 5.95　【显示设置】面板参数调节

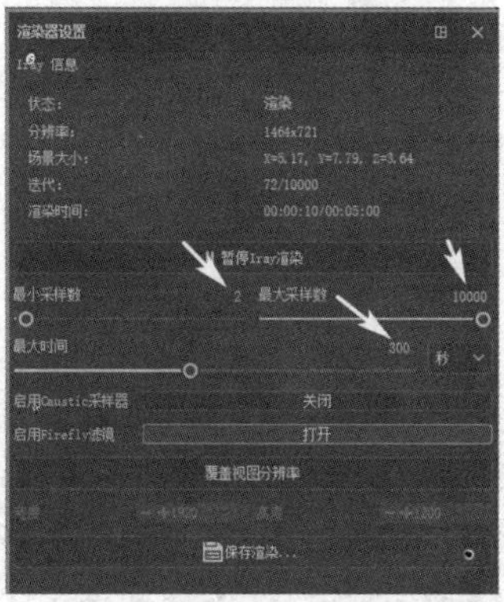

图 5.96　【渲染器设置】面板参数调节

图 5.97　渲染之后的效果

视频播放：关于具体介绍，请观看本书配套视频“任务十：机器人后期渲染输出.wmv”。

六、拓展训练

请读者根据所学知识，使用本书提供的机器人模型和参考图，制作机器人的材质。

案例 2 制作卡通角色——莱德材质

一、案例内容简介

本案例主要以卡通角色——莱德材质的制作为例，详细介绍卡通角色材质的制作流程、方法、技巧和注意事项。

二、案例效果欣赏

三、案例制作（步骤）流程

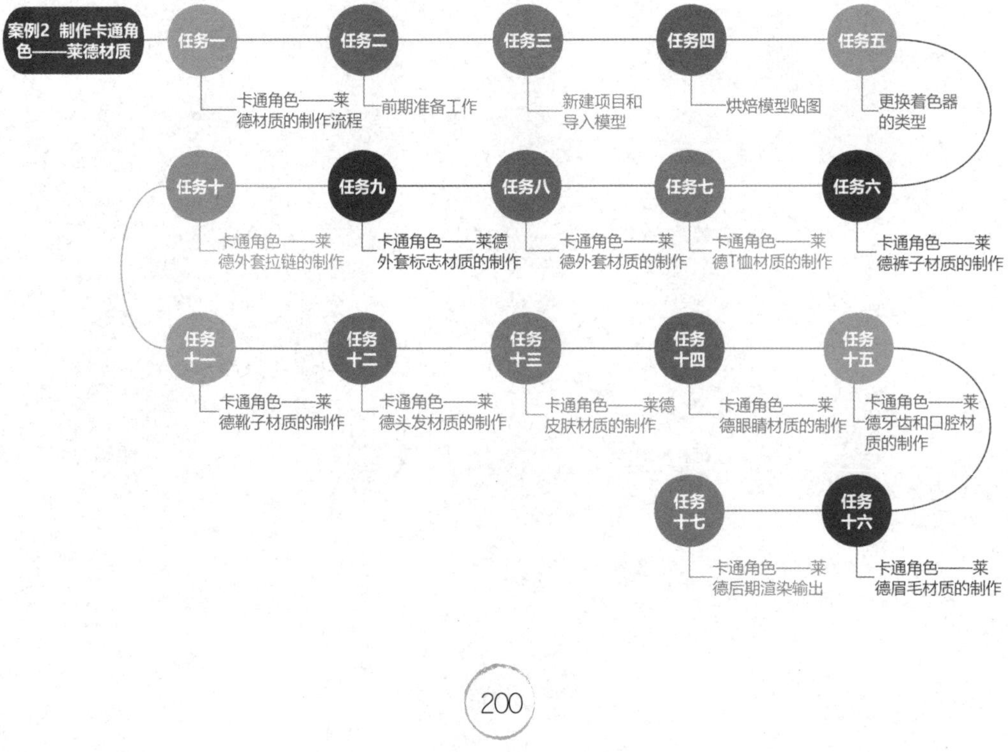

四、制作目的

（1）卡通角色材质的制作流程、方法、技巧和注意事项。
（2）卡通角色皮肤材质的制作。
（3）卡通角色衣服材质的制作。
（4）卡通角色头发材质的制作。
（5）卡通角色材质渲染的相关设置。
（6）卡通角色材质渲染输出和后期处理。

五、详细操作步骤

任务一：卡通角色——莱德材质的制作流程

卡通角色——莱德材质的制作流程如下。

步骤 01：收集有关卡通角色的参考图，分析需要表现的卡通角色材质纹理效果。卡通角色——莱德材质纹理参考图如图 5.98 所示。

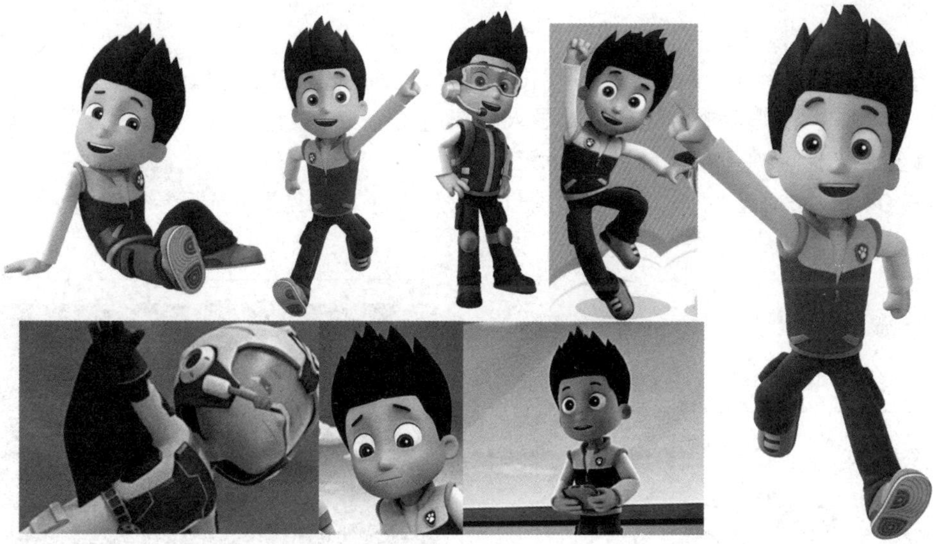

图 5.98　卡通角色——莱德材质纹理参考图

步骤 02：制作卡通角色——莱德的皮肤材质。
步骤 03：制作卡通角色——莱德的头发材质。
步骤 04：制作卡通角色——莱德的裤子材质。
步骤 05：制作卡通角色——莱德的 T 恤材质。
步骤 06：制作卡通角色——莱德的靴子材质。
步骤 07：对卡通角色——莱德的材质进行整体调节。

提示：以上参考图的大图请读者参考本书配套素材。这些参考图仅供制作材质时参考。希望读者在制作前，收集更多的参考图。

视频播放： 关于具体介绍，请观看本书配套视频“任务一：卡通角色——莱德材质的制作流程.wmv”。

任务二：前期准备工作

在新建项目之后导入模型之前，需要进行以下前期准备工作。

（1）检查模型是否已展开 UV。

（2）检查材质分类是否正确。

（3）检查模型是否清除非流行边面和边面数大于 4 的边面。

（4）是否已对变换参数进行冻结变换处理。

（5）检查模型的软硬边处理是否正确。

视频播放： 关于具体介绍，请观看本书配套视频“任务二：前期准备工作.wmv”。

任务三：新建项目和导入模型

步骤 01： 双击桌面中的图标，启动 Adobe Substance 3D Painter。

步骤 02： 在菜单栏中单击【文件】→【新建】命令（或按键盘上的“Ctrl+N”组合键），弹出【新项目】对话框。

步骤 03： 在【新项目】对话框中单击【选择...】按钮，弹出【打开文件】对话框，如图 5.99 所示。在该对话框中选择需要导入的卡通角色——莱德模型（低模），单击【打开(O)】按钮，然后返回【新项目】对话框。

步骤 04： 根据项目要求，设置【新项目】对话框。【新项目】对话框参数设置如图 5.100 所示。

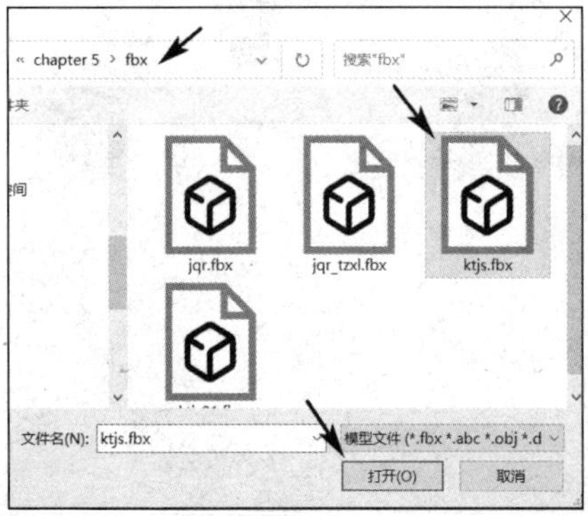

图 5.99 【打开文件】对话框

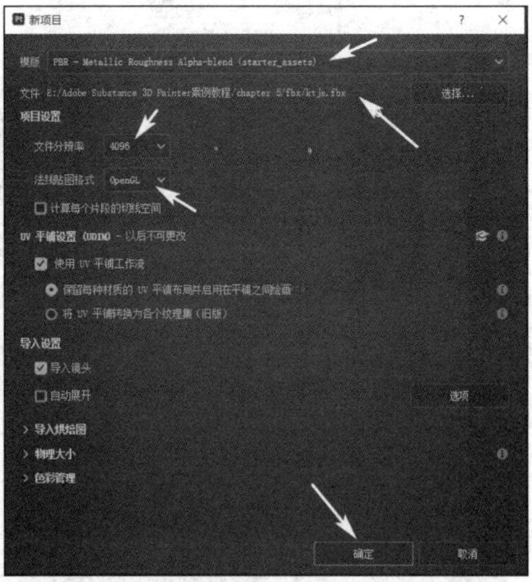

图 5.100 【新项目】对话框参数设置

步骤 05： 单击【确定】按钮，完成新项目的创建和低模的导入。导入的低模和【纹理集列表】如图 5.101 所示。

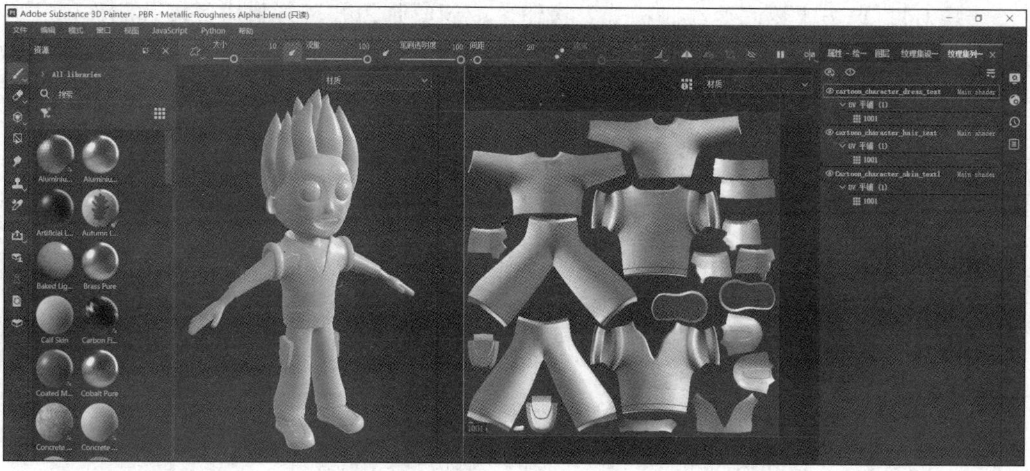

图 5.101　导入的低模和【纹理集列表】

步骤 06：保存项目。在菜单栏中单击【文件】→【保存】命令（或按键盘上的“Ctrl+S”组合键），弹出【保存项目】对话框。在【保存项目】对话框中找到“文件名（N）”对应的文本输入框，在其中输入“卡通角色”文字，单击【保存（S）】按钮，完成保存。

视频播放：关于具体介绍，请观看本书配套视频“任务三：新建项目和导入模型.wmv”。

任务四：烘焙模型贴图

在制作材质之前，需要对导入的低模进行贴图烘焙。

步骤 01：在【纹理集设置】面板中单击【烘焙模型贴图】按钮，切换到纹理烘焙模式。

步骤 02：设置烘焙参数。烘焙参数的具体设置如图 5.102 所示。

步骤 03：单击【烘焙所有纹理】按钮，开始纹理贴图的烘焙。烘焙之后的效果如图 5.103 所示。

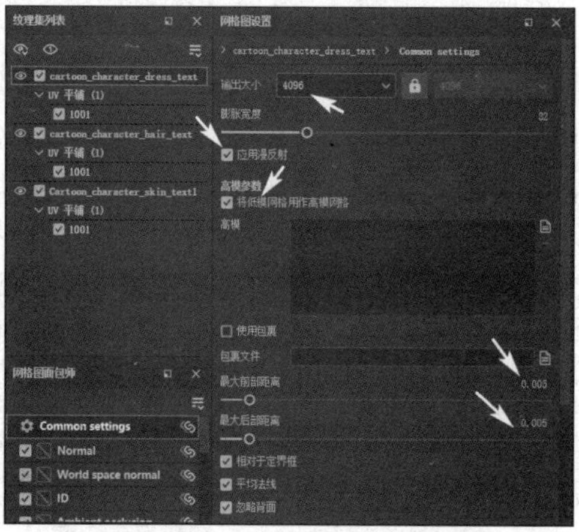

图 5.102　烘焙参数的具体设置

图 5.103　烘焙之后的效果

步骤 04：单击【返回至绘画模式】按钮，返回绘画模式进行材质纹理的制作。

视频播放：关于具体介绍，请观看本书配套视频“任务四：烘焙模型贴图.wmv”。

任务五：更换着色器的类型

根据参考图的分析结果可知，卡通角色——莱德的裤子、靴子和袜子都具有天鹅绒面料属性。因此，在制作材质前，需要将着色器的类型转换为具有天鹅绒面料属性的着色器。

步骤 01：在【纹理集列表】面板中选择“cartoon_character_dress_text”纹理集。选择的纹理集列表项如图 5.104 所示。

步骤 02：在【纹理集设置】面板中单击“着色器链接”右侧的按钮，弹出下拉菜单。弹出的下拉菜单如图 5.105 所示。

步骤 03：单击下拉菜单中的【新的着色器链接】命令，创建一个新的“Main shader（Copy）”着色器。“Main shader（Copy）”着色器如图 5.106 所示。

步骤 04：在【着色器设置】面板中将“Main shader （Copy）”着色器名称命名为“天鹅绒”，对着色器类型，选择“pbr-velvet”着色器。【着色器设置】面板的具体设置如图 5.107 所示。

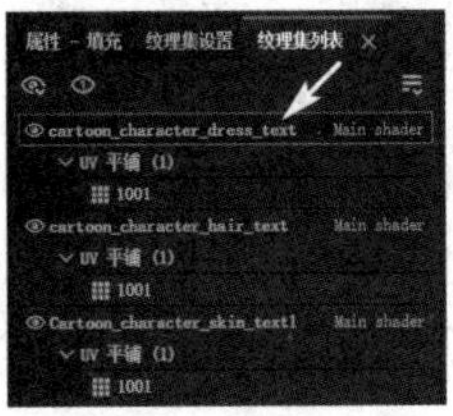

图 5.104　选择的纹理集列表项

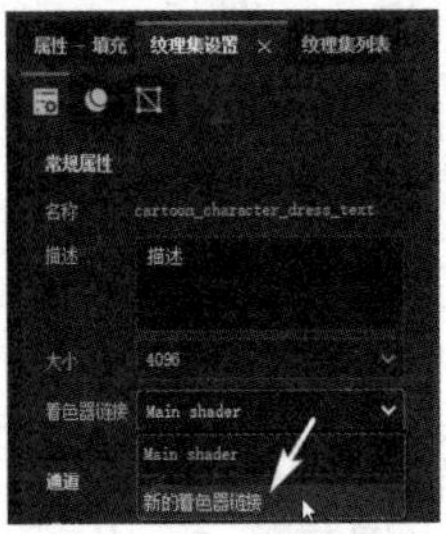

图 5.105　弹出的下拉菜单

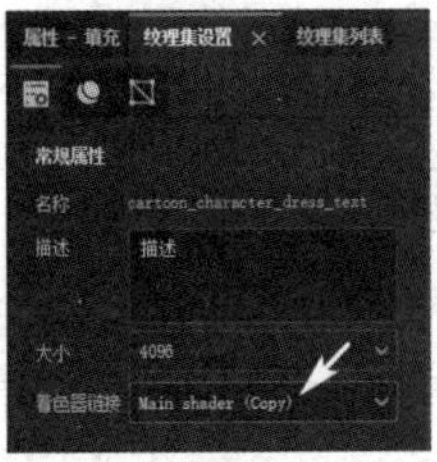

图 5.106　“Main shader（Copy）”着色器

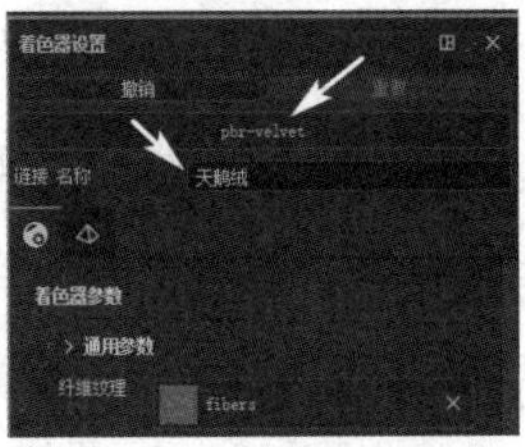

图 5.107 【着色器设置】面板的具体设置

视频播放：关于具体介绍，请观看本书配套视频“任务五：更换着色器的类型.wmv”。

任务六：卡通角色——莱德裤子材质的制作

卡通角色——莱德的裤子材质属于天鹅绒深蓝色布料。

步骤 01：在【图层】面板中单击添加组按钮，添加一个图层组，将图层组命名为“裤子”。

步骤 02：先给“裤子”图层组添加一个黑色遮罩，再给黑色遮罩添加一个绘画图层。添加的绘画图层如图 5.108 所示。

步骤 03：在“裤子”图层组中添加一个填充图层，将添加的填充图层命名为“裤子底色 01”，将“裤子底色 01”填充图层的“Base color”颜色设为深蓝色（R:0.002,G:0.175,B:0.256）。“裤子底色 01”填充图层如图 5.109 所示，“裤子底色 01”填充图层属性参数调节如图 5.110 所示。

步骤 04：在【图层】面板中选择“裤子”图层组黑色遮罩中的绘画图层，使用几何体填充工具，在材质制作区选择卡通角色——莱德的裤子模型。选择裤子模型之后的效果如图 5.111 所示。

图 5.108　添加的绘画图层

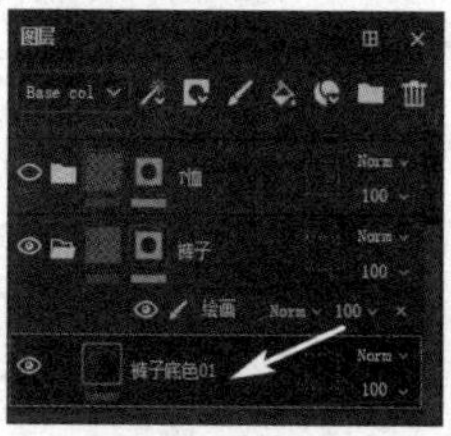

图 5.109　“裤子底色 01”填充图层

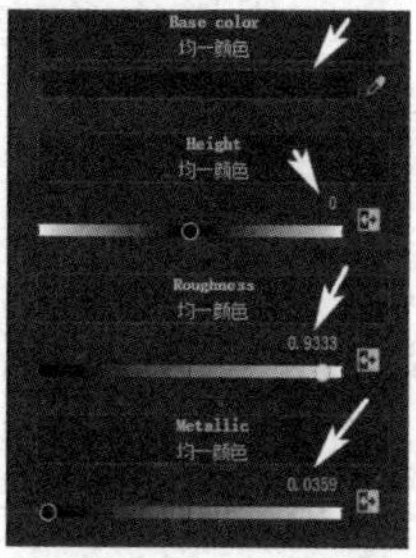

图 5.110　“裤子底色 01”填充图层属性参数调节

图 5.111　选择裤子模型之后的效果

步骤 05：将“裤子底色 01”填充图层复制一份，将复制的填充图层重命名为“裤子纹理”。给“裤子纹理”填充图层添加黑色遮罩，给黑色遮罩添加一个填充图层。在【属性-填充】面板中，对“灰度”参数选项选择“Grunge Dusty Powder Wide”程序纹理贴图，调节“Grunge Dusty Powder Wide”程序纹理贴图参数。

步骤 06：给“裤子纹理”填充图层的黑色遮罩添加一个滤镜图层，在【属性-滤镜】面板中，对“滤镜”参数选项选择“Blur”滤镜，将“Blur Intensity”参数值设为“0.3”。调节“裤子纹理”填充图层属性参数之后的效果如图 5.112 所示，给黑色遮罩添加的填充图层和滤镜图层如图 5.113 所示。

视频播放：关于具体介绍，请观看本书配套视频“任务六：卡通角色——莱德裤子材质的制作.wmv”。

图 5.112　调节“裤子纹理”填充图层属性参数之后的效果

图 5.113　给黑色遮罩添加的填充图层和滤镜图层

任务七：卡通角色——莱德 T 恤材质的制作

卡通角色——莱德的 T 恤材质属于浅天蓝色布料。

步骤 01：在【图层】面板中添加一个图层组，将添加的图层组命名为“T 恤”。在“T 恤”图层组中添加一个填充图层，将填充图层命名为“T 恤底色”。

步骤 02：将“T 恤底色”填充图层的“Base color”颜色设为浅蓝色（R:0.556,G:0.621,B:0.613），将“Roughness”参数值设为“0.9774”。

步骤 03：先给“T 恤”图层组添加一个黑色遮罩，再给黑色遮罩添加一个绘画图层，使用几何体填充工具，在材质制作区选择卡通角色——莱德的 T 恤模型。T 恤模型效果如图 5.114 所示，“T 恤”图层组黑色遮罩中的绘画图层如图 5.115 所示。

步骤 04：将“T 恤底色”填充图层复制一份，将复制的填充图层重命名为“T 恤脏迹”。将“T 恤脏迹”填充图层的“Base color”颜色设为浅天蓝色（R:0.669,G:0.683,B:0.683）。

步骤 05：先给“T 恤脏迹”填充图层添加一个黑色遮罩，再给黑色遮罩添加一个填充图层。在【属性-填充】面板中，对“灰度”参数选项选择“Grunge Map 007”程序纹理贴图，调节“Grunge Map 007”程序纹理贴图参数。还要给黑色遮罩添加一个滤镜图层，在【属性-滤镜】面板中，对“滤镜”参数选项选择“Blur”滤镜，将“Blur Intensity”参数值设为“0.5”。调节“T 恤脏迹”填充图层属性参数之后的效果如图 5.116 所示，“T 恤脏迹”填充图层如图 5.117 所示。

视频播放：关于具体介绍，请观看本书配套视频“任务七：卡通角色——莱德 T 恤材质的制作.wmv”。

图 5.114　T 恤模型效果

图 5.115　“T 恤”图层组黑色遮罩中的绘画图层

图 5.116　调节“T 恤脏迹”填充图层属性参数之后的效果

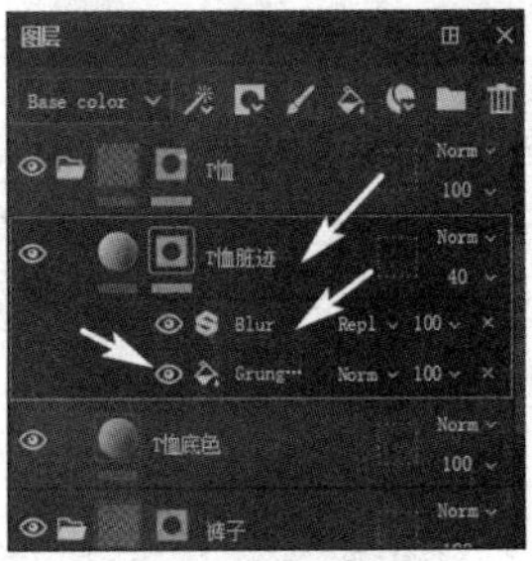

图 5.117　“T 恤脏迹”填充图层

任务八：卡通角色——莱德外套材质的制作

卡通角色——莱德的外套材质由红色、天蓝色、黄色和乳白色 4 种颜色的材质组成。卡通角色——莱德的外套材质如图 5.118 所示。

1. 根据卡通角色——莱德外套颜色添加图层组和遮罩

步骤 01：在【图层】面板中添加 4 个图层组，依次把它们命名为“外套红色部分”、“外套黄色部分”、“外套天蓝色部分”和“外套乳白色部分”。

步骤 02：在每个图层组中添加一个填充图层，把添加的 4 个填充图层依次命名为“红色底色”、“黄色底色”、“天蓝色底色”和“乳白色底色”。将所有底色填充图层的“Roughness”参数值设为“0.9795”。

步骤 03：先给每个图层组添加黑色遮罩，再给黑色遮罩添加绘画图层，使用几何体填充工具进行遮罩处理。遮罩处理之后的【图层】面板如图 5.119 所示，遮罩之后的效果如图 5.120 所示。

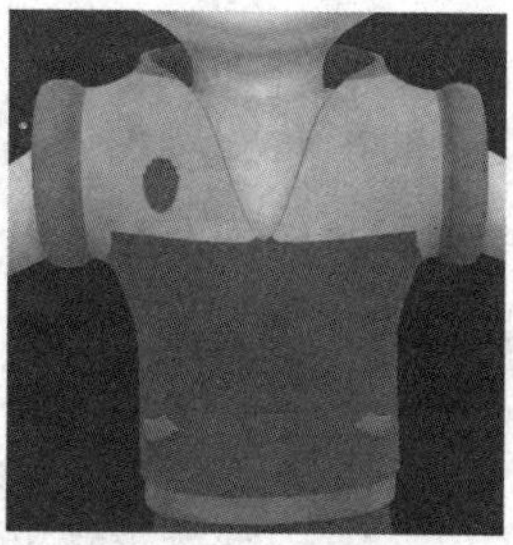

图 5.118　卡通角色——莱德的外套材质

图 5.119　遮罩处理之后的【图层】面板

2. 卡通角色——莱德外套红色部分材质的制作

步骤 01：将“红色底色”填充图层复制一份，将复制的填充图层重命名为“红色脏迹”。将“红色脏迹”填充图层的“Base color”颜色设为深红色（R:0.521,G:0.005,B:0.013），给“红色脏迹”填充图层添加一个黑色遮罩。

步骤 02：给“红色脏迹”填充图层的黑色遮罩添加一个填充图层。在【属性-填充】面板中，对“灰度”参数选项选择“Clouds 2”程序纹理贴图，调节“Clouds 2”程序纹理贴图参数。

步骤 03：给“红色脏迹”填充图层的黑色遮罩添加一个滤镜图层，在【属性-滤镜】面板中，对“滤镜”参数选项选择“Blur”滤镜，将“Blur Intensity”参数值设为“0.1”。“红色脏迹”填充图层如图 5.121 所示，添加脏迹之后的外套红色部分效果如图 5.122 所示。

3. 卡通角色——莱德外套黄色部分材质的制作

步骤 01：将“黄色底色”填充图层复制一份，将复制的填充图层重命名为“黄色脏迹”。将“黄色脏迹”填充图层的“Base color”颜色设为深黄色（R:0.539,G:0.432,B:0.241），给“黄色脏迹”填充图层添加一个黑色遮罩。

步骤 02：给“黄色脏迹”填充图层的黑色遮罩添加一个填充图层，在【属性-填充】面板中，对“灰度”参数选项选择“Clouds 2”程序纹理贴图，调节“Clouds 2”程序纹理贴图参数。“黄色脏迹”填充图层如图 5.123 所示，添加脏迹之后的外套黄色部分效果如图 5.124 所示。

图 5.120　遮罩之后的效果

图 5.121 “红色脏迹”填充图层

图 5.122　添加脏迹之后的外套红色部分效果

图 5.123 “黄色脏迹”填充图层

4. 卡通角色——莱德外套天蓝色部分材质的制作

步骤 01：将“天蓝色底色”填充图层复制一份，将复制的填充图层重命名为“天蓝色脏迹”。将“天蓝色脏迹”填充图层的“Base color”颜色设为深蓝色（R:0.002,G:0.366,B:0.466），给“天蓝色脏迹”填充图层添加一个黑色遮罩。

步骤 02：给“天蓝色脏迹”填充图层的黑色遮罩添加一个填充图层，在【属性-填充】面板中，对“灰度”参数选项选择“Grunge Map 007”程序纹理贴图，调节“Grunge Map 007”程序纹理贴图参数。“天蓝色脏迹”填充图层如图 5.125 所示，添加脏迹之后的外套天蓝色部分效果如图 5.126 所示。

5. 卡通角色——莱德外套乳白色部分材质的制作

步骤 01：将“乳白色底色”填充图层复制一份，将复制的填充图层重命名为“乳白色脏迹”。将“乳白色脏迹”填充图层的“Base color”颜色设为深灰色（R:0.434,G:0.434,B:0.434），给“乳白色脏迹”填充图层添加一个黑色遮罩。

步骤 02：给“乳白色脏迹”填充图层的黑色遮罩添加一个填充图层，在【属性-填充】面板中，对“灰度”参数选项选择“Clouds 2”程序纹理贴图，调节“Clouds 2”程序纹理贴图参数。“乳白色脏迹”填充图层如图 5.127 所示，添加脏迹之后的外套乳白色部分效果如图 5.128 所示。

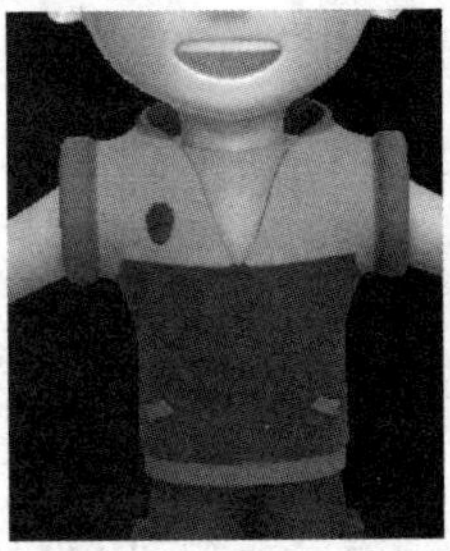

图 5.124　添加脏迹之后的外套黄色部分效果

图 5.125 “天蓝色脏迹”填充图层

图 5.126　添加脏迹之后的外套天蓝色部分效果

图 5.127 “乳白色脏迹”填充图层

视频播放：关于具体介绍，请观看本书配套视频“任务八：卡通角色——莱德外套材质的制作.wmv”。

任务九：卡通角色——莱德外套标志材质的制作

主要通过填充图层、绘画图层和画笔工具完成卡通角色——莱德外套标志材质的制作。这样，可以随时修改标志中的颜色和纹理效果。

步骤 01：添加一个图层组，将图层组命名为“外套标志”。先给图层组添加一个黑色遮罩，再给黑色遮罩添加一个绘画图层。“外套标志”图层组和黑色遮罩中的绘画图层如图 5.129 所示。

步骤 02：选择“外套标志”图层组黑色遮罩中的绘画图层，使用几何体填充工具对外套标志进行遮罩处理。遮罩之后的效果如图 5.130 所示。

步骤 03：在“外套标志”图层组中添加第 1 个填充图层，将第 1 个填充图层命名为“外套标志底色”。将“外套标志底色”填充图层中的“Base color”颜色设为棕色（R:0.353, G:0.322,B:0.298）。“外套标志底色”填充图层属性参数调节如图 5.131 所示，添加底色之后的外套标志效果如图 5.132 所示。

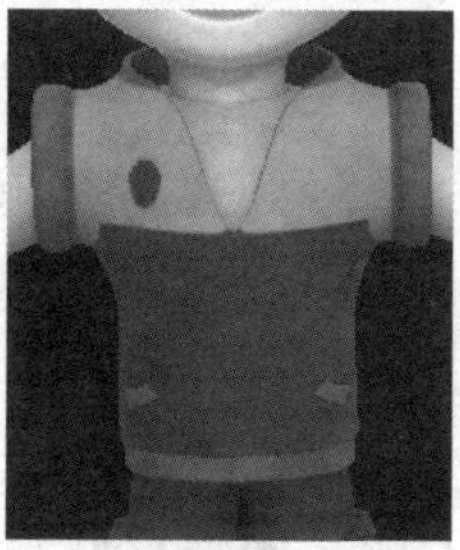

图 5.128　添加脏迹之后的外套乳白色部分效果

图 5.129　“外套标志”图层组和黑色遮罩中的绘画图层

图 5.130　遮罩之后的效果

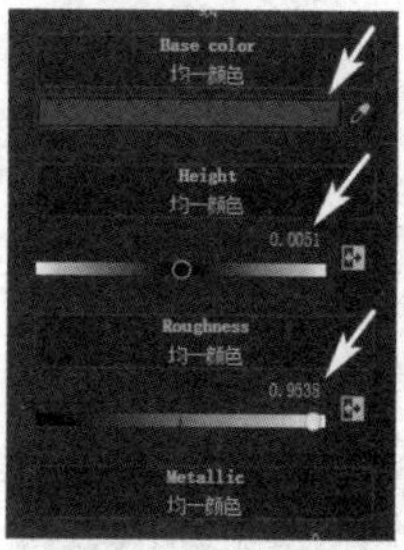

图 5.131　“外套标志底色”填充图层属性参数调节

步骤 04：在“外套标志”图层组中添加第 2 个填充图层，将第 2 个填充图层命名为“外套标志暗红色”。将“外套标志暗红色”填充图层中的“Base color”颜色设为暗红色（R:0.374,G:0.120,B:0.010）。“外套标志暗红色”填充图层属性参数调节如图 5.133 所示。

步骤 05：先给“外套标志暗红色”填充图层添加一个黑色遮罩，再给黑色遮罩添加一个绘画图层，使用绘画工具并配合画笔样式进行绘制。“外套标志暗红色”填充图层的遮罩效果如图 5.134 所示。

步骤 06：在“外套标志”图层组中添加第 3 个填充图层，将第 3 个填充图层命名为“外套标志天蓝色”。将“外套标志天蓝色”填充图层中的“Base color”颜色设为深蓝色（R:0.028,G:0.297,B:0.361）。“外套标志天蓝色”填充图层属性参数调节如图 5.135 所示。

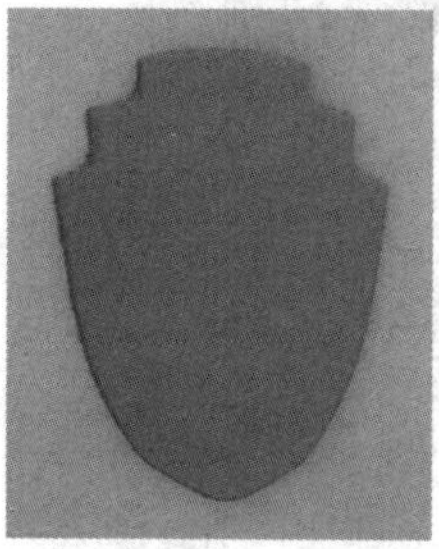

图 5.132 添加底色之后的外套标志效果

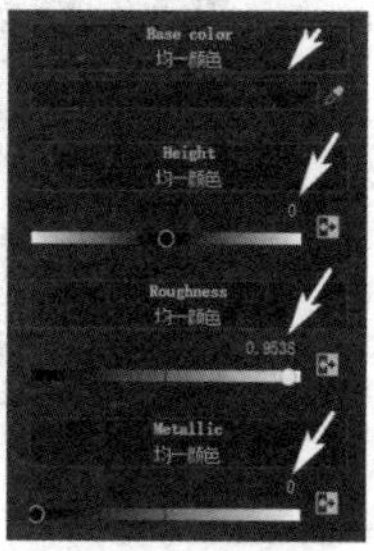

图 5.133　“外套标志暗红色”填充图层属性参数调节

图 5.134　“外套标志暗红色”填充图层的遮罩效果

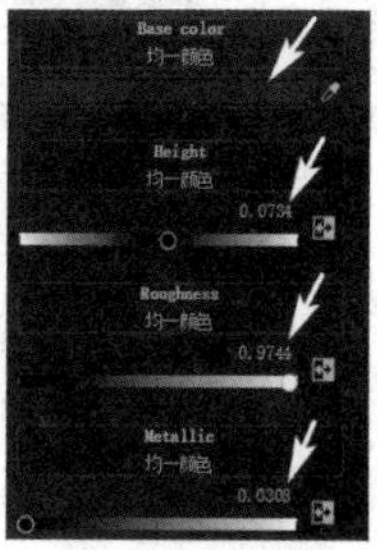

图 5.135　“外套标志天蓝色”填充图层属性参数调节

步骤 07：先给“外套标志天蓝色”填充图层添加一个黑色遮罩，再给黑色遮罩添加一个绘画图层，使用绘画工具配合画笔样式进行绘制，“外套标志天蓝色”填充图层的遮罩效果如图 5.136 所示。

步骤 08：在“外套标志”图层组中添加第 4 个填充图层，将第 4 个填充图层命名为“外套标志乳白色”，将“外套标志乳白色”填充图层中的“Base color”颜色设为深蓝色（R:0.689,G:0.689,B:0.689）。“外套标志乳白色”填充图层属性参数调节如图 5.137 所示。

步骤 09：给“外套标志乳白色”填充图层添加一个黑色遮罩，给黑色遮罩添加一个绘画图层，使用绘画工具配合画笔样式进行绘制，“外套标志乳白色”填充图层的遮罩效果如图 5.138 所示。

步骤 10：在“外套标志”图层组中添加第 5 个填充图层，将第 5 个填充图层命名为“外套标志边框”。将“外套标志边框”填充图层中的“Base color”的颜色设为橙棕色（R:0.347,G:0.285,B:0.238）。“外套标志边框”填充图层属性参数调节如图 5.139 所示。

图 5.136 “外套标志天蓝色”填充图层的遮罩效果

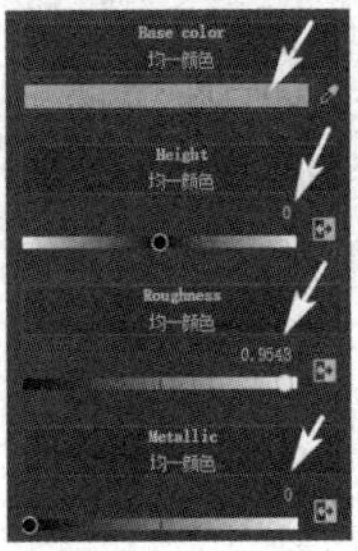

图 5.137 “外套标志乳白色”填充图层属性参数调节

图 5.138 “外套标志乳白色”填充图层的遮罩效果

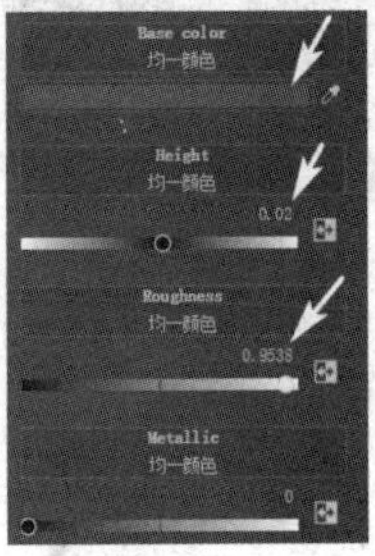

图 5.139 “外套标志边框”填充图层属性参数调节

步骤 11：先给“外套标志边框”填充图层添加一个黑色遮罩，再给黑色遮罩添加一个绘画图层，使用绘画工具配合画笔样式进行绘制。“外套标志边框”填充图层的遮罩效果如图 5.140 所示，“外套标志”图层组中的所有图层如图 5.141 所示。

图 5.140 “外套标志边框”填充图层的遮罩效果

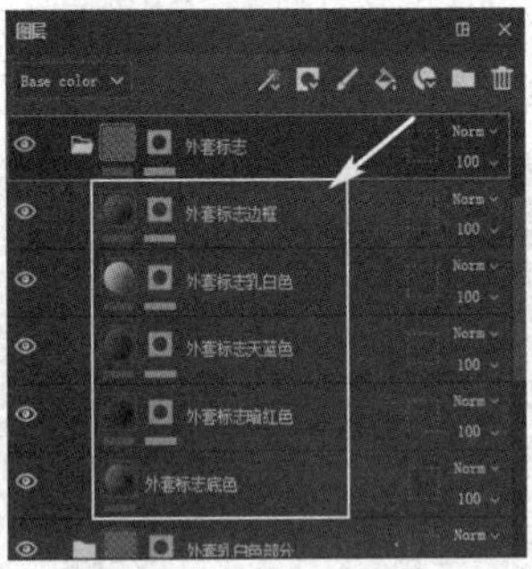

图 5.141 “外套标志”图层组中的所有图层

视频播放：关于具体介绍，请观看本书配套视频“任务九：卡通角色——莱德外套标志材质的制作.wmv”。

任务十：卡通角色——莱德外套拉链的制作

卡通角色——莱德外套拉链由拉链缝隙和拉链头两部分组成。

步骤 01：在“外套”图层组中添加一个图层组，将添加的图层组命名为“拉链”。“拉链”图层组如图 5.142 所示。

步骤 02：在“拉链”图层组中添加第 1 个填充图层，将添加的第 1 个填充图层命名为“拉链缝隙”。“拉链缝隙”填充图层属性参数调节如图 5.143 所示。

步骤 03：先给“拉链缝隙”填充图层添加一个黑色遮罩，再给黑色遮罩添加一个绘画图层。选择绘画工具，对画笔样式选择“Road Stripes”。“Road Stripes”画笔样式如图 5.144 所示。

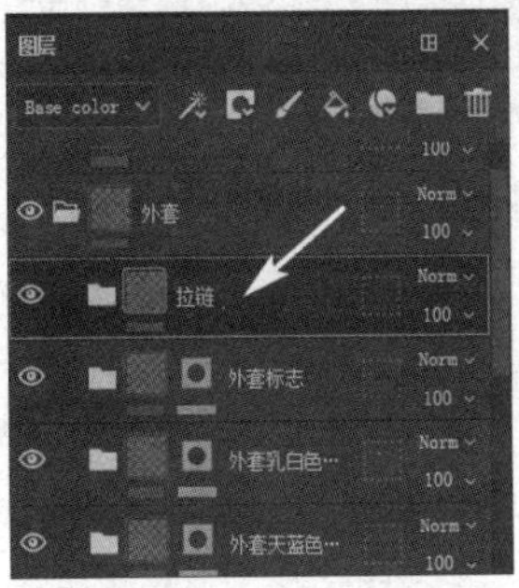

图 5.142　“拉链”图层组

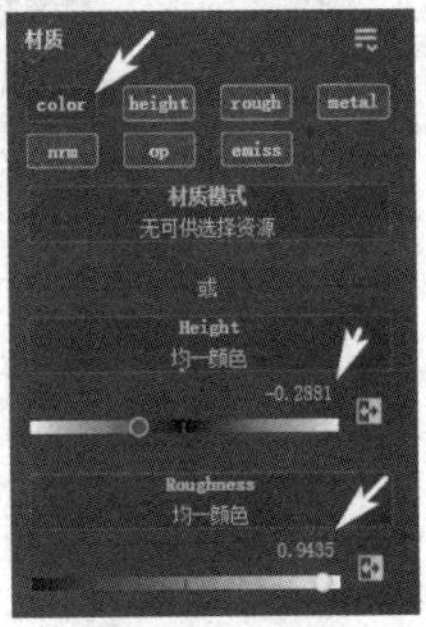

图 5.143　“拉链缝隙”填充图层属性参数调节

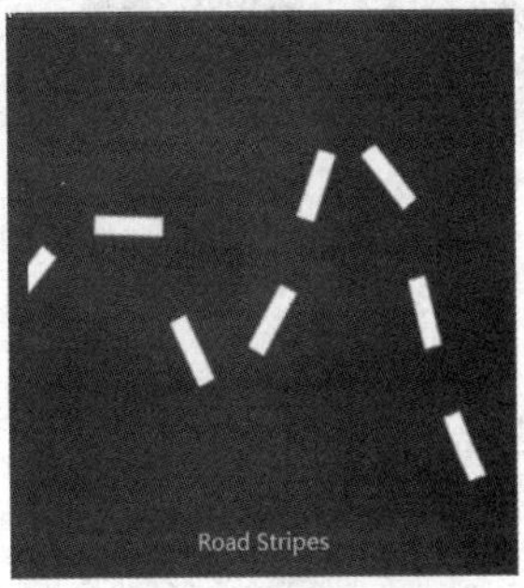

图 5.144　“Road Stripes”画笔样式

步骤 04：在材质制作区制作拉链缝隙。制作的拉链缝隙如图 5.145 所示，添加的绘画图层如图 5.146 所示。

步骤 05：在“拉链”图层组中添加第 2 个填充图层，将第 2 个填充图层命名为“拉链头”，将“拉链头”填充图层中的“Base color”颜色设为深棕色（R:0.361,G:0.318,B:0.298）。“拉链头”填充图层属性参数调节如图 5.147 所示。

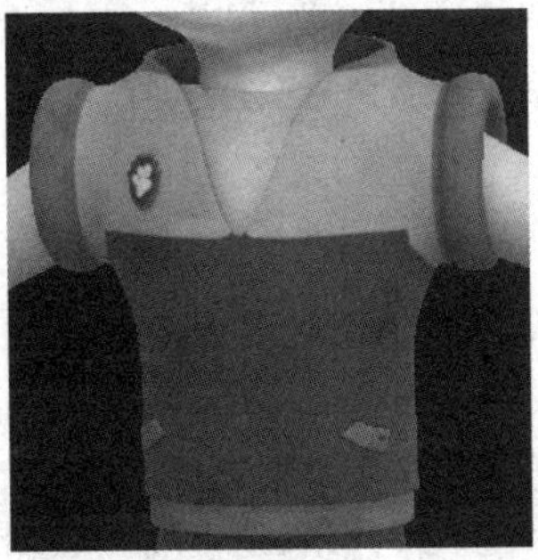

图 5.145　制作的拉链缝隙

图 5.146　添加的绘画图层

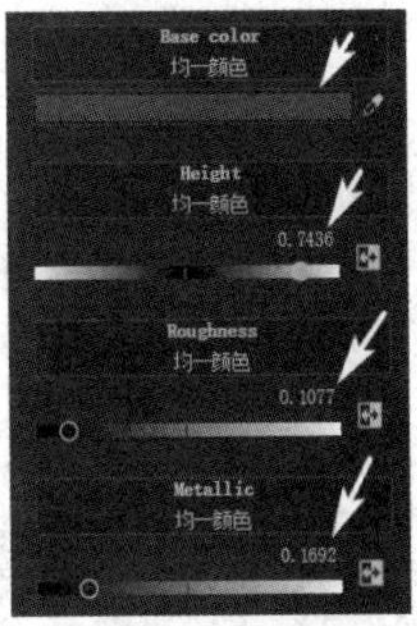

图 5.147　“拉链头”填充图层属性参数调节

步骤 06：先给“拉链头”填充图层添加一个黑色遮罩，再给黑色遮罩添加一个绘画图层，选择绘画工具，在【属性-绘画】面板中，对“透贴”参数选项选择导入的“拉链头”Alpha 贴图。绘画图层的【属性-绘画】面板如图 5.148 所示。

步骤 07：在需要制作拉链头的位置移动光标，即可绘制拉链头。绘制的拉链头如图 5.149 所示。

步骤 08：给“拉链缝隙”填充图层的黑色遮罩添加一个滤镜图层。【属性-滤镜】面板参数设置、拉链效果和“拉链缝隙”填充图层如图 5.150 所示。

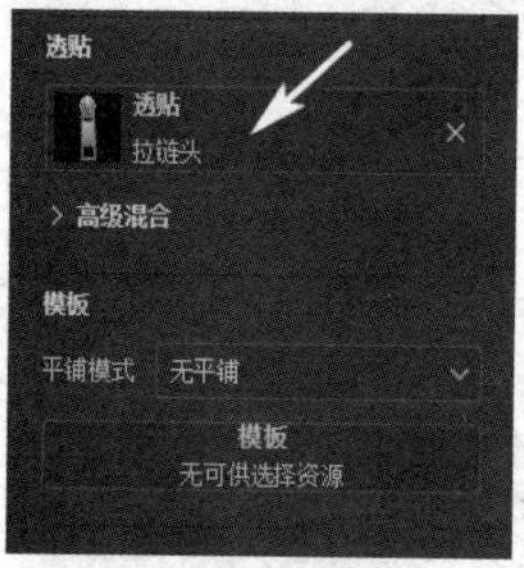

图 5.148 绘画图层的【属性-绘画】面板

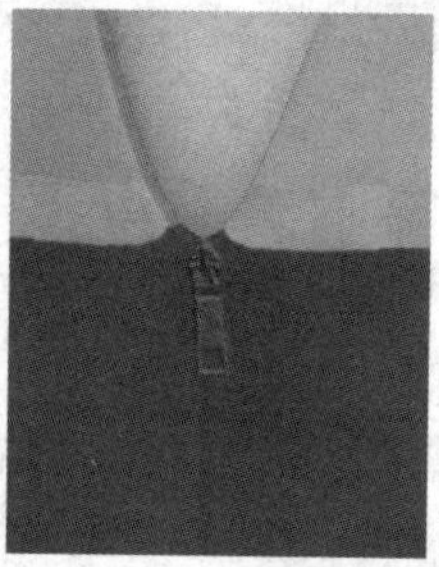

图 5.149 绘制的拉链头

图 5.150 【属性-滤镜】面板参数设置、拉链效果和“拉链缝隙”填充图层

视频播放：关于具体介绍，请观看本书配套视频“任务十：卡通角色——莱德外套拉链的制作.wmv”。

任务十一：卡通角色——莱德靴子材质的制作

卡通角色——莱德靴子材质由靴子蓝色部分、靴子红色部分、靴子顶面灰色部分、靴子底面部分和袜子 5 个部分组成。最终的靴子材质效果如图 5.151 所示。

1. 卡通角色——莱德靴子蓝色部分材质制作

步骤 01：在【图层】面板中添加一个图层组，将图层组命名为“靴子”。“靴子”图层组如图 5.152 所示。

步骤 02：在“靴子”图层组中添加一个图层组，将图层组命名为“靴子蓝色部分”。在“靴子蓝色部分”图层组中添加一个填充图层，将填充图层命名为“靴子蓝色部分底色”。

步骤 03：在【属性-填充】面板中，将“Base color”颜色设为蓝色（R:0.011, G:0.375,B:0.439），将“Roughness”参数值设为“0.9538”。

步骤 04：先给“靴子蓝色部分”图层组添加一个黑色遮罩，再给黑色遮罩添加一个绘画图层。使用几何体填充工具选择靴子蓝色部分。选择的靴子蓝色部分如图 5.153 所示，靴子蓝色部分的图层组和填充图层如图 5.154 所示。

图 5.151 最终的靴子材质效果

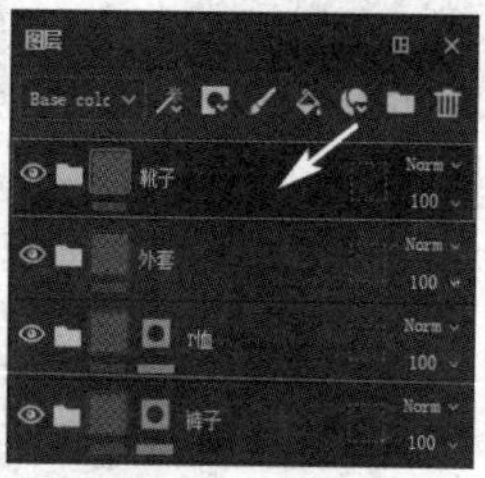

图 5.152 “靴子”图层组

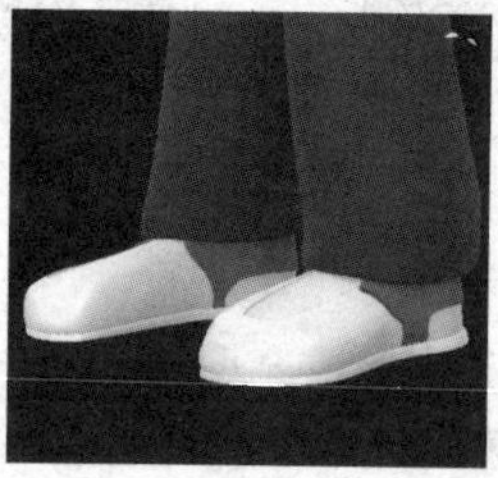

图 5.153 选择的靴子蓝色部分

图 5.154 靴子蓝色部分的图层组和填充图层

步骤 05：在“靴子蓝色部分”图层组中添加一个填充图层，将填充图层命名为“靴子蓝色部分脏迹”。先给“靴子蓝色部分脏迹”填充图层添加一个黑色遮罩，再给黑色遮罩添加一个填充图层。在【属性-填充】面板中，对“灰度”参数选项选择“Clouds 3”程序纹理贴图，调节程序纹理贴图参数。

步骤 06：在“靴子蓝色部分脏迹”填充图层的黑色遮罩中添加一个滤镜图层，在【属性-滤镜】面板中，对“滤镜”参数选项选择“Blur”滤镜，将“Blur Intensity”参数值设为“0.2”。调节“靴子蓝色部分脏迹”填充图层属性参数之后的效果如图 5.155 所示，“靴子蓝色部分”图层组中的所有图层如图 5.156 所示。

2. 卡通角色——莱德靴子红色部分材质制作

步骤 01：在“靴子”图层组中添加一个图层组，将图层组命名为“靴子红色部分”。在“靴子红色部分”图层组中添加一个填充图层，将填充图层命名为“靴子红色部分底色”。

步骤 02：在【属性-填充】面板中，将“Base color”颜色设为红色（R:0.443，G:0.085,B:0.061），将“Roughness”参数值设为“0.3”。

步骤 03：先给“靴子红色部分”图层组添加一个黑色遮罩，再给黑色遮罩添加一个绘画图层，使用几何体填充工具选择靴子红色部分。添加“靴子红色部分底色”填充图层之后的效果如图 5.157 所示，靴子红色部分的图层组和填充图层如图 5.158 所示。

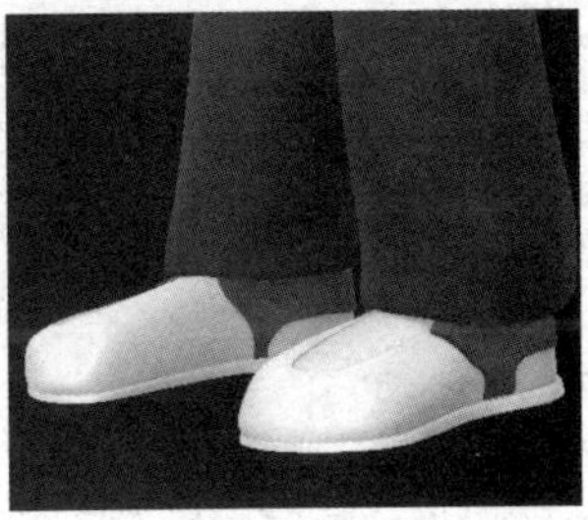

图 5.155　调节“靴子蓝色部分脏迹”填充图层属性参数之后的效果

图 5.156　“靴子蓝色部分”图层组中的所有图层

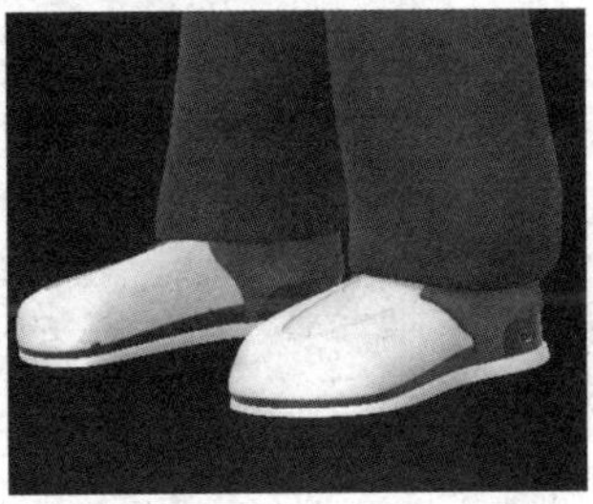

图 5.157　添加“靴子红色部分底色”填充图层之后的效果

步骤 04：在“靴子红色部分”图层组中添加一个填充图层，将填充图层命名为“靴子红色部分脏迹”。在【属性-填充】面板中，将“Base color”颜色设为红色（R:0.607，G:0.073,B:0.036），将“Roughness”参数值设为“0.3”。

步骤 05：先给“靴子红色部分脏迹”填充图层添加一个黑色遮罩，再给黑色遮罩添加一个填充图层。在【属性-填充】面板中，对“灰度”参数选项选择“Cracks Crystal”程序纹理贴图。调节“Cracks Crystal”程序纹理贴图参数之后的效果如图 5.159 所示。

3. 卡通角色——莱德靴子顶面灰色部分材质的制作

步骤 01：在“靴子”图层组中添加一个图层组，将图层组命名为“靴子顶面灰色部分”。在“靴子顶面灰色部分”图层组中添加一个填充图层，将填充图层命名为“靴子顶面灰色部分底色”。

步骤 02：在【属性-填充】面板中，将“Base color”颜色设为蓝色（R:0.356,G:0.351,B:0.351），将“Roughness”参数值设为“0.9897”。

步骤 03：先给“靴子顶面灰色部分”图层组添加一个黑色遮罩，再给黑色遮罩添加一个绘画图层，使用几何体填充工具选择靴子的顶面部分。选择的靴子顶面灰色部分如图 5.160 所示。

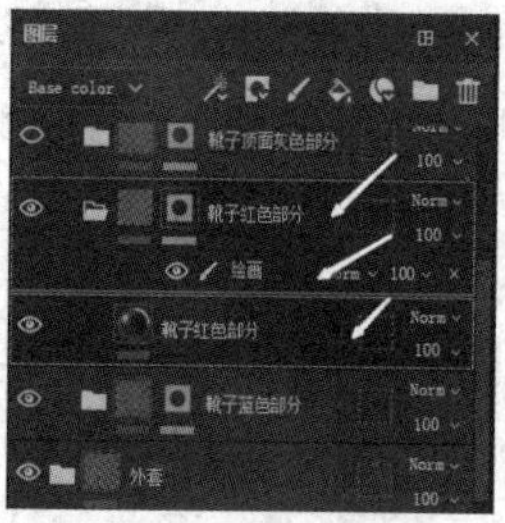

图 5.158 靴子红色部分的图层组和填充图层

图 5.159 调节“Cracks Crystal”程序纹理贴图参数之后的效果

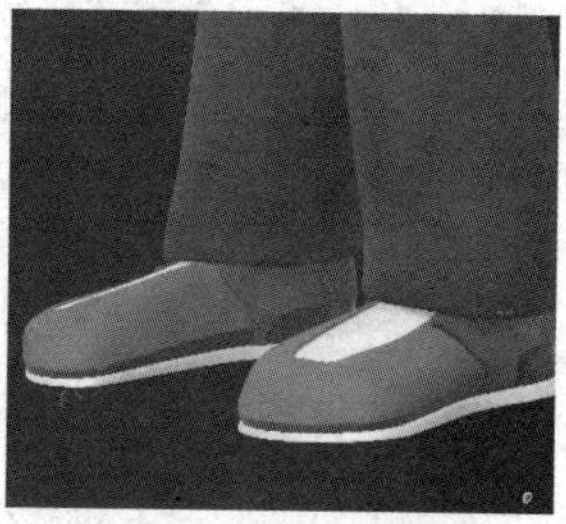

图 5.160 选择的靴子顶面灰色部分

步骤 04：在“靴子顶面灰色部分”图层组中添加一个填充图层，将填充图层命名为“靴子顶面灰色部分脏迹”。在【属性-填充】面板中，将“Base color”颜色设为灰色（R:0.470,G:0.466,B:0.466），将“Roughness”参数值设为“0.9897”。

步骤 05：先给“靴子顶面灰色部分脏迹”填充图层添加一个黑色遮罩，再给黑色遮罩添加一个填充图层。在【属性-填充】面板中，对“灰度”参数选项选择“Clouds 2”程序纹理贴图。调节“Clouds 2”程序纹理贴图参数之后的效果如图 5.161 所示，“靴子顶面灰色部分”图层组和图层如图 5.162 所示。

4. 卡通角色——莱德靴子底面部分材质的制作

步骤 01：在“靴子”图层组中添加一个图层组，将图层组命名为“靴子底面部分”。在“靴子底面部分”图层组中添加一个填充图层，将填充图层命名为“靴子底面部分底色”。

步骤 02：在【属性-填充】面板中，将“Base color”颜色设为灰色（R:0.310,G:0.311,B:0.309），将“Roughness”参数值设为“0.9835”。

步骤 03：先给“靴子底面部分”图层组添加一个黑色遮罩，再给黑色遮罩添加一个绘画图层。使用几何体填充工具选择靴子的底面部分。选择的靴子底面灰色部分如图 5.163 所示。

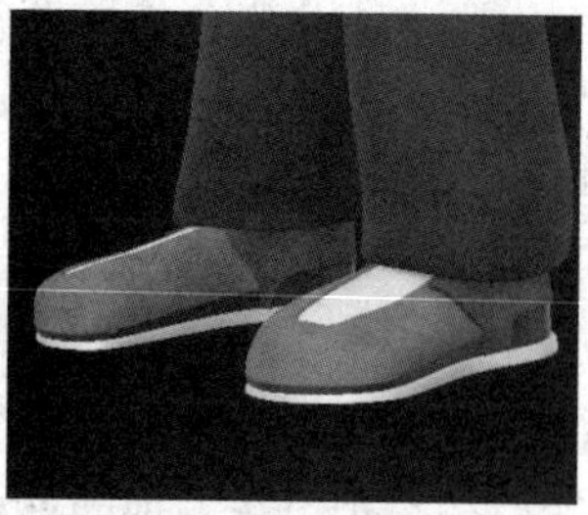

图 5.161 调节“Clouds 2”程序纹理贴图参数之后的效果

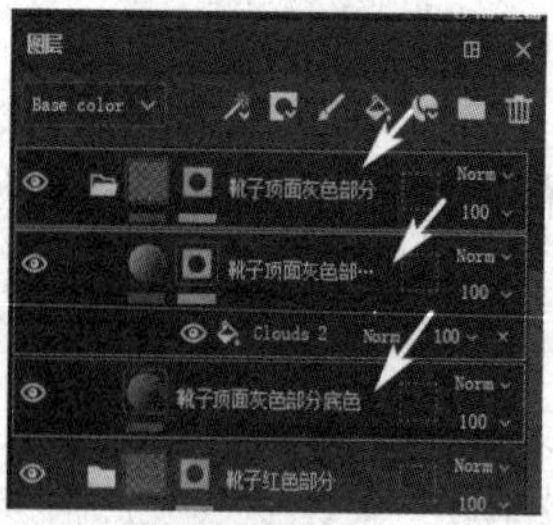

图 5.162 “靴子顶面灰色部分”图层组和图层

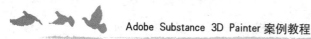

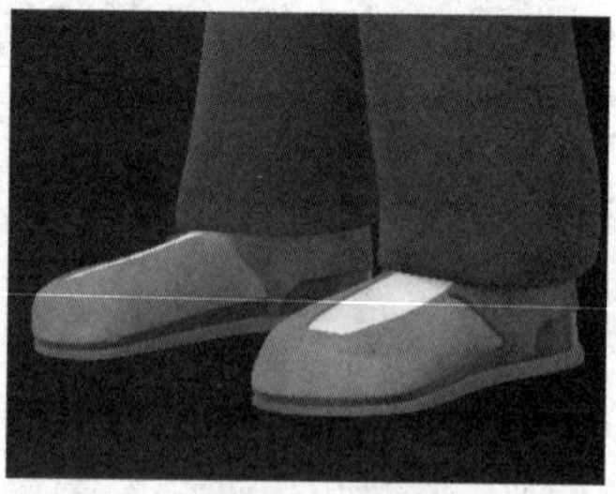

图 5.163 选择的靴子底面灰色部分

5. 卡通角色——莱德袜子部分材质的制作

步骤 01：在“靴子”图层组中添加一个图层组，将图层组命名为“袜子”。在“袜子”图层组中添加一个填充图层，将填充图层命名为“袜子底色”。

步骤 02：在【属性-填充】面板中，将“Base color”颜色设为军绿色（R:0.525,G:0.493,B:0.403），将“Roughness”参数值设为“0.9641”。

步骤 03：先给“袜子”图层组添加一个黑色遮罩，再给黑色遮罩添加一个绘画图层。使用几何体填充工具选择袜子部分，选择的袜子部分效果如图 5.164 所示。

步骤 04：在“袜子”图层组中添加一个填充图层，将添加的填充图层命名为“袜子花纹”。在【属性-填充】面板中，将“Base color”颜色设为暗红色（R:0.379,G:0.096,B:0.003），将“Roughness”参数值设为“0.9641”。

步骤 05：先给“袜子花纹”填充图层添加一个黑色遮罩，再给黑色遮罩添加一个绘画图层。使用绘画工具绘制遮罩，以获得花纹效果。袜子花纹效果如图 5.165 所示，“袜子”图层组和图层如图 5.166 所示。

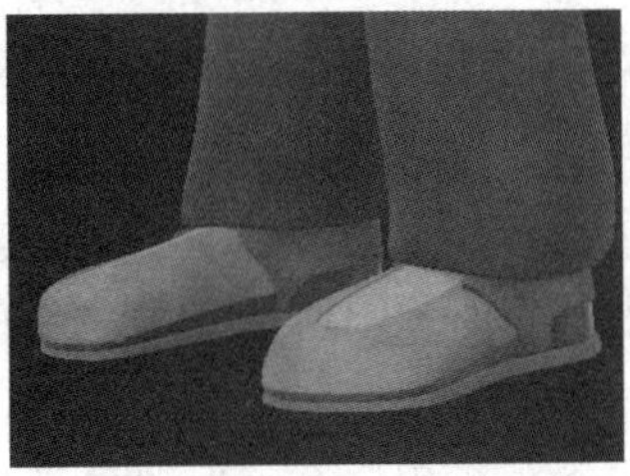

图 5.164　选择的袜子部分效果

图 5.165　袜子花纹效果

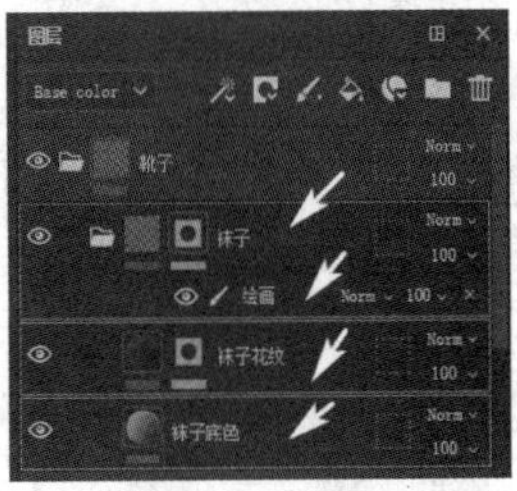

图 5.166　“袜子”图层组和图层

视频播放：关于具体介绍，请观看本书配套视频“任务十一：卡通角色——莱德靴子材质的制作.wmv”。

任务十二：卡通角色——莱德头发材质的制作

卡通角色——莱德头发材质的制作原理是先给填充图层添加遮罩和程序纹理贴图，再通过参数调节。

步骤 01：在【纹理集列表】面板中选择“cartoon_character_hair_text”列表项，将【图层】面板切换到头发纹理绘制【图层】面板。

步骤 02：填充在【图层】面板中添加第 1 个填充图层，将第 1 个填充图层命名为“头发底色”。在【属性-填充】面板中，将“Base color”颜色设为深红色（R:0.205,G:0.034,B:0.004），“头发底色”填充图层属性参数调节如图 5.167 所示，调节“头发底色”填充图层属性参数之后的效果如图 5.168 所示。

步骤 03：在【图层】面板中添加第 2 个填充图层，将第 2 个填充图层命名为“头发底色浅色”。在【属性-填充】面板中将“Base color”颜色设为浅红色（R:0.315,G:0.141,B:0.131）。

步骤 04：先给“头发底色浅色”填充图层添加一个黑色遮罩，再给黑色遮罩添加一个填充图层。在【属性-填充】面板中，对“灰度”参数选项选择“Dirt Brushed”程序纹理贴图。调节“Dirt Brushed”程序纹理贴图之后的效果如图 5.169 所示。

步骤 05：在【图层】面板中添加第 3 个填充图层，将第 3 个填充图层命名为“凹凸纹理”。“凹凸纹理”填充图层属性参数设置和调节如图 5.170 所示。

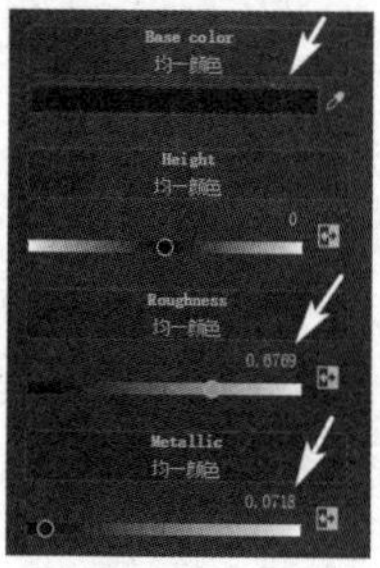

图 5.167 “头发底色”图层属性参数调节

图 5.168 调节“头发底色”填充图层属性参数之后的效果

图 5.169 调节“Dirt Brushed”程序纹理贴图之后的效果

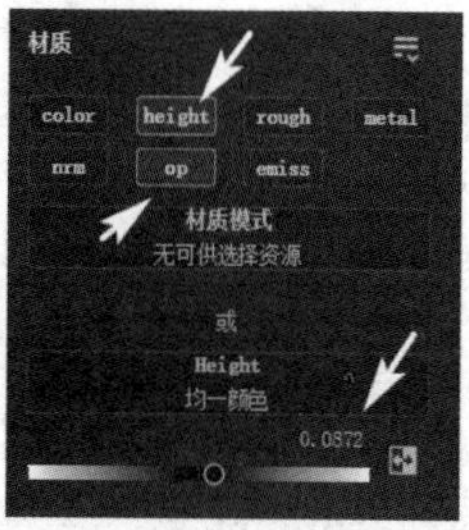

图 5.170 “凹凸纹理”填充图层属性参数设置和调节

步骤 06：先给“凹凸纹理”填充图层添加一个黑色遮罩，再给黑色遮罩添加一个填充图层。在【属性-填充】面板中，对“灰度”参数选项选择“Anisotropic Noise”程序纹理贴图，调节该程序纹理贴图参数。

步骤 07：给“凹凸纹理”填充图层中的黑色遮罩添加一个滤镜图层，在【属性-滤镜】面板中将“Blur Intensity”参数值设为“0.2”。调节“凹凸纹理”填充图层属性参数之后的效果如图 5.171 所示。

步骤 08：在【图层】面板中添加第 4 个填充图层，将第 4 个填充图层命名为“渐变脏迹”。在【属性-填充】面板中，将“Base color”颜色设为黑色（R:0.050,G:0.049,B:0.049），将“Roughness”参数值设为“0.9538”。

步骤 09：先给“渐变脏迹”填充图层添加一个黑色遮罩，再给黑色遮罩添加一个生成器图层。在【属性-生成器】面板中，对“生成器”参数选项选择“World Space Normals”生成器。调节“World Space Normals”生成器参数之后的效果如图 5.172 所示，头发材质的所有图层如图 5.173 所示。

图 5.171 调节“凹凸纹理”填充图层属性参数之后的效果

图 5.172 调节“World Space Normals”生成器参数之后的效果

图 5.173 头发材质的所有图层

视频播放：关于具体介绍，请观看本书配套视频“任务十二：卡通角色——莱德头发材质的制作.wmv”。

任务十三：卡通角色——莱德皮肤材质的制作

卡通角色——莱德皮肤材质的制作比较简单，直接将预设材质拖到图层组中进行修改即可。

步骤 01：在【纹理集列表】面板中选择“Cartoon_character_skin_text”列表项，将【图层】面板切换到皮肤纹理绘制【图层】面板。

步骤 02：在【图层】面板中，添加一个图层组，将图层组命名为“皮肤”。先给“皮肤”图层组添加一个黑色遮罩，再给黑色遮罩添加一个绘画图层。使用几何体填充工具选择皮肤部分。选择的皮肤部分效果如图 5.174 所示，“皮肤”图层组和黑色遮罩中的绘画图层如图 5.175 所示。

步骤 03：将【资源】面板中的“Human Head Bald Skin”预设材质图层拖到“皮肤”图层组中，给“Human Head Bald Skin”预设材质图层添加一个模糊滤镜。在【滤镜-填充】面板中，对“滤镜”参数选项选择“Blur”滤镜，将“Blur Intensity”参数值设为“0.4”。

步骤 04：调节“Human Head Bald Skin”预设材质图层属性参数之后的效果如图 5.176 所示，“皮肤”图层组中的图层如图 5.177 所示。

图 5.174　选择的皮肤部分效果

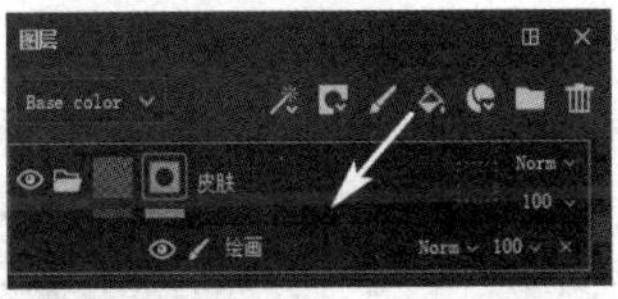

图 5.175　“皮肤”图层组和黑色遮罩中的绘画图层

图 5.176　调节“Human Head Bald Skin”预设材质图层属性参数之后的效果

视频播放：关于具体介绍，请观看本书配套视频“任务十三：卡通角色——莱德皮肤材质的制作.wmv”。

任务十四：卡通角色——莱德眼睛材质的制作

主要通过绘画图层配合模糊滤镜实现卡通角色——莱德眼睛材质的制作。

步骤 01：在【图层】面板中添加一个图层组，将图层组命名为“眼睛”。先给“眼睛”图层组添加一个黑色遮罩，再给黑色遮罩添加一个绘画图层。使用几何体填充工具选择眼睛部分，选择的眼睛部分效果如图 5.178 所示。

步骤 02：在“眼睛”图层组中添加一个填充图层，将填充图层命名为“眼睛底色”。在【属性-图层】面板中将“Base color”颜色设为浅灰色（R:0.676,G:0.664,B:0.660）。“眼睛底色”填充图层其他属性参数调节如图 5.179 所示，添加底色之后的眼睛效果如图 5.180 所示。

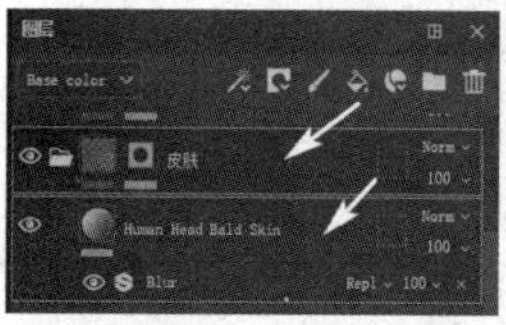

图 5.177 “皮肤”图层组中的图层

图 5.178 选择的眼睛部分效果

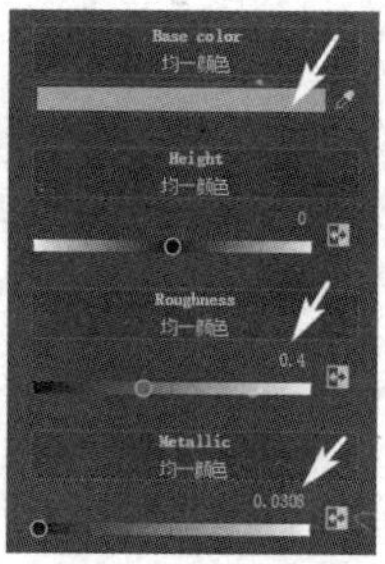

图 5.179 “眼睛底色”填充图层其他属性参数调节

图 5.180 添加底色之后的眼睛效果

步骤 03：在“眼睛”图层组中添加第 1 个绘画图层，将第 1 个绘画图层命名为“棕黄色”。选择画笔工具，将画笔的颜色设为浅棕色（R:0.698,G:0.435,B:0.357）。开启 *X* 轴对称，在需要绘制眼睛的位置进行涂抹。绘制的浅棕色眼珠效果如图 5.181 所示。

步骤 04：给“棕黄色”图层添加一个滤镜图层，在【属性-滤镜】面板中，对“滤镜”参数选项选择“Blur”滤镜，将“Blur Intensity”参数值设为“0.4”。添加“Blur”滤镜图层之后的眼珠效果如图 5.182 所示，“棕黄色”绘画图层如图 5.183 所示。

步骤 05：在“眼睛”图层组中添加第 2 个绘画图层，将第 2 个绘画图层命名为“浅黄色”。选择画笔工具，将画笔的颜色设为浅黄色（R:0.867,G:0.529,B:0.424），在需要绘制眼睛的位置进行涂抹。给“浅黄色”绘画图层添加一个“Blur”滤镜图层，将“Blur Intensity”参数值设为“0.4”。绘制的浅黄色眼珠效果如图 5.184 所示。

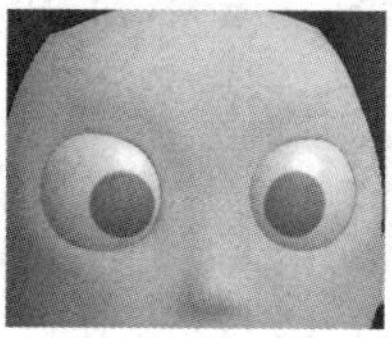

图 5.181 绘制的浅棕色眼珠效果

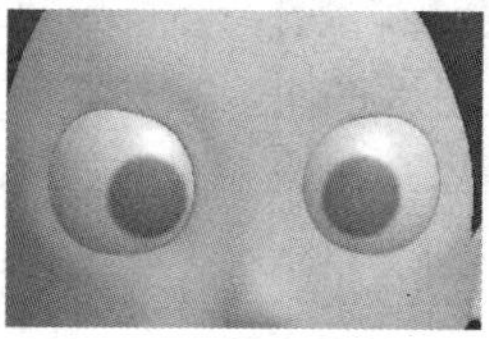

图 5.182 添加“Blur”滤镜图层之后的眼珠效果

图 5.183 “棕黄色”绘画图层

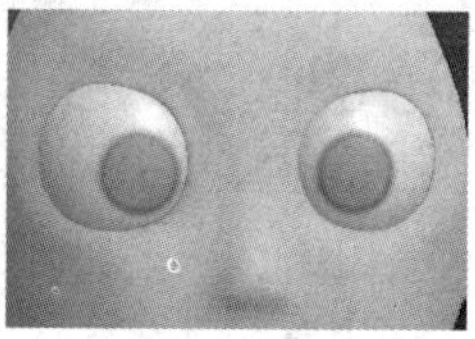

图 5.184 绘制的浅黄色眼珠效果

步骤 06：在“眼睛”图层组中添加第 3 个绘画图层，将第 3 个绘画图层命名为“黑色”。选择画笔工具，将画笔的颜色设为黑色（R:0.263,G:0.247,B:0.235），在需要绘制眼睛的位置进行涂抹。给“黑色”绘画图层添加一个“Blur”滤镜图层，将“Blur Intensity”参数值设为“0.4”。绘制的黑色眼珠效果如图 5.185 所示。

步骤 07：在“眼睛”图层组中添加第 4 个绘画图层，将第 4 个绘画图层命名为“白色”。选择画笔工具，将画笔的颜色设为白色（R:0.263,G:0.247,B:0.235），在需要绘制眼睛的位置进行涂抹。给“白色”绘画图层添加一个“Blur”滤镜图层，将“Blur Intensity”参数值设为“0.4”。绘制的白色眼珠效果如图 5.186 所示，“眼睛”图层组中的所有图层如图 5.187 所示。

视频播放：关于具体介绍，请观看本书配套视频“任务十四：卡通角色——莱德眼睛材质的制作.wmv”。

任务十五：卡通角色——莱德牙齿和口腔材质的制作

卡通角色——莱德牙齿和口腔材质的制作主要使用填充图层和遮罩完成。

步骤 01：在【图层】面板中添加一个图层组，将图层组命名为“牙齿”。先给“牙齿”图层组添加一个黑色遮罩，再给黑色遮罩添加一个绘画图层，使用几何体填充工具选择牙齿部分，对牙齿进行遮罩处理。

步骤 02：在“牙齿”图层组中添加一个填充图层，将填充图层命名为“牙齿底色”。在【属性-填充】面板中将“Base color”颜色设为浅灰色（R:0.630,G:0.627,B:0.627）。“牙齿底色”填充图层其他属性参数调节如图 5.188 所示，调节参数之后的牙齿效果如图 5.189 所示。

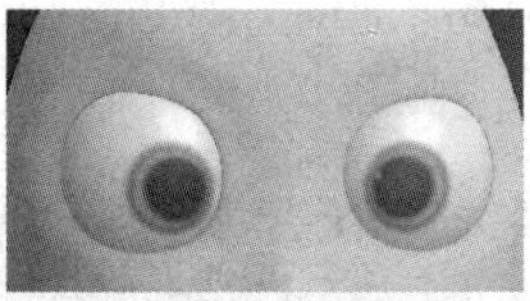

图 5.185 绘制的黑色眼珠效果

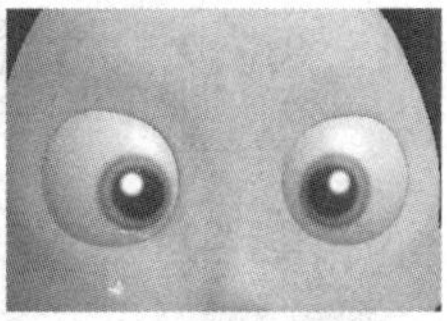

图 5.186　绘制的白色眼珠效果

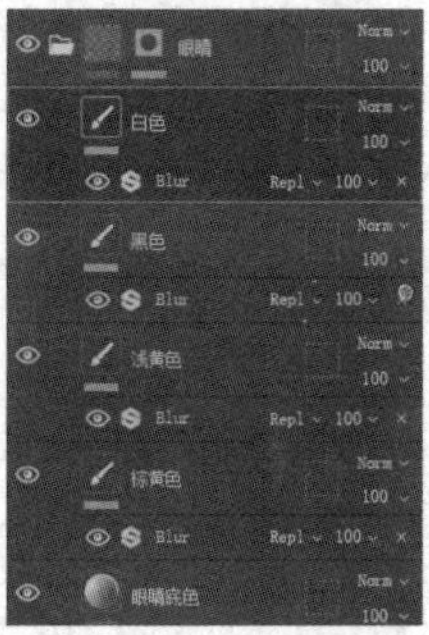

图 5.187 “眼睛”图层组中的所有图层

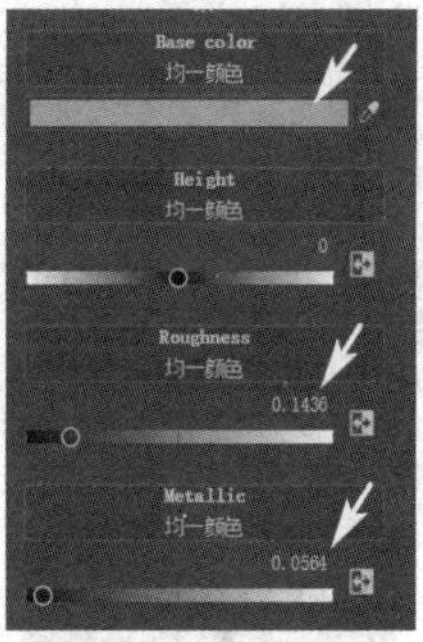

图 5.188 “牙齿底色”填充图层其他属性参数调节

步骤 03：在【图层】面板中添加一个图层组，将图层组命名为“口腔”。先给“口腔”图层组添加一个黑色遮罩，再给黑色遮罩添加一个绘画图层。使用几何体填充工具选择口腔部分，对口腔进行遮罩处理。

步骤 04：在“牙齿”图层组中添加一个填充图层，将填充图层命名为“口腔底色”。在【属性-填充】面板中，将“Base color”颜色设为深红色（R:0.397,G:0.000,B:0.000）。“口腔”填充图层其他属性参数调节如图 5.190 所示，调节参数之后的口腔效果如图 5.191 所示。

步骤 05：“牙齿”图层组和“口腔”图层组中的所有图层如图 5.192 所示。

图 5.189　调节参数之后的牙齿效果

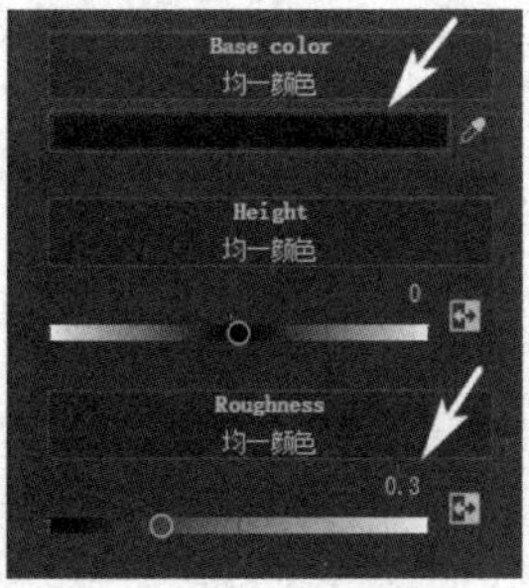

图 5.190 “口腔”填充图层其他属性参数调节

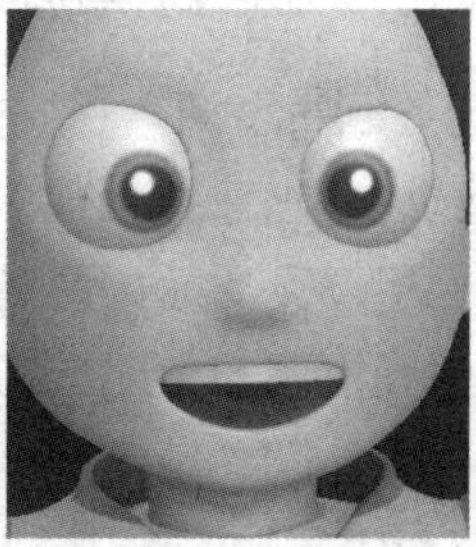

图 5.191　调节参数之后的口腔效果

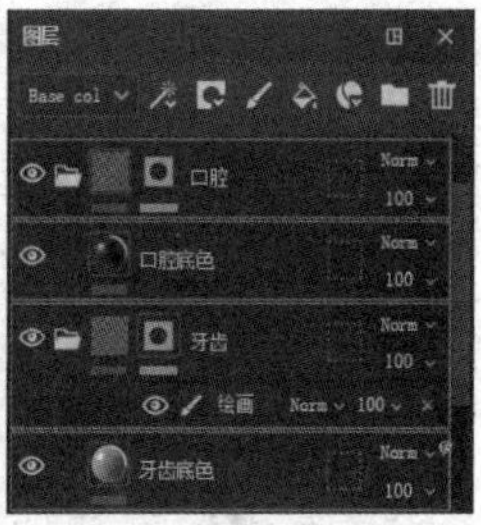

图 5.192 “牙齿”图层组和“口腔”图层组中的所有图层

视频播放：关于具体介绍，请观看本书配套视频“任务十五：卡通角色——莱德牙齿和口腔材质的制作.wmv”。

任务十六：卡通角色——莱德眉毛材质的制作

卡通角色——莱德眉毛材质的制作方法与牙齿材质制作的方法差不多。

步骤 01：在【图层】面板中添加一个图层组，将图层组命名为“眉毛”。先给“眉毛”图层组添加一个黑色遮罩，再给黑色遮罩添加一个绘画图层。使用绘画工具，对需要绘制眉毛的位置进行涂抹。

步骤 02：在“眉毛”图层组中添加一个填充图层，将填充图层命名为“眉毛底色”。在【属性-填充】面板中，将“Base color”颜色设为暗红色（R:0.247,G:0.002,B:0.002）。“眉毛”填充图层其他属性参数调节如图 5.193 所示，调节参数之后的眉毛效果如图 5.194 所示。

步骤 03：“眉毛底色”填充图层添加一个“Blur”滤镜图层，在【属性-滤镜】面板中将“Blur Intensity”参数值设为“8”，调节“Blur”滤镜图层参数之后的效果如图 5.195 所示。“眉毛”图层组中的所有图层如图 5.196 所示。

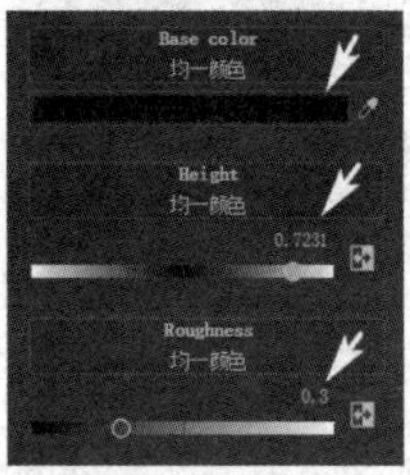

图 5.193 “眉毛”填充图层其他属性参数调节

图 5.194 调节参数之后的眉毛效果

图 5.195 调节“Blur”滤镜图层参数之后的效果

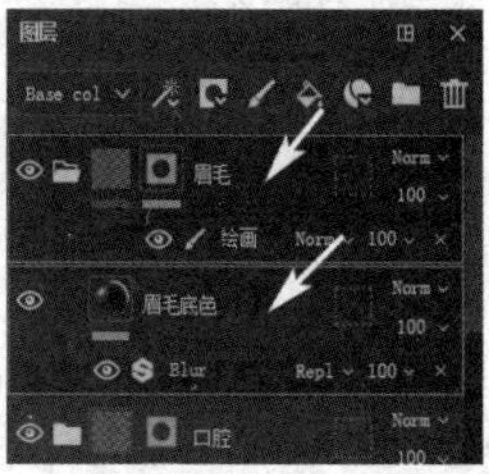

图 5.196 “眉毛”图层组中的所有图层

视频播放：关于具体介绍，请观看本书配套视频“任务十六：卡通角色——莱德眉毛材质的制作.wmv”。

任务十七：卡通角色——莱德后期渲染输出

通过前面十六个任务已将卡通角色——莱德所有材质制作完成。在本任务中，对卡通角色——莱德进行渲染设置和渲染输出。

步骤 01：调节【显示设置】面板参数。【显示设置】面板参数调节如图 5.197 所示。

步骤 02：调节好渲染出图的角度。

步骤 03：单击渲染按钮，切换到渲染模式，调节【渲染器设置】面板参数。【渲染器设置】面板参数调节如图 5.198 所示。

步骤 04：当“状态”中的“渲染”文字变成绿色时，表示渲染完成。将渲染的图像保存为带通道的图像文件（png 格式），以便后期处理。渲染之后的效果如图 5.199 所示。

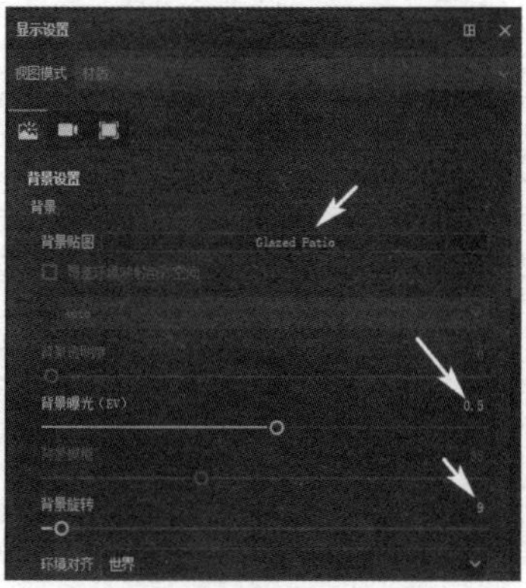

图 5.197　【显示设置】面板参数调节

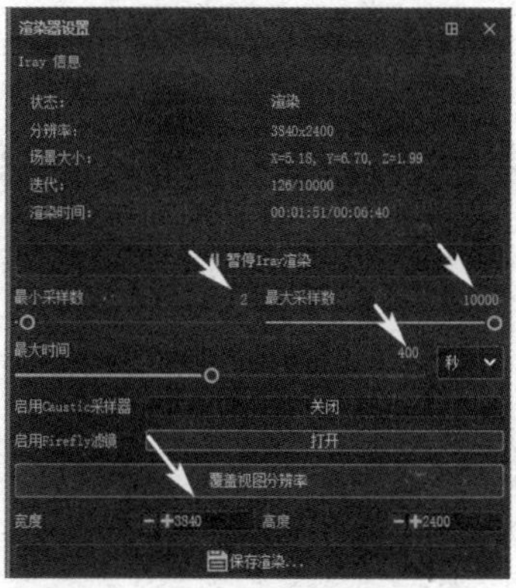

图 5.198　【渲染器设置】面板参数调节

图 5.199　渲染之后的效果

视频播放：关于具体介绍，请观看本书配套视频“任务十七：卡通角色——莱德后期渲染输出.wmv”。

六、拓展训练

请读者根据所学知识，使用本书提供的卡通角色和参考图，制作卡通角色的材质效果。

第 6 章　制作场景材质

知识点：

案例 1　制作国学书院门楼材质

案例 2　制作国学书院池塘材质和天桥材质

说明：

本章主要通过国学书院中的门楼材质、池塘材质和天桥材质的制作，介绍场景中的木头、琉璃瓦、玻璃、汉白玉（大理石）、金属和水面材质的制作流程、方法、技巧和注意事项。

教学建议课时数：

一般情况下需要 20 课时，其中理论课时为 6 课时，实际操作课时为 14 课时（特殊情况下可做相应调整）。

在本章中，主要介绍国学书院中的门楼材质、池塘材质和天桥材质的制作流程、方法、技巧和注意事项。读者通过学习“大门、池塘和天桥”材质的制作，可以举一反三，掌握其他场景材质的制作流程、方法、技巧和注意事项。

本章将国学书院中的教学楼、回廊、基座和围墙作为拓展训练，可以将本章完成的材质效果，通过 Maya、Marmoset Toolbag、UE 等软件，进行后期渲染出图、视频制作和 VR 虚拟交互效果表现。

案例 1　制作国学书院门楼材质

一、案例内容简介

本案例主要以国学书院门楼材质的制作为例，详细介绍场景中的材质的制作流程、方法、技巧和注意事项。

二、案例效果欣赏

三、案例制作（步骤）流程

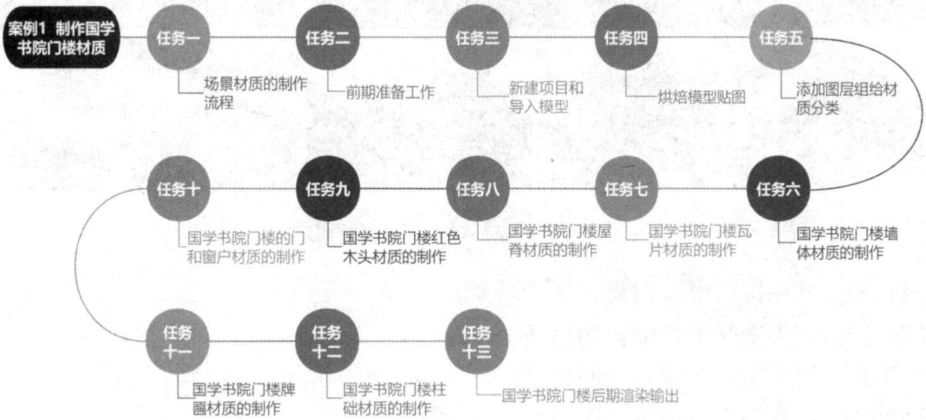

四、制作目的

（1）场景材质的制作流程、方法、技巧和注意事项。
（2）场景中的各种木纹材质的制作。
（3）场景中的金属材质的制作。
（4）场景中的玻璃材质的制作。
（5）场景中的瓦片材质的制作。
（6）场景材质渲染的相关设置。
（7）场景材质渲染输出和后期处理。

五、详细操作步骤

任务一：场景材质的制作流程

场景材质的制作流程如下。

步骤 01：收集有关场景的参考资料，分析需要表现怎样的场景的材质纹理效果。例如，是经过战争之后的场景，还是具有历史性且经过翻新的场景效果。在本章中主要介绍具有一定历史性且经过翻新的国学书院场景。该场景主要由门楼、教学楼、回廊、池塘、天桥、基座和围墙 7 个部分组成。案例 1 主要介绍国学书院门楼材质的制作，国学书院教学楼材质的制作作为拓展训练。案例 2 主要介绍国学书院池塘材质和天桥材质的制作，回廊、基座和围墙材质的制作作为拓展训练。

国学书院门楼材质制作的参考图如图 6.1 所示。

图 6.1　国学书院门楼材质制作的参考图

步骤 02：制作国学书院门楼瓦片的材质。
步骤 03：制作国学书院墙体的材质。
步骤 04：制作国学书院木头的材质。
步骤 05：制作国学书院门楼窗户和门的材质。

步骤06：制作国学书院门楼柱础的材质。

步骤07：对国学书院门楼的材质进行整体调节。

提示：以上参考图的大图请读者参考本书配套素材。这些参考图只是个例。希望读者在制作前，收集更多的参考图。

视频播放：关于具体介绍，请观看本书配套视频“任务一：场景材质的制作流程.wmv”。

任务二：前期准备工作

在新建项目之后导入模型之前，需要进行以下前期准备工作。

（1）检查模型是否已展开UV。

（2）检查材质分类是否正确。

（3）检查模型是否已清除非流行边面和边面数大于4的边面。

（4）是否已对变换参数进行冻结变换处理。

（5）检查模型的软硬边处理是否正确。

国学书院整体模型效果如图6.2所示。

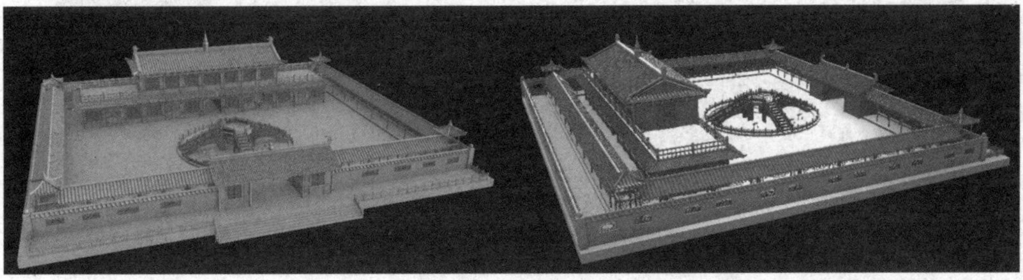

图6.2 国学书院整体模型效果

视频播放：关于具体介绍，请观看本书配套视频“任务二：前期准备工作.wmv”。

任务三：新建项目和导入模型

步骤01：启动Adobe Substance 3D Painter。

步骤02：在菜单栏中单击【文件】→【新建】命令（或按键盘上的“Ctrl+N”组合键），弹出【新项目】对话框。

步骤03：在【新项目】对话框中单击【选择...】按钮，弹出【打开文件】对话框。在该对话框中，选择需要导入的模型（国学书院门楼模型FBX文件名为“damen.fbx”）。单击【打开（O）】按钮，返回【新项目】对话框。

步骤04：在【新项目】对话框，将“文件分辨率”设为4096×4096像素，将“法线贴图格式”设为OpenGL，勾选“保留每种材质的UV平铺布局并启用在平铺之间绘制”选项。

步骤05：单击【确定】按钮，完成新项目的创建和模型的导入。

步骤06：保存项目。在菜单栏中单击【文件】→【保存】命令（或按键盘上的“Ctrl+S”组合键），弹出【保存项目】对话框。在【保存项目】对话框中，找到“文件名（N）”对应的文本输入框，在其中输入“国学书院门楼”文字，单击【保存（S）】按钮，完成保存。

视频播放：关于具体介绍，请观看本书配套视频“任务三：新建项目和导入模型.wmv”。

任务四：烘焙模型贴图

在制作材质之前，需要对导入的模型进行贴图烘焙。

步骤 01：在【纹理集设置】面板中单击【烘焙模型贴图】按钮，切换到纹理烘焙模式。

步骤 02：在【网格图设置】面板中，将“输出大小”参数为 4096×4096 像素；勾选“应用漫反射”和“将低模网格作用高模网格”两个选项；将“最大前部距离”和“最大后部距离”两个参数值都设为“0.001”。

步骤 03：单击【烘焙所有纹理】按钮，开始纹理贴图的烘焙。烘焙之后的效果和 UV 列表如图 6.3 所示。

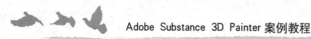

图 6.3　烘焙之后的效果和 UV 列表

步骤 04：单击【返回至绘画模式】按钮，返回绘画模式，进行材质纹理的制作。

视频播放：关于具体介绍，请观看本书配套视频“任务四：烘焙模型贴图.wmv”。

任务五：添加图层组给材质分类

本任务主要根据项目要求添加图层组，给国学书院门楼进行材质分类。

步骤 01：在【图层】面板中单击添加组按钮，添加一个图层组，将添加的图层组命名为“门楼墙体”。

步骤 02：先给“门楼墙体”图层组添加一个黑色遮罩，再给黑色遮罩添加一个绘画图层。“门楼墙体”图层组和绘画图层如图 6.4 所示。

步骤 03：使用几何体填充工具，将门楼墙体添加到黑色遮罩中，使其在“门楼墙体”图层组中的材质制作只影响门楼墙体。

步骤 04：方法同“步骤 01”～“步骤 03”，继续添加图层组、黑色遮罩和绘画图层，然后使用几何体填充工具添加需要遮罩的模型。最终创建的图层组、黑色遮罩和绘画图层如图 6.5 所示。

视频播放：关于具体介绍，请观看本书配套视频“任务五：添加图层组给材质分类.wmv”。

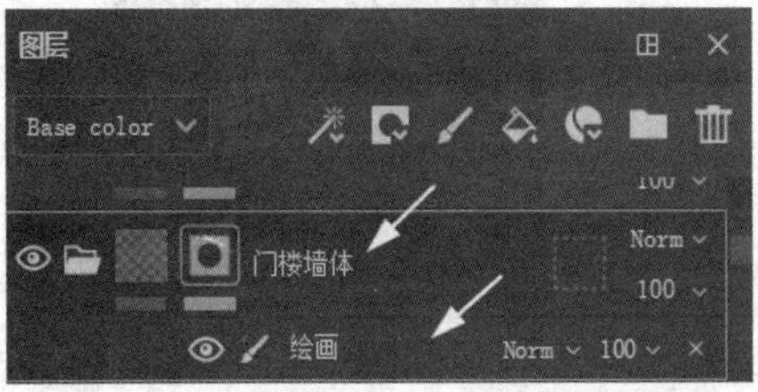

图 6.4　“门楼墙体”图层组和绘画图层

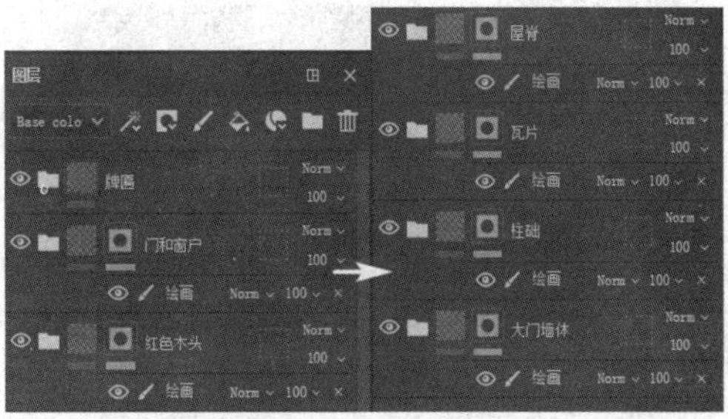

图 6.5　最终创建的图层组、黑色遮罩和绘画图层

任务六：国学书院门楼墙体材质的制作

国学书院门楼墙体材质制作流程包括制作墙体底色、墙体凹凸纹理、墙体脏迹和污垢、墙体磨损效果，体现墙体质感变化，调节墙体整体效果和锐化处理 7 个步骤。

1. 墙体底色的制作

步骤 01：在“门楼墙体”图层组中添加图层组，将添加的图层组命名为“墙体底色”。

步骤 02：在“墙体底色”图层组中添加第 1 个填充图层，将第 1 个填充图层命名为“墙体底色”。添加的“墙体底色”填充图层如图 6.6 所示。

步骤 03：调节“墙体底色”填充图层属性参数之后的效果如图 6.7 所示。

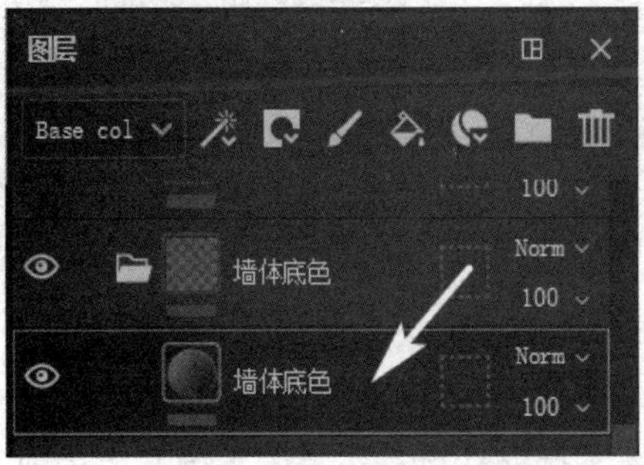

图 6.6　添加的“墙体底色”填充图层

图 6.7　调节“墙体底色”填充图层属性参数之后的效果

步骤 04：在“墙体底色”图层组中添加第 2 个填充图层，将第 2 个填充图层命名为“墙体底色花格”。

步骤 05：先给“墙体底色花格”填充图层添加一个黑色遮罩，再给黑色遮罩添加一个填充图层。在【属性-填充】面板中，对“灰度”参数选项选择“Bricks 01”程序纹理贴图。调节程序纹理贴图和“墙体底色花格”填充图层属性参数之后的效果如图 6.8 所示，添加的“墙体底色花格”填充图层如图 6.9 所示。

图 6.8　调节程序纹理贴图和“墙体底色花格”填充图层属性参数之后的效果

图 6.9　添加的“墙体底色花格”填充图层

2. 墙体凹凸纹理的制作

步骤 01：在“门楼墙体”图层组中添加一个图层组，将添加的图层组命名为“墙体凹凸纹理”。“墙体凹凸纹理”图层组如图 6.10 所示。

步骤 02：在“墙体凹凸纹理”图层组中添加第 1 个填充图层，将第 1 个填充图层命名为“整体凹凸纹理”。

步骤 03：先给“整体凹凸纹理”填充图层添加一个黑色遮罩，再给黑色遮罩添加一个填充图层。在【属性-填充】面板中，对“灰度”参数选项选择“Dirt 5”程序纹理贴图。调节程序纹理贴图和“整体凹凸纹理”填充图层属性参数之后的效果如图 6.11 所示，“整体凹凸纹理”填充图层如图 6.12 所示。

图 6.10　“墙体凹凸纹理”图层组

图 6.11　调节程序纹理贴图和“整体凹凸纹理”填充图层属性参数之后的效果

图 6.12　“整体凹凸纹理”填充图层

步骤 04：在“墙体凹凸纹理”图层组中添加第 2 个填充图层，将第 2 个填充图层命名为“分布不均凹凸纹理”。

步骤 05：先给“分布不均凹凸纹理”填充图层添加一个黑色遮罩，再给黑色遮罩添加一个填充图层。在【属性-填充】面板中，对“灰度”参数选项选择“Grunge Pebbles Spots”程序纹理贴图。调节程序纹理贴图和“分布不均凹凸纹理”填充图层属性参数之后的效果如图 6.13 所示，“分布不均凹凸纹理”填充图层如图 6.14 所示。

3. 墙体脏迹和污垢的制作

步骤 01：在“门楼墙体”图层组中添加一个图层组，将添加的图层组命名为“墙体脏迹和污垢”。“墙体脏迹和污垢”图层组如图 6.15 所示。

图 6.13 调节程序纹理贴图和“分布不均凹凸纹理”填充图层属性参数之后的效果

图 6.14 “分布不均凹凸纹理”填充图层

图 6.15 “墙体脏迹和污垢”图层组

步骤 02：在“墙体脏迹和污垢”图层组中添加第 1 个填充图层，将第 1 个填充图层命名为“墙体整体脏迹”。

步骤 03：先给“墙体整体脏迹”填充图层添加一个黑色遮罩，再给黑色遮罩添加一个填充图层。在【属性-填充】面板中，对“灰度”参数选项选择“Grunge Map012”程序纹理贴图，调节程序纹理贴图和“墙体整体脏迹”填充图层属性参数之后的效果如图 6.16 所示，“墙体整体脏迹”填充图层如图 6.17 所示。

步骤 04：在“墙体脏迹和污垢”图层组中添加第 2 个填充图层，将第 2 个填充图层命名为“墙体底部脏迹”。

步骤 05：先给“墙体底部脏迹”填充图层添加一个黑色遮罩，再给黑色遮罩添加 2 个填充图层。选择第 1 个填充图层，在【属性-填充】面板中，对“灰度“参数选项选择“Drips Top”程序纹理贴图；选择本步骤添加的第 2 个填充图层，在【属性-填充】面板中，对“灰度”参数选项选择“Grunge Cracked Deep”程序纹理贴图，将该图层的叠加模式设为“Lighten（Max）”模式。

步骤 06：给“墙体底部脏迹”填充图层的黑色遮罩添加一个滤镜图层。黑色遮罩中的填充图层和滤镜图层如图 6.18 所示。

图 6.16 调节程序纹理贴图和“墙体整体脏迹”填充图层属性参数之后的效果

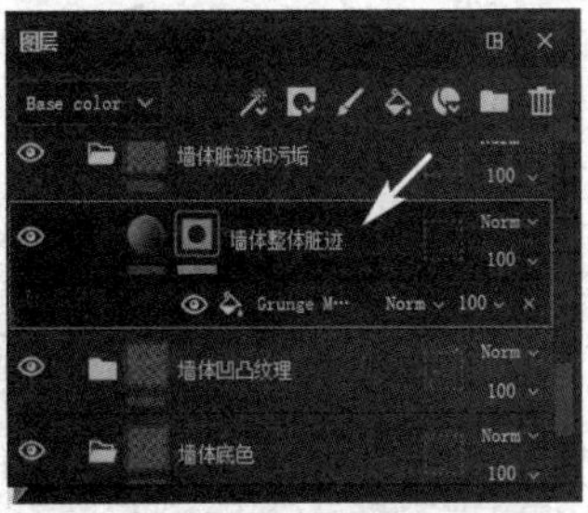

图 6.17 “墙体整体脏迹”填充图层

图 6.18 黑色遮罩中的填充图层和滤镜图层

步骤 07：调节填充图层和滤镜图层属性参数之后的效果如图 6.19 所示。

4. 墙体磨损效果的制作

步骤 01：在“门楼墙体”图层组中添加一个图层组，将添加的图层组命名为“墙体磨损”，“墙体磨损”图层组如图 6.20 所示。

步骤 02：在“墙体磨损”图层组中添加一个填充图层，将添加的填充图层命名为“墙体磨损”。

步骤 03：先给“墙体磨损”填充图层添加一个黑色遮罩，再给黑色遮罩添加一个填充图层。在【属性-填充】面板中，对“灰度”参数选项选择“Grunge Cracked Deep”程序纹理贴图。调节程序纹理贴图和“墙体磨损”填充图层属性参数之后的效果如图 6.21 所示，“墙体磨损”填充图层如图 6.22 所示。

图 6.19　调节填充图层和滤镜图层属性参数之后的效果

图 6.20　“墙体磨损”图层组

图 6.21　调节程序纹理贴图和“墙体磨损”填充图层属性参数之后的效果

5. 体现墙体质感变化

步骤 01：在“门楼墙体”图层组中添加一个图层组，将添加的图层组命名为“墙体质感”。“墙体质感”图层组如图 6.23 所示。

步骤 02：在“墙体质感”图层组中添加一个填充图层，将填充图层命名为“墙体质感”。

步骤 03：给“墙体质感”填充图层添加一个滤镜图层，在【属性-滤镜】面板中，对“滤镜”参数选项选择“MatFinish Grainy”滤镜。调节“MatFinish Grainy”滤镜参数之后的效果如图 6.24 所示，“墙体质感”填充图层和滤镜图层如图 6.25 所示。

图 6.22　“墙体磨损”填充图层

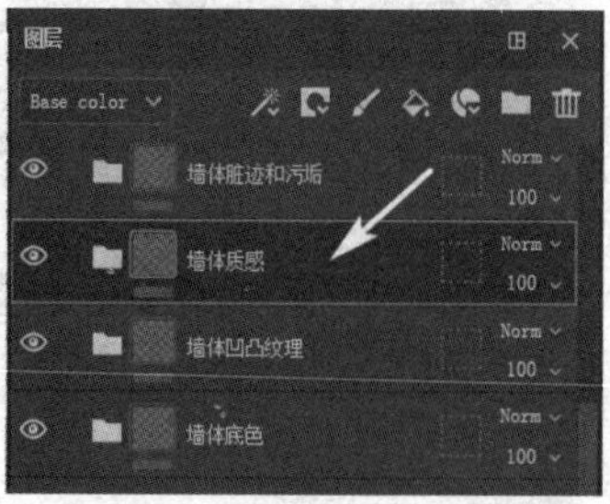

图 6.23　“墙体质感”图层组

图 6.24　调节“MatFinish Grainy”滤镜参数之后的效果

6. 调节墙体整体效果

步骤 01：在“门楼墙体”图层组中添加一个图层组，将添加的图层组命名为“墙体整体调节”。“墙体整体调节”图层组如图 6.26 所示。

步骤 02：在“墙体整体调节”图层组中添加一个填充图层，将添加的填充图层命名为“压暗”。

步骤 03：先给“压暗”填充图层添加一个黑色遮罩，再给黑色遮罩添加一个填充图层。在【属性-填充】面板中，对“灰度”参数选项选择“Grunge Map 007”程序纹理贴图。还要给黑色遮罩添加一个滤镜图层，在【属性-滤镜】面板中，对“滤镜”参数选项选择“Blur”滤镜。调节程序纹理贴图和滤镜参数之后的效果如图 6.27 所示，“压暗”填充图层如图 6.28 所示。

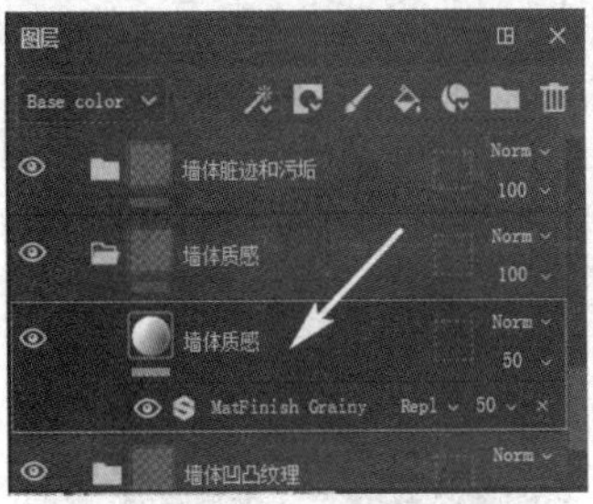

图 6.25　“墙体质感”填充图层和滤镜图层

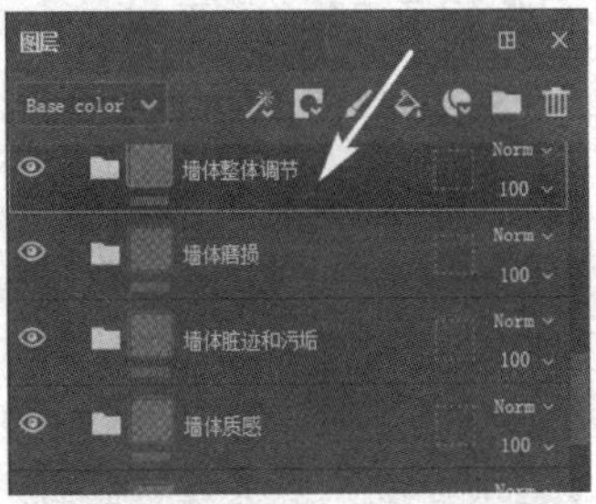

图 6.26　“墙体整体调节”图层组

图 6.27　调节程序纹理贴图和滤镜参数之后的效果

7. 锐化处理

步骤 01：在“门楼墙体”图层组中添加一个绘画图层，将添加的绘画图层命名为“sharpen”，给“sharpen”绘画图层添加一个滤镜图层。

步骤 02：在【属性-滤镜】面板中，对“滤镜”参数选项选择“Sharpen”滤镜。调节“Sharpen”滤镜参数之后的效果如图 6.29 所示，“sharpen”绘画图层如图 6.30 所示。

图 6.28　“压暗”填充图层

图 6.29　调节“Sharpen”滤镜参数之后的效果

图 6.30　“sharpen”绘画图层

视频播放：关于具体介绍，请观看本书配套视频“任务六：国学书院门楼墙体材质的制作.wmv”。

任务七：国学书院门楼瓦片材质的制作

国学书院门楼瓦片材质的制作流程包括制作瓦片底色、瓦片凹凸纹理、瓦片脏迹和污垢、瓦片磨损效果，体现瓦片质感变化，对瓦片材质进行整体调整和锐化处理。

1. 瓦片底色的制作

步骤 01：在“瓦片”图层组中添加一个图层组，将添加的图层组命名为“瓦片底色”。“瓦片底色”图层组如图 6.31 所示。

步骤 02：在“瓦片底色”图层组中添加一个填充图层，将添加的填充图层命名为“瓦片底色 01”。给“瓦片底色 01”填充图层添加一个滤镜图层，在【属性-滤镜】面板中，对“滤镜”参数选项选择“MatFinish Rough”滤镜。调节“瓦片底色 01”填充图层和滤镜参数之后的效果如图 6.32 所示，“瓦片底色 01”填充图层和滤镜图层如图 6.33 所示。

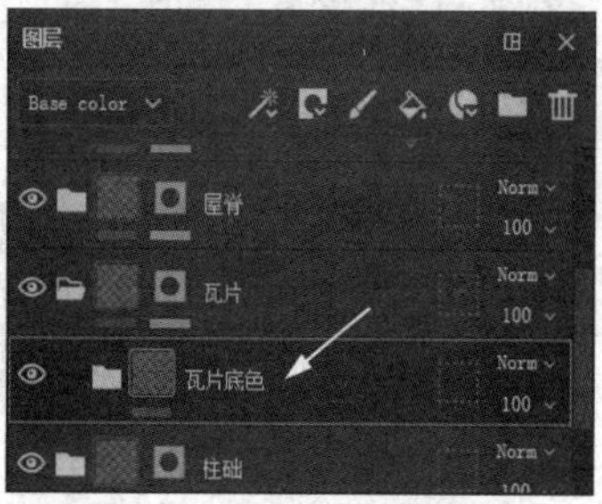

图 6.31 “瓦片底色”图层组

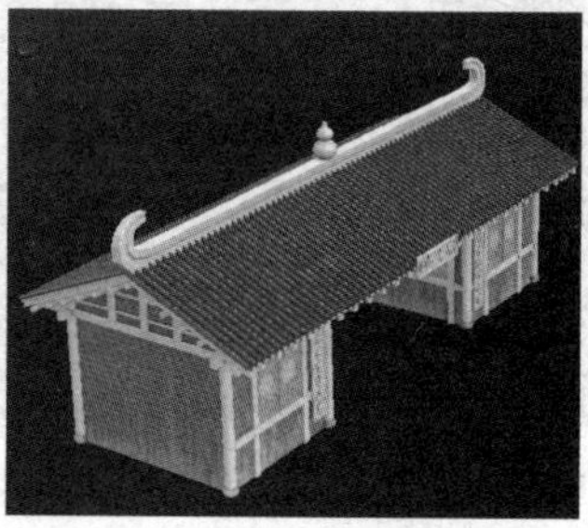

图 6.32 调节“瓦片底色 01”填充图层和滤镜参数之后的效果

图 6.33 “瓦片底色 01”填充图层和滤镜图层

步骤 03：在“瓦片底色”图层组中添加一个填充图层，将添加的填充图层命名为“瓦片底色 02”。

步骤 04：先给“瓦片底色 02”填充图层添加一个黑色遮罩，再给黑色遮罩添加一个填充图层。在【属性-填充】面板中，对“灰度”参数选项选择“Fractal Sun1”程序纹理贴图。调节“瓦片底色 02”填充图层和程序纹理贴图参数之后的效果如图 6.34 所示，“瓦片底色 02”填充图层和黑色遮罩中的填充图层如图 6.35 所示。

2. 瓦片凹凸纹理的制作

步骤 01：在“瓦片”图层组中添加一个图层组，将添加的图层组命名为“瓦片凹凸纹理”。“瓦片凹凸纹理”图层组如图 6.36 所示。

步骤 02：在“瓦片凹凸纹理”图层组中添加一个填充图层，将添加的填充图层命名为“瓦片整体凹凸”。

步骤 03：先给“瓦片整体凹凸”填充图层添加一个黑色遮罩，再给黑色遮罩添加一个填充图层。在【属性-填充】面板中，对“灰度”参数选项选择“Dirt 3”程序纹理贴图。调节“瓦片整体凹凸”填充图层和程序纹理贴图参数之后的效果如图 6.37 所示，“瓦片整体凹凸”填充图层和黑色遮罩中的填充图层如图 6.38 所示。

图 6.34　调节“瓦片底色 02”填充图层和程序纹理贴图参数之后的效果

图 6.35　“瓦片底色 02”填充图层和黑色遮罩中填充图层

图 6.36　“瓦片凹凸纹理”图层组

步骤 04：在“瓦片凹凸纹理”图层组中添加一个填充图层，将添加的填充图层命名为“瓦片分布不均凹凸”。

步骤 05：先给“瓦片分布不均凹凸”填充图层添加一个黑色遮罩，再给黑色遮罩添加一个填充图层。在【属性-填充】面板中，对“灰度”参数选项选择“Grunge Spots Dirty”程序纹理贴图。调节“瓦片分布不均凹凸”填充图层和程序纹理贴图参数之后的效果如图 6.39 所示，“瓦片分布不均凹凸”填充图层和黑色遮罩中的填充图层如图 6.40 所示。

图 6.37　调节“瓦片整体凹凸”填充图层和程序纹理贴图参数之后的效果

图 6.38　“瓦片整体凹凸”填充图层和黑色遮罩中的填充图层

图 6.39　调节“瓦片分布不均凹凸”填充图层和程序纹理贴图参数之后的效果

3. 瓦片脏迹和污垢的制作

步骤 01：在“瓦片”图层组中添加一个图层组，将添加的图层命名为“瓦片脏迹和污垢”。“瓦片脏迹和污垢”图层组如图 6.41 所示。

步骤 02：在“瓦片脏迹和污垢”图层组中添加一个填充图层，将添加的填充图层命名为“瓦片边缘污垢”。

步骤 03：先给“瓦片边缘污垢”填充图层添加一个黑色遮罩，再给黑色遮罩添加一个生成器图层。在【属性-生成器】面板中，对“生成器”参数选项选择“Dirt”生成器。调节“瓦片边缘污垢”填充图层和生成器参数之后的效果如图 6.42 所示，“瓦片边缘污垢”填充图层和生成器图层如图 6.43 所示。

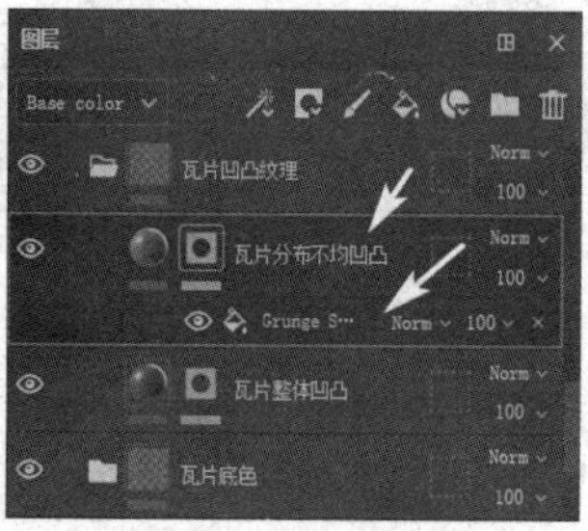

图 6.40 “瓦片分布不均凹凸”填充图层和黑色遮罩中的填充图层

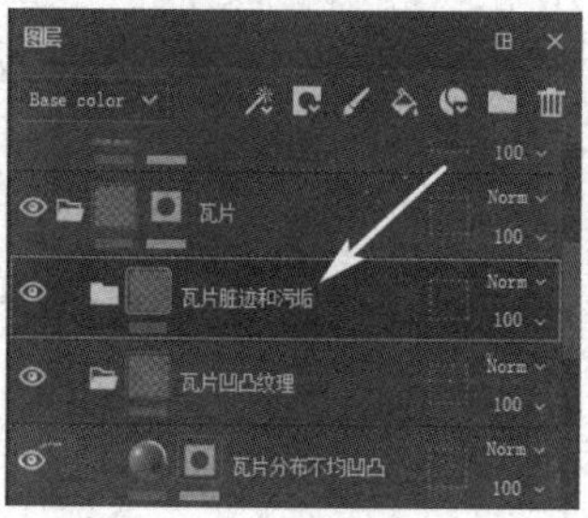

图 6.41 “瓦片脏迹和污垢”图层组

图 6.42 调节“瓦片边缘污垢”填充图层和生成器参数之后的效果

步骤 04：在“瓦片脏迹和污垢”图层组中添加一个填充图层，将添加的填充图层命名为“瓦片分布不均脏迹”。

步骤 05：先给“瓦片分布不均脏迹”填充图层添加一个黑色遮罩，再给黑色遮罩添加一个填充图层。在【属性-填充】面板中，对“灰度”参数选项选择“Grunge Cracked Deep”程序纹理贴图，还要给黑色遮罩添加一个滤镜图层。在【属性-滤镜】面板中，对“滤镜”参数选项选择“Blur”滤镜。调节“瓦片分布不均脏迹”填充图层、程序纹理贴图和滤镜参数之后的效果如图 6.44 所示，“瓦片分布不均脏迹”填充图层和滤镜图层如图 6.45 所示。

图 6.43 “瓦片边缘污垢”填充图层和生成器图层

图 6.44 调节“瓦片分布不均脏迹”填充图层、程序纹理贴图和滤镜参数之后的效果

图 6.45 “瓦片分布不均脏迹”填充图层和滤镜图层

4. 瓦片磨损效果的制作

步骤 01：在“瓦片”图层组中添加一个图层组，将添加的图层命名为“瓦片磨损”。“瓦片磨损”图层组如图 6.46 所示。

步骤 02：在“瓦片磨损”图层组中添加一个填充图层，将添加的填充图层命名为“瓦片边缘磨损”。

步骤 03：先给“瓦片边缘磨损”填充图层添加一个黑色遮罩，再给黑色遮罩添加一个生成器图层，在【属性-生成器】面板中，对“生成器”参数选项选择“Metal Edge Wear”生成器。还要给黑色遮罩添加一个滤镜图层，在【属性-滤镜】面板中，对“滤镜”参数选项选择“Blur”滤镜。调节“瓦片边缘磨损”填充图层、生成器和滤镜参数之后的效果如图 6.47 所示，“瓦片边缘磨损”填充图层、生成器图层和滤镜图层如图 6.48 所示。

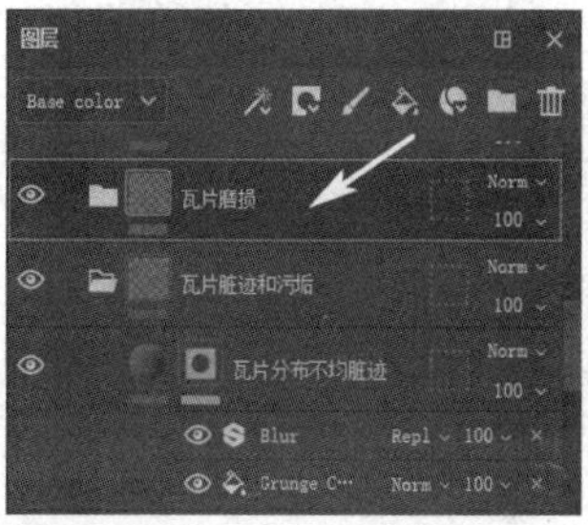

图 6.46　“瓦片磨损”图层组

图 6.47　调节“瓦片边缘磨损”填充图层、生成器和滤镜参数之后的效果

图 6.48　“瓦片边缘磨损”填充图层、生成器图层和滤镜图层

步骤 04：在“瓦片磨损”填充图层中添加一个填充图层，将添加的填充图层命名为“瓦片不均匀磨损”。

步骤 05：先给“瓦片不均匀磨损”填充图层添加一个黑色遮罩，再给黑色遮罩添加一个填充图层。在【属性-填充】面板中，对“灰度”参数选项选择“Grunge Paint Streak Circular”程序纹理贴图。调节“瓦片不均匀磨损”填充图层和程序纹理贴图参数之后的效果如图 6.49 所示，“瓦片不均匀磨损”填充图层和黑色遮罩中的填充图层如图 6.50 所示。

5. 体现瓦片质感变化

步骤 01：在“瓦片”图层组中添加一个图层组，将添加的图层命名为“瓦片质感”。“瓦片质感”图层组如图 6.51 所示。

图 6.49　调节“瓦片不均匀磨损”填充图层和程序纹理贴图参数之后的效果

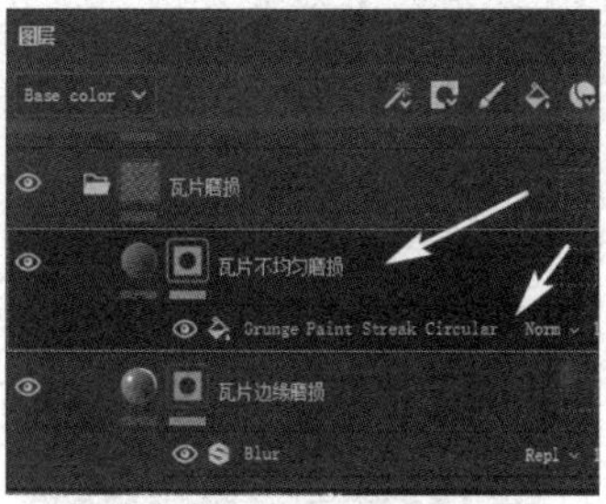

图 6.50　“瓦片不均匀磨损”填充图层和黑色遮罩中的填充图层

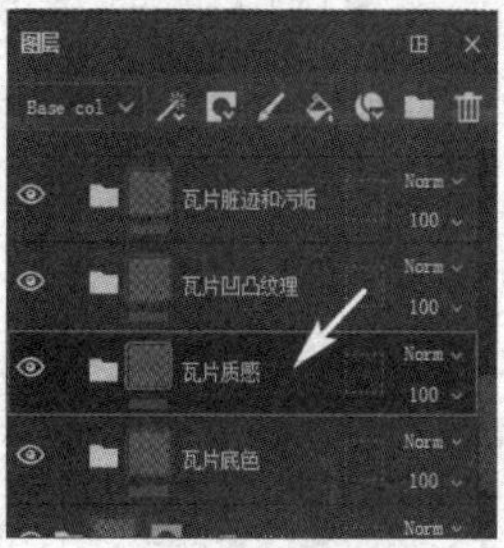

图 6.51　“瓦片质感”图层组

步骤 02：在“瓦片质感”图层组中添加一个填充图层，将添加的填充图层命名为“瓦片质感”。给“瓦片质感”填充图层添加一个滤镜图层，在【属性-滤镜】面板中，对“滤镜”参数选项选择“MatFinish Grainy”滤镜。调节“瓦片质感”填充图层和滤镜参数之后的效果如图 6.52 所示，“瓦片质感”填充图层和滤镜图层如图 6.53 所示。

6. 瓦片材质的整体调整

步骤 01：在“瓦片”图层组中添加一个图层组，将添加的图层命名为“整体调整”。“整体调整”图层组如图 6.54 所示。

图 6.52　调节“瓦片质感”填充图层和滤镜参数之后的效果

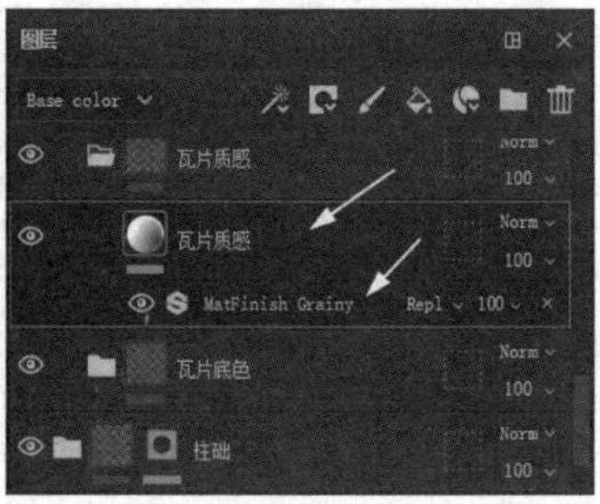

图 6.53　“瓦片质感”填充图层和滤镜图层

图 6.54　“整体调整”图层组

步骤 02：在“整体调整”图层组中添加第 1 个填充图层，将第 1 个填充图层命名为“压暗”。

步骤 03：先给“压暗”填充图层添加一个黑色遮罩，再给黑色遮罩添加一个填充图层。在【属性-填充】面板中，对“灰度”参数选项选择“Ambient Occlusion Map from Mesh gxsy_dm_text”灰度图，还要给黑色遮罩添加一个色阶图层，调节“压暗”填充图层和色阶图层属性参数之后的效果如图 6.55 所示，“压暗”填充图层和黑色遮罩中的两个图层如图 6.56 所示。

步骤 04：在“整体调整”图层组中添加第 2 个填充图层，将第 2 个填充图层命名为“颜色变化”。

步骤 05：先给“颜色变化”填充图层添加一个黑色遮罩，再给黑色遮罩添加一个填充图层。在【属性-填充】面板中，对“灰度”参数选项选择“Grunge Map 012”程序纹理贴图。还要给黑色遮罩添加一个滤镜图层，在【属性-滤镜】面板中，对“滤镜”参数选项选择“Blur”滤镜。调节“颜色变化”填充图层、程序纹理贴图和滤镜参数之后的效果如图 6.57 所示，“颜色变化”填充图层和黑色遮罩中的两个图层如图 6.58 所示。

图 6.55　调节“压暗”填充图层和色阶图层属性参数之后的效果

图 6.56　“压暗”填充图层和黑色遮罩中的两个图层

图 6.57　调节“颜色变化”填充图层、程序纹理贴图和滤镜参数之后的效果

7. 瓦片材质的锐化处理

步骤 01：在“瓦片”图层组中添加一个绘画（空白）图层，将添加的绘画图层命名为“sharpen”。

步骤 02：给“sharpen”绘画图层添加一个滤镜图层，在【属性-滤镜】面板中，对“滤镜”参数选项选择“Sharpen（已过期）”滤镜。调节“Sharpen（已过期）”滤镜参数之后的效果如图 6.59 所示，“sharpen”绘画图层和滤镜图层如图 6.60 所示。

图 6.58　“颜色变化”填充图层和黑色遮罩中的两个图层

图 6.59　调节“Sharpen（已过期）”滤镜参数之后的效果

图 6.60　“sharpen”绘画图层和滤镜图层

视频播放：关于具体介绍，请观看本书配套视频“任务七：国学书院门楼瓦片材质的制作.wmv”。

任务八：国学书院门楼屋脊材质的制作

国学书院门楼屋脊材质制作流程包括制作屋脊底色、屋脊凹凸纹理、屋脊脏迹和污垢、屋脊磨损效果，体现屋脊质感变化，对屋脊材质进行整体调整和锐化处理。

1. 屋脊底色的制作

步骤 01：在“屋脊”图层组中添加一个图层组，将添加的图层组命名为“屋脊底色”。“屋脊底色”图层组如图 6.61 所示。

步骤 02：在“屋脊底色”图层组中添加一个填充图层，将添加的填充图层命名为“屋脊底色”。

步骤 03：给“屋脊底色”填充图层添加一个滤镜图层，在【属性-滤镜】面板中，对“滤镜”参数选项选择“MatFinish Grainy”滤镜。调节“屋脊底色”填充图层和滤镜参数之后的效果如图 6.62 所示，“屋脊底色”填充图层和滤镜图层如图 6.63 所示。

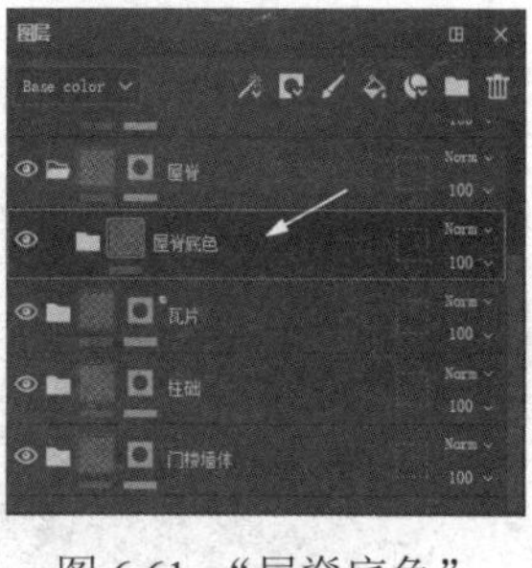

图 6.61　“屋脊底色”图层组

图 6.62　调节“屋脊底色”填充图层和滤镜参数之后的效果

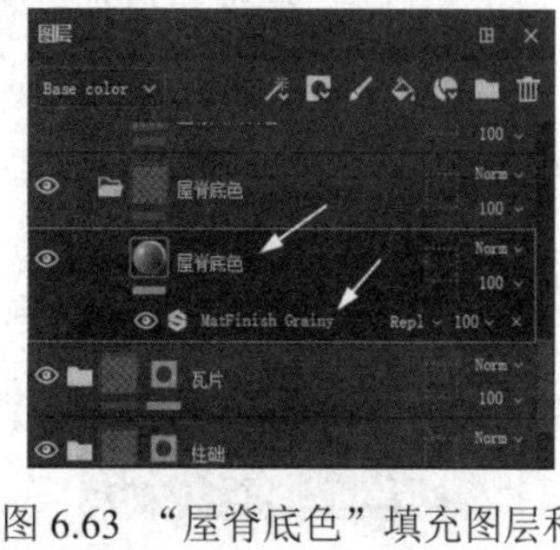

图 6.63　“屋脊底色”填充图层和滤镜图层

2. 屋脊凹凸纹理的制作

步骤 01：在“屋脊”图层组中添加一个图层组，将添加的图层组命名为“屋脊凹凸纹理”。“屋脊凹凸纹理”图层组如图 6.64 所示。

步骤 02：在“屋脊凹凸纹理”图层组中添加一个填充图层，将添加的填充图层命名为“整体凹凸纹理”。

步骤 03：先给“整体凹凸纹理”填充图层添加一个黑色遮罩，再给黑色遮罩添加一个填充图层。在【属性-填充】面板中，对“灰度”参数选项选择“Dirt 3”程序纹理贴图。调节“整体凹凸纹理”填充图层和程序纹理贴图参数之后的效果如图 6.65 所示。“整体凹凸纹理”填充图层和黑色遮罩中的填充图层如图 6.66 所示。

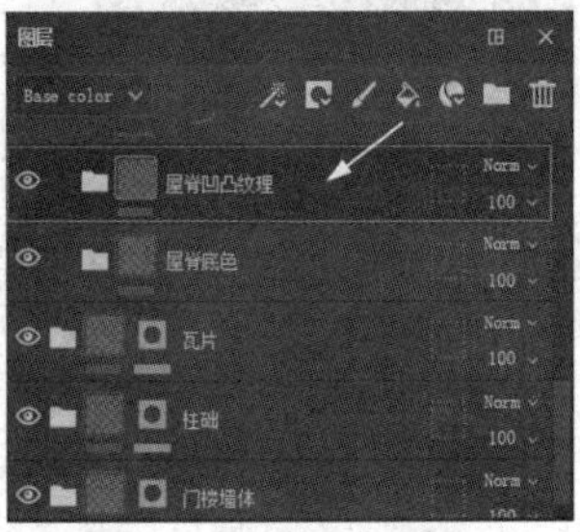

图 6.64 “屋脊凹凸纹理”图层组

图 6.65 调节“整体凹凸纹理”填充图层和程序纹理贴图参数之后的效果

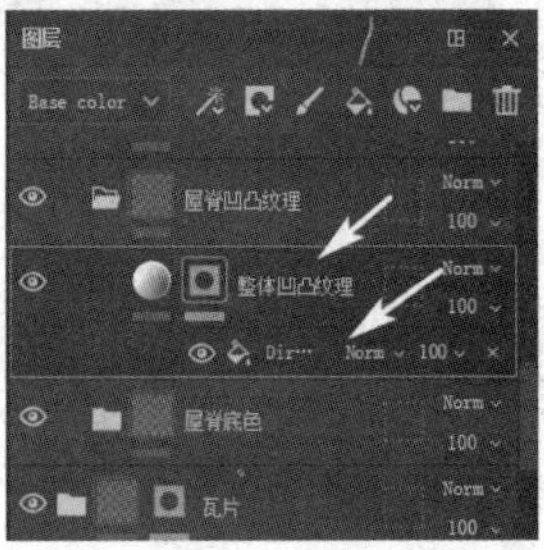

图 6.66 “整体凹凸纹理”填充图层和黑色遮罩中的填充图层

步骤 04：在“屋脊凹凸纹理”图层组中添加一个填充图层，将添加的填充图层命名为“不均匀凹凸”。

步骤 05：先给“不均匀凹凸”填充图层添加一个黑色遮罩，再给黑色遮罩添加一个填充图层。在【属性-填充】面板中，对“灰度”参数选项选择“Grunge Pebbles Spots”程序纹理贴图。调节“不均匀凹凸”填充图层和程序纹理贴图参数之后的效果如图 6.67 所示，“不均匀凹凸”填充图层和黑色遮罩中的填充图层如图 6.68 所示。

3. 屋脊脏迹和污垢的制作

“**步骤 01**：在“屋脊”图层组中添加一个图层组，将添加的图层组命名为“屋脊脏迹和污垢”。“屋脊脏迹和污垢”图层组如图 6.69 所示。

图 6.67 调节“不均匀凹凸”填充图层和程序纹理贴图参数之后的效果

图 6.68 “不均匀凹凸”填充图层和黑色遮罩中的填充图层

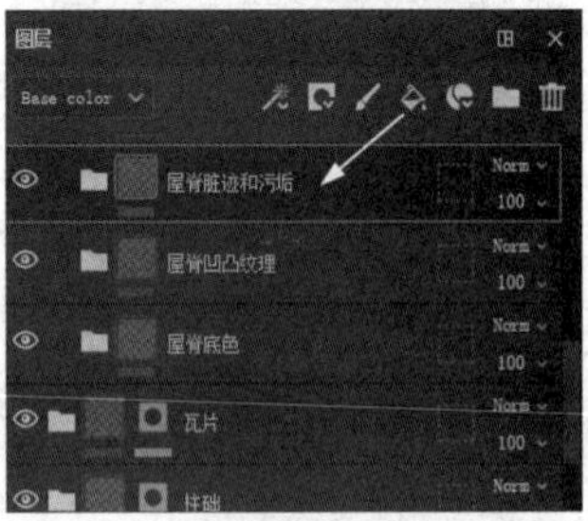

图 6.69 “屋脊脏迹和污垢”图层组

步骤 02：在“屋脊脏迹和污垢”图层组中添加第 1 个填充图层，将第 1 个填充图层命名为“污垢”。

步骤 03：先给“污垢”填充图层添加一个黑色遮罩，再给黑色遮罩添加一个填充图层。在【属性-填充】面板中，对“灰度”参数选项选择“Ambient Occlusion Map from Mesh gxsy_dm_text”灰度图，还要给黑色遮罩添加一个色阶图层。调节“污垢”填充图层和色阶图层属性参数之后的效果如图 6.70 所示，“污垢”填充图层和黑色遮罩中的两个图层如图 6.71 所示。

步骤 04：在“屋脊脏迹和污垢”图层组中添加第 2 个填充图层，将第 2 个填充图层命名为“脏迹”。

步骤 05：先给“脏迹”填充图层添加一个黑色遮罩，再给黑色遮罩添加一个填充图层。在【属性-填充】面板中，对“灰度”参数选项选择“Grunge Concrete Spots”程序纹理贴图。还要给黑色遮罩添加一个滤镜图层，在【属性-滤镜】面板中，对“滤镜”参数选项选择“Blur”滤镜。调节“脏迹”填充图层、程序纹理贴图和滤镜参数之后的效果如图 6.72 所示，“脏迹”填充图层和黑色遮罩中的两个图层如图 6.73 所示。

图 6.70　调节“污垢”填充图层和色阶图层属性参数之后的效果

图 6.71　“污垢”填充图层和黑色遮罩中的两个图层

图 6.72　调节“脏迹”填充图层、程序纹理贴图和滤镜参数之后的效果

步骤 06：在“屋脊脏迹和污垢”图层组中添加第 3 个填充图层，将第 3 个填充图层命名为“白色脏迹”。

步骤 07：先给“白色脏迹”填充图层添加一个黑色遮罩，再给黑色遮罩添加一个填充图层。在【属性-填充】面板中，对“灰度”参数选项选择“Grunge Spots Dirty”程序纹理贴图。还要给黑色遮罩添加一个滤镜图层，在【属性-滤镜】面板中，对“滤镜”参数选项选择“Blur”滤镜。调节“白色脏迹”填充图层、程序纹理贴图和滤镜参数之后的效果如图 6.74 所示，“白色脏迹”填充图层和黑色遮罩中的两个图层如图 6.75 所示。

图 6.73　“脏迹”填充图层和黑色遮罩中的图层

图 6.74　调节“白色脏迹”填充图层、程序纹理贴图和滤镜参数之后的效果

图 6.75　“白色脏迹”填充图层和黑色遮罩中的两个图层

4. 屋脊磨损效果的制作

步骤 01：在“屋脊”图层组中添加一个图层组，将添加的图层组命名为“屋脊磨损”。“屋脊磨损”图层组如图 6.76 所示。

步骤 02：在“屋脊磨损”图层组中添加第 1 个填充图层，将第 1 个填充图层命名为“不均匀磨损”。

步骤 03：先给“不均匀磨损”填充图层添加一个黑色遮罩，再给黑色遮罩添加一个填充图层。在【属性-填充】面板中，对“灰度”参数选项选择“Grunge Map 004”程序纹理贴图。还要给黑色遮罩添加一个滤镜图层，在【属性-滤镜】面板中，对“滤镜”参数选项选择“Blur”滤镜。调节“不均匀磨损”填充图层、程序纹理贴图和滤镜参数之后的效果如图 6.77 所示，“不均匀磨损”填充图层和黑色遮罩中的两个图层如图 6.78 所示。

图 6.76　“屋脊磨损”图层组

图 6.77　调节“不均匀磨损”填充图层、程序纹理和滤镜参数之后的效果

图 6.78　“不均匀磨损”填充图层和黑色遮罩中的两个图层

步骤 04：在“屋脊磨损”图层组中添加第 2 个填充图层，将第 2 个填充图层命名为“边缘磨损”。

步骤 05：给“边缘磨损”填充图层添加一个黑色遮罩，给黑色遮罩添加一个生成器图层。在【属性-生成器】面板中，对“生成器”参数选项选择“Metal Edge Wear”生成器。调节“边缘磨损”填充图层和生成器参数之后的效果如图 6.79 所示，“边缘磨损”填充图层和黑色遮罩中的填充图层如图 6.80 所示。

5. 体现屋脊质感变化

步骤 01：在“屋脊”图层组中添加一个图层组，将添加的图层组命名为“屋脊质感”。“屋脊质感”图层组如图 6.81 所示。

图 6.79　调节“边缘磨损”填充图层和生成器参数之后的效果

图 6.80　“边缘磨损”填充图层和黑色遮罩中的填充图层

图 6.81　“屋脊质感”图层组

步骤 02：在“屋脊质感”图层组中添加一个填充图层，将添加的填充图层命名为“屋脊质感变化”。

步骤 03：给“屋脊质感变化”填充图层添加一个滤镜图层，在【属性-滤镜】面板中，对“滤镜”参数选项选择“MatFinish Rough”滤镜。调节“屋脊质感变化”填充图层和滤镜参数之后的效果如图 6.82 所示，“屋脊质感变化”填充图层和滤镜图层如图 6.83 所示。

6. 屋脊材质的整体调整

步骤 01：在“屋脊”图层组中添加一个图层组，将添加的图层组命名为“整体调整”。“整体调整”图层组如图 6.84 所示。

图 6.82　调节“屋脊质感变化”填充图层和滤镜参数之后的效果

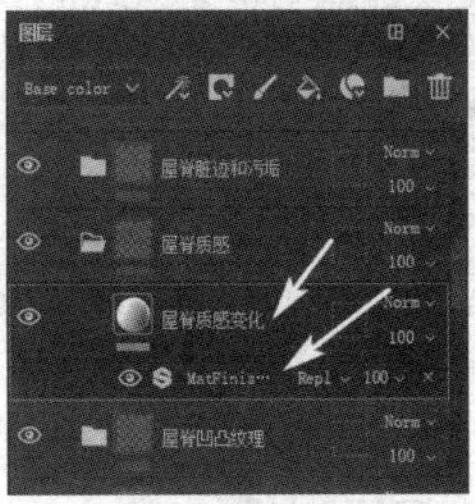

图 6.83　“屋脊质感变化”填充图层和滤镜图层

图 6.84　“整体调整”图层组

步骤 02：在“整体调整”图层组中添加一个填充图层，将添加的填充图层命名为“暗部压暗”。

步骤 03：先给“暗部压暗”填充图层添加一个黑色遮罩，再给黑色遮罩添加一个生成器。调节“暗部压暗”填充图层和生成器参数之后的效果如图 6.85 所示，“暗部压暗”填充图层和生成器图层如图 6.86 所示。

步骤 04：在“整体调整”图层组中添加一个填充图层，将添加的填充图层命名为“颜色变化”。

步骤 05：先给“颜色变化”填充图层添加一个黑色遮罩，再给黑色遮罩添加一个填充图层，在【属性-填充】面板中，对“灰度”参数选项选择“Grunge Map 007”程序纹理贴图。还要给黑色遮罩添加一个滤镜图层，在【属性-滤镜】面板中，对“滤镜”参数选项选择“Blur”滤镜。调节“颜色变化”填充图层、程序纹理贴图和滤镜参数之后的效果如图 6.87 所示，“颜色变化”填充图层和黑色遮罩中的两个图层如图 6.88 所示。

图 6.85　调节“暗部压暗”填充图层和生成器参数之后的效果

图 6.86　“暗部压暗”填充图层和生成器图层

图 6.87　调节“颜色变化”填充图层、程序纹理贴图和滤镜参数之后的效果

7. 屋脊材质的锐化处理

步骤 01：在“屋脊”图层组中添加一个绘画（空白）图层，将添加的绘画图层命名为“sharpen”。

步骤 02：给“sharpen”绘画图层添加一个滤镜图层，在【属性-滤镜】面板中，对“滤镜”参数选项选择“Sharpen（已过期）”滤镜。调节“Sharpen（已过期）”滤镜参数之后的效果如图 6.89 所示，“sharpen”绘画图层和滤镜图层如图 6.90 所示。

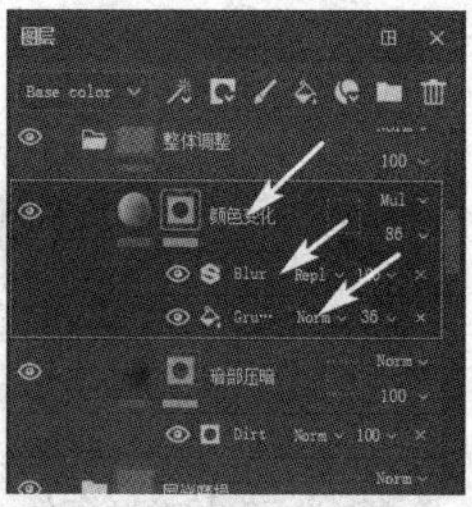

图 6.88 “颜色变化”填充图层和黑色遮罩中的两个图层

图 6.89 调节“Sharpen（已过期）”滤镜参数之后的效果

图 6.90 “sharpen”绘画图层和滤镜图层

视频播放：关于具体介绍，请观看本书配套视频“任务八：国学书院门楼屋脊材质的制作.wmv”。

任务九：国学书院门楼红色木头材质的制作

国学书院门楼红色木头材质制作流程包括制作红色木头底色、红色木头凹凸纹理、红色木头脏迹和污垢，体现红色木头质感变化，对红色木头材质进行整体调整和锐化处理。

1. 红色木头底色的制作

步骤 01：在“红色木头”图层组中添加一个图层组，将添加的图层组命名为“红色木头底色”。“红色木头底色”图层组如图 6.91 所示。

步骤 02：在“红色木头底色”图层组中添加一个填充图层，将添加的填充图层命名为“木头底色”。

步骤 03：给“木头底色”填充图层添加一个滤镜图层，在【属性-滤镜】面板中，对“滤镜”参数选项选择“MatFinish Grainy”滤镜。调节“木头底色”填充图层和滤镜图层属性参数之后的效果如图 6.92 所示，“木头底色”填充图层和滤镜图层如图 6.93 所示。

图 6.91 “红色木头底色”图层组

图 6.92 调节“木头底色”填充图层和滤镜图层属性参数之后的效果

图 6.93 “木头底色”填充图层和滤镜图层

2. 红色木头凹凸纹理的制作

步骤 01：在“红色木头”图层组中添加一个图层组，将添加的图层组命名为“红色木头凹凸纹理”。“红色木头凹凸纹理”图层组如图 6.94 所示。

步骤 02：在“红色木头凹凸纹理”图层组中添加一个填充图层，将添加的填充图层命名为“整体凹凸纹理”。

步骤 03：先给“整体凹凸纹理”填充图层添加一个黑色遮罩，再给黑色遮罩添加一个填充图层。在【属性-填充】面板中，对“灰度”参数选项选择“Anisotropic Noise”程序纹理贴图。调节“整体凹凸纹理”填充图层和程序纹理贴图参数之后的效果如图 6.95 所示，“整体凹凸纹理”填充图层和黑色遮罩中的填充图层如图 6.96 所示。

图 6.94　“红色木头凹凸纹理”图层组

图 6.95　调节“整体凹凸纹理”填充图层和程序纹理贴图参数之后的效果

图 6.96　“整体凹凸纹理”填充图层和黑色遮罩中的填充图层

步骤 04：在“红色木头凹凸纹理”图层组中添加一个图层组，将添加的图层组命名为“侧面凹凸纹理”。

步骤 05：先给“侧面凹凸纹理”图层组添加一个黑色遮罩，再给黑色遮罩添加一个绘画图层。使用几何体填充工具对木头侧面进行遮罩处理。“侧面凹凸纹理”图层组和黑色遮罩中的绘画图层如图 6.97 所示。

步骤 06：在“侧面凹凸纹理”图层中添加一个填充图层，将添加的填充图层命名为“侧面纹理”。

步骤 07：先给“侧面纹理”填充图层添加一个黑色遮罩，再给黑色遮罩添加一个填充图层。在【属性-填充】面板中，对“灰度”参数选项选择“Anisotropic Radial”程序纹理贴图，调节“侧面纹理”填充图层和程序纹理贴图参数之后的效果如图 6.98 所示，“侧面纹理”填充图层和黑色遮罩中的填充图层如图 6.99 所示。

图 6.97　“侧面凹凸纹理”图层组和黑色遮罩中的绘画图层

图 6.98　调节“侧面纹理”填充图层和程序纹理贴图参数之后的效果

图 6.99　“侧面纹理”填充图层和黑色遮罩中的填充图层

步骤 08：在“红色木头凹凸纹理”图层组中添加一个填充图层，将添加的填充图层命名为“分布不均凹凸纹理”。

步骤 09：先给“分布不均凹凸纹理”填充图层添加一个黑色遮罩，再给黑色遮罩添加一个填充图层。在【属性-填充】面板中，对“灰度”参数选项选择“Grunge Shavings”程序纹理贴图。调节“分布不均凹凸纹理”填充图层和程序纹理贴图参数之后的效果如图 6.100 所示。“分布不均凹凸纹理”填充图层和黑色遮罩的填充中图层如图 6.101 所示。

步骤 10：在“红色木头凹凸纹理”图层组中添加一个填充图层，将添加的填充图层命名为“划痕凹凸”。

步骤 11：先给“划痕凹凸”填充图层添加一个黑色遮罩，再给黑色遮罩添加一个填充图层。在【属性-填充】面板中，对“灰度”参数选项选择“Grunge Scratches Rough”程序纹理贴图。还要给黑色遮罩添加一个滤镜图层，在【属性-滤镜】面板中，对“滤镜”参数选项选择“Blur”滤镜。调节“划痕凹凸”填充图层、程序纹理贴图和滤镜参数之后的效果如图 6.102 所示，“划痕凹凸”填充图层和黑色遮罩中的两个图层如图 6.103 所示。

图 6.100 调节“分布不均凹凸纹理”填充图层和程序纹理贴图参数之后的效果

图 6.101 “分布不均凹凸纹理”填充图层和黑色遮罩中的填充图层

图 6.102 调节“划痕凹凸”填充图层、程序纹理贴图和滤镜参数之后的效果

3. 红色木头脏迹和污垢的制作

步骤 01：在“红色木头”图层组中添加一个图层组，将添加的图层组命名为“红色木头脏迹和污垢”。“红色木头脏迹和污垢”图层组如图 6.104 所示。

步骤 02：在“红色木头脏迹和污垢”图层组中添加一个填充图层，将填充图层命名为“边缘污垢”。

步骤 03：先给“边缘污垢”填充图层添加一个黑色遮罩，再给黑色遮罩添加一个填充图层。在【属性-填充】面板中，对“灰度”参数选项选择“Ambient Occlusion Map from Mesh gxsy_dm_text”灰度图。还要给黑色遮罩添加一个色阶图层和一个滤镜图层，在【属性-滤镜】面板中，对“滤镜”参数选项选择“Blur”滤镜。调节“边缘污垢”填充图层、色阶图层和滤镜参数之后的效果如图 6.105 所示，“边缘污垢”填充图层和黑色遮罩中的 3 个图层如图 6.106 所示。

步骤 04：在“红色木头脏迹和污垢”图层组中添加一个填充图层，将添加的填充图层命名为“泥巴脏迹”。

图 6.103　“划痕凹凸”填充图层和黑色遮罩中的两个图层

图 6.104　“红色木头脏迹和污垢”图层组

图 6.105　调节“边缘污垢”填充图层、色阶图层和滤镜参数之后的效果

步骤 05： 先给“泥巴脏迹”填充图层添加一个黑色遮罩，再给黑色遮罩添加一个填充图层。在【属性-填充】面板中，对“灰度”参数选项选择“Drips Top”程序纹理贴图。还要给黑色遮罩添加一个绘画图层和一个滤镜图层，在【属性-滤镜】面板中，对“滤镜”参数选项选择“Blur”滤镜，调节“泥巴脏迹”填充图层和滤镜参数，然后使用画笔工具擦除多余的泥巴脏迹。调节参数和擦除多余泥巴之后的效果如图 6.107 所示，“泥巴脏迹”和黑色遮罩中的 3 个图层如图 6.108 所示。

图 6.106　“边缘污垢”填充图层和黑色遮罩中的 3 个图层

图 6.107　调节参数和擦除多余泥巴之后的效果

图 6.108　“泥巴脏迹”和黑色遮罩中的 3 个图层

4. 体现红色木头质感变化

步骤 01： 在“红色木头”图层组中添加一个图层组，将添加的图层组命名为“红色木头质感”。“红色木头质感”图层组如图 6.109 所示。

步骤 02： 在“红色木头质感”图层组中添加一个填充图层，将添加的填充图层命名为“红色木头质感”，给“红色木头质感”填充图层添加一个滤镜图层。在【属性-滤镜】面板中，对“滤镜”参数选项选择“MatFinish Rough”滤镜。调节“红色木头质感”填充图层和滤镜参数之后的效果如图 6.110 所示，“红色木头质感”填充图层和滤镜图层如图 6.111 所示。

5. 红色木头材质的整体调整

步骤 01： 在“红色木头”图层组中添加一个图层组，将添加的图层组命名为“整体调整”。“整体调整”图层组如图 6.112 所示。

图 6.109 “红色木头质感”图层组

图 6.110 调节“红色木头质感”填充图层和滤镜参数之后的效果

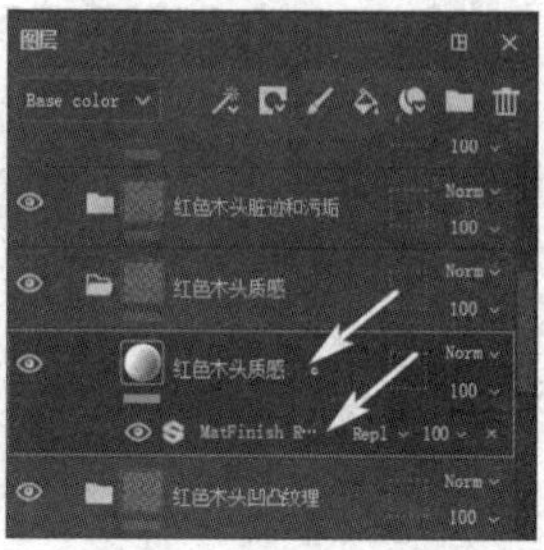

图 6.111 “红色木头质感”填充图层和滤镜图层

步骤 02：在“整体调整”图层组中添加一个填充图层，将添加的填充图层命名为“暗部压暗”。

步骤 03：先给“暗部压暗”填充图层添加一个黑色遮罩，再给黑色遮罩添加一个填充图层，在【属性-填充】面板中，对“灰度”参数选项选择“Ambient Occlusion Map from Mesh gxsy_dm_text”灰度图，还要给黑色遮罩添加一个色阶图层。调节“暗部压暗”填充图层和色阶图层属性参数之后的效果如图 6.113 所示，“暗部压暗”填充图层和黑色遮罩中的两个图层如图 6.114 所示。

图 6.112 “整体调整”图层组

图 6.113 调节“暗部压暗”填充图层和色阶图层属性参数之后的效果

图 6.114 “暗部压暗”填充图层和黑色遮罩中的两个图层

步骤 04：在“整体调整”图层组中添加一个填充图层，将添加的填充图层命名为“颜色变化”。

步骤 05：先给“颜色变化”填充图层添加一个黑色遮罩，再给黑色遮罩添加一个填充图层，在【属性-填充】面板中，对“灰度”参数选项选择“Grunge Map 012”程序纹理贴图。还要给黑色遮罩添加一个滤镜图层，在【属性-滤镜】面板中，对“滤镜”参数选项选择“Blur”滤镜，调节“颜色变化”填充图层、程序纹理贴图和滤镜参数之后的效果如图 6.115 所示，“颜色变化”填充图层和黑色遮罩中的两个图层如图 6.116 所示。

6. 红色木头材质的锐化处理

步骤 01：在“红色木头”图层组中添加一个绘画（空白）图层，将添加的绘画图层命名为“sharpen”。

步骤 02：给“sharpen”绘画图层添加一个滤镜图层，在【属性-滤镜】面板中，对“滤镜”参数选项选择“Sharpen（已过期）”滤镜。调节“Sharpen（已过期）”滤镜参数之后的效果如图 6.117 所示。

图 6.115　调节“颜色变化”填充图层、程序纹理贴图和滤镜参数之后的效果

图 6.116　“颜色变化”填充图层和黑色遮罩中的两个图层

图 6.117　调节“Sharpen（已过期）”滤镜参数之后的效果

视频播放：关于具体介绍，请观看本书配套视频“任务九：国学书院门楼红色木头材质的制作.wmv”。

任务十：国学书院门楼的门和窗户材质的制作

国学书院门楼的门和窗户材质包括绿色木头和窗户纸两部分。

1. 国学书院门楼的门和窗户绿色木头材质的制作

国学书院门楼的门和窗户绿色木头材质的制作流程包括制作绿色木头底色、绿色木头凹凸纹理、绿色木头的脏迹和污垢、绿色木头磨损效果，体现绿色木头质感变化，调整绿色木头材质的整体变化和锐化处理。

1）门和窗户绿色木头底色的制作

步骤 01：在“门和窗户”图层组中添加一个图层组，将添加的图层组命名为“绿色木头底色”。“绿色木头底色”图层组如图 6.118 所示。

步骤 02：在“绿色木头底色”图层组中添加一个填充图层，将添加的填充图层命名为“木纹底色”。“木纹底色”填充图层如图 6.119 所示。调节“木纹底色”填充图层属性参数之后的效果如图 6.120 所示。

图 6.118　“绿色木头底色”图层组

图 6.119　“木纹底色”填充图层

图 6.120　调节“木纹底色”填充图层属性参数之后的效果

2）门和窗户绿色木头凹凸纹理的制作

步骤 01：在“门和窗户”图层组中添加一个图层组，将添加的图层组命名为“绿色木头凹凸纹理”。“绿色木头凹凸纹理”图层组如图 6.121 所示。

步骤 02：在“绿色木头凹凸纹理”图层组中给添加一个填充图层，将添加的填充图层命名为“整体凹凸纹理”。

步骤 03：先给“整体凹凸纹理”填充图层添加一个黑色遮罩，再给黑色遮罩添加一个填充图层。在【属性-填充】面板中，对“灰度”参数选项选择“Grunge Wood Hard”程序纹理贴图。调节“整体凹凸纹理”填充图层和程序纹理贴图参数之后的效果如图 6.122 所示，“整体凹凸纹理”填充图层和黑色遮罩中的填充图层如图 6.123 所示。

图 6.121 “绿色木头凹凸纹理”图层组

图 6.122 调节“整体凹凸纹理”填充图层和程序纹理贴图参数之后的效果

图 6.123 “整体凹凸纹理”填充图层和黑色遮罩中的填充图层

3）门和窗户绿色木头的脏迹和污垢的制作

步骤 01：在“门和窗户”图层组中添加一个图层组，将添加的图层组命名为“绿色木头的脏迹和污垢”。“绿色木头的脏迹和污垢”图层组如图 6.124 所示。

步骤 02：在“绿色木头的脏迹和污垢”图层组中添加一个填充图层，将添加的图层组命名为“污垢”。

步骤 03：先给“污垢”填充图层添加一个黑色遮罩，再给黑色遮罩添加一个填充图层。在【属性-填充】面板中，对“灰度”参数选项选择“Grunge Concrete Spots”程序纹理贴图。调节“污垢”填充图层和程序纹理贴图参数之后的效果如图 6.125 所示，“污垢”填充图层和黑色遮罩中的填充图层如图 6.126 所示。

图 6.124 “绿色木头的脏迹和污垢”图层组

图 6.125 调节“污垢”填充图层和程序纹理贴图参数之后的效果

图 6.126 “污垢”填充图层和黑色遮罩中的填充图层

步骤 04：在“绿色木头的脏迹和污垢”图层组中添加一个填充图层，将添加的填充图层命名为“泥巴脏迹”。

步骤 05：给“泥巴脏迹”填充图层添加一个黑色遮罩，在【属性-填充】面板中，对“灰度”参数选项选择“Grunge Cracked Deep”程序纹理贴图。给黑色遮罩添加一个滤镜图层，在【属性-滤镜】面板中，对“滤镜”参数选项选择“Blur”滤镜。调节“泥巴脏迹”填充图层、程序纹理贴图和滤镜参数之后的效果如图 6.127 所示，“泥巴脏迹”填充图层和黑色遮罩中的滤镜图层如图 6.128 所示。

4）门和窗户绿色木头磨损效果的制作

步骤 01：在“门和窗户”图层组中添加一个图层组，将添加的图层组命名为“绿色木头磨损”。“绿色木头磨损”图层组如图 6.129 所示。

图 6.127　调节“泥巴脏迹”填充图层、程序纹理贴图和滤镜参数之后的效果

图 6.128　“泥巴脏迹”填充图层和黑色遮罩中的滤镜图层

图 6.129　“绿色木头磨损”图层组

步骤 02：在“绿色木头磨损”图层组中添加一个填充图层，将添加的填充图层命名为“边缘磨损”。

步骤 03：先给“边缘磨损”填充图层添加一个黑色遮罩，再给黑色遮罩添加一个生成器。在【属性-生成器】面板中，对“生成器”参数选项选择“Dirt”生成器。调节“边缘磨损”填充图层和生成器参数之后的效果如图 6.130 所示，“边缘磨损”填充图层和黑色遮罩中的生成器图层如图 6.131 所示。

步骤 04：在“绿色木头磨损”图层组中添加一个填充图层，将添加的填充图层命名为“划痕”。

步骤 05：先给“划痕”填充图层添加一个黑色遮罩，再给黑色遮罩添加一个填充图层。在【属性-填充】面板中，对“灰度”参数选项选择“Grunge Scratches Rough”程序纹理贴图。还要给黑色遮罩添加一个滤镜图层，在【属性-滤镜】面板中，对“滤镜”参数选项选择“Blur”滤镜。调节“划痕”填充图层、程序纹理贴图和滤镜参数之后的效果如图 6.132 所示，“划痕”填充图层和黑色遮罩中的填充图层如图 6.133 所示。

5）体现门和窗户绿色木头质感变化

步骤 01：在“门和窗户”图层组中添加一个图层组，将添加的图层组命名为“绿色木头质感”。“绿色木头质感”图层组如图 6.134 所示。

图 6.130　调节“边缘磨损”填充图层和生成器参数之后的效果

图 6.131　“边缘磨损”填充图层和黑色遮罩中的填充图层

图 6.132　调节“划痕”填充图层、程序纹理贴图和滤镜参数之后的效果

步骤 02：在“绿色木头质感”图层组中添加一个填充图层，将添加的填充图层命名为“木头质感”。

步骤 03：给“木头质感”添加一个滤镜图层，在【属性-滤镜】面板中，对滤镜参数选项选择“MatFinish Rough”滤镜。调节“木头质感”填充图层和滤镜参数之后的效果如图 6.135 所示，“木头质感”填充图层和滤镜图层如图 6.136 所示。

图 6.133　“划痕”填充图层和黑色遮罩中的填充图层

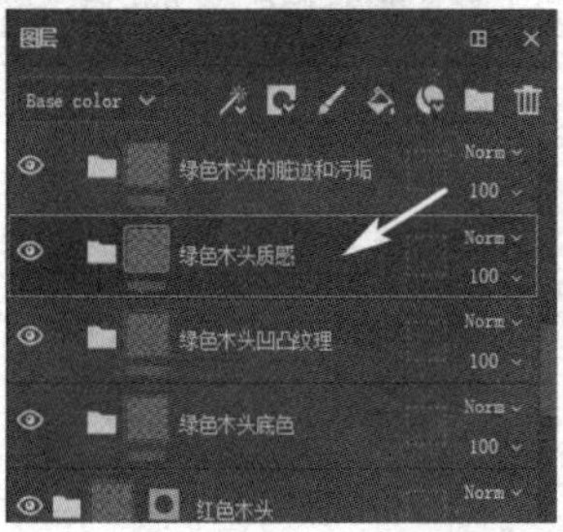

图 6.134　“绿色木头质感”图层组

图 6.135　调节“木头质感”填充图层和滤镜参数之后的效果

6）调整门和窗户绿色木头材质的整体变化

步骤 01：在“门和窗户”图层组中添加一个图层组，将添加的图层组命名为“绿色木头整体变化”。“绿色木头整体变化”图层组如图 6.137 所示。

步骤 02：在“绿色木头整体变化”图层组中添加一个填充图层，将添加的填充图层命名为“暗部压暗”。

步骤 03：先给“暗部压暗”填充图层添加一个黑色遮罩，再给黑色遮罩添加一个填充图层。在【属性-填充】面板中，对“灰度”参数选项选择“Ambient Occlusion Map from Mesh gxsy_dm_text”灰度图，还要给黑色遮罩添加一个色阶图层。调节“暗部压暗”填充图层和色阶图层属性参数之后的效果如图 6.138 所示。“暗部压暗”填充图层和黑色遮罩中的两个图层如图 6.139 所示。

步骤 04：在“绿色木头整体变化”图层组中添加一个填充图层，将添加的填充图层命名为“颜色变化”。

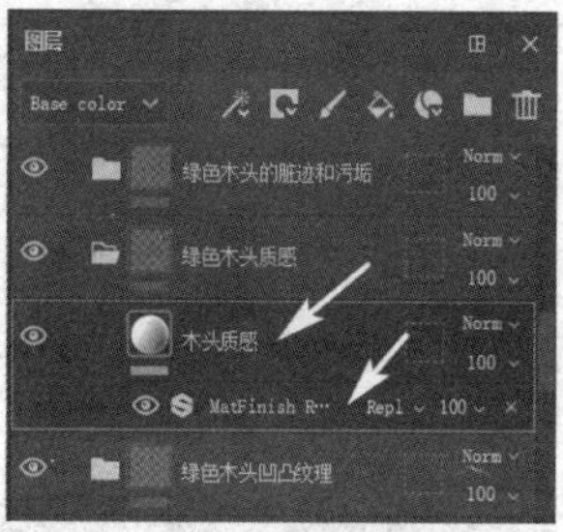

图 6.136　“木头质感”填充图层和滤镜图层

图 6.137　“绿色木头整体变化”图层组

图 6.138　调节“暗部压暗”填充图层和色阶图层属性参数之后的效果

步骤 05：先给“颜色变化”填充图层添加一个黑色遮罩，再给黑色遮罩添加一个填充图层，在【属性-填充】面板中，对“灰度”参数选项选择“Grunge Map 012”程序纹理贴图。还要给黑色遮罩添加一个滤镜图层，在【属性-滤镜】面板中，对“滤镜”参数选项选择“Blur”滤镜。调节“颜色变化”填充图层、程序纹理贴图和滤镜参数之后的效果如图 6.140 所示，“颜色变化”填充图层和黑色遮罩中的两个图层如图 6.141 所示。

图 6.139　“暗部压暗”填充图层和黑色遮罩中的两个图层

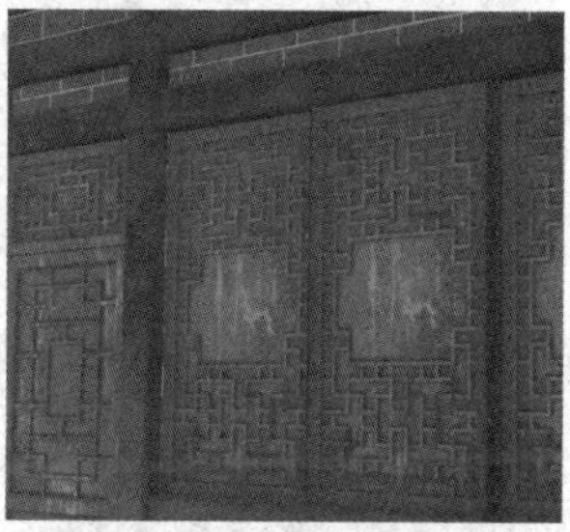

图 6.140　调节“颜色变化”填充图层、程序纹理贴图和滤镜参数之后的效果

图 6.141　“颜色变化”填充图层和黑色遮罩中的两个图层

7）门和窗户绿色木头材质的锐化处理

步骤 01：在“门和窗户”图层组中添加一个绘画（空白）图层，将添加的绘画图层命名为“sharpen”。

步骤 02：给“sharpen”绘画图层添加一个滤镜图层，在【属性-滤镜】面板中，对“滤镜”参数选项选择“Sharpen（已过期）”滤镜。调节“Sharpen（已过期）”滤镜参数之后的效果如图 6.142 所示。

2. 国学书院门楼窗户纸材质的制作

国学书院门楼窗户纸材质的制作流程包括对窗户纸模型进行遮罩处理，制作窗户纸底色、窗户纸凹凸纹理和窗户纸花纹。

1）对窗户纸模型进行遮罩处理

步骤 01：在“门和窗户”图层组中添加一个图层组，将添加的图层组命名为“窗户纸”。

步骤 02：给“窗户纸”图层组添加一个黑色遮罩，给黑色遮罩添加一个绘画图层。“窗户纸”图层组和黑色遮罩中的绘画图层如图 6.143 所示。

步骤 03：使用几何体填充工具对选择的窗户纸模型进行遮罩处理。

2）窗户纸底色的制作

步骤 01：在“窗户纸”图层组中添加一个图层组，将添加的图层组命名为“窗户纸底色”。“窗户纸底色”图层组如图 6.144 所示。

图 6.142　调节“Sharpen（已过期）”滤镜参数之后的效果

图 6.143　“窗户纸”图层组和黑色遮罩中的绘画图层

图 6.144　“窗户纸底色”图层组

步骤 02：在“窗户纸底色”图层组中添加一个填充图层，将添加的填充图层命名为“底色”。调节“底色”填充图层属性参数之后的效果如图 6.145 所示，“底色”填充图层如图 6.146 所示。

3）窗户纸凹凸纹理的制作

步骤 01：在“窗户纸”图层组中添加一个图层组，将添加的图层组命名为“窗户纸凹凸纹理”。“窗户纸凹凸纹理”图层组如图 6.147 所示。

图 6.145　调节“底色”填充图层属性参数之后的效果

图 6.146　“底色”填充图层

图 6.147　“窗户纸凹凸纹理”图层组

步骤 02：在“窗户纸凹凸纹理”图层组中添加一个填充图层，将添加的填充图层命名为“凹凸纹理”。

步骤 03：先给“凹凸纹理”填充图层添加一个黑色遮罩，再给黑色遮罩添加一个填充图层。在【属性-填充】面板中，对“灰度”参数选项选择“Dirt 3”程序纹理贴图。还要给黑色遮罩添加一个滤镜图层，在【属性-滤镜】面板中，对“滤镜”参数选项选择“Blur”滤镜。调节“凹凸纹理”填充图层、程序纹理贴图和滤镜参数之后的效果如图 6.148 所示，

“凹凸纹理”填充图层和黑色遮罩中的两个图层如图 6.149 所示。

4）窗户纸花纹的制作

步骤 01：在“窗户纸”图层组中添加一个图层组，将添加的图层组命名为“窗户纸花纹”。“窗户纸花纹”图层组如图 6.150 所示。

图 6.148　调节“凹凸纹理”填充图层、程序纹理和滤镜参数之后的效果

图 6.149　“凹凸纹理”填充图层和黑色遮罩中的两个图层

图 6.150　“窗户纸花纹”图层组

步骤 02：在“窗户纸花纹”图层组中添加一个填充图层，将添加的填充图层命名为“花纹”。

步骤 03：在【属性-填充】面板中，对“Base color”参数选项，选择“水墨山水 01.webp”灰度图。调节“花纹”填充图层和灰度图参数之后的效果如图 6.151 所示，“花纹”填充图层如图 6.152 所示。

提示：“水墨山水 01.webp”灰度图在本书配套素材中，需要将其导入项目才能使用。“水墨山水 01.webp”灰度图如图 6.153 所示。关于 Alpha 贴图的导入，请读者参考本书第 2 章中的详细介绍。

图 6.151　调节“花纹”填充图层和灰度图参数之后的效果

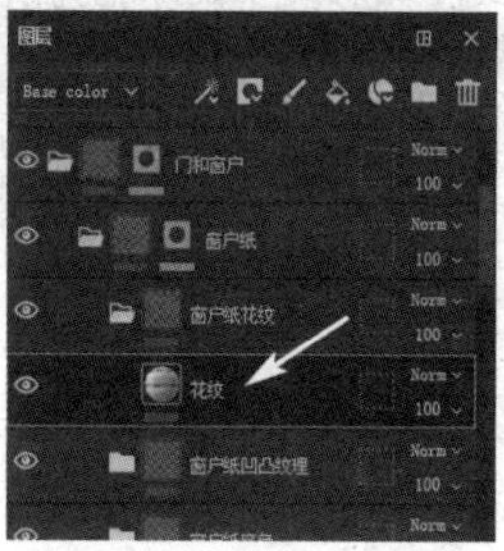

图 6.152　“花纹”填充图层

图 6.153　“水墨山水 01.webp”灰度图

视频播放：关于具体介绍，请观看本书配套视频“任务十：国学书院门楼的门和窗户材质的制作.wmv”。

任务十一：国学书院门楼牌匾材质的制作

国学书院门楼牌匾材质包括牌匾木纹、牌匾框和文字颜色。

1. 牌匾木纹的制作

牌匾木纹材质的制作流程包括制作牌匾底色、牌匾木纹凹凸纹理，体现牌匾木纹质感变化，调节牌匾木纹材质的整体变化。

1）牌匾底色的制作

步骤 01：在“牌匾”图层组中添加一个图层组，将添加的图层组命名为“牌匾木纹”。

步骤 02：先给“牌匾木纹”图层组添加一个黑色遮罩，再给黑色遮罩添加一个绘画图层。使用几何体填充工具对牌匾的木纹部分进行遮罩处理。“牌匾木纹”图层组和黑色遮罩中的绘画图层如图 6.154 所示。

步骤 03：在“牌匾木纹”图层组中添加一个图层组，将添加的图层组命名为“牌匾底色”。“牌匾底色”图层组如图 6.155 所示。

步骤 04：在“牌匾底色”图层组中添加一个填充图层，将添加的填充图层命名为“底色”。

步骤 05：给“底色”填充图层添加一个滤镜图层，在【属性-滤镜】面板中，对“滤镜”参数选项选择“MatFinish Rough”滤镜。调节“底色”填充图层和滤镜参数之后的效果如图 6.156 所示，“底色”填充图层和滤镜图层如图 6.157 所示。

图 6.154　“牌匾木纹”图层组和黑色遮罩中的绘画图层

图 6.155　“牌匾底色”图层组

图 6.156　调节“底色”填充图层和滤镜参数之后的效果

2）牌匾木纹凹凸纹理的制作

步骤 01：在“牌匾木纹”图层组中添加一个图层组，将添加的图层组命名为“凹凸纹理”。“凹凸纹理”图层组如图 6.158 所示。

步骤 02：在“凹凸纹理”图层组中添加一个填充图层，将添加的填充图层命名为“整体凹凸纹理”。

步骤 03：先给“整体凹凸纹理”填充图层添加一个黑色遮罩，再给黑色遮罩添加一个填充图层。在【属性-填充】面板中，对“灰度”参数选项选择“Anisotropic Noise”程序纹理贴图。调节“整体凹凸纹理”填充图层和程序纹理贴图参数之后的效果如图 6.159 所示，“整体凹凸纹理”填充图层和黑色遮罩中的填充图层如图 6.160 所示。

图 6.157 “底色”填充图层和滤镜图层

图 6.158 “凹凸纹理”图层组

图 6.159 调节“整体凹凸纹理”填充图层和程序纹理贴图参数之后的效果

3）体现牌匾木纹质感变化

步骤 01：在“牌匾木纹”图层组中添加一个图层组，将添加的图层组命名为“质感”。“质感”图层组如图 6.161 所示。

步骤 02：在“质感”图层组中添加一个填充图层，将添加的填充图层命名为“木纹质感”。

步骤 03：给“木纹质感”填充图层添加一个滤镜图层，在【属性-滤镜】面板中，对“滤镜”参数选项选择“MatFinish Rough”滤镜。调节“木纹质感”填充图层和滤镜参数之后的效果如图 6.162 所示，“木纹质感”填充图层和滤镜图层如图 6.163 所示。

图 6.160 “整体凹凸纹理”填充图层和黑色遮罩中的填充图层

图 6.161 “质感”图层组

图 6.162 调节“木纹质感”填充图层和滤镜参数之后的效果

4）调节牌匾木纹材质的整体变化

步骤 01：在“牌匾木纹”图层组中添加一个图层组，将添加的图层组命名为“整体变化调节”。“整体变化调节”图层组如图 6.164 所示。

步骤 02：在“整体变化调节”图层组中添加一个填充图层，将添加的填充图层命名为“颜色变化调节”。

步骤 03：先给“颜色变化调节”填充图层添加一个黑色遮罩，再给黑色遮罩添加一个填充图层。在【属性-填充】面板中，对“灰度”参数选项选择“Grunge Map 007”程序纹理贴图。还要给黑色遮罩添加一个滤镜图层，在【属性-滤镜】面板中，对“滤镜”参数选项选择“Blur”滤镜。调节“颜色变化调节”填充图层、程序纹理贴图和滤镜参数之后的效果如图 6.165 所示，“颜色变化调节”填充图层和在黑色遮罩中的两个图层如图 6.166 所示。

图 6.163 “木纹质感”填充图层和滤镜图层

图 6.164 “整体变化调节”图层组

图 6.165 调节“颜色变化调节”填充图层、程序纹理贴图和滤镜参数之后的效果

2. 牌匾边框和文字材质的制作

牌匾边框和文字材质的制作流程包括制作边框和文字底色、边框和文字凹凸纹理，体现边框和文字质感变化，制作边框和文字磨损效果、边框和文字脏迹污垢，对牌匾边框和文字材质进行整体变化调节。

1）牌匾框和文字底色的制作

步骤 01：在“牌匾”图层组中添加一个填充图层，将添加的填充图层命名为“牌匾框和文字”。“牌匾框和文字”图层组如图 6.167 所示。

步骤 02：在“牌匾框和文字”图层组中添加一个图层组，将添加的图层组命名为“边框和文字底色”。“边框和文字底色”图层组如图 6.168 所示。

图 6.166 “颜色变化调节”填充图层和在黑色遮罩中的两个图层

图 6.167 “牌匾框和文字”图层组

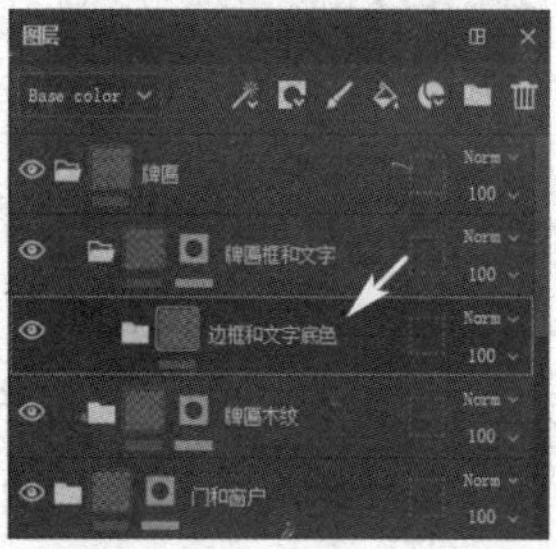

图 6.168 “边框和文字底色”图层组

步骤 03：在“边框和文字底色”图层组中添加一个填充图层，将添加的填充图层命名为“底色”。

步骤 04：给“底色”填充图层添加一个滤镜图层，在【属性-滤镜】面板中，对“滤镜”参数选项选择“MatFinish Raw”滤镜。调节“底色”填充图层和滤镜参数之后的效果如图 6.169 所示，“底色”填充图层和滤镜图层如图 6.170 所示。

2）牌匾框和文字凹凸纹理的制作

步骤 01：在“牌匾框和文字”图层组中添加一个图层组，将添加的图层组命名为“边框和文字凹凸纹理”。“边框和文字凹凸纹理”图层组如图 6.171 所示。

图 6.169　调节“底色”填充图层和滤镜参数之后的效果

图 6.170 “底色”填充图层和滤镜图层

图 6.171 “边框和文字凹凸纹理”图层组

步骤 02：在“边框和文字凹凸纹理”图层组中添加一个填充图层，将添加的填充图层命名为“边框和文字凹凸纹理”。

步骤 03：先给“边框和文字凹凸纹理”填充图层添加一个黑色遮罩，再给黑色遮罩添加一个填充图层。在【属性-填充】面板中，对“灰度”参数选项选择“Dirt 5”程序纹理贴图。调节“边框和文字凹凸纹理”填充图层和程序纹理贴图参数之后的效果如图 6.172 所示，“边框和文字凹凸纹理”填充图层和黑色遮罩中的填充图层如图 6.173 所示。

3）体现牌匾框和文字质感变化

步骤 01：在“牌匾框和文字”图层组中添加一个图层组，将添加的图层组命名为“边框和文字质感”。“边框和文字质感”图层组如图 6.174 所示。

图 6.172　调节“边框和文字凹凸纹理”填充图层和程序纹理贴图参数之后的效果

图 6.173　“边框和文字凹凸纹理”填充图层和黑色遮罩中的填充图层

图 6.174　“边框和文字质感”图层组

步骤 02：在“边框和文字质感”图层组中添加一个填充图层，将添加的填充图层命名为“质感”。

步骤 03：给“质感”填充图层添加一个滤镜图层，在【属性-滤镜】面板中，对“滤镜”参数选项选择“MatFinish Rough”滤镜。调节“质感”填充图层和滤镜参数之后的效果如图 6.175 所示，“质感”填充图层和滤镜图层如图 6.176 所示。

4）牌匾框和文字磨损效果的制作

步骤 01：在“牌匾框和文字”图层组中添加一个图层组，将添加的图层组命名为“边框和文字磨损”。“边框和文字磨损”图层组如图 6.177 所示。

图 6.175　调节“质感”填充图层和滤镜参数之后的效果

图 6.176　“质感”填充图层和滤镜图层

图 6.177　“边框和文字磨损”图层组

步骤 02：在“边框和文字磨损”图层组中添加一个填充图层，将添加的填充图层命名为“边缘磨损”。

步骤 03：先给“边缘磨损”填充图层添加一个黑色遮罩，再给黑色遮罩添加一个生成器。在【属性-生成器】面板中，对“生成器”参数选项选择“Metal Edge Wear”生成器。调节“边缘磨损”填充图层和生成器参数之后的效果如图 6.178 所示，“边缘磨损”填充图层和生成器图层如图 6.179 所示。

步骤 04：在“边框和文字磨损”图层组中添加一个填充图层，将添加的填充图层命名为“不均匀磨损”。

步骤 05：先给“不均匀磨损”填充图层添加一个黑色遮罩，再给黑色遮罩添加一个填充图层。在【属性-填充】面板中，对“灰度”参数选项选择“Grunge Spots Dirty”程序纹理贴图。调节“不均匀磨损”填充图层和程序纹理贴图参数之后的效果如图 6.180 所示，“不均匀磨损”填充图层和黑色遮罩中的填充图层如图 6.181 示。

图 6.178　调节“边缘磨损”填充图层和生成器参数之后的效果

图 6.179　“边缘磨损”填充图层和生成器图层

图 6.180　调节“不均匀磨损”填充图层和程序纹理贴图参数之后的效果

5）牌匾框和文字的脏迹污垢的制作

步骤 01：在“牌匾框和文字”图层组中添加一个图层组，将添加的图层组命名为“边框和文字脏迹污垢”。“边框和文字脏迹污垢”图层组如图 6.182 所示。

步骤 02：在“边框和文字脏迹污垢”图层组中添加一个填充图层，将添加的填充图层命名为“边缘污垢”。

步骤 03：先给“边缘污垢”填充图层添加一个黑色遮罩，再给黑色遮罩添加一个填充图层。在【属性-填充】面板中，对“灰度”参数选项选择“Ambient Occlusion Map from Mesh gxxy_dm_text”灰度图，还要给黑色遮罩添加一个色阶图层。调节“边缘污垢”填充图层和色阶图层属性参数之后的效果如图 6.183 所示，“边缘污垢”填充图层和黑色遮罩中的两个图层如图 6.184 所示。

图 6.181 “不均匀磨损”填充图层和黑色遮罩中的填充图层

图 6.182 “边框和文字脏迹污垢”图层组

图 6.183 调节“边缘污垢”填充图层和色阶图层属性参数之后的效果

步骤 04：在“边框和文字脏迹污垢”图层组中添加一个填充图层，将添加的填充图层命名为“分布不均污垢”。

步骤 05：先给“分布不均污垢”填充图层添加一个黑色遮罩，再给黑色遮罩添加一个填充图层。在【属性-填充】面板中，对“灰度”参数选项选择“Grunge Cracked Deep”程序纹理贴图。调节“分布不均污垢”填充图层和程序纹理贴图参数之后的效果如图 6.185 所示，“分布不均污垢”填充图层和黑色遮罩中的填充图层如图 6.186 所示。

图 6.184 “边缘污垢”填充图层和黑色遮罩中的两个图层

图 6.185 调节“分布不均污垢”填充图层和程序纹理贴图参数之后的效果

图 6.186 “分布不均污垢”填充图层和黑色遮罩中的填充图层

6）牌匾框和文字材质整体变化的调节

步骤 01：在“牌匾框和文字”图层组中添加一个图层组，将添加的图层组命名为“整体变化调节”。“整体变化调节”图层组如图 6.187 所示。

步骤 02：在“整体变化调节”图层组中添加一个填充图层，将添加的填充图层命名为“暗部压暗”。

步骤 03：先给“暗部压暗”填充图层添加一个黑色遮罩，再给黑色遮罩添加一个填充图层。在【属性-填充】面板中，对“灰度”参数选项选择“Ambient Occlusion Map from Mesh gxxy_dm_text”灰度图，还要给黑色遮罩添加一个色阶图层。调节“暗部压暗”填充图层和色阶图层属性参数之后的效果如图 6.188 所示，“暗部压暗”填充图层和黑色遮罩中的两个图层如图 6.189 所示。

图 6.187 “整体变化调节”图层组

图 6.188 调节“暗部压暗”填充图层和色阶图层属性参数之后的效

图 6.189 “暗部压暗”填充图层和黑色遮罩中的两个图层

步骤 04：在“整体变化调节”图层组中添加一个填充图层，将添加的填充图层命名为“颜色变化”。

步骤 05：先给“颜色变化”填充图层添加一个黑色遮罩，再给黑色遮罩添加一个填充图层。在【属性-填充】面板中，对“灰度”参数选项选择“Grunge Map 007”程序纹理贴图。调节“颜色变化”填充图层和程序纹理贴图参数之后的效果如图 6.190 所示，“颜色变化”填充图层和黑色遮罩中的填充图层如图 6.191 所示。

视频播放：关于具体介绍，请观看本书配套视频“任务十一：国学书院门楼牌匾材质的制作.wmv”。

任务十二：国学书院门楼柱础材质的制作

国学书院门楼柱础材质的制作流程包括制作柱础底色、柱础凹凸纹理、柱础脏迹和污垢、柱础磨损效果，体现柱础质感的变化，对柱础材质进行整体变化调节和锐化处理。

在【图层】面板中根据制作步骤，添加 6 个图层组。添加的 6 个图层组如图 6.192 所示。

图 6.190 调节“颜色变化”填充图层和程序纹理贴图参数之后的效果

图 6.191 “颜色变化”填充图层和黑色遮罩中的填充图层

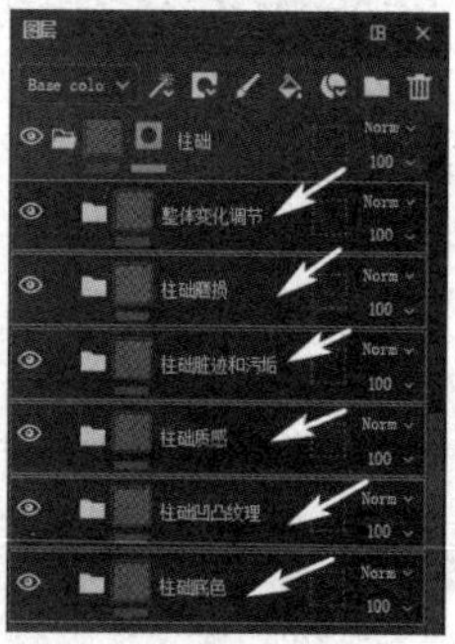

图 6.192 添加的 6 个图层组

1. 柱础底色的制作

步骤 01：在“柱础底色”图层组中添加一个填充图层，将添加的填充图层命名为“底色”。

步骤 02：给“底色”填充图层添加一个滤镜图层，在【属性-滤镜】面板中，对“滤镜”参数选项选择“MatFinish Rough”滤镜。调节“底色”填充图层和滤镜参数之后的效果如图 6.193 所示，“底色”填充图层和滤镜图层如图 6.194 所示。

2. 柱础凹凸纹理的制作

步骤 01：在“柱础凹凸纹理”图层组中添加一个填充图层，将添加的填充图层命名为“凹凸纹理 01”。

步骤 02：先给“凹凸纹理 01”填充图层添加一个黑色遮罩，再给黑色遮罩添加一个填充图层。在【属性-填充】面板中，对“灰度”参数选项选择“Marble Wide”程序纹理贴图。调节“凹凸纹理 01”填充图层和程序纹理贴图参数之后的效果如图 6.195 所示，“凹凸纹理 01”填充图层和黑色遮罩中的填充图层如图 6.196 所示。

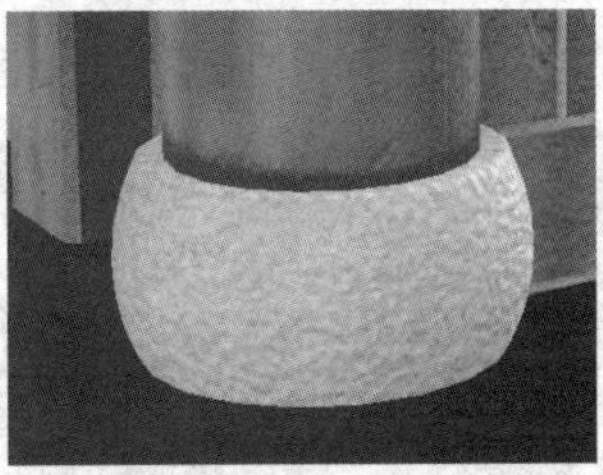

图 6.193　调节“底色”填充图层和滤镜参数之后的效果

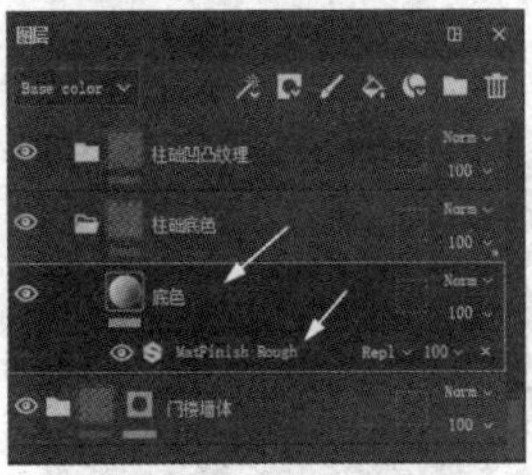

图 6.194　“底色”填充图层和滤镜图层

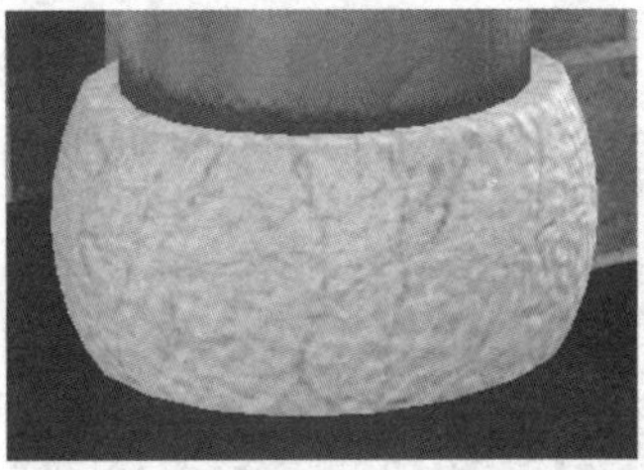

图 6.195　调节“凹凸纹理 01”填充图层和程序纹理贴图参数之后的效果

步骤 03：在“柱础凹凸纹理”图层组中添加一个填充图层，将添加的填充图层命名为“凹凸纹理 02”。

步骤 04：先给“凹凸纹理 02”填充图层添加一个黑色遮罩，再给黑色遮罩添加一个填充图层。在【属性-填充】面板中，对“灰度”参数选项选择“Marble Wide”程序纹理贴图。调节“凹凸纹理 02”填充图层和程序纹理贴图参数之后的效果如图 6.197 所示，“凹凸纹理 02”填充图层和黑色遮罩中的填充图层如图 6.198 所示。

图 6.196　“凹凸纹理 01”填充图层和黑色遮罩中的填充图层

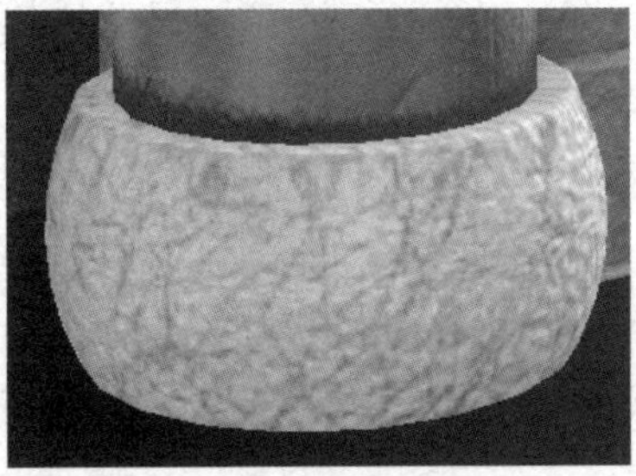

图 6.197　调节“凹凸纹理 02”填充图层和程序纹理贴图参数之后的效果

图 6.198　“凹凸纹理 02”填充图层和黑色遮罩中的填充图层

3. 柱础脏迹和污垢的制作

步骤 01：在“柱础脏迹和污垢”图层组中添加一个填充图层，将添加的填充图层命名为“边缘污垢”。

步骤 02：先给“边缘污垢”填充图层添加一个黑色遮罩，再给黑色遮罩添加一个生成器图层。在【属性-生成器】面板中，对“生成器”参数选项选择“Metal Edge Wear”生成器。还要给黑色遮罩添加一个填充图层，在【属性-填充】面板中，对“灰度”参数选项选择“Grunge Scratches Rough”程序纹理贴图。调节“边缘污垢”填充图层、生成器和程序纹理贴图参数之后的效果如图 6.199 所示，“边缘污垢”填充图层和黑色遮罩中的两个图层如图 6.200 所示。

步骤 03：在“柱础脏迹和污垢”图层组中添加一个填充图层，将添加的填充图层命名为“分布不均脏迹”。

步骤 04：先给“分布不均脏迹”填充图层添加一个黑色遮罩，再给黑色遮罩添加一个填充图层。在【属性-填充】面板中，对“灰度”参数选项选择“Grunge Map 012”程序纹理贴图。调节“分布不均脏迹”填充图层和程序纹理贴图参数之后的效果如图 6.201 所示，“分布不均脏迹”填充图层和黑色遮罩中的填充图层如图 6.202 所示。

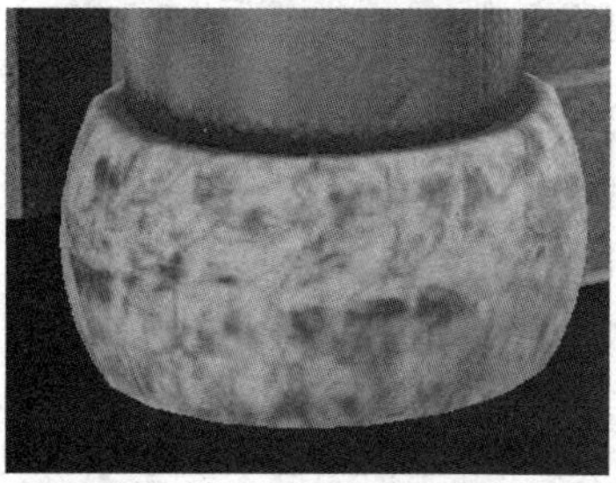

图 6.199 调节“边缘污垢”填充图层、生成器和程序纹理贴图参数之后的效果

图 6.200 “边缘污垢”填充图层和黑色遮罩中的两上图层

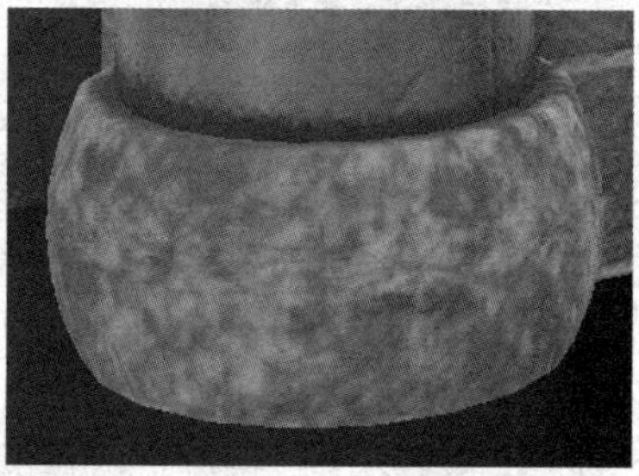

图 6.201 调节“分布不均脏迹”填充图层和程序纹理贴图参数之后的效果

4. 柱础磨损效果的制作

步骤 01：在“柱础磨损”图层组中添加一个填充图层，将添加的填充图层命名为“边缘磨损”。

步骤 02：先给“边缘磨损”填充图层添加一个黑色遮罩，再给黑色遮罩添加一个生成器图层。在【属性-生成器】面板中，对“生成器”参数选项选择“Metal Edge Wear”生成器。调节“边缘磨损”填充图层和生成器参数之后的效果如图 6.203 所示，“边缘磨损”填充图层和黑色遮罩中的生成器图层如图 6.204 所示。

步骤 03：在“柱础磨损”图层组中添加一个填充图层，将添加的填充图层命名为“不均匀磨损”。

步骤 04：先给“不均匀磨损”填充图层添加一个黑色遮罩，再给黑色遮罩添加一个填充图层。在【属性-填充】面板中，对“灰度”参数选项选择“Grunge Spots Dirty”程序纹理贴图。调节“不均匀磨损”填充图层和程序纹理贴图参数之后的效果如图 6.205 所示，“不均匀磨损”填充图层和黑色遮罩中的填充图层如图 6.206 所示。

图 6.202　“分布不均脏迹”填充图层和黑色遮罩中的填充图层

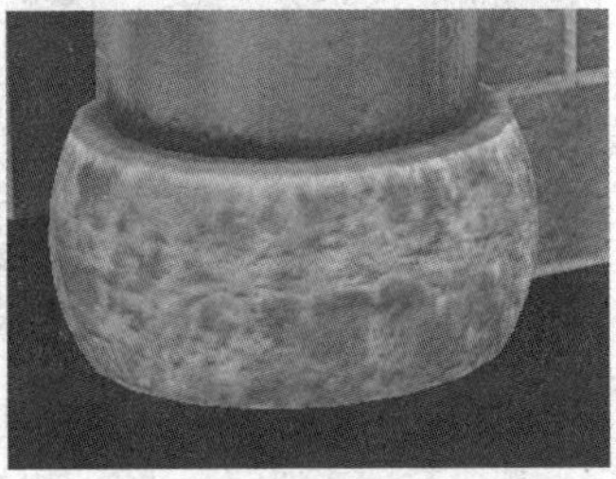

图 6.203　调节“边缘磨损”填充图层和生成器参数之后的效果

图 6.204　“边缘磨损”填充图层和黑色遮罩中的生成器图层

5. 体现柱础质感变化

步骤 01：在“柱础质感”图层组中添加一个填充图层，将添加的填充图层命名为“质感”。

步骤 02：给“质感”填充图层添加一个滤镜图层，在【属性-滤镜】面板中，对“滤镜”参数选项选择“MatFinish Grainy”滤镜。调节“质感”填充图层和滤镜参数之后的效果如图 6.207 所示，“质感”填充图层和滤镜图层如图 6.208 所示。

图 6.205　调节“不均匀磨损”填充图层和程序纹理贴图参数之后的效果

图 6.206　“不均匀磨损”填充图层和黑色遮罩中的填充图层

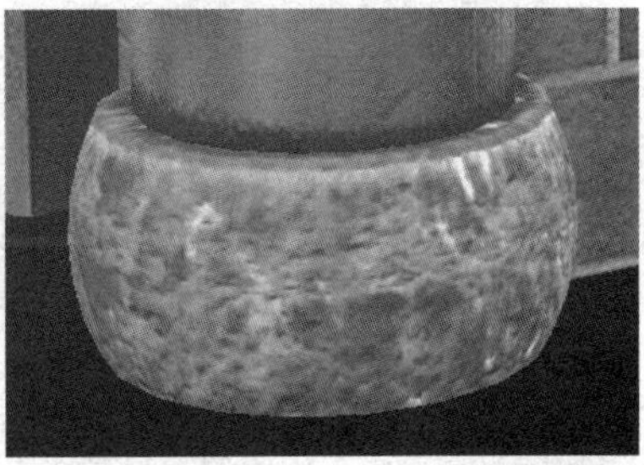

图 6.207　调节“质感”填充图层和滤镜参数之后的效果

6. 柱础材质整体变化的调节

步骤 01：在“整体变化调节”图层组中添加一个填充图层，将添加的填充图层命名为“压暗暗部”。

步骤 02：先给“暗部压暗”填充图层添加一个黑色遮罩，再给黑色遮罩添加一个填充图层。在【属性-填充】面板中，对“灰度”参数选项选择“Ambient Occlusion Map from Mesh gxxy_dm_text”灰度图，还要给黑色遮罩添加一个色阶图层。调节“暗部压暗”填充图层和色阶图层属性参数之后的效果如图 6.209 所示，“暗部压暗”填充图层和黑色遮罩中的两个图层如图 6.210 所示。

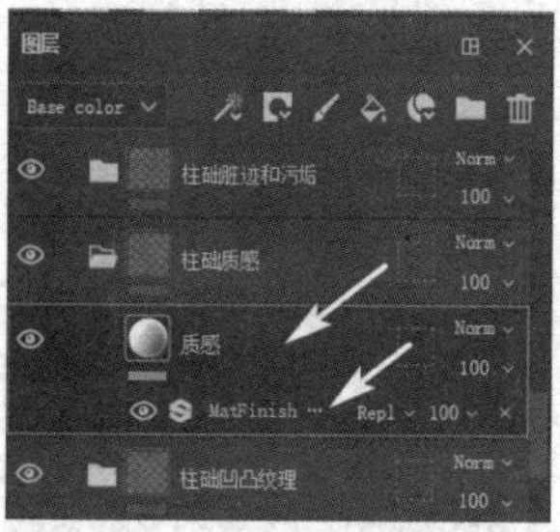

图 6.208 “质感”填充图层和滤镜图层

图 6.209 调节“暗部压暗”填充图层和色阶图层属性参数之后的效果

图 6.210 “暗部压暗”填充图层和黑色遮罩中的两个图层

步骤 03：在“整体变化调节”图层组中添加一个填充图层，将添加的填充图层命名为“颜色变化”。

步骤 04：先给“颜色变化”填充图层添加一个黑色遮罩，再给黑色遮罩添加一个填充图层。在【属性-填充】面板中，对“灰度”参数选项选择“Grunge Map 007”程序纹理贴图。还要给黑色遮罩添加一个滤镜图层，在【属性-滤镜】面板中，对“滤镜”参数选项选择“Blur”滤镜。调节“颜色变化”填充图层、程序纹理贴图和滤镜参数之后的效果如图 6.211 所示，“颜色变化”填充图层和黑色遮罩中的两个图层如图 6.212 所示。

7. 柱础材质的锐化处理

步骤 01：在“柱础”图层组中添加一个绘画（空白）图层，将添加的绘画图层命名为“sharpen”。

步骤 02：给“sharpen”绘画图层添加一个滤镜图层，在【属性-滤镜】面板中，对“滤镜”参数选项选择“Sharpen（已过期）”滤镜。调节“Sharpen（已过期）”滤镜参数之后的效果如图 6.213 所示。

图 6.211 调节“颜色变化”填充图层、程序纹理贴图和滤镜参数之后的效果

图 6.212 “颜色变化”填充图层和黑色遮罩中的两个图层

图 6.213 调节“Sharpen（已过期）”滤镜参数之后的效果

视频播放：关于具体介绍，请观看本书配套视频“任务十二：国学书院门楼柱础材质制作.wmv”。

任务十三：国学书院门楼后期渲染输出

通过前面 12 个任务，已将国学书院门楼所有材质制作完成。在本任务中，对国学书院门楼进行渲染设置和渲染输出。

步骤 01：调节【显示设置】面板参数，【显示设置】面板参数调节如图 6.214 所示。

步骤 02：调节好渲染出图的角度。

步骤 03：单击渲染按钮，切换到渲染模式，调节【渲染器设置】面板参数。【渲染器设置】面板参数调节如图 6.215 所示。

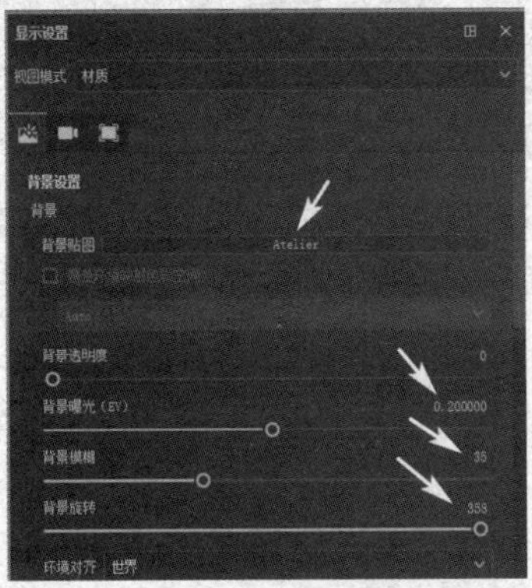

图 6.214　【显示设置】面板参数调节

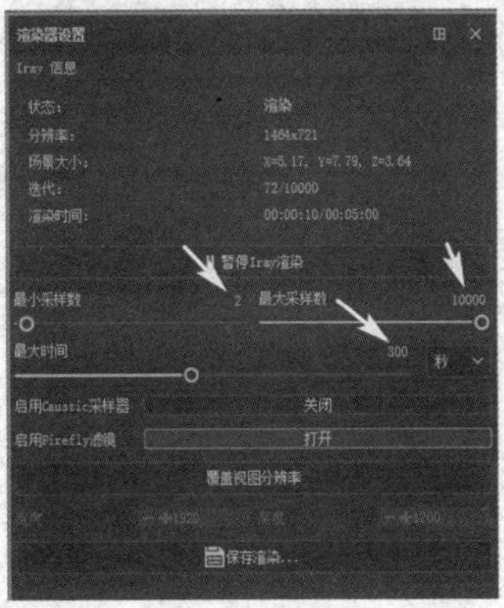

图 6.215 【渲染器设置】面板参数调节

步骤 04：当“状态”中的“渲染”文字变成绿色时，表示渲染完成。将渲染之后的图像保存为带通道的图像文件（png 格式），以便后期处理。渲染之后的效果如图 6.216 所示。

图 6.216　渲染之后的效果

视频播放：关于具体介绍，请观看本书配套视频“任务十三：国学书院门楼后期渲染输出.wmv”。

六、拓展训练

请读者根据所学知识，使用本书提供的国学书院教学楼模型和参考图，参考下图制作国学书院教学楼的材质效果。

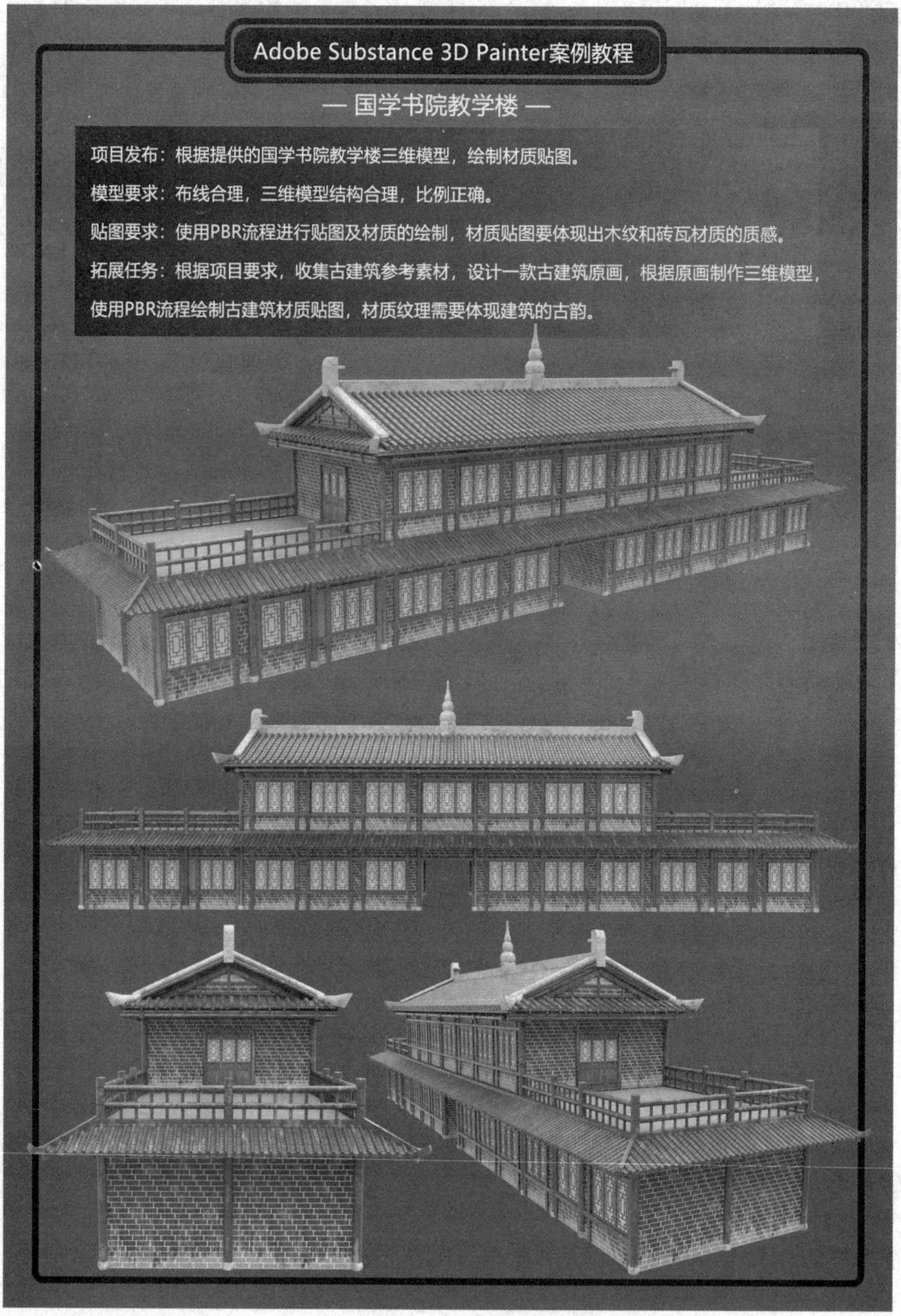

案例 2　制作国学书院池塘和天桥材质

一、案例内容简介

本案例主要以国学书院池塘和天桥材质的制作为例，详细介绍场景材质的制作流程、方法、技巧和注意事项。

二、案例效果欣赏

三、案例制作（步骤）流程

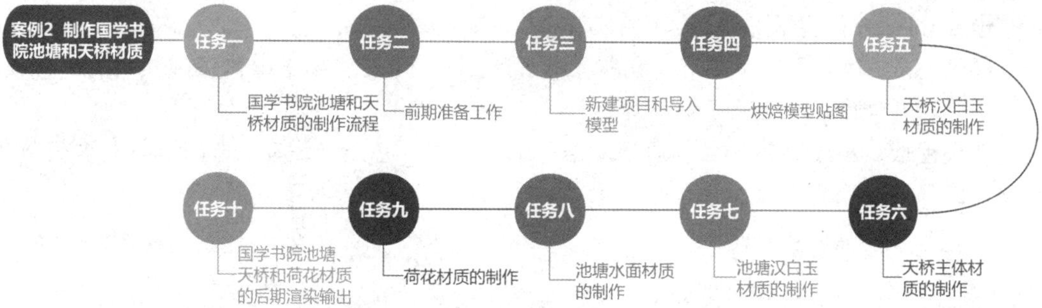

四、制作目的

（1）场景材质的制作流程、方法、技巧和注意事项。

（2）场景中的汉白玉材质的制作。

（3）场景中的砖块材质的制作。

（4）场景中的荷花材质的制作。

（5）场景中的汉白玉雕花的制作。

（6）场景中的水面材质的制作

（7）场景中的材质渲染的相关设置。

（8）场景中的材质渲染输出和后期处理。

五、详细操作步骤

任务一：国学书院池塘和天桥材质的制作流程

步骤 01：根据项目要求，收集相关参考图。

国学书院池塘和天桥材质的参考图如图 6.217 所示。

图 6.217　国学书院池塘和天桥材质的参考图

步骤 02：制作国学书院池塘材质。

步骤 03：制作国学书院池塘水面材质。

步骤 04：制作国学书院天桥的材质。

步骤 05：制作国学书院池塘中的荷花材质。

提示：以上参考图的大图请读者参考本书配套素材。这些参考图仅供制作材质时参考。希望读者在制作前，收集更多的参考图。

视频播放：关于具体介绍，请观看本书配套视频“任务一：国学书院池塘和天桥材质的制作流程.wmv”。

任务二：前期准备工作

在新建项目之后导入模型之前，需要进行以下前期准备工作。

（1）检查模型是否已展开 UV。

（2）检查材质分类是否正确。

（3）检查模型是否已清除非流行边面和边面数大于 4 的边面。

（4）是否已对变换参数进行冻结变换处理。

（5）检查模型的软硬边处理是否正确。

视频播放：关于具体介绍，请观看本书配套视频“任务二：前期准备工作.wmv”。

任务三：新建项目和导入模型

步骤 01：启动 Adobe Substance 3D Painter。

步骤 02：在菜单栏中单击【文件】→【新建】命令（或按键盘上的“Ctrl+N”组合键），弹出【新项目】对话框。

步骤 03：在【新项目】对话框中，单击【选择...】按钮，弹出【打开文件】对话框。在该对话框中，选择需要导入的模型（天桥和池塘模型的 FBX 文件名为“tianqiao_hehua_citan.fbx”）。单击【打开（O)】按钮，返回【新项目】对话框。

步骤 04：在【新项目】对话框中，将“文件分辨率”设为 4096×4096 像素，“法线贴图格式”设为“OpenGL”，勾选“保留每种材质的 UV 平铺布局并启用在平铺之间绘制”选项。

步骤 05：单击【确定】按钮，完成新项目的创建和模型的导入。

步骤 06：保存项目。在菜单栏中单击【文件】→【保存】命令（或按键盘上的“Ctrl+S”组合键），弹出【保存项目】对话框。在【保存项目】对话框中，找到“文件名（N)”对应的文本输入框，在其中输入“天桥和池塘”，单击【保存（S)】按钮，完成保存。

视频播放：关于具体介绍，请观看本书配套视频“任务三：新建项目和导入模型.wmv”。

任务四：烘焙模型贴图

在制作材质之前，需要对导入的模型进行贴图烘焙。

步骤 01：在【纹理集设置】面板中单击【烘焙模型贴图】按钮，切换到纹理烘焙模式。

步骤 02：在【网格图设置】面板中，将“输出大小”参数值设为“4096”，勾选“应用漫反射”和“将低模网格作用高模网格”选项，将“最大前部距离”和“最大后部距离”两个参数都设为“0.001”。

步骤 03：单击【烘焙所有纹理】按钮，开始烘焙纹理贴图。烘焙之后的效果和 UV 列表如图 6.218 所示。

图 6.218　烘焙之后的效果和 UV 列表

步骤 04：单击【返回至绘画模式】按钮，返回绘画模式，进行材质纹理的制作。

视频播放：关于具体介绍，请观看本书配套视频“任务四：烘焙模型贴图.wmv”。

任务五：天桥汉白玉材质的制作

天桥材质主要包括天桥汉白玉材质和天桥主体材质两部分。在本任务中，介绍天桥汉白玉材质的制作。

1. 添加材质分类图层组

步骤 01：在【图层】面板中添加两个图层组，将添加的两个图层组分别命名为“天桥汉白玉”和“天桥主体”。

步骤 02：先给“天桥汉白玉”图层组添加一个黑色遮罩，再给黑色遮罩添加一个绘画图层，使用几何体填充工具进行遮罩处理。天桥汉白玉材质为红色部分（详见本书配套素材中的彩色图片），如图 6.219 所示。

步骤 03：给“天桥主体”图层组添加一个黑色遮罩，给黑色遮罩添加一个绘画图层，使用几何体填充工具进行遮罩处理。天桥主体材质为蓝色部分，如图 6.220 所示。以上步骤添加的两个图层组和黑色遮罩中的两个绘画图层如图 6.221 所示。

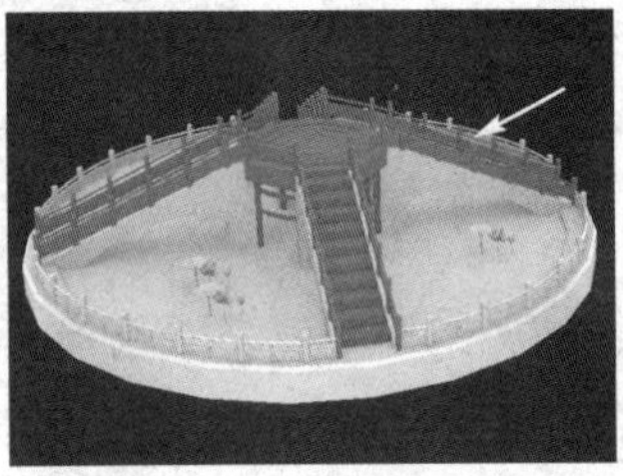

图 6.219　天桥汉白玉材质

图 6.220　天桥主体材质

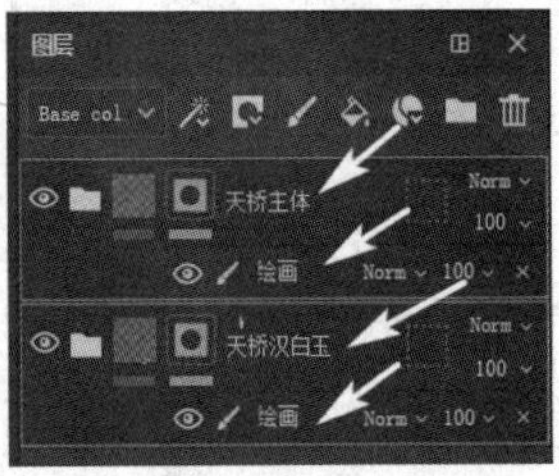

图 6.221　两个图层组和黑色遮罩中的两个绘画图层

步骤 04：在“天桥汉白玉”图层组中添加 6 个图层组，6 个图层组的名称如图 6.222 所示。

2. 天桥汉白玉底色的制作

步骤 01：在“底色”图层组中添加一个填充图层，将添加的填充图层命名为“底色”。

步骤 02：给“底色”填充图层添加一个滤镜图层，在【属性-滤镜】面板中，对“滤镜”参数选项选择“MatFinish Grainy”滤镜。调节“底色”填充图层和滤镜参数之后的效果如图 6.223 所示，“底色”填充图层和滤镜图层如图 6.224 所示。

3. 天桥汉白玉凹凸纹理的制作

1）围栏汉白玉纹理

步骤 01：在“凹凸纹理”图层组中添加两个图层，将添加的两个图层组分别命名为“围栏汉白玉纹理”和“天桥阶梯凹凸纹理”。添加的两个图层组如图 6.225 所示。

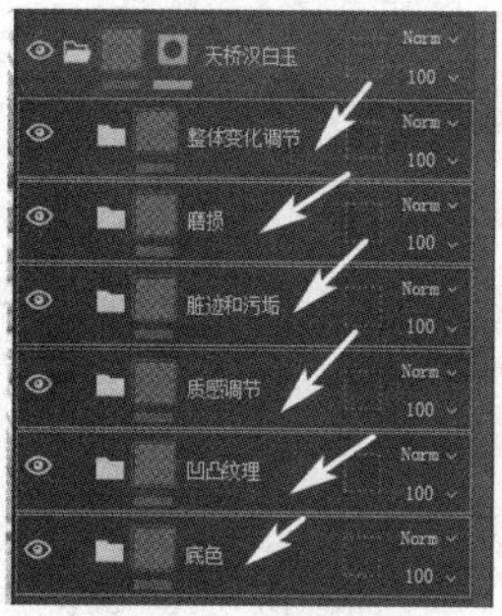

图 6.222　6 个图层组的名称

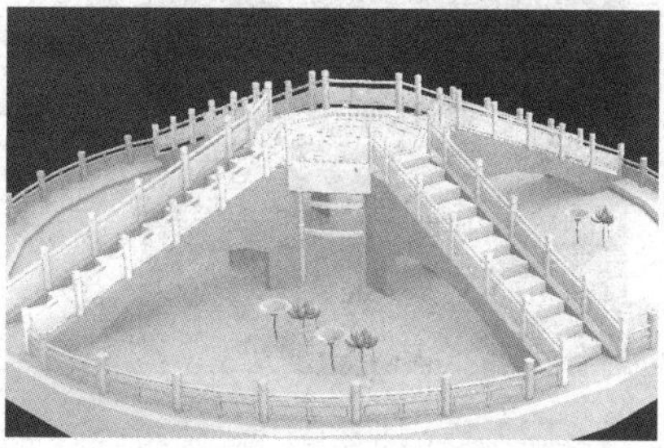
图 6.223 调节“底色”填充图层和滤镜参数之后的效果

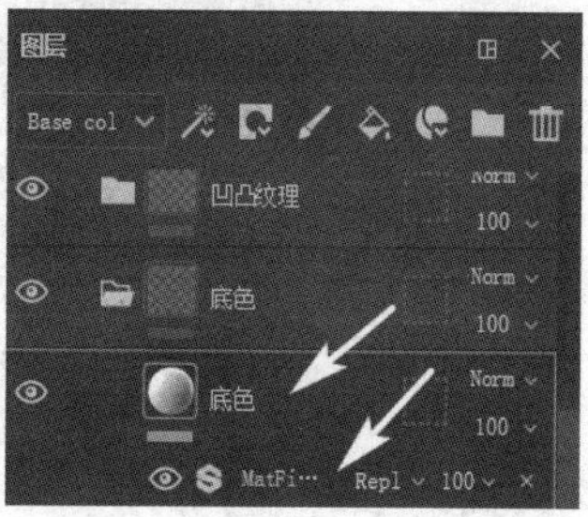

图 6.224 “底色”填充图层和滤镜图层

步骤 02：在“围栏汉白玉纹理”图层组中添加一个填充图层，将添加的填充图层命名为“雕花”。

步骤 03：先给“雕花”填充图层添加一个黑色遮罩，再给黑色遮罩添加一个绘画图层。在【属性-绘画】面板中，对“灰度”参数选项，选择需要绘制的雕花灰度图，使用绘画工具单击需要绘制的雕花灰度图即可。绘制的文字、梅花和龙凤图效果如图 6.226 所示，“雕花”填充图层和黑色遮罩中的绘画图层如图 6.227 所示。

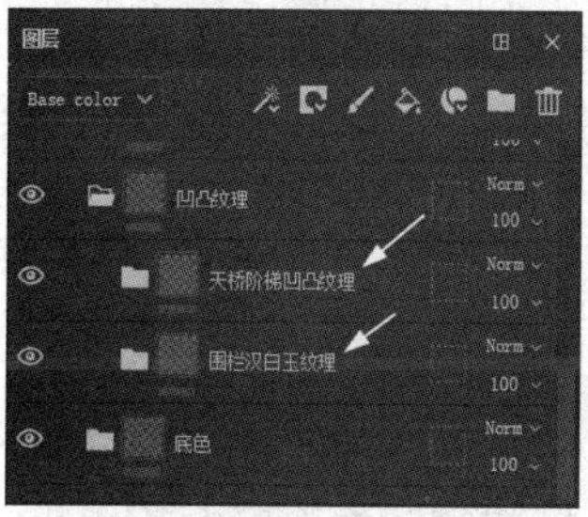

图 6.225　添加的两个图层组

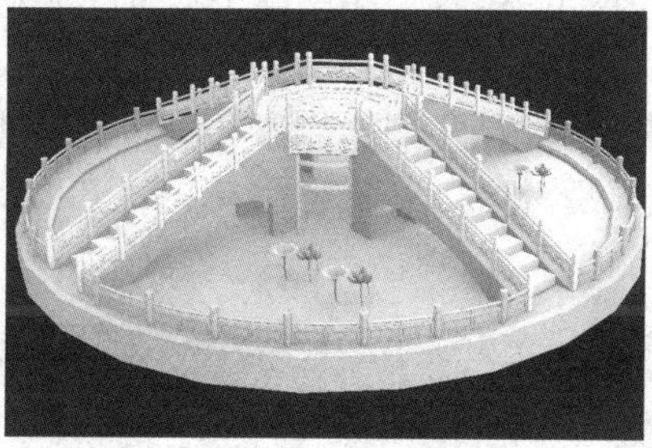
图 6.226 绘制的文字、梅花和龙凤图效果

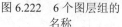

图 6.227 “雕花”填充图层和黑色遮罩中的绘画图层

步骤 04：在“围栏汉白玉纹理”图层组中添加一个填充图层，将添加的填充图层命名为“栏柱竖雕花”。

步骤 05：先给“栏柱竖雕花”填充图层添加一个黑色遮罩，再给黑色遮罩添加一个绘画图层。在【属性-绘画】面板中，对“灰度”参数选项选择需要绘制的雕花灰度图，单击需要绘制的雕花灰度图即可。绘制的栏柱竖雕花效果如图 6.228 所示，“栏柱竖雕花”填充图层和黑色遮罩中的绘画图层如图 6.229 所示。

步骤 06：在“围栏汉白玉纹理”图层组中添加一个填充图层，将添加的填充图层命名为“栏柱方形顶面雕花”。

步骤 07：先给“栏柱方形顶面雕花”填充图层添加一个黑色遮罩，再给黑色遮罩添加一个绘画图层。在【属性-绘画】面板中，对“灰度”参数选项选择需要绘制的雕花灰度图，单击需要绘制的雕花灰度图即可。绘制的栏柱方形顶面雕花效果如图 6.230 所示，“栏柱方形顶面雕花”填充图层和黑色遮罩中的绘画图层如图 6.231 所示。

图 6.228　绘制的栏柱竖雕花效果

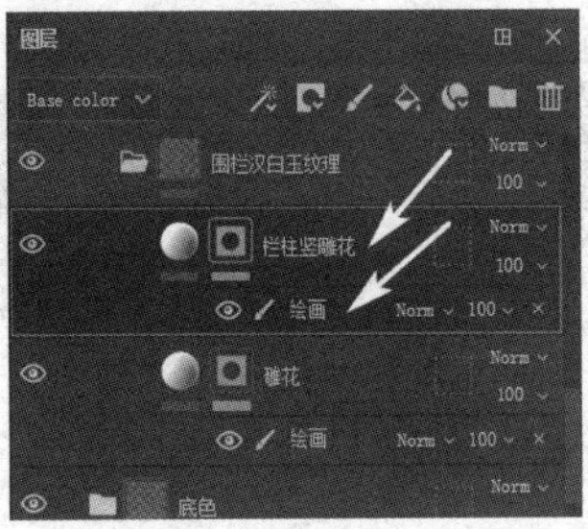

图 6.229　“栏柱竖雕花”填充图层和黑色遮罩中的绘画图层

图 6.230　绘制的栏柱方形顶面雕花效果

提示：需要在 Photoshop 中制作完成雕花灰度图，把它导出为 png 格式的图像文件，然后导入材质制作项目。关于导入的具体方法，请读者参考本书的第 1 章。本任务中的所有雕花灰度图都在本书配套素材中。

2）天桥阶梯凹凸纹理的制作

步骤 01：在“凹凸纹理”图层组中添加一个图层组，将添加的图层组命名为“天桥阶梯凹凸纹理”。“天桥阶梯凹凸纹理”图层组如图 6.232 所示。

步骤 02：在“天桥阶梯凹凸纹理”图层组中添加一个图层组，将添加的图层组命名为“阶梯整体凹凸”。

步骤 03：先给“阶梯整体凹凸”图层组添加一个黑色遮罩，再给黑色遮罩添加一个绘画图层，对天桥阶梯进行遮罩处理。“阶梯整体凹凸”图层组和黑色遮罩中的绘画图层如图 6.233 所示。

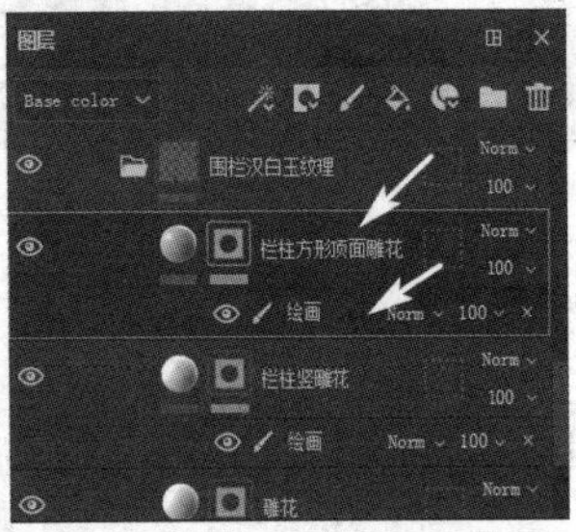

图 6.231　“栏柱方形顶面雕花”填充图层和黑色遮罩中的绘画图层

图 6.232　“天桥阶梯凹凸纹理”图层组

图 6.233　“阶梯整体凹凸”图层组和黑色遮罩中的绘画图层

步骤 04：在“阶梯整体凹凸”图层组中添加一个填充图层，将添加的填充图层命名为“整体凹凸”。

步骤 05：先给“整体凹凸”填充图层添加一个黑色遮罩，再给黑色遮罩添加一个填充图层。在【属性-填充】面板中，对“灰度”参数选项选择“Fractal Sun 3”程序纹理贴图。调节“整体凹凸”填充图层和程序纹理贴图参数之后的效果如图 6.234 所示，“整体凹凸”填充图层和黑色遮罩中的填充图层如图 6.235 所示。

步骤 06：在“天桥阶梯凹凸纹理”图层组中添加一个填充图层，将添加的填充图层命名为“分布不均凹凸”。

步骤 07：先给“分布不均凹凸”填充图层添加一个黑色遮罩，再给黑色遮罩添加一个填充图层。在【属性-填充】面板中，对“灰度”参数选项选择“Grunge Cracked Deep”程序纹理贴图。调节“分布不均凹凸”填充图层和程序纹理贴图参数之后的效果如图 6.236 所示，“分布不均凹凸”填充图层和黑色遮罩中的填充图层如图 6.237 所示。

图 6.234　调节“整体凹凸”填充图层和程序纹理贴图参数之后的效果

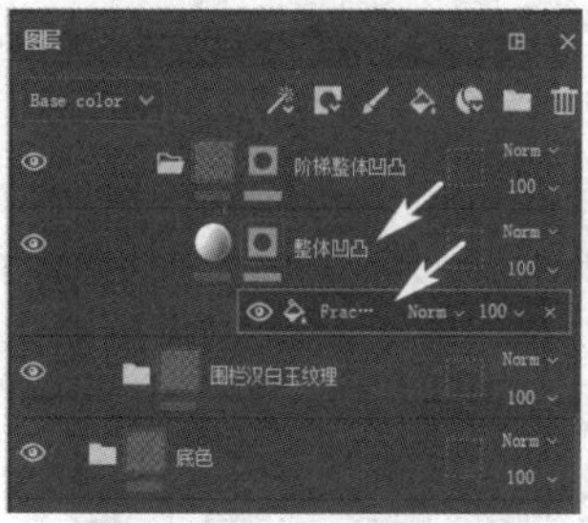

图 6.235　“整体凹凸”填充图层和黑色遮罩中的填充图层

图 6.236　调节“分布不均凹凸”填充图层和程序纹理贴图参数之后的效果

步骤 08：在“天桥阶梯楼梯凹凸纹理”图层组中添加一个填充图层，将添加的填充图层命名为“阶梯分割线”。

步骤 09：先给“阶梯分割线”填充图层添加一个黑色遮罩，再给黑色遮罩添加一个绘画图层，使用绘画工具给阶梯绘制分割线。绘制的阶梯分割线如图 6.238 所示，“阶梯分割线”填充图和黑色遮罩中的绘画图层如图 6.239 所示。

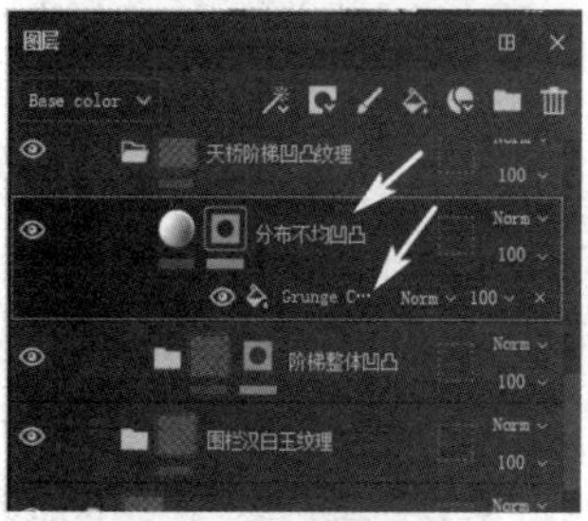

图 6.237　“分布不均凹凸”填充图层和黑色遮罩中的填充图层

图 6.238　绘制的阶梯分割线

图 6.239　“阶梯分割线”填充图和黑色遮罩中的绘画图层

4. 天桥汉白玉脏迹和污垢的制作

天桥汉白玉脏迹和污垢的制作通过“边缘污垢”、“分布不均污垢”、“黄色污垢”和“棕色污垢”4 个填充图层实现。

步骤 01：在“脏迹和污垢”图层组中添加一个填充图层，将添加的填充图层命名为“边缘污垢”。

步骤 02：先给“边缘污垢”填充图层添加一个黑色遮罩，再先给黑色遮罩添加一个生成器图层。在【属性-生成器】面板中，对“生成器”参数选项选择“Metal Edge Wear”生成器，再给黑色遮罩添加一个绘画图层。先调节“边缘污垢”填充图层和生成器参数，再使用绘画工具对边缘污垢进行修改。调节参数和修改之后的边缘污垢效果如图 6.240 所示，“边缘污垢”填充图层和黑色遮罩中的生成器图层如图 6.241 所示。

步骤 03：在“脏迹和污垢”图层组中添加一个填充图层，将添加的填充图层命名为“分布不均污垢”。

步骤 04：先给“分布不均污垢”填充图层添加一个黑色遮罩，再给黑色遮罩添加一个填充图层。在【属性-填充】面板中，对“灰度”参数选项选择“Grunge Map 012”程序纹理贴图。还要给黑色遮罩添加一个滤镜图层，在【属性-滤镜】面板中，对“滤镜”参数选项选择“Blur”滤镜。调节“分布不均污垢”填充图层、程序纹理贴图和滤镜参数之后的效果如图 6.242 所示，“分布不均污垢”填充图层和黑色遮罩中的两个图层如图 6.243 所示。

图 6.240　调节参数和修改之后的边缘污垢效果

图 6.241　“边缘污垢”填充图层和黑色遮罩中的两个图层

图 6.242　调节“分布不均污垢”填充图层、程序纹理贴图和滤镜参数之后的效果

步骤 05：在“脏迹和污垢”图层组中添加一个填充图层，将添加的填充图层命名为“黄色污垢”。

步骤 06：先给“黄色污垢”填充图层添加一个黑色遮罩，再给黑色遮罩添加一个填充图层。在【属性-填充】面板中，对“灰度”参数选项选择“Grunge Cracked Deep”程序纹理贴图。调节“黄色污垢”填充图层和程序纹理贴图参数之后的效果如图 6.244 所示，“黄色污垢”填充图层和黑色遮罩中的填充图层如图 6.245 所示。

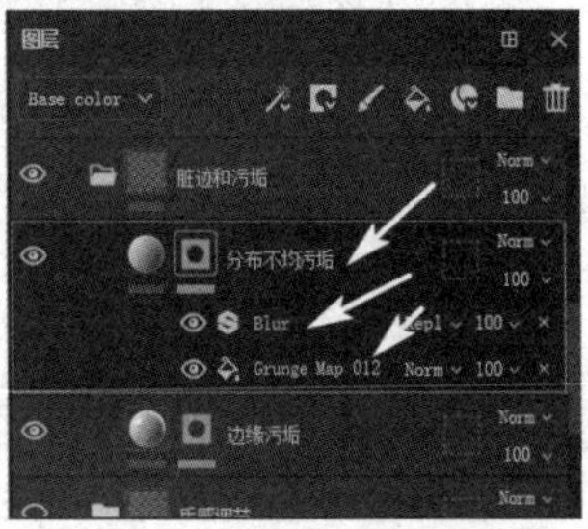

图 6.243　果“分布不均污垢”填充图层和黑色遮罩中的两个图层

图 6.244　调节“黄色污垢”填充图层和程序纹理贴图参数之后的效果

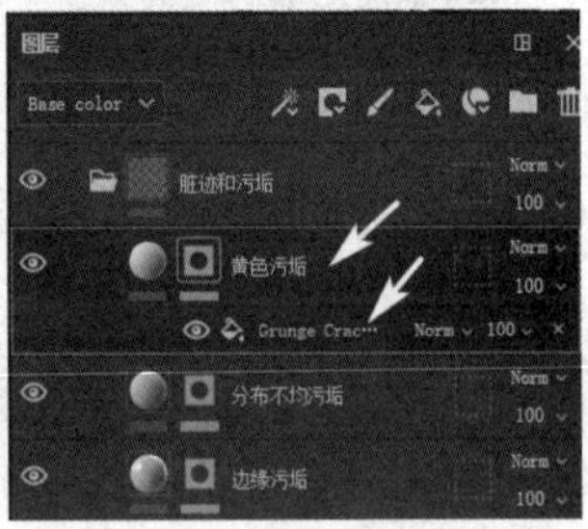

图 6.245　“黄色污垢”填充图层和黑色遮罩中的填充图层

步骤 07： 在“脏迹和污垢”图层组中添加一个填充图层，将添加的填充图层命名为“棕色污垢”。

步骤 08： 先给“棕色污垢”添加一个黑色遮罩，再先给黑色遮罩添加一个绘画图层，以绘制棕色污垢。绘制的棕色边缘污垢如图 6.246 所示。还要给黑色遮罩添加一个绘画图层，以绘制棕色流淌污垢，绘制的棕色流淌式污垢如图 6.247 所示。“棕色污垢”填充图层和黑色遮罩中的两个图层如图 6.248 所示。

图 6.246　绘制的棕色边缘污垢

图 6.247　绘制的棕色流淌式污垢

图 6.248 “棕色污垢”填充图层和黑色遮罩中的两个图层

5. 天桥汉白玉磨损效果的制作

天桥汉白玉磨损效果的制作通过整体磨损效果和阶梯边缘磨损效果实现。

步骤 01： 在“磨损”图层组中添加一个图层组，将添加的图层组命名为“阶梯边缘磨损”。

步骤 02： 先给“阶梯边缘磨损”图层组添加一个黑色遮罩，再给黑色遮罩添加一个绘画图层，使用几何体填充工具对天桥阶梯进行遮罩处理。“阶梯边缘磨损”图层组和黑色遮罩中的绘画图层如图 6.249 所示。

步骤 03： 在“阶梯边缘磨损”图层组中添加一个填充图层，将添加的填充图层命名为“边缘磨损 01”。

步骤 04： 先给“边缘磨损 01”填充图层添加一个黑色遮罩，再给黑色遮罩添加一个绘画图层，使用绘画工具制作边缘磨损效果。制作的边缘磨损效果如图 6.250 所示，“边缘磨损 01”填充图层和黑色遮罩中的绘画图层如图 6.251 所示。

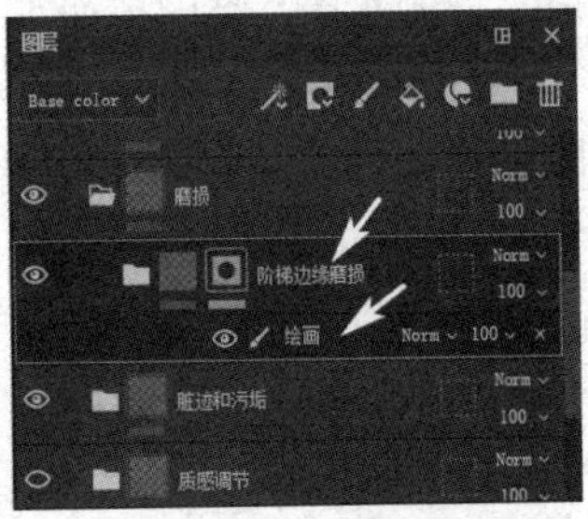

图 6.249 “阶梯边缘磨损”图层组和黑色遮罩中的绘画图层

图 6.250　制作的边缘磨损效果

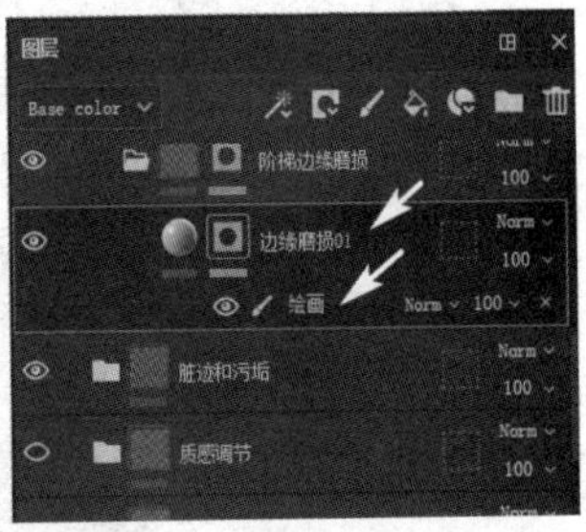

图 6.251 “边缘磨损 01”填充图层和黑色遮罩中的绘画图层

步骤 05：在“阶梯边缘磨损”图层组中添加一个填充图层，将添加的填充图层命名为“边缘磨损 02”。

步骤 06：先给“边缘磨损 02”填充图层添加一个黑色遮罩，再给黑色遮罩添加一个填充图层。在【属性-填充】面板中，对“灰度”参数选项选择“Dripping Rust”程序纹理贴图。调节“边缘磨损 02”填充图层和程序纹理贴图参数之后的效果如图 6.252 所示，“边缘磨损 02”填充图层和黑色遮罩中的填充图层如图 6.253 所示。

步骤 07：在“磨损”图层组中添加一个填充图层，将添加的填充图层命名为“整体磨损”。

步骤 08：给“整体磨损”填充图层添加一个黑色遮罩，给黑色遮罩添加一个填充图层。在【属性-填充】面板中，对“灰度”参数选项选择“Grunge Shavings”程序纹理贴图。调节“整体磨损”填充图层和程序纹理贴图参数之后的效果如图 6.254 所示，“整体磨损”填充图层和黑色遮罩中的填充图层如图 6.255 所示。

图 6.252　调节“边缘磨损 02”填充图层和程序纹理贴图参数之后的效果

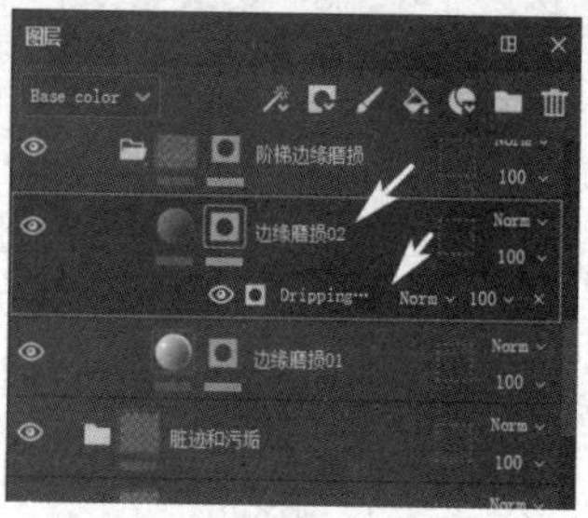

图 6.253　“边缘磨损 02”填充图层和黑色遮罩中的填充图层

图 6.254　调节“整体磨损”填充图层和程序纹理贴图参数之后的效果

6. 天桥汉白玉材质的整体变化调节

天桥汉白玉材质的整体变化调节通过暗部压暗和颜色变化实现。

步骤 01：在“整体变化调节”图层组中添加一个填充图层，将添加的填充图层命名为“暗部压暗 01”。

步骤 02：先给“暗部压暗 01”填充图层添加一个黑色遮罩，再先给黑色遮罩添加一个填充图层。在【属性-填充】面板中，对“灰度”参数选项选择“Ambient Occlusion Map from Mesh gxsy_tq_text”灰度图，还要给黑色遮罩添加一个色阶图层。调节“暗部压暗 01”填充图层和色阶图层属性参数之后的效果如图 6.256 所示，“暗部压暗 01”填充图层和黑色遮罩中的填充图层如图 6.257 所示。

步骤 03：在“整体变化调节”图层组中添加一个填充图层，将添加的填充图层命名为“暗部压暗 02”。

步骤 04：先给“暗部压暗 02”填充图层添加一个黑色遮罩，再给黑色遮罩添加一个绘画图层，使用绘画工具对暗部进行绘制。绘制的暗部效果如图 6.258 所示，“暗部压暗 02”填充图层和黑色遮罩中的绘画图层如图 6.259 所示。

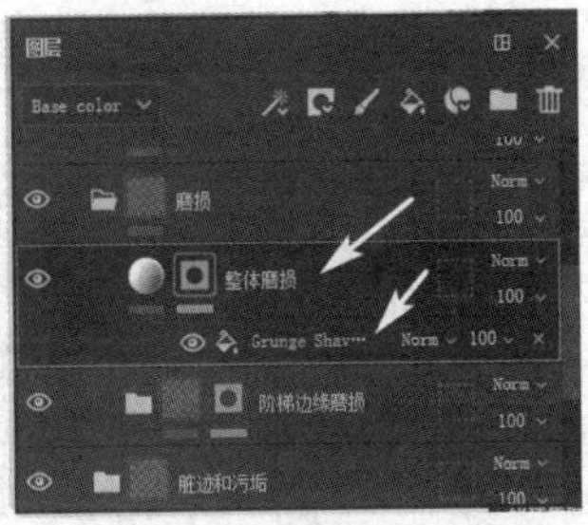

图 6.255　“整体磨损”填充图层和黑色遮罩中的填充图层

图 6.256　调节“暗部压暗 01”填充图层和色阶图层属性参数之后的效果

图 6.257　“暗部压暗 01”填充图层和黑色遮罩中的填充图层

步骤 05：在“整体变化调节”图层组中添加一个填充图层，将添加的填充图层命名为“颜色变化”。

步骤 06：先给“颜色变化”填充图层添加一个黑色遮罩，再给黑色遮罩添加一个填充图层。在【属性-填充】面板中，对“灰度”参数选项选择“Grunge Map 007”程序纹理贴图。调节“颜色变化”填充图层和程序纹理贴图参数之后的效果如图 6.260 所示，“颜色变化”填充图层和黑色遮罩中的填充图层如图 6.261 所示。

图 6.258　绘制的暗部效果

图 6.259　“暗部压暗 02”填充图层和黑色遮罩中的绘画图层

图 6.260　调节“颜色变化”填充图层和程序纹理贴图参数之后的效果

7. 体现天桥汉白玉质感变化

天桥汉白玉质感调节通过添加滤镜图层实现。

步骤 01：在“质感调节”图层组中添加一个填充图层，将添加的填充图层命名为“质感调节”。

步骤 02：给“质感调节”填充图层添加一个滤镜图层，在【属性-滤镜】面板中，对“滤镜”参数选项选择“MatFinish Rough”滤镜。调节“质感调节”填充图层和滤镜参数之后的效果如图 6.262 所示，“质感调节”填充图层和滤镜图层如图 6.263 所示。

8. 天桥汉白玉材质的锐化处理

步骤 01：在“天桥汉白玉”图层组中添加一个绘画（空白）图层，将添加的绘画图层命名为“sharpen”。

图 6.261 “颜色变化”填充图层和黑色遮罩中的填充图层

图 6.262 调节“质感调节”填充图层和滤镜参数之后的效果

图 6.263 “质感调节”填充图层和滤镜图层

步骤 02：给“sharpen”绘画图层添加一个滤镜图层，在【属性-滤镜】面板中，对“滤镜”参数选项选择“Sharpen（已过期）”滤镜。调节“Sharpen（已过期）”滤镜参数之后的效果如图 6.264 所示，“sharpen”绘画图层和滤镜图层如图 6.265 所示。

视频播放：关于具体介绍，请观看本书配套视频“任务五：天桥汉白玉材质的制作.wmv”。

任务六：天桥主体材质的制作

天桥主体材质的制作流程包括制作底色、凹凸纹理，体现天桥主体质感变化，制作天桥主体脏迹和污垢、磨损效果，对天桥主体进行整体变化调节和锐化处理。

在【图层】面板中的“天桥主体”图层组中添加 6 个材质组，添加的 6 个材质组如图 6.266 所示。

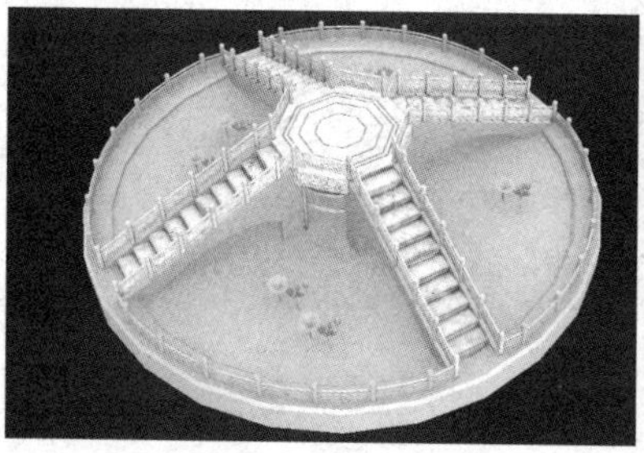

图 6.264 调节“Sharpen（已过期）”滤镜参数之后的效果

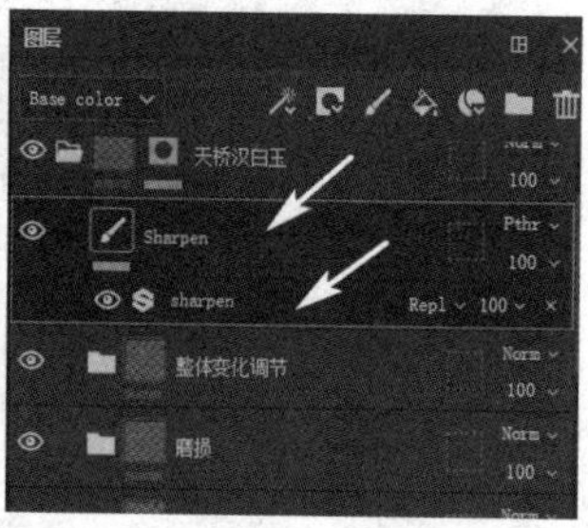

图 6.265 “sharpen”绘画图层和滤镜图层

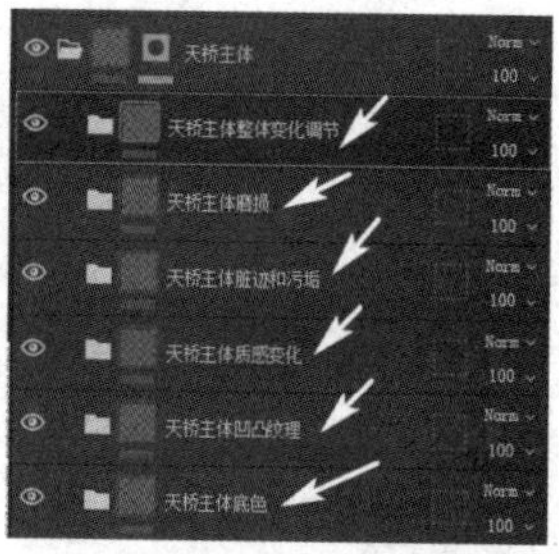

图 6.266 添加的 6 个材质组

1. 天桥主体底色的制作

步骤 01：在“天桥主体底色”图层组中添加一个填充图层，将添加的填充图层命名为“底色”。

步骤 02：给“底色”填充图层添加一个滤镜图层，在【属性-滤镜】面板中，对“滤镜”参数选项选择“MatFinish Grainy”滤镜。调节“底色”填充图层和滤镜参数之后的效果如图 6.267 所示，“底色”填充图层和滤镜图层如图 6.268 所示。

2. 天桥主体凹凸纹理的制作

步骤 01：在“天桥主体凹凸纹理”图层组中添加一个填充图层，将添加的填充图层命名为“花格凹凸”。

步骤 02：先给“花格凹凸”填充图层添加一个黑色遮罩，再给黑色遮罩添加一个填充图层。在【属性-填充】面板中，对“灰度”参数选项选择“Bricks 01”程序纹理贴图。调节“花格凹凸”填充图层和程序纹理贴图参数之后的效果如图 6.269 所示，“花格凹凸”填充图层和黑色遮罩中的填充图层如图 6.270 所示。

图 6.267　调节“底色”填充图层和滤镜参数之后的效果

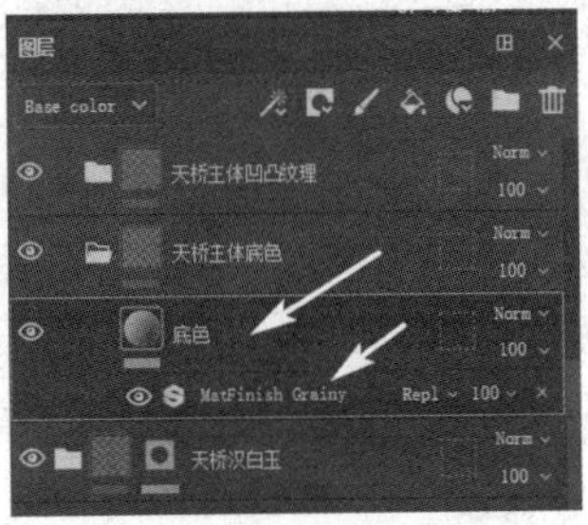

图 6.268　“底色”填充图层和滤镜图层

图 6.269　调节“花格凹凸”填充图层和程序纹理贴图参数之后的效果

步骤 03：在“天桥主体凹凸纹理”图层组中添加一个填充图层，将添加的填充图层命名为“整体凹凸”。

步骤 04：先给“整体凹凸”填充图层添加一个黑色遮罩，再给黑色遮罩添加一个填充图层。在【属性-填充】面板中，对“灰度”参数选项选择“Dirt Spots”程序纹理贴图。还要给黑色遮罩添加一个填充图层，在【属性-填充】面板中，对“灰度”参数选项选择“Grunge Spots Dirty”程序纹理贴图。最后给黑色遮罩添加一个滤镜图层，在【属性-滤镜】面板中，对“滤镜”参数选项选择“Blur”滤镜。调节“整体凹凸”填充图层、程序纹理贴图和滤镜的参数之后的效果如图 6.271 所示，“整体凹凸”填充图层和黑色遮罩中的 3 个图层如图 6.272 所示。

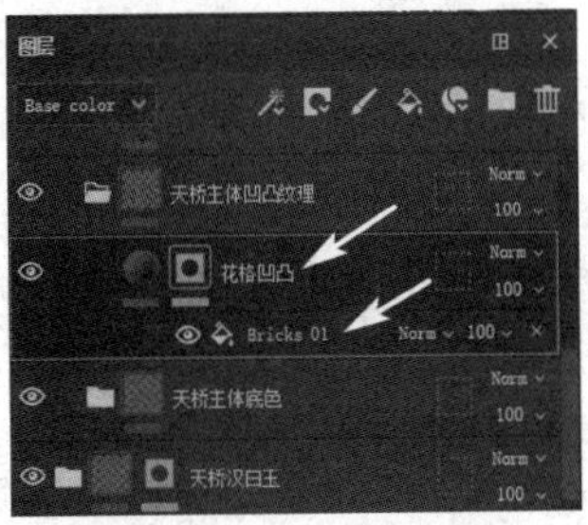

图 6.270　“花格凹凸”填充图层和黑色遮罩中的填充图层

图 6.271　调节“整体凹凸”填充图层、程序纹理贴图和滤镜的参数之后的效果

图 6.272　“整体凹凸”填充图层和黑色遮罩中的 3 个图层

3. 天桥主体脏迹和污垢的制作

步骤 01：在“天桥主体脏迹和污垢”图层组中添加一个填充图层，将添加的填充图层命名为“边缘污垢”。

步骤 02：先给“边缘污垢”填充图层添加一个黑色遮罩，再给黑色遮罩添加一个生成器图层。在【属性-生成器】面板中，对“生成器”参数选项选择“Dirt”生成器。调节“边缘污垢”填充图层和生成器参数之后的效果如图 6.273 所示，“边缘污垢”填充图层和黑色遮罩中的生成器图层如图 6.274 所示。

步骤 03：在“天桥主体脏迹和污垢”图层组中添加一个填充图层，将添加的填充图层命名为“分布不均脏迹”。

步骤 04：先给“分布不均脏迹”填充图层添加一个黑色遮罩，再给黑色遮罩添加一个填充图层。在【属性-填充】面板中，对“灰度”参数选项选择“Grunge Map 007”程序纹理贴图。还要给黑色遮罩添加一个填充图层，在【属性-填充】面板中，对“灰度”参数选项选择“Grunge Cracked Deep”程序纹理贴图。调节“分布不均脏迹”填充图层和程序纹理贴图参数之后的效果如图 6.275 所示，“分布不均脏迹”填充图层和黑色遮罩中的两个图层如图 6.276 所示。

图 6.273 调节“边缘污垢”填充图层和生成器参数之后的效果

图 6.274 “边缘污垢”填充图层和黑色遮罩中的生成器图层

图 6.275 调节“分布不均脏迹”填充图层和程序纹理贴图参数之后的效果

4. 体现天桥主体质感的变化

步骤 01：在“天桥主体质感变化”图层组中添加一个填充图层，将添加的填充图层命名为“质感变化”。

步骤 02：给“质感变化”填充图层添加一个滤镜图层，在【属性-滤镜】面板中，对“滤镜”参数选项选择“MatFinish Rough”滤镜。调节“质感变化”填充图层和滤镜参数之后的效果如图 6.277 所示，“质感变化”填充图层和滤镜图层如图 6.278 所示。

5. 天桥主体磨损效果的制作

步骤 01：在“天桥主体磨损”图层组中添加一个填充图层，将添加的填充图层命名为“边缘磨损”。

图 6.276　“分布不均脏迹”填充图层和黑色遮罩中的两个图层

图 6.277　调节“质感变化”填充图层和滤镜参数之后的效果

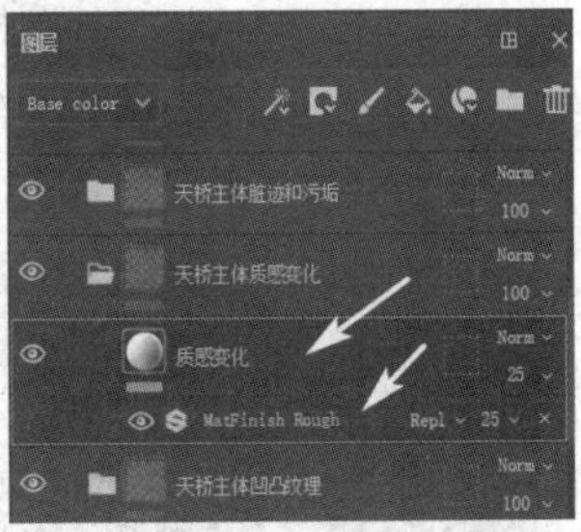

图 6.278　“质感变化”填充图层和滤镜图层

步骤 02：先给“边缘磨损”填充图层添加一个黑色遮罩，再给黑色遮罩添加一个填充图层。在【属性-填充】面板中，对“灰度”参数选项选择“Ambient Occlusion Map from Mesh gxys_tq_text”灰度图，还要给黑色遮罩添加一个色阶图层。调节“边缘磨损”填充图层和色阶图层属性参数之后的效果如图 6.279 所示，“边缘磨损”填充图层和黑色遮罩中的两个图层如图 6.280 所示。

步骤 03：在“天桥主体磨损”图层组中添加一个填充图层，将添加的填充图层命名为“不均匀磨损”。

步骤 04：先给“不均匀磨损”填充图层添加一个黑色遮罩，再给黑色遮罩添加一个填充图层。在【属性-填充】面板中，对“灰度”参数选项选择“Kyle Brush Presets alpha 29”程序纹理贴图。还要给黑色遮罩添加一个滤镜图层，在【属性-滤镜】面板中，对“滤镜”参数选项选择“Blur”滤镜。调节“不均匀磨损”填充图层、程序纹理贴图和滤镜参数之后的效果如图 6.281 所示，“不均匀磨损”填充图层和黑色遮罩中的两个图层如图 6.282 所示。

图 6.279　调节“边缘磨损”填充图层和色阶图层属性参数之后的效果

图 6.280　“边缘磨损”填充图层和黑色遮罩中的两个图层

图 6.281　调节“不均匀磨损”填充图层、程序纹理和滤镜参数之后的效果

6. 天桥主体材质整体变化调节

步骤 01：在“天桥主体整体变化调节”图层组中添加一个填充图层，将添加的填充图层命名为“暗部压暗 01”。

步骤 02：先给“暗部压暗 01”填充图层添加一个黑色遮罩，再给黑色遮罩添加一个填充图层。在【属性-填充】面板中，对“灰度”参数选项选择“Ambient Occlusion Map from

Mesh gxys_tq_text”灰度图，还要给黑色遮罩添加一个色阶图层。调节“暗部压暗 01”填充图层和色阶图层属性参数之后的效果如图 6.283 所示，“暗部压暗 01”填充图层和黑色遮罩中的两个图层如图 6.284 所示。

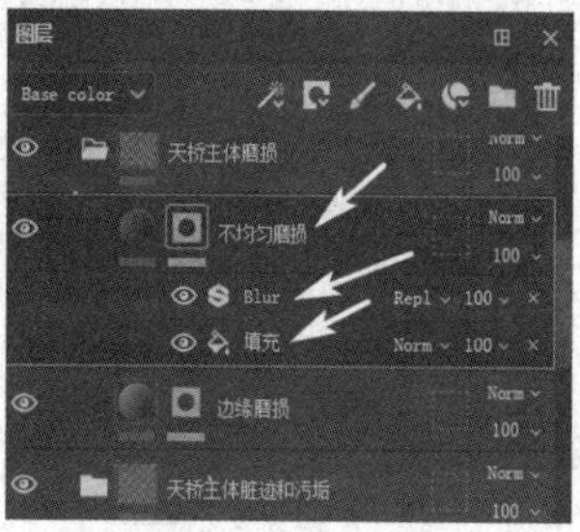

图 6.282 “不均匀磨损”填充图层和黑色遮罩中的两个图层

图 6.283 调节“暗部压暗 01”填充图层和色阶图层属性参数之后的效果

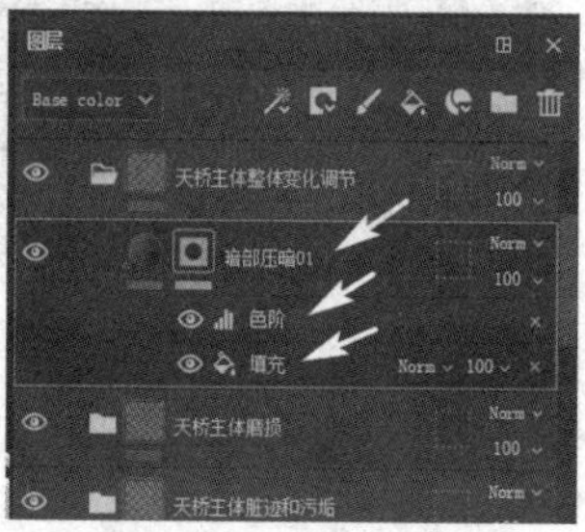

图 6.284 “暗部压暗 01”填充图层和黑色遮罩中的两个图层

步骤 03：在“天桥主体整体变化调节”图层组中添加一个填充图层，将添加的填充图层命名为“暗部压暗 02”。

步骤 04：先给“暗部压暗 02”添加一个黑色遮罩，再给黑色遮罩添加绘画图层，使用绘画工具，在暗部需要加强的位置进行绘制。绘制之后的效果如图 6.285 所示，“暗部压暗 02”填充图层和黑色遮罩中的绘画图层如图 6.286 所示。

步骤 05：在“天桥主体整体变化调节”图层组中添加一个填充图层，将添加的填充图层命名为“颜色”。

步骤 06：先给“颜色”填充图层添加一个黑色遮罩，再给黑色遮罩添加一个填充图层。在【属性-填充】面板中，对“灰度”参数选项选择“Grunge Map 007”程序纹理贴图。调节“颜色”填充图层和程序纹理贴图参数之后的效果如图 6.287 所示，“颜色”填充图层和黑色遮罩中的填充图层如图 6.288 所示。

图 6.285 绘制之后的效果

图 6.286 “暗部压暗 02”填充图层和黑色遮罩中的绘画图层

图 6.287 调节“颜色”填充图层和程序纹理贴图参数之后的效果

7. 天桥主体材质的锐化处理

步骤 01：在“天桥主体”图层组中添加一个绘画（空白）图层，将添加的绘画图层命名为“sharpen”。

步骤 02：给“sharpen”绘画图层添加一个滤镜图层，在【属性-滤镜】面板中，对“滤镜”参数选项选择“Sharpen（已过期）”滤镜。调节“Sharpen（已过期）”滤镜参数之后的效果如图 6.289 所示，“sharpen”绘画图层和滤镜图层如图 6.290 所示。

图 6.288　“颜色”填充图层和黑色遮罩中的填充图层

图 6.289　调节“Sharpen（已过期）”滤镜参数之后的效果

图 6.290　“sharpen”绘画图层和滤镜图层

视频播放：关于具体介绍，请观看本书配套视频“任务六：天桥主体材质的制作.wmv”。

任务七：池塘汉白玉材质的制作

池塘的材质主要包括汉白玉材质和水面材质两大部分，在本任务中介绍池塘汉白玉材质的制作。

1. 给材质分类和添加图层组

步骤 01：在【纹理集列表】中选择“gxsy_ct_text”列表项，切换到池塘和水面材质制作界面。

步骤 02：在【图层】面板中添加两个图层组，将添加的两个图层分别命名为“池塘汉白玉”和“水面”。

步骤 03：先给“池塘汉白玉”图层组和“水面”图层组添加黑色遮罩，再给添加的黑色遮罩添加绘画图层，然后使用几何体填充工具进行遮罩处理，蓝色部分为水面，黄色部分为池塘汉白玉。水面和汉白玉模型如图 6.291 所示，填充图层和黑色遮罩中的图层如图 6.292 所示。

步骤 04：在“池塘汉白玉”图层组中依次添加 6 个图层组，6 个图层组的名称和叠放顺序如图 6.293 所示。

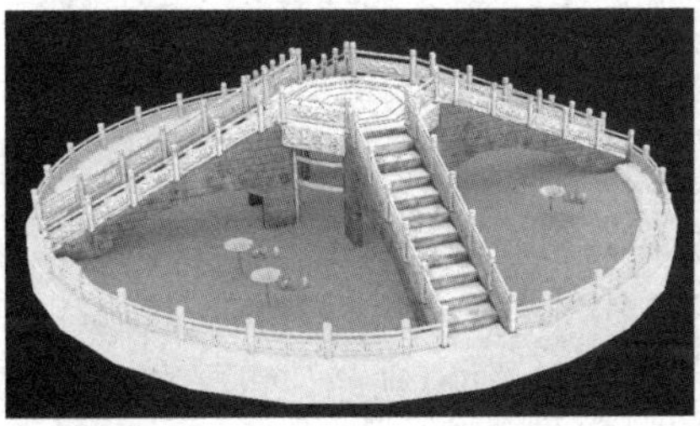

图 6.291　水面和汉白玉模型

图 6.292　填充图层和黑色遮罩中的图层

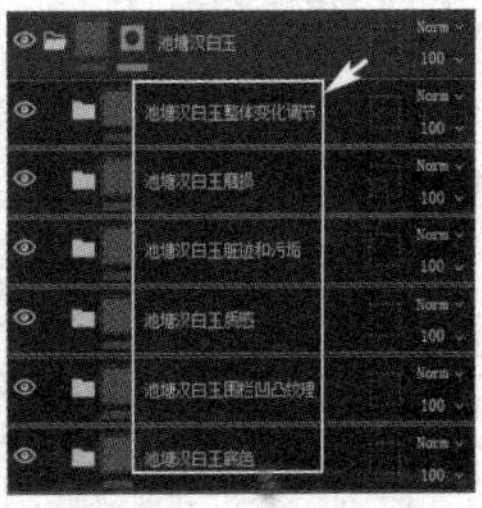

图 6.293　6 个图层组的名称和叠放顺序

2. 池塘汉白玉底色的制作

步骤 01：在“池塘汉白玉底色”图层组中添加一个填充图层，将添加的填充图层命名为“底色”。

步骤 02：给“底色”填充图层添加一个滤镜图层，在【属性-填充】面板中，对“灰度”参数选项选择“MatFinish Grainy”程序纹理贴图。调节“底色”填充图层和滤镜参数之后的效果如图 6.294 所示，“底色”填充图层和滤镜图层如图 6.295 所示。

3. 池塘汉白玉围栏凹凸纹理的制作

步骤 01：在“池塘汉白玉围栏凹凸纹理”图层组中添加一个图层组，将添加的图层组命名为“池塘砖纹理”。

步骤 02：先给“池塘砖纹理”图层组添加一个黑色遮罩，再给黑色遮罩添加一个绘画图层，使用【几何体填充】工具，对池塘中需要绘制砖效果的模型进行遮罩处理，“池塘砖纹理”图层组和黑色遮罩中的绘画图层如图 6.296 所示。

图 6.294　调节“底色”填充图层和滤镜参数之后的效果

图 6.295　“底色”填充图层和滤镜图层

图 6.296　“池塘砖纹理”图层组和黑色遮罩中的绘画图层

步骤 03：在“池塘砖纹理”图层组中添加一个填充图层，将添加的填充图层命名为“池塘砖分割线”。

步骤 04：先给“池塘砖分割线”填充图层添加一个黑色遮罩，再给黑色遮罩添加一个绘画图层。使用绘画工具，挑选合适的画笔，调节画笔大小，在模型的 UV 上绘制池塘砖的分割线。还要给黑色遮罩添加一个滤镜图层，在【属性-滤镜】面板中，对“滤镜”参数选项选择“Blur”滤镜。调节“池塘砖分割线”填充图层和滤镜参数之后的池塘砖分割线效果如图 6.297 所示，“池塘砖分割线”填充图层和黑色遮罩中的两个图层如图 6.298 所示。

步骤 05：在“池塘砖纹理”图层组中添加一个填充图层，将添加的填充图层命名为“砖纹理”。

步骤 06：先给“砖纹理”填充图层添加一个黑色遮罩，再给黑色遮罩添加一个填充图层。在【属性-填充】面板中，对“灰度”参数选项选择“Marble Wide”程序纹理贴图。调节“砖纹理”填充图层和程序纹理贴图参数之后的效果如图 6.299 所示，“砖纹理”填充图层和黑色遮罩中的填充图层如图 6.300 所示。

图 6.297　调节“池塘砖分割线”填充图层和滤镜参数之后的池塘砖分割线效果

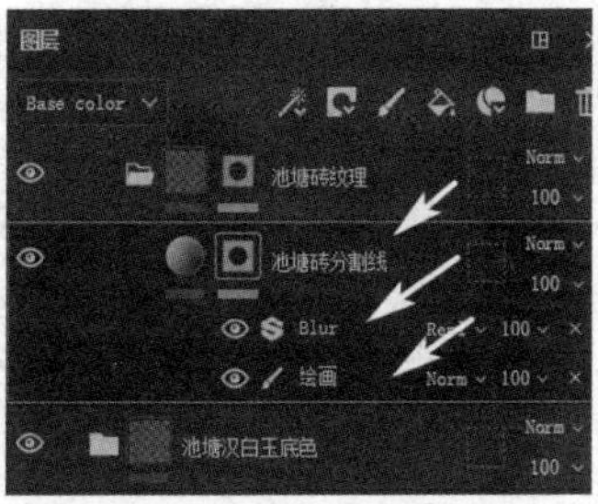

图 6.298　“池塘砖分割线”填充图层和黑色遮罩中的两个图层

图 6.299　调节“砖纹理”填充图层和程序纹理贴图参数之后的效果

步骤 07：在“池塘汉白玉围栏凹凸纹理”图层组中添加一个填充图层，将添加的填充图层命名为“龙雕花”。

步骤 08：先给“龙雕花”填充图层添加一个黑色遮罩，再给黑色遮罩添加一个绘画图层。使用绘画工具和导入的龙雕花灰度图，单击需要绘制龙雕花的位置即可。绘制的龙雕花如图 6.301 所示，“龙雕花”填充图层和黑色遮罩中的绘画图层如图 6.302 所示。

图 6.300　“砖纹理”填充图层和黑色遮罩中的填充图层

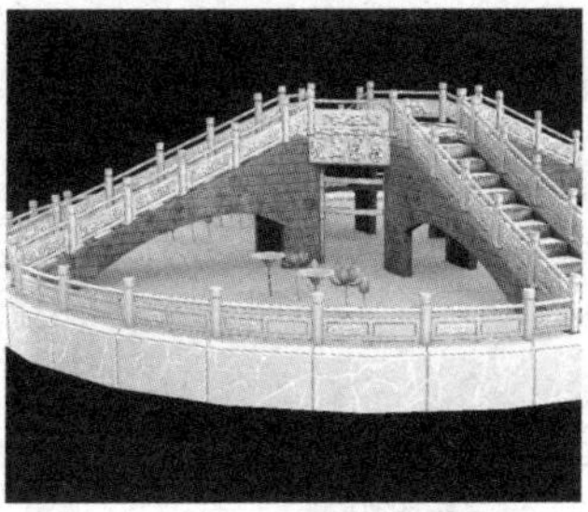

图 6.301　绘制的龙雕花

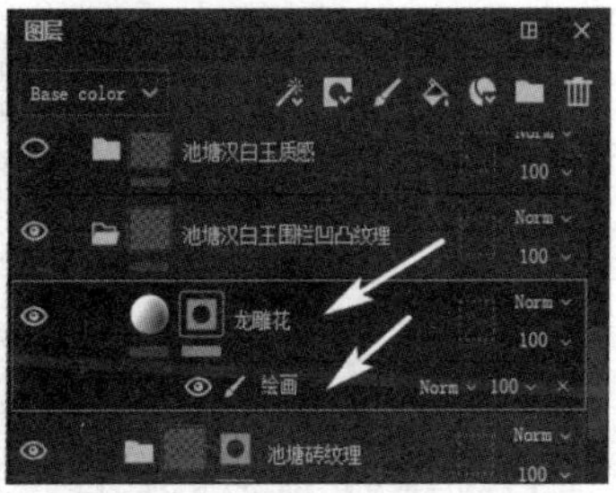

图 6.302　“龙雕花”填充图层和黑色遮罩中的绘画图层

步骤 09：在“池塘汉白玉围栏凹凸纹理”图层组中添加一个填充图层，将添加的填充图层命名为“凤雕花”。

步骤 10：先给“凤雕花”填充图层添加一个黑色遮罩，再给黑色遮罩添加一个绘画图层。使用绘画工具和导入的凤雕花灰度图，单击需要绘制凤雕花的位置即可。绘制的凤雕花如图 6.303 所示，“凤雕花”填充图层和黑色遮罩中的绘画图层如图 6.304 所示。

步骤 11：在“池塘汉白玉围栏凹凸纹理”图层组中添加一个填充图层，将添加的填充图层命名为“围栏柱花纹”。

步骤 12：先给“围栏柱花纹”填充图层添加一个黑色遮罩，再给黑色遮罩添加一个绘画图层。使用绘画工具和导入的围栏柱花纹灰度图，单击需要绘制围栏柱花纹的位置即可。绘制的围栏柱花纹如图 6.305 所示，“围栏柱花纹”填充图层和黑色遮罩中的绘画图层如图 6.306 所示。

图 6.303　绘制的凤雕花

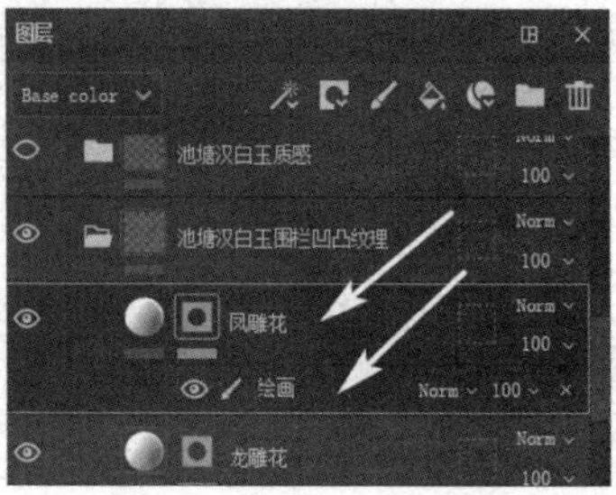

图 6.304　“凤雕花”填充图层和黑色遮罩中的绘画图层

图 6.305　绘制的围栏柱花纹

步骤 13：在“池塘汉白玉围栏凹凸纹理”图层组中添加一个填充图层，将添加的填充图层命名为“围栏柱顶面花纹”。

步骤 14：先给“围栏柱顶面花纹”填充图层添加一个黑色遮罩，再给黑色遮罩添加一个绘画图层。使用绘画工具和导入的围栏柱顶面花纹灰度图，单击需要绘制围栏柱顶面花纹的位置即可。绘制的围栏柱顶面花纹如图 6.307 所示，“围栏柱顶面花纹”填充图层和黑色遮罩中的绘画图层如图 6.308 所示。

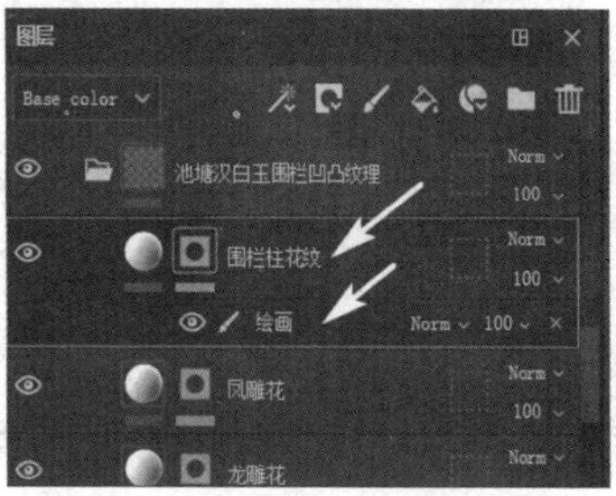

图 6.306　“围栏柱花纹”填充图层和黑色遮罩中的绘画图层

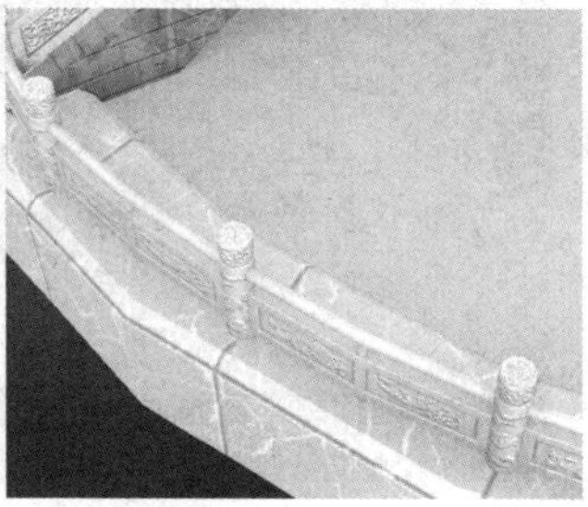

图 6.307　绘制的围栏柱顶面花纹

图 6.308　“围栏柱顶面花纹”填充图层和黑色遮罩中的绘画图层

4. 池塘汉白玉围栏脏迹和污垢的制作

步骤 01：在“池塘汉白玉脏迹和污垢”图层组中添加一个填充图层，将添加的填充图层命名为“分布不均脏迹”。

步骤 02：先给“分布不均脏迹”填充图层添加一个黑色遮罩，再给黑色遮罩添加一个生成器图层。在【属性-生成器】面板中，对“生成器”参数选项选择“Metal Edge Wear”生成器。还要给黑色遮罩添加一个滤镜图层，在【属性-滤镜】面板中，对“滤镜”参数选项选择“Blur”滤镜。调节“分布不均脏迹”填充图层、生成器和滤镜参数之后的效果如图 6.309 所示，“分布不均脏迹”填充图层和黑色遮罩中的两个图层如图 6.310 所示。

步骤 03：在“池塘汉白玉脏迹和污垢”填充图层，将添加的填充图层命名为“边缘脏迹”。

步骤 04：先给“边缘脏迹”填充图层，添加一个黑色遮罩，再给黑色遮罩添加一个生成器图层。在【属性-生成器】面板中，对“生成器”参数选项选择“Metal Edge Wear”生成器。调节“边缘脏迹”填充图层和生成器参数之后的效果如图 6.311 所示，“边缘脏迹”填充图层和黑色遮罩中的生成器图层如图 6.312 所示。

图 6.309　调节“分布不均脏迹”填充图层、生成器和滤镜参数之后的效果

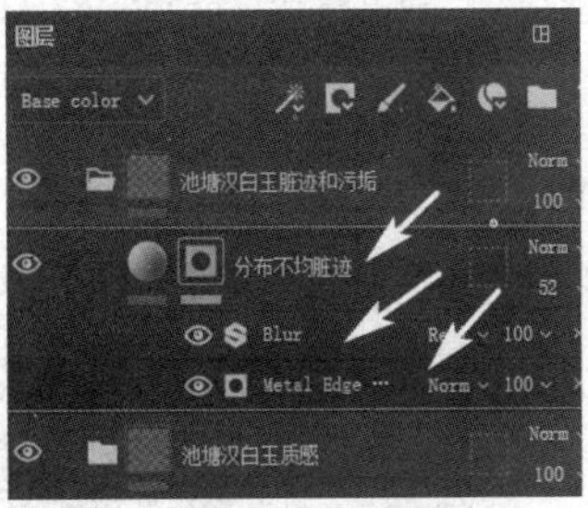

图 6.310　“分布不均脏迹”填充图层和黑色遮罩中的两个图层

图 6.311　调节“边缘脏迹”填充图层和生成器参数之后的效果

5. 池塘汉白玉围栏磨损效果的制作

步骤 01：在“池塘汉白玉磨损”图层组中添加一个填充图层，将添加的填充图层命名为“边缘磨损”。

步骤 02：先给“边缘磨损”填充图层添加一个黑色遮罩，再给黑色遮罩添加一个生成器图层。在【属性-生成器】面板中，对“生成器”参数选项选择“Metal Edge Wear”生成器。调节“边缘磨损”填充图层和生成器参数之后的效果如图 6.313 所示，“边缘磨损”填充图层和黑色遮罩中的生成器图层如图 6.314 所示。

图 6.312　“边缘脏迹”填充图层和黑色遮罩中的生成器图层

图 6.313　调节“边缘磨损”填充图层和生成器参数之后的效果

图 6.314　“边缘磨损”填充图层和黑色遮罩中的生成器图层

步骤 03：在“池塘汉白玉磨损”图层组中添加一个填充图层，将添加的填充图层命名为“不均匀磨损”。

步骤 04：先给“不均匀磨损”填充图层添加一个黑色遮罩，再给黑色遮罩添加一个填充图层。在【属性-填充】面板中，对“灰度”参数选项选择“Grunge Shavings”程序纹理贴图。还要给黑色遮罩添加一个滤镜图层，在【属性-滤镜】面板中，对“滤镜”参数选项选择“Blur”滤镜。调节“不均匀磨损”填充图层、程序纹理贴图和滤镜的参数之后的效果如图 6.315 所示，“不均匀磨损”填充图层和黑色遮罩中的两个图层如图 6.316 所示。

6. 体现池塘汉白玉围栏质感的变化

步骤 01：在“池塘汉白玉质感”图层组中添加一个填充图层，将添加的填充图层命名为“质感”。

步骤 02：给“质感”填充图层添加一个滤镜图层，在【属性-滤镜】面板中，对“滤镜”参数选项选择“MatFinish Galvanized”滤镜。调节“质感”填充图层和滤镜的参数之后的效果如图 6.317 所示，“质感”填充图层和滤镜图层如图 6.318 所示。

图 6.315 调节“不均匀磨损”填充图层、程序纹理贴图和滤镜的参数之后的效果

图 6.316 “不均匀磨损”填充图层和黑色遮罩中的两个图层

图 6.317 调节“质感”填充图层和滤镜的参数之后的效果

7. 池塘汉白玉围栏整体变化调节

步骤 01：在“池塘汉白玉围栏整体变化调节”图层组中添加一个填充图层，将添加的填充图层命名为“暗部压暗”。

步骤 02：先给“暗部压暗”填充图层添加一个黑色遮罩，再给黑色遮罩添加一个绘画图层。使用绘画工具，选择合适的画笔对暗部进行绘制。还要给黑色遮罩添加一个滤镜图层，在【属性-滤镜】面板中，对“滤镜”参数选项选择“Blur”滤镜。调节“暗部压暗”填充图层和滤镜参数之后的效果如图 6.319 所示。“暗部压暗”填充图层和黑色遮罩中的两个图层如图 6.320 所示。

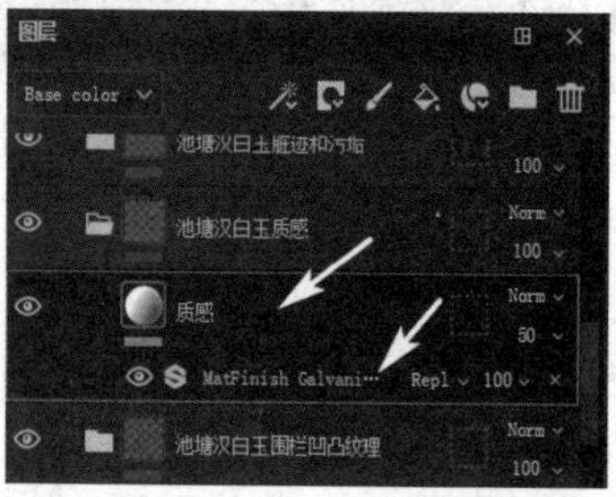

图 6.318 “质感”填充图层和滤镜图层

图 6.319 调节“暗部压暗”填充图层和滤镜参数之后的效果

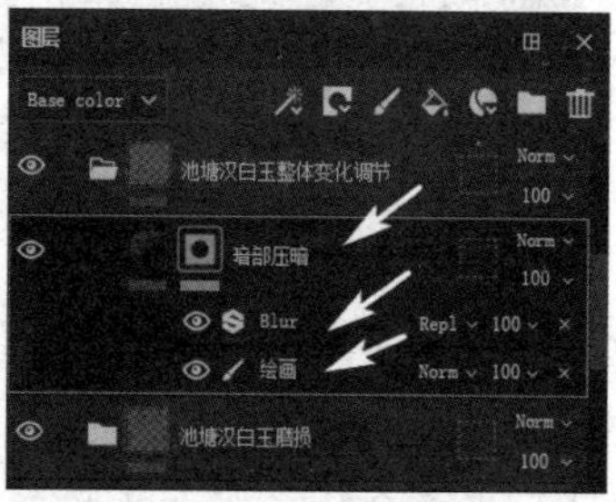

图 6.320 “暗部压暗”填充图层和黑色遮罩中的两个图层

步骤 03：在“池塘汉白玉围栏整体变化调节”图层组中添加一个填充图层，将添加的填充图层命名为“颜色变化”。

步骤 04：先给“颜色变化”填充图层添加一个黑色遮罩，再给黑色遮罩添加一个填充图层。在【属性-填充】面板中，对“灰度”参数选项选择“Grunge Map 012”程序纹理贴图。调节“颜色变化”填充图层和程序纹理贴图参数之后的效果如图 6.321 所示，“颜色变化”填充图层和黑色遮罩中的填充图层如图 6.322 所示。

步骤 05：在“池塘汉白玉围栏整体变化调节”图层组中添加一个填充图层，将添加的填充图层命名为“接缝修复”。

步骤 06：给“接缝修复”填充图层添加一个绘画图层，使用绘画工具，选择合适的画笔对接缝进行修改。修复之后的效果如图 6.323 所示，“接缝修复”填充图层和绘画图层如图 6.324 所示。

图 6.321　调节“颜色变化”填充图层和程序纹理贴图参数之后的效果

图 6.322　“颜色变化”填充图层和黑色遮罩中的填充图层

图 6.323　修复之后的效果

8. 池塘汉白玉围栏材质的锐化处理

步骤 01：在“池塘汉白玉”图层组中添加一个绘画（空白）图层，将添加的绘画图层命名为“sharpen”。

步骤 02：给“sharpen”绘画图层添加一个滤镜图层，在【属性-滤镜】面板中，对“滤镜”参数选项选择“Sharpen（已过期）”滤镜。调节“Sharpen（已过期）”滤镜参数之后的效果如图 6.325 所示，“sharpen”绘画图层和滤镜图层如图 6.326 所示。

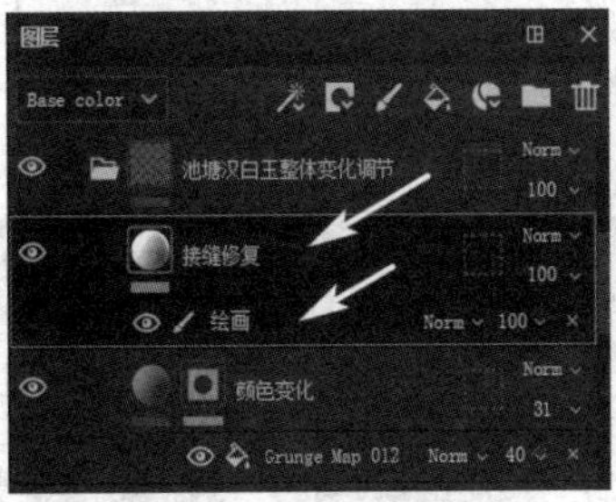

图 6.324　“接缝修复”填充图层和绘画图层

图 6.325　调节“Sharpen（已过期）”滤镜参数之后的效果

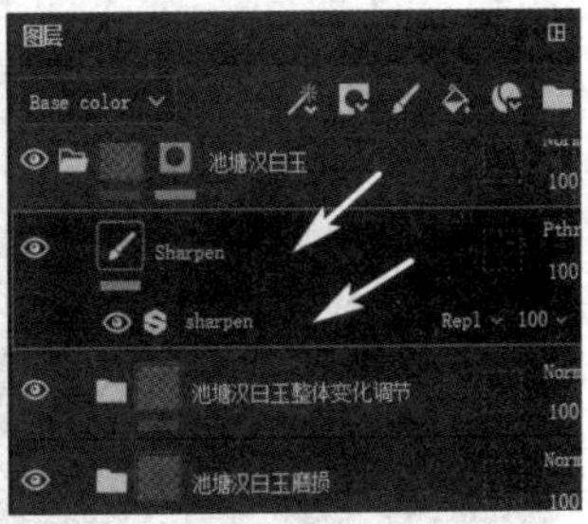

图 6.326　“sharpen”绘画图层和滤镜图层

视频播放：关于具体介绍，请观看本书配套视频“任务七：池塘汉白玉材质的制作.wmv”。

任务八：池塘水面材质的制作

在本任务中介绍池塘水面材质的制作原理、方法和技巧。

步骤 01：在“水面”图层组中添加一个填充图层，将添加的填充图层命名为“水面颜色 01”。调节“水面颜色 01”填充图层属性参数之后的效果如图 6.327 所示，“水面颜色 01”填充图层如图 6.328 所示。

步骤 02：在“水面”图层组中添加一个填充图层，将添加的填充图层命名为“水面颜色 02”。

步骤 03：先给“水面颜色 02”填充图层添加一个黑色遮罩，再给黑色遮罩添加一个填充图层。在【属性-填充】面板中，对“灰度”参数选项选择“Grunge Map 007”程序纹理贴图。还要给黑色遮罩添加一个滤镜图层，在【属性-滤镜】面板中，对“滤镜”参数选项选择“Blur”滤镜。调节“水面颜色 02”填充图层、程序纹理贴图和滤镜参数之后的效果如图 6.329 所示，“水面颜色 02”填充图层和黑色遮罩中的两个图层如图 6.330 所示。

图 6.327　调节“水面颜色 01”填充图层属性参数之后的效果

图 6.328　“水面颜色 01”填充图层

图 6.329　调节“水面颜色 02”填充图层、程序纹理贴图和滤镜参数之后的效果

步骤 04：在“水面”图层组中添加一个填充图层，将添加的填充图层命名为“水面贴图”。在【属性-填充】面板中，对“Base color”参数选项，选择导入的水面荷花图片，再给“水面贴图”填充图层添加一个色阶图层。调节“水面贴图”填充图层和色阶图层属性参数之后的效果如图 6.331 所示，“水面贴图”填充图层和色阶图层如图 6.332 所示。

图 6.330　“水面颜色 02”填充图层和黑色遮罩中的两个图层

图 6.331　调节“水面贴图”填充图层和色阶图层属性参数之后的效果

图 6.332　“水面贴图”填充图层和色阶图层

步骤 05：在“水面”图层组中添加一个绘画（空白）图层，将添加的绘画图层命名为“sharpen”。

步骤 06：给“sharpen”绘画图层添加一个滤镜图层，在【属性-滤镜】面板中，对“滤镜”参数选项选择“Sharpen（已过期）”滤镜。调节“Sharpen（已过期）”滤镜参数之后的效果如图 6.333 所示，“sharpen”绘画图层和滤镜图层如图 6.334 所示。

视频播放：关于具体介绍，请观看本书配套视频“任务八：池塘水面材质的制作.wmv”。

任务九：荷花材质的制作

本任务主要介绍荷花的荷叶、花蕊和花苞 3 部分材质的制作。

1. 给荷花材质分类和添加图层组

步骤 01：在【纹理集列表】中选择“gxsy_hh_text”列表项，切换到荷花材质制作界面。

步骤 02：在【图层】面板中添加 3 个图层组，将添加的 3 个图层依次命名为“荷花”、“荷花花蕊”和“荷花花瓣”。

步骤 03：给添加的 3 个图层组添加黑色遮罩，分别对荷花、荷花花蕊和荷花花瓣进行遮罩处理。添加黑色遮罩的图层组如图 6.335 所示。

图 6.333　调节“Sharpen（已过期）”滤镜参数之后的效果

图 6.334　“sharpen”绘画图层和滤镜图层

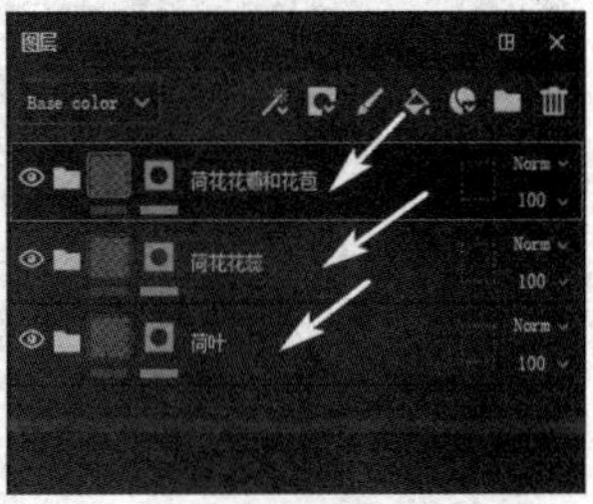

图 6.335　添加黑色遮罩的图层组

2. 荷叶材质的制作

步骤 01：在“荷叶”图层组中添加一个填充图层，将添加的填充图层命名为“荷叶底色 01”。调节“荷叶底色 01”填充图层属性参数之后的效果如图 6.336 所示，“荷叶底色 01”填充图层如图 6.337 所示。

步骤 02：在“荷叶”图层组中添加一个填充图层，将添加的填充图层命名为“荷叶底色 02”。

步骤 03：先给“荷叶底色 02”填充图层添加一个绘画图层，使用绘画工具，选择合适的笔刷绘制荷叶中间的颜色。再给黑色遮罩添加一个滤镜图层，在【属性-滤镜】面板中，对“滤镜”参数选项选择“Blur”滤镜。调节“荷叶底色 02”填充图层和滤镜参数之后的效果如图 6.338 所示，“荷叶底色 02”填充图层和黑色遮罩中的两个图层如图 6.339 所示。

图 6.336　调节“荷叶底色 01”填充图层属性参数之后的效果

图 6.337　“荷叶底色 01”填充图层

图 6.338　调节“荷叶底色 02”填充图层和滤镜参数之后的效果

步骤 04：在“荷叶”图层组中添加一个填充图层，将添加的填充图层命名为“荷叶茎”。

步骤 05：先给“荷叶茎”填充图层添加一个黑色遮罩，再给黑色遮罩添加一个绘画图层，使用绘画工具，使用合适的笔刷绘制荷叶茎。绘制的荷叶茎如图 6.340 所示，“荷叶径”填充图层和黑色遮罩中的绘画图层如图 6.341 所示。

图 6.339　“荷叶底色 02”填充图层和黑色遮罩中的两个图层

图 6.340　绘制的荷叶茎

图 6.341　“荷叶茎”填充图层和黑色遮罩中的绘画图层

3. 花蕊材质的制作

步骤 01：在“荷花花蕊”图层组中添加一个填充图层，将添加的填充图层命名为“花蕊底色 01”。调节“花蕊底色 01”填充图层属性参数之后的效果如图 6.342 所示，“花蕊底色 01”填充图层如图 6.343 所示。

步骤 02：在“荷花花蕊”图层组中添加一个填充图层，将添加的填充图层命名为“花蕊底色 02”。

步骤 03：先给“花蕊底色 02”填充图层添加一个黑色遮罩，再给黑色遮罩添加一个生成器图层。在【属性-生成器】面板中，对“生成器”参数选项选择“Dirt”生成器。调节“花蕊底色 02”填充图层和生成器参数之后的效果如图 6.344 所示，“花蕊底色 02”填充图层和黑色遮罩中的生成器图层如图 6.345 所示。

4. 花苞材质的制作

步骤 01：在“荷花花瓣和花苞”图层组中添加一个填充图层，将添加的填充图层命名为“花苞粉红色 01”。调节“花苞粉红色 01”填充图层属性参数之后的效果如图 6.346 所示，“花苞粉红色 01”填充图层如图 6.347 所示。

图 6.342　调节“花蕊底色 01”填充图层属性参数之后的效果

图 6.343　“花蕊底色 01”填充图层

图 6.344　调节“花蕊底色 02”填充图层和生成器参数之后的效果

图 6.345　“花蕊底色 02”填充图层和黑色遮罩中的生成器图层

图 6.346　调节“花苞粉红色 01”填充图层属性参数之后的效果

图 6.347　“花苞粉红色 01”填充图层

步骤 02：在“荷花花瓣和花苞”图层组中添加一个填充图层，将添加的填充图层命名为“花苞粉红色 02”。

步骤 03：先给“花苞粉红色 02”填充图层添加一个黑色遮罩，再给黑色遮罩添加一个填充图层。在【属性-填充】面板中，对“灰度”参数选项选择“Creases Soft”程序纹理贴图。调节“花苞粉红色 02”填充图层和程序纹理贴图参数之后的效果如图 6.348 所示，“花苞粉红色 02”填充图层和黑色遮罩中的填充图层如图 6.349 所示。

步骤 04：在“荷花花瓣和花苞”图层组中添加一个填充图层，将添加的填充图层命名为“绿色”。

步骤 05：先给“绿色”填充图层添加一个黑色遮罩，再给黑色遮罩添加一个绘画图层，使用绘画工具，选择合适的画笔对荷花进行绘制。绘制之后的效果如图 6.350 所示，“绿色”填充图层和黑色遮罩中的绘画图层如图 6.351 所示。

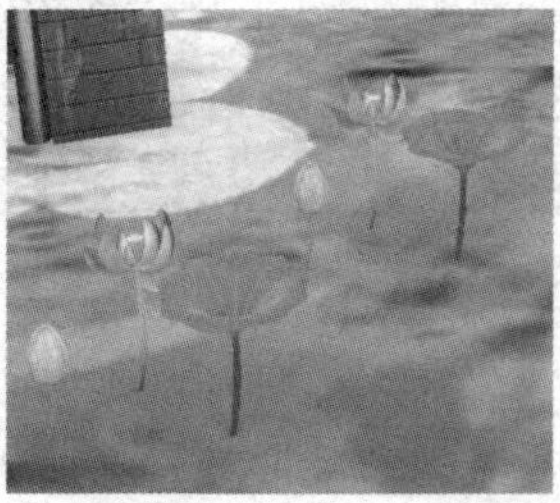

图 6.348　调节“花苞粉红色 02”填充图层和程序纹理贴图参数之后的效果

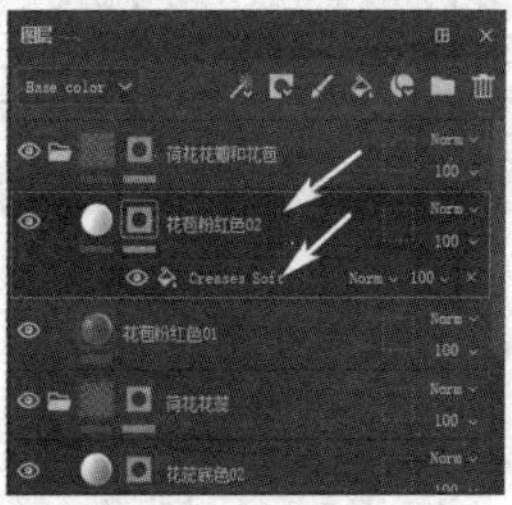

图 6.349　“花苞粉红色 02”填充图层和黑色遮罩中的填充图层

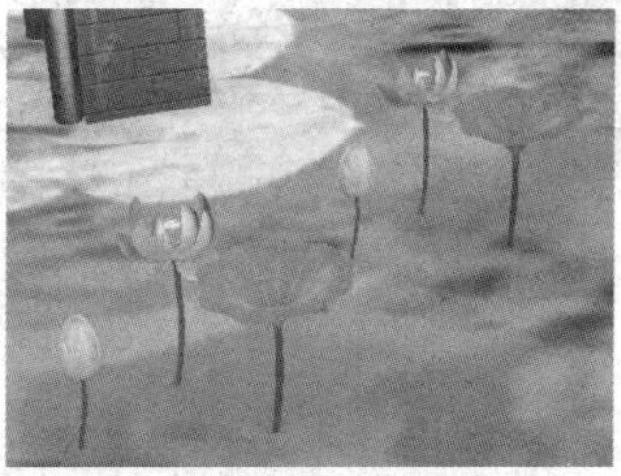

图 6.350　绘制之后的效果

步骤 06：调节摄影机角度检查材质是否符合要求。若不符合要求，则对所有材质进行整体微调。天桥、池塘和荷花的最终效果如图 6.352 所示。

图 6.351 “绿色”填充图层和黑色遮罩中的绘画图层

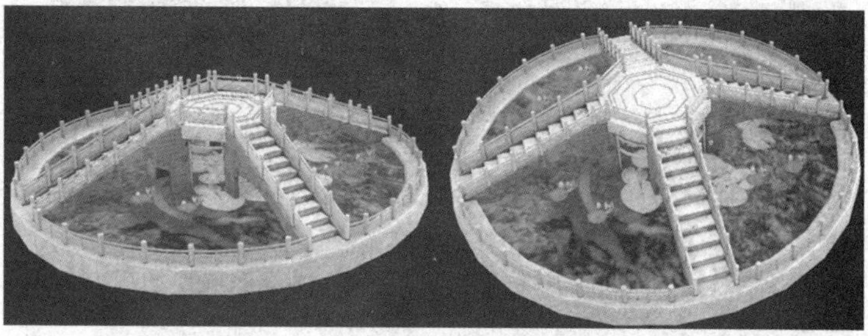

图 6.352 天桥、池塘和荷花的最终效果

视频播放：关于具体介绍，请观看本书配套视频“任务九：荷花材质的制作.wmv”。

任务十：国学书院池塘、天桥和荷花材质的后期渲染输出

通过前面 9 个任务，已将国学书院池塘、天桥和荷花所有材质制作完成。在本任务中，对国学书院池塘、天桥和荷花进行渲染设置和渲染输出。

步骤 01：调节【显示设置】面板参数。【显示设置】面板参数调节如图 6.353 所示。

步骤 02：调节好渲染出图的角度。

步骤 03：单击渲染按钮📷，切换到渲染模式，调节【渲染器设置】面板参数。【渲染器设置】面板参数调节如图 6.354 所示。

步骤 04：当“状态”中的“渲染”文字变成绿色时，表示渲染完成。将渲染之后的图像保存为带通道的图像文件（png 格式），以便后期处理。渲染之后的效果如图 6.355 所示。

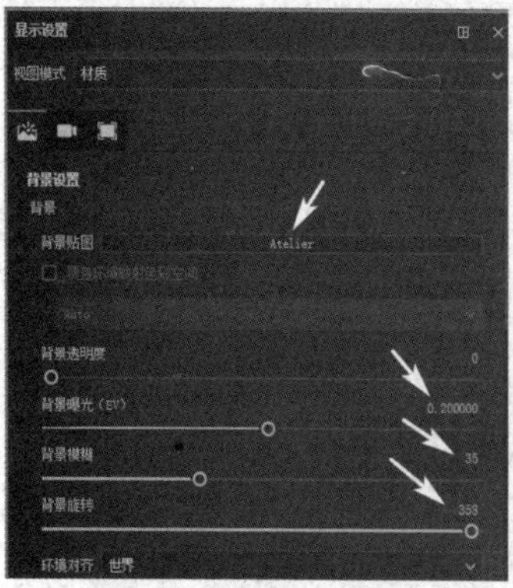

图 6.353 【显示设置】面板参数调节

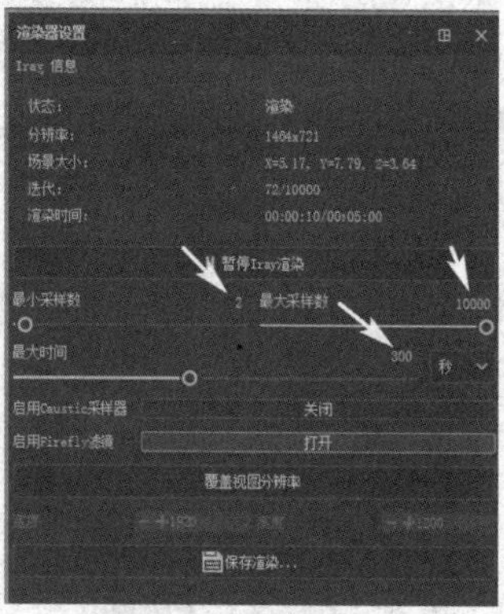

图 6.354 【渲染器设置】面板参数调节

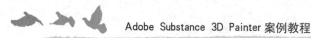

图 6.355 渲染之后的效果

视频播放：关于具体介绍，请观看本书配套视频“任务十：国学书院池塘、天桥和荷花材质的后期渲染输出.wmv”。

六、拓展训练

请读者根据所学知识，使用本书提供的国学书院基座、围墙和回廊模型和参考图，制作国学书院基座、围墙和回廊的材质效果。